2018版安徽省建设工程计价依据

# 安徽省安装工程计价定额

## （第十一册）

# 刷油、防腐蚀、绝热工程

主编部门：安徽省建设工程造价管理总站

批准部门：安徽省住房和城乡建设厅

施行日期：2018年1月1日

中国建材工业出版社

**图书在版编目（CIP）数据**

安徽省安装工程计价定额．第十一册，刷油、防腐蚀、
绝热工程/安徽省建设工程造价管理总站编．—北京：
中国建材工业出版社，2018.1（2018.1重印）
（2018版安徽省建设工程计价依据）
ISBN 978－7－5160－2076－0

Ⅰ.①安…　Ⅱ.①安…　Ⅲ.①建筑安装—工程造价—
安徽②涂漆—工程造价—安徽③防腐—工程造价—安徽④
绝热工程—工程造价—安徽　Ⅳ.①TU723.34

中国版本图书馆CIP数据核字（2017）第264860号

安徽省安装工程计价定额（第十一册）刷油、防腐蚀、绝热工程
安徽省建设工程造价管理总站　编

出版发行：中国建材工业出版社
地　　址：北京市海淀区三里河路1号
邮　　编：100044
经　　销：全国各地新华书店
印　　刷：北京鑫正大印刷有限公司
开　　本：787mm×1092mm　　1/16
印　　张：51.75
字　　数：1280千字
版　　次：2018年1月第1版
印　　次：2018年1月第2次
定　　价：220.00元

本社网址：www.jccbs.com　　微信公众号：zgjcgycbs
本书如出现印装质量问题，由我社市场营销部负责调换。联系电话：(010)88386906

# 安徽省住房和城乡建设厅发布

## 建标〔2017〕191 号

---

### 安徽省住房和城乡建设厅关于发布 2018 版安徽省
### 建设工程计价依据的通知

各市住房城乡建设委（城乡建设委、城乡规划建设委），广德、宿松县住房城乡建设委（局），省直有关单位：

为适应安徽省建筑市场发展需要，规范建设工程造价计价行为，合理确定工程造价，根据国家有关规范、标准，结合我省实际，我厅组织编制了 2018 版安徽省建设工程计价依据（以下简称 2018 版计价依据），现予以发布，并将有关事项通知如下：

一、2018 版计价依据包括：《安徽省建设工程工程量清单计价办法》《安徽省建设工程费用定额》《安徽省建设工程施工机械台班费用编制规则》《安徽省建设工程计价定额（共用册)》《安徽省建筑工程计价定额》《安徽省装饰装修工程计价定额》《安徽省安装工程计价定额》《安徽省市政工程计价定额》《安徽省园林绿化工程计价定额》《安徽省仿古建筑工程计价定额》。

二、2018 版计价依据自 2018 年 1 月 1 日起施行。凡 2018 年 1 月 1 日前已签订施工合同的工程，其计价依据仍按原合同执行。

三、原省建设厅建定〔2005〕101 号、建定〔2005〕102 号、建定〔2008〕259 号文件发布的计价依据，自 2018 年 1 月 1 日起同时废止。

四、2018 版计价依据由安徽省建设工程造价管理总站负责管理与解释。在执行过程中，如有问题和意见，请及时向安徽省建设工程造价管理总站反馈。

安徽省住房和城乡建设厅

2017 年 9 月 26 日

# 编制委员会

主　　任　宋直刚

成　　员　王晓魁　王胜波　王成球　杨　博

　　　　　江　冰　李　萍　史劲松

主　　审　王成球

主　　编　姜　峰

副 主 编　陈昭言

参　　编　(排名不分先后)

　　　　　王宪莉　刘安俊　许道合　秦合川

　　　　　李海洋　郑圣军　康永军　王金林

　　　　　袁玉海　陆　戎　何　钢　荣豫宁

　　　　　管必武　洪云生　赵兰利　苏鸿志

　　　　　张国栋　石秋霞　王　林　卢　冲

　　　　　严　艳

参　　审　朱　军　陆厚龙　宫　华　李志群

# 总　说　明

一、《安徽省安装工程计价定额》以下简称"本安装定额"，是依据国家现行有关工程建设标准、规范及相关定额，并结合近几年我省出现的新工艺、新技术、新材料的应用情况，及安装工程设计与施工特点编制的。

二、本安装定额共分为十一册，包括：

第一册　机械设备安装工程

第二册　热力设备安装工程

第三册　静置设备与工艺金属结构制作安装工程（上、下）

第四册　电气设备安装工程

第五册　建筑智能化工程

第六册　自动化控制仪表安装工程

第七册　通风空调工程

第八册　工业管道工程

第九册　消防工程

第十册　给排水、采暖、燃气工程

第十一册　刷油、防腐蚀、绝热工程

三、本安装定额适用于我省境内工业与民用建筑的新建、扩建、改建工程中的给排水、采暖、燃气、通风空调、消防、电气照明、通信、智能化系统等设备、管线的安装工程和一般机械设备工程。

四、本安装定额的作用

1. 是编审设计概算、最高投标限价、施工图预算的依据；

2. 是调解处理工程造价纠纷的依据；

3. 是工程成本评审，工程造价鉴定的依据；

4. 是施工企业编制企业定额、投标报价、拨付工程价款、竣工结算的参考依据。

五、本安装定额是按照正常的施工条件，大多数施工企业采用的施工方法、机械化装备程度、合理的施工工期、施工工艺、劳动组织编制的，反映当前社会平均消耗量水平。

六、本安装定额中人工工日以"综合工日"表示，不分工种、技术等级。内容包括：基本用工、辅助用工、超运距用工及人工幅度差。

七、本安装定额中的材料：

1. 本安装定额中的材料包括主要材料、辅助材料和其他材料。

2. 本安装定额中的材料消耗量包括净用量和损耗量。损耗量包括：从工地仓库、现场集中堆放地点或现场加工地点至操作或安装地点的现场运输损耗、施工操作损耗、施工现场堆放损耗。凡能计量的材料、成品、半成品均逐一列出消耗量，难以计量的材料以"其他材料费占材料费"百分比形式表示。

3．本安装定额中消耗量用括号"（ ）"表示的为该子目的未计价材料用量，基价中不包括其价格。

八、本安装定额中的机械及仪器仪表：

1．本安装定额的机械台班及仪器仪表消耗量是按正常合理的配备、施工工效测算确定的，已包括幅度差。

2．本安装定额中仅列主要施工机械及仪器仪表消耗量。凡单位价值2000元以内，使用年限在一年以内，不构成固定资产的施工机械及仪器仪表，定额中未列消耗量，企业管理费中考虑其使用费，其燃料动力消耗在材料费中计取。难以计量的机械台班是以"其他机械费占机械费"百分比形式表示。

九、本安装定额关于水平和垂直运输：

1．设备：包括自安装现场指定堆放地点运至安装地点的水平和垂直运输。

2．材料、成品、半成品：包括自施工单位现场仓库或现场指定堆放地点运至安装地点的水平和垂直运输。

3．垂直运输基准面：室内以室内地平面为基准面，室外以安装现场地平面为基准面。

十、本安装定额未考虑施工与生产同时进行、有害身体健康的环境中施工时降效增加费，实际发生时另行计算。

十一、本安装定额中凡注有"××以内"或"××以下"者，均包括"××"本身；凡注有"××以外"或"××以上"者，则不包括"××"本身。

十二、本安装定额授权安徽省建设工程造价总站负责解释和管理。

十三、著作权所有，未经授权，严禁使用本书内容及数据制作各类出版物和软件，违者必究。

# 册 说 明

一、第十一册《刷油、防腐蚀、绝热工程》以下简称"本册定额",适用于设备、管道、金属结构等的刷油、防腐蚀、绝热工程。

二、本册定额编制的主要技术依据有:

1. 《工业设备及管道防腐蚀工程施工规范》GB 50726—2011

2. 《工业设备及管道防腐蚀工程施工质量验收规范》GB 50727—2011

3. 《工业设备及管道绝热工程施工规范》GB 50126—2008

4. 《工业设备及管道绝热工程施工质量验收规范》GB 50185—2010

5. 《石油化工绝热工程施工质量验收规范》GB 50645—2011

6. 《涂覆涂料前钢材表面处理 表面清洁度的目视评定 第1部分:未涂覆过的钢材表面和全面清除原有涂层后的钢材表面的锈蚀等级和处理等级》GB/T 8923.1—2011

7. 《涂覆涂料前钢材表面处理 表面清洁度的目视评定 第2部分:已涂覆过的钢材表面局部清除原有涂层后的处理等级》GB/T 8923.2—2008

8. 《橡胶衬里 第1部分:设备防腐衬里》GB 18241.1—2014

9. 《乙烯基酯树脂防腐蚀工程技术规范》GB/T 50590—2010

10. 《钢结构防火涂料》GB 14907—2002

11. 《砖板衬里化工设备》HG/T 20676—1990

12. 《橡胶衬里化工设备》HG/T 20677—2013

13. 《耐酸砖》GB/T 8488—2008

14. 《绝热用岩棉、矿渣棉及其制品》GB/T 11835—2016

15. 《管道与设备绝热-保温》08K507—1、08R418—1

16. 《管道与设备绝热-保冷》08K507—2、08R418—2

17. 《柔性泡沫橡塑绝热制品》GB/T 17794—2008

18. 《全国统一安装工程预算定额》第十一册《刷油、防腐蚀、绝热工程》GYD—211—2000

19. 《全国统一安装工程基础定额》第三册《刷油、绝热与防腐蚀》GJD—203—2006

20. 《建设工程劳动定额》LD/T 74.3—2008

21. 《化工安装工程防腐、绝热劳动定额》LD/T 76.8—2000

三、下列费用可按系数分别计取:

1. 脚手架搭拆费:刷油、防腐蚀工程按人工费的7%;绝热工程按人工费的10%;其费用中人工费占35%。

2. 操作高度增加费:本册定额以设计标高正负零为基准,当安装高度超过6m时,超过部分工程量按定额人工、机械费乘以下表系数。

| 操作物高度（m） | ≤30 | ≤50 |
|---|---|---|
| 系数 | 1.20 | 1.50 |

四、金属结构：

1. 大型型钢：H 型钢结构及任何一边大于 300mm 以上的型钢，均以"10m²"为计量单位。

2. 管廊：除管廊上的平台、栏杆、梯子以及大型型钢以外的钢结构均为管廊，以"100kg"为计量单位。

3. 一般钢结构：除大型型钢和管廊以外的其他钢结构，如平台、栏杆、梯子、管道支吊架及其他金属构件等，均以"100kg"为计量单位。

4. 由钢管组成的金属结构，执行管道相应子目，人工乘以系数 1.2。

# 目  录

## 第四章 绝热工程

## 第五章 手工糊衬玻璃钢工程

## 第六章 橡胶板及塑料板衬里工程

# 第七章 衬铅及搪铅工程

# 第八章 喷镀(涂)工程

# 第九章 块材衬里工程

# 第十章 管道补口补伤工程

# 第十一章 阴极保护及牺牲阳极

# 第一章　除锈工程

# 说　　明

一、本章内容包括金属表面的手工除锈、动力工具除锈、喷射除锈、化学除锈等工程。

二、各种管件、阀件及设备上人孔、管口凸凹部分的除锈已综合考虑在定额内，不另行计算。

三、除锈区分标准：

1. 手工、动力工具除锈锈蚀标准分为轻、中两种。

轻锈：已发生锈蚀，并且部分氧化皮已经剥落的钢材表面。

中锈：氧化皮已锈蚀而剥落，或者可以刮除，并且有少量点蚀的钢材表面。

2. 手工、动力工具除锈过的钢材表面分为 St2 和 St3 两个标准。

St2 标准：钢材表面应无可见的油脂和污垢，并且没有附着不牢的氧化皮、铁锈和油漆涂层等附着物。

St3 标准：钢材表面应无可见的油脂和污垢，并且没有附着不牢的氧化皮、铁锈和油漆涂层等附着物。除锈应比 St2 标准更为彻底，底材显露出部分的表面应具有金属光泽。

3. 喷射除锈过的钢材表面分为 Sa2、Sa2 $\frac{1}{2}$ 和 Sa3 三个标准。

Sa2 级：彻底的喷射或抛射除锈。

钢材表面会无可见的油脂、污垢，并且氧化皮、铁锈和油漆层等附着物已基本清除，其残留物应是牢固附着的。

Sa2 1/2 级：非常彻底的喷射或抛射除锈。

钢材表面会无可见的油脂、污垢、氧化皮、铁锈和油漆层等附着物，任何残留的痕迹应仅是点状或条纹状的轻微色斑。

Sa3 级：使钢材表观洁净的喷射或抛射除锈钢材表面应无可见的油脂、污垢、氧化皮、铁锈和油漆层等附着物，该表面应显示均匀的金属色泽。

四、关于下列各项费用的规定。

1. 手工和动力工具除锈按 St2 标准确定。若变更级别标准，如按 St3 标准定额乘以系数 1.1。

2. 喷射除锈按 Sa2 $\frac{1}{2}$ 级标准确定。若变更级别标准时，Sa3 级定额乘以系数 1.1，Sa2 级定额乘以系数 0.9。

3. 本章不包括除微锈(标准：氧化皮完全紧附，仅有少量锈点)，发生时其工程量执行轻锈定额乘以系数 0.2。

3

# 一、手工除锈

工作内容：除锈、除尘。 计量单位：10m²

| 定 额 编 号 | | | A11-1-1 | A11-1-2 | A11-1-3 | A11-1-4 |
|---|---|---|---|---|---|---|
| 项 目 名 称 | | | 管道 | | 设备φ1000以上 | |
| | | | 轻锈 | 中锈 | 轻锈 | 中锈 |
| 基 价（元） | | | 22.65 | 52.72 | 23.77 | 38.44 |
| 其中 | 人 工 费（元） | | 19.60 | 46.62 | 20.72 | 32.34 |
| | 材 料 费（元） | | 3.05 | 6.10 | 3.05 | 6.10 |
| | 机 械 费（元） | | — | — | — | — |
| 名 称 | 单位 | 单价（元） | 消 耗 量 | | | |
| 人工 | 综合工日 | 工日 | 140.00 | 0.140 | 0.333 | 0.148 | 0.231 |
| 材料 | 钢丝刷 | 把 | 2.56 | 0.200 | 0.400 | 0.200 | 0.400 |
| | 破布 | kg | 6.32 | 0.200 | 0.400 | 0.200 | 0.400 |
| | 铁砂布 | 张 | 0.85 | 1.500 | 3.000 | 1.500 | 3.000 |

工作内容：除锈、除尘。

计量单位：100kg

| 定　额　编　号 | | | A11-1-5 | A11-1-6 | A11-1-7 | A11-1-8 |
|---|---|---|---|---|---|---|
| 项　目　名　称 | | | 一般钢结构 | | 管廊钢结构 | |
| | | | 轻锈 | 中锈 | 轻锈 | 中锈 |
| 基　　　　价（元） | | | 31.45 | 45.24 | 22.07 | 31.15 |
| 其中 | 人　工　费（元） | | 19.60 | 31.22 | 13.02 | 20.72 |
| | 材　料　费（元） | | 2.26 | 4.43 | 1.38 | 2.76 |
| | 机　械　费（元） | | 9.59 | 9.59 | 7.67 | 7.67 |
| 名　　　称 | | 单位 | 单价（元） | 消　　耗　　量 | | |
| 人工 | 综合工日 | 工日 | 140.00 | 0.140 | 0.223 | 0.093 | 0.148 |
| 材料 | 钢丝刷 | 把 | 2.56 | 0.150 | 0.290 | 0.090 | 0.181 |
| | 破布 | kg | 6.32 | 0.150 | 0.290 | 0.090 | 0.181 |
| | 铁砂布 | 张 | 0.85 | 1.090 | 2.180 | 0.682 | 1.356 |
| 机械 | 汽车式起重机 16t | 台班 | 958.70 | 0.010 | 0.010 | 0.008 | 0.008 |

工作内容：除锈、除尘。

计量单位：10㎡

| 定　额　编　号 | | | | | A11-1-9 | A11-1-10 |
|---|---|---|---|---|---|---|
| 项　目　名　称 | | | | | 大型型钢钢结构 | |
| | | | | | 轻锈 | 中锈 |
| 基　　　价（元） | | | | | 36.69 | 49.67 |
| 其中 | 人　工　费（元） | | | | 18.90 | 29.26 |
| | 材　料　费（元） | | | | 2.61 | 5.23 |
| | 机　械　费（元） | | | | 15.18 | 15.18 |
| | 名　　　称 | 单位 | 单价(元) | | 消　耗　量 | |
| 人工 | 综合工日 | 工日 | 140.00 | | 0.135 | 0.209 |
| 材料 | 钢丝刷 | 把 | 2.56 | | 0.171 | 0.343 |
| | 破布 | kg | 6.32 | | 0.171 | 0.343 |
| | 铁砂布 | 张 | 0.85 | | 1.286 | 2.572 |
| 机械 | 汽车式起重机 25t | 台班 | 1084.16 | | 0.014 | 0.014 |

7

## 二、动力工具除锈

工作内容：除锈、除尘。

计量单位：10m²

| 定 额 编 号 | | | | A11-1-11 | A11-1-12 | A11-1-13 | A11-1-14 |
|---|---|---|---|---|---|---|---|
| 项 目 名 称 | | | | 管道 | | 设备φ1000以上 | |
| | | | | 轻锈 | 中锈 | 轻锈 | 中锈 |
| 基 价（元） | | | | 20.57 | 61.53 | 20.07 | 42.39 |
| 其中 | 人 工 费（元） | | | 15.82 | 37.80 | 16.80 | 26.04 |
| | 材 料 费（元） | | | 4.75 | 23.73 | 3.27 | 16.35 |
| | 机 械 费（元） | | | — | — | — | — |
| 名 称 | | 单位 | 单价（元） | 消 耗 量 | | | |
| 人工 | 综合工日 | 工日 | 140.00 | 0.113 | 0.270 | 0.120 | 0.186 |
| 材料 | 电 | kW·h | 0.68 | 1.200 | 6.000 | 0.800 | 4.000 |
| | 钢丝刷 | 把 | 2.56 | — | — | 0.050 | 0.250 |
| | 破布 | kg | 6.32 | 0.200 | 1.000 | 0.200 | 1.000 |
| | 圆型钢丝轮 φ100 | 片 | 13.33 | 0.200 | 1.000 | 0.100 | 0.500 |

8

工作内容：除锈、除尘。

计量单位：10㎡

| 定 额 编 号 | | | | | A11-1-15 | A11-1-16 | A11-1-17 | A11-1-18 |
|---|---|---|---|---|---|---|---|---|
| 项 目 名 称 | | | | | 一般钢结构 | | 管廊钢结构 | |
| | | | | | 轻锈 | 中锈 | 轻锈 | 中锈 |
| 基 价（元） | | | | | 25.44 | 51.48 | 17.47 | 34.87 |
| 其中 | 人 工 费（元） | | | | 15.82 | 25.06 | 10.50 | 16.80 |
| | 材 料 费（元） | | | | 4.83 | 21.63 | 3.14 | 14.24 |
| | 机 械 费（元） | | | | 4.79 | 4.79 | 3.83 | 3.83 |
| 名 称 | | 单位 | 单价（元） | | 消 耗 量 | | | |
| 人工 | 综合工日 | 工日 | 140.00 | | 0.113 | 0.179 | 0.075 | 0.120 |
| 材料 | 电 | kW•h | 0.68 | | 1.614 | 8.281 | 1.084 | 5.514 |
| | 钢丝刷 | 把 | 2.56 | | 0.060 | 0.280 | 0.030 | 0.150 |
| | 破布 | kg | 6.32 | | 0.150 | 0.290 | 0.090 | 0.181 |
| | 圆型钢丝轮 Φ100 | 片 | 13.33 | | 0.197 | 1.009 | 0.132 | 0.672 |
| 机械 | 汽车式起重机 16t | 台班 | 958.70 | | 0.005 | 0.005 | 0.004 | 0.004 |

9

工作内容：除锈、除尘。

计量单位：10m²

| 定　额　编　号 | | | A11-1-19 | A11-1-20 |
|---|---|---|---|---|
| 项　目　名　称 | | | 大型型钢钢结构 | |
| | | | 轻锈 | 中锈 |
| 基　　　价（元） | | | 27.64 | 51.96 |
| 其中 | 人　工　费（元） | | 15.26 | 23.66 |
| | 材　料　费（元） | | 4.79 | 20.71 |
| | 机　械　费（元） | | 7.59 | 7.59 |
| 名　　称 | 单位 | 单价（元） | 消　　耗　　量 | |
| 人工 | 综合工日 | 工日 | 140.00 | 0.109 | 0.169 |
| 材料 | 电 | kW·h | 0.68 | 1.560 | 7.800 |
| | 钢丝刷 | 把 | 2.56 | 0.045 | 0.225 |
| | 破布 | kg | 6.32 | 0.171 | 0.343 |
| | 圆型钢丝轮 Φ100 | 片 | 13.33 | 0.190 | 0.950 |
| 机械 | 汽车式起重机 25t | 台班 | 1084.16 | 0.007 | 0.007 |

10

# 三、喷射除锈

工作内容：运砂、喷砂、砂子回收、现场清理及工机具维护。　　　　　　计量单位：10m²

| 定　额　编　号 | | | | A11-1-21 | A11-1-22 | A11-1-23 | A11-1-24 |
|---|---|---|---|---|---|---|---|
| 项　目　名　称 | | | | 喷石英砂 | | | |
| | | | | 设备φ1000以下 | | 设备φ1000以上 | |
| | | | | 内壁 | 外壁 | 内壁 | 外壁 |
| 基　　　　　价（元） | | | | 351.45 | 268.79 | 290.53 | 230.79 |
| 其中 | 人　工　费（元） | | | 101.64 | 64.82 | 85.96 | 61.18 |
| | 材　料　费（元） | | | 117.45 | 147.36 | 94.73 | 122.12 |
| | 机　械　费（元） | | | 132.36 | 56.61 | 109.84 | 47.49 |
| 名　　　称 | | 单位 | 单价（元） | 消　　耗　　量 | | | |
| 人工 | 综合工日 | 工日 | 140.00 | 0.726 | 0.463 | 0.614 | 0.437 |
| 材料 | 喷砂用胶管 中压 φ40 | m | 26.50 | 0.200 | 0.190 | 0.200 | 0.190 |
| | 喷砂嘴 | 个 | 29.32 | 0.080 | 0.076 | 0.080 | 0.076 |
| | 石英砂 | m³ | 631.07 | 0.174 | 0.222 | 0.138 | 0.182 |
| 机械 | 电动空气压缩机 6m³/min | 台班 | 206.73 | 0.368 | 0.236 | 0.296 | 0.198 |
| | 喷砂除锈机 3m³/min | 台班 | 33.13 | 0.368 | 0.236 | 0.296 | 0.198 |
| | 轴流通风机 30kW | 台班 | 131.23 | 0.336 | — | 0.296 | — |

工作内容：运砂、喷砂、砂子回收、现场清理及工机具维护。 计量单位：10m²

| 定 额 编 号 | | | | A11-1-25 | A11-1-26 |
|---|---|---|---|---|---|
| 项 目 名 称 | | | | 喷石英砂 | |
| | | | | 管道 | |
| | | | | 内壁 | 外壁 |
| 基 价（元） | | | | 355.21 | 295.12 |
| 其中 | 人 工 费（元） | | | 107.94 | 67.20 |
| | 材 料 费（元） | | | 166.68 | 173.23 |
| | 机 械 费（元） | | | 80.59 | 54.69 |
| 名 称 | | 单位 | 单价（元） | 消 耗 量 | |
| 人工 | 综合工日 | 工日 | 140.00 | 0.771 | 0.480 |
| 材料 | 喷砂用胶管 中压 φ40 | m | 26.50 | 0.200 | 0.190 |
| | 喷砂嘴 | 个 | 29.32 | 0.080 | 0.076 |
| | 石英砂 | m³ | 631.07 | 0.252 | 0.263 |
| 机械 | 电动空气压缩机 6m³/min | 台班 | 206.73 | 0.336 | 0.228 |
| | 喷砂除锈机 3m³/min | 台班 | 33.13 | 0.336 | 0.228 |

工作内容：运砂、喷砂、砂子回收、现场清理及工机具维护。　　　　　　　　　　　计量单位：100kg

| 定　额　编　号 | | | | A11-1-27 | A11-1-28 |
|---|---|---|---|---|---|
| 项　目　名　称 | | | | 喷石英砂 | |
| | | | | 一般钢结构 | 管廊钢结构 |
| 基　　　价（元） | | | | 220.36 | 129.72 |
| 其中 | 人　工　费（元） | | | 40.18 | 26.46 |
| | 材　料　费（元） | | | 115.90 | 59.13 |
| | 机　械　费（元） | | | 64.28 | 44.13 |
| 名　　称 | | 单位 | 单价（元） | 消　耗　　量 | |
| 人工 | 综合工日 | 工日 | 140.00 | 0.287 | 0.189 |
| 材料 | 喷砂用胶管 中压 φ40 | m | 26.50 | 0.122 | 0.078 |
| | 喷砂嘴 | 个 | 29.32 | 0.076 | 0.052 |
| | 石英砂 | m³ | 631.07 | 0.175 | 0.088 |
| 机械 | 电动空气压缩机 6m³/min | 台班 | 206.73 | 0.236 | 0.156 |
| | 喷砂除锈机 3m³/min | 台班 | 33.13 | 0.236 | 0.156 |
| | 汽车式起重机 16t | 台班 | 958.70 | 0.008 | 0.007 |

13

工作内容：运砂、喷砂、砂子回收、现场清理及工机具维护。 计量单位：10㎡

| 定　额　编　号 | A11-1-29 |
| --- | --- |
| 项　目　名　称 | 喷石英砂 |
| | 大型型钢钢结构 |
| 基　　　　价（元） | 243.84 |

| 其中 | 人　工　费（元） | 62.16 |
| --- | --- | --- |
| | 材　料　费（元） | 128.74 |
| | 机　械　费（元） | 52.94 |

| | 名　　　称 | 单位 | 单价（元） | 消　　耗　　量 |
| --- | --- | --- | --- | --- |
| 人工 | 综合工日 | 工日 | 140.00 | 0.444 |
| 材料 | 喷砂用胶管 中压 φ40 | m | 26.50 | 0.165 |
| | 喷砂嘴 | 个 | 29.32 | 0.066 |
| | 石英砂 | ㎥ | 631.07 | 0.194 |
| 机械 | 电动空气压缩机 6㎥/min | 台班 | 206.73 | 0.171 |
| | 喷砂除锈机 3㎥/min | 台班 | 33.13 | 0.171 |
| | 汽车式起重机 25t | 台班 | 1084.16 | 0.011 |

工作内容：运砂、喷砂、砂子回收、现场清理及工机具维护。　　　　　　　　　　　　　　　　　计量单位：10m²

| 定　额　编　号 | | | | A11-1-30 | A11-1-31 | A11-1-32 | A11-1-33 |
|---|---|---|---|---|---|---|---|
| 项　目　名　称 | | | | 喷河砂 | | | |
| | | | | 设备φ1000以下 | | 设备φ1000以上 | |
| | | | | 内壁 | 外壁 | 内壁 | 外壁 |
| 基　　　　　价（元） | | | | 385.90 | 226.43 | 366.87 | 228.34 |
| 其中 | 人　工　费（元） | | | 145.32 | 92.26 | 122.64 | 87.22 |
| | 材　料　费（元） | | | 62.46 | 66.77 | 66.11 | 64.60 |
| | 机　械　费（元） | | | 178.12 | 67.40 | 178.12 | 76.52 |
| 名　　　称 | | 单位 | 单价（元） | 消　　耗　　量 | | | |
| 人工 | 综合工日 | 工日 | 140.00 | 1.038 | 0.659 | 0.876 | 0.623 |
| 材料 | 喷砂用胶管 中压 φ40 | m | 26.50 | 0.200 | 0.190 | 0.200 | 0.190 |
| | 喷砂嘴 | 个 | 29.32 | 0.080 | 0.076 | 0.080 | 0.076 |
| | 中(粗)砂 | t | 87.00 | 0.630 | 0.684 | 0.672 | 0.659 |
| 机械 | 电动空气压缩机 6m³/min | 台班 | 206.73 | 0.480 | 0.281 | 0.480 | 0.319 |
| | 喷砂除锈机 3m³/min | 台班 | 33.13 | 0.480 | 0.281 | 0.480 | 0.319 |
| | 轴流通风机 30kW | 台班 | 131.23 | 0.480 | — | 0.480 | — |

15

工作内容：运砂、喷砂、砂子回收、现场清理及工机具维护。　　　　　　　　　　　计量单位：10m²

| 定　额　编　号 | | | | | A11-1-34 | A11-1-35 |
|---|---|---|---|---|---|---|
| 项　目　名　称 | | | | | 喷河砂 | |
| | | | | | 管道 | |
| | | | | | 内壁 | 外壁 |
| 基　　　价（元） | | | | | 351.08 | 245.32 |
| 其中 | 人　工　费（元） | | | | 154.14 | 96.18 |
| | 材　料　费（元） | | | | 70.29 | 69.03 |
| | 机　械　费（元） | | | | 126.65 | 80.11 |
| | 名　　　称 | 单位 | 单价（元） | | 消　　耗　　量 | |
| 人工 | 综合工日 | 工日 | 140.00 | | 1.101 | 0.687 |
| 材料 | 喷砂用胶管 中压 φ40 | m | 26.50 | | 0.200 | 0.190 |
| | 喷砂嘴 | 个 | 29.32 | | 0.080 | 0.076 |
| | 中(粗)砂 | t | 87.00 | | 0.720 | 0.710 |
| 机械 | 电动空气压缩机 6m³/min | 台班 | 206.73 | | 0.528 | 0.334 |
| | 喷砂除锈机 3m³/min | 台班 | 33.13 | | 0.528 | 0.334 |

16

工作内容：运砂、喷砂、砂子回收、现场清理及工机具维护。 计量单位：100kg

| 定 额 编 号 | | | | A11-1-36 | A11-1-37 |
|---|---|---|---|---|---|
| 项 目 名 称 | | | | 喷河砂 | |
| | | | | 一般钢结构 | 管廊钢结构 |
| 基 价（元） | | | | 192.26 | 128.38 |
| 其中 | 人 工 费（元） | | | 57.26 | 37.66 |
| | 材 料 费（元） | | | 47.22 | 31.00 |
| | 机 械 费（元） | | | 87.78 | 59.72 |
| 名 称 | | 单位 | 单价（元） | 消 耗 量 | |
| 人工 | 综合工日 | 工日 | 140.00 | 0.409 | 0.269 |
| 材料 | 喷砂用胶管 中压 φ40 | m | 26.50 | 0.122 | 0.078 |
| | 喷砂嘴 | 个 | 29.32 | 0.076 | 0.052 |
| | 中(粗)砂 | t | 87.00 | 0.480 | 0.315 |
| 机械 | 电动空气压缩机 6m³/min | 台班 | 206.73 | 0.334 | 0.221 |
| | 喷砂除锈机 3m³/min | 台班 | 33.13 | 0.334 | 0.221 |
| | 汽车式起重机 16t | 台班 | 958.70 | 0.008 | 0.007 |

17

工作内容：运砂、喷砂、砂子回收、现场清理及工机具维护。 计量单位：10m²

| 定 额 编 号 | | | | A11-1-38 | |
|---|---|---|---|---|---|
| 项 目 名 称 | | | | 喷河砂 | |
| | | | | 大型型钢钢结构 | |
| 基 价（元） | | | | 214.06 | |
| 其中 | 人 工 费（元） | | | 88.76 | |
| | 材 料 费（元） | | | 55.33 | |
| | 机 械 费（元） | | | 69.97 | |
| 名 称 | | 单位 | 单价（元） | 消 耗 量 | |
| 人工 | 综合工日 | 工日 | 140.00 | 0.634 | |
| 材料 | 喷砂用胶管 中压 φ40 | m | 26.50 | 0.165 | |
| | 喷砂嘴 | 个 | 29.32 | 0.094 | |
| | 中(粗)砂 | t | 87.00 | 0.554 | |
| 机械 | 电动空气压缩机 6m³/min | 台班 | 206.73 | 0.242 | |
| | 喷砂除锈机 3m³/min | 台班 | 33.13 | 0.242 | |
| | 汽车式起重机 25t | 台班 | 1084.16 | 0.011 | |

18

工作内容：运砂、喷砂、砂子回收、现场清理及工机具维护。 计量单位：10m²

| 定 额 编 号 | | | A11-1-39 | A11-1-40 | A11-1-41 |
|---|---|---|---|---|---|
| 项 目 名 称 | | | 气柜 | | |
| | | | 喷石英砂 | | |
| | | | 水槽壁板 | 水槽底板 | 中罩板 |
| 基 价（元） | | | 844.50 | 390.07 | 355.90 |
| 其中 | 人 工 费（元） | | 68.60 | 131.88 | 68.60 |
| | 材 料 费（元） | | 633.73 | 117.70 | 117.70 |
| | 机 械 费（元） | | 142.17 | 140.49 | 169.60 |
| 名 称 | 单位 | 单价（元） | 消 耗 量 | | |
| 人工 综合工日 | 工日 | 140.00 | 0.490 | 0.942 | 0.490 |
| 材料 带锈底漆 | kg | 12.82 | 0.038 | — | — |
| 道木 | m³ | 2137.00 | 0.236 | — | — |
| 低碳钢焊条 | kg | 6.84 | 0.099 | — | — |
| 角钢 63以外 | kg | 3.61 | 2.736 | — | — |
| 喷砂用胶管 中压 φ40 | m | 26.50 | 0.198 | 0.190 | 0.190 |
| 喷砂嘴 | 个 | 29.32 | 0.076 | 0.076 | 0.076 |
| 石英砂 | m³ | 631.07 | 0.175 | 0.175 | 0.175 |
| 氧气 | m³ | 3.63 | 0.122 | | |
| 机械 电动空气压缩机 6m³/min | 台班 | 206.73 | 0.281 | 0.403 | 0.281 |
| 交流弧焊机 32kV·A | 台班 | 83.14 | 0.023 | — | — |
| 喷砂除锈机 3m³/min | 台班 | 33.13 | 0.281 | 0.403 | 0.281 |
| 汽车式起重机 16t | 台班 | 958.70 | 0.076 | — | 0.091 |
| 轴流通风机 30kW | 台班 | 131.23 | — | 0.334 | 0.114 |

工作内容：运砂、喷砂、砂子回收、现场清理及工机具维护。　　　　　　　　　　　　计量单位：100kg

| 定　额　编　号 | | | | A11-1-42 |
|---|---|---|---|---|
| 项　目　名　称 | | | | 气柜 |
| | | | | 喷石英砂 |
| | | | | 金属结构 |
| 基　　　价（元） | | | | 205.84 |
| 其中 | 人　工　费（元） | | | 40.18 |
| | 材　料　费（元） | | | 101.38 |
| | 机　械　费（元） | | | 64.28 |
| 名　　称 | 单位 | 单价（元） | 消　　耗　　量 | |
| 人工 | 综合工日 | 工日 | 140.00 | 0.287 |
| 材料 | 喷砂用胶管 中压 φ40 | m | 26.50 | 0.122 |
| | 喷砂嘴 | 个 | 29.32 | 0.076 |
| | 石英砂 | m³ | 631.07 | 0.152 |
| 机械 | 电动空气压缩机 6m³/min | 台班 | 206.73 | 0.236 |
| | 喷砂除锈机 3m³/min | 台班 | 33.13 | 0.236 |
| | 汽车式起重机 16t | 台班 | 958.70 | 0.008 |

20

工作内容：运砂、喷砂、砂子回收、现场清理及工机具维护。 计量单位：10m²

| 定 额 编 号 | | | | A11-1-43 | A11-1-44 | A11-1-45 |
|---|---|---|---|---|---|---|
| 项 目 名 称 | | | | 气柜 | | |
| | | | | 喷河砂 | | |
| | | | | 水槽壁板 | 水槽底板 | 中罩板 |
| 基 价 （元） | | | | 849.63 | 463.13 | 377.91 |
| 其中 | 人 工 费 （元） | | | 89.60 | 188.86 | 100.24 |
| | 材 料 费 （元） | | | 588.59 | 72.77 | 72.77 |
| | 机 械 费 （元） | | | 171.44 | 201.50 | 204.90 |
| 名 称 | | 单位 | 单价(元) | 消 耗 量 | | |
| 人工 | 综合工日 | 工日 | 140.00 | 0.640 | 1.349 | 0.716 |
| 材料 | 带锈底漆 | kg | 12.82 | 0.038 | — | — |
| | 道木 | m³ | 2137.00 | 0.236 | — | — |
| | 低碳钢焊条 | kg | 6.84 | 0.099 | — | — |
| | 角钢 63以外 | kg | 3.61 | 2.736 | — | — |
| | 喷砂用胶管 中压 φ40 | m | 26.50 | 0.190 | 0.190 | 0.190 |
| | 喷砂嘴 | 个 | 29.32 | 0.076 | 0.076 | 0.076 |
| | 氧气 | m³ | 3.63 | 0.122 | — | — |
| | 中(粗)砂 | t | 87.00 | 0.753 | 0.753 | 0.753 |
| 机械 | 电动空气压缩机 6m³/min | 台班 | 206.73 | 0.403 | 0.578 | 0.403 |
| | 交流弧焊机 32kV·A | 台班 | 83.14 | 0.023 | — | — |
| | 喷砂除锈机 3m³/min | 台班 | 33.13 | 0.403 | 0.578 | 0.403 |
| | 汽车式起重机 16t | 台班 | 958.70 | 0.076 | — | 0.091 |
| | 轴流通风机 30kW | 台班 | 131.23 | — | 0.479 | 0.160 |

工作内容：运砂、喷砂、砂子回收、现场清理及工机具维护。　　　　　　　　　　　　计量单位：100kg

| 定　额　编　号 | | | | A11-1-46 | |
|---|---|---|---|---|---|
| 项　目　名　称 | | | | 气柜 | |
| | | | | 喷河砂 | |
| | | | | 金属结构 | |
| 基　　　　价（元） | | | | 192.26 | |
| 其中 | 人　工　费（元） | | | 57.26 | |
| | 材　料　费（元） | | | 47.22 | |
| | 机　械　费（元） | | | 87.78 | |
| 名　　　称 | | 单位 | 单价（元） | 消　耗　量 | |
| 人工 | 综合工日 | 工日 | 140.00 | 0.409 | |
| 材料 | 喷砂用胶管 中压 φ40 | m | 26.50 | 0.122 | |
| | 喷砂嘴 | 个 | 29.32 | 0.076 | |
| | 中(粗)砂 | t | 87.00 | 0.480 | |
| 机械 | 电动空气压缩机 6m³/min | 台班 | 206.73 | 0.334 | |
| | 喷砂除锈机 3m³/min | 台班 | 33.13 | 0.334 | |
| | 汽车式起重机 16t | 台班 | 958.70 | 0.008 | |

工作内容：运砂、喷砂、砂子回收、现场清理及工机具维护。 　　　　　　　　　计量单位：10㎡

| 定　额　编　号 | | | A11-1-47 | A11-1-48 |
|---|---|---|---|---|
| 项　目　名　称 | | | 喷石英砂 | |
| | | | 带钩钉金属面 | 带龟甲网设备内表面 |
| 基　　　价（元） | | | 495.34 | 630.21 |
| 其中 | 人　工　费（元） | | 146.86 | 207.48 |
| | 材　料　费（元） | | 199.11 | 213.62 |
| | 机　械　费（元） | | 149.37 | 209.11 |
| 名　　　称 | 单位 | 单价（元） | 消　　耗　　量 | |
| 人工 | 综合工日 | 工日 | 140.00 | 1.049 | 1.482 |
| 材料 | 喷砂用胶管 中压 φ40 | m | 26.50 | 0.190 | 0.190 |
| | 喷砂嘴 | 个 | 29.32 | 0.076 | 0.076 |
| | 石英砂 | ㎥ | 631.07 | 0.304 | 0.327 |
| 机械 | 电动空气压缩机 6㎥/min | 台班 | 206.73 | 0.380 | 0.532 |
| | 空气过滤器 | 台班 | 21.98 | 0.380 | 0.532 |
| | 喷砂除锈机 3㎥/min | 台班 | 33.13 | 0.380 | 0.532 |
| | 轴流通风机 30kW | 台班 | 131.23 | 0.380 | 0.532 |

工作内容：运砂、喷砂、砂子回收、现场清理及工机具维护。　　　　　　　　　计量单位：10m²

| 定　额　编　号 | | | | A11-1-49 | A11-1-50 |
|---|---|---|---|---|---|
| 项　目　名　称 | | | | 喷石英砂 | |
| | | | | 单片龟甲网 | 端板及零星板 |
| 基　　　　价（元） | | | | 529.37 | 1257.65 |
| 其中 | 人　工　费（元） | | | 175.84 | 256.62 |
| | 材　料　费（元） | | | 204.16 | 582.80 |
| | 机　械　费（元） | | | 149.37 | 418.23 |
| 名　　　称 | | 单位 | 单价（元） | 消　耗　量 | |
| 人工 | 综合工日 | 工日 | 140.00 | 1.256 | 1.833 |
| 材料 | 喷砂用胶管 中压 φ40 | m | 26.50 | 0.190 | 0.190 |
| | 喷砂嘴 | 个 | 29.32 | 0.076 | 0.076 |
| | 石英砂 | m³ | 631.07 | 0.312 | 0.912 |
| 机械 | 电动空气压缩机 6m³/min | 台班 | 206.73 | 0.380 | 1.064 |
| | 空气过滤器 | 台班 | 21.98 | 0.380 | 1.064 |
| | 喷砂除锈机 3m³/min | 台班 | 33.13 | 0.380 | 1.064 |
| | 轴流通风机 30kW | 台班 | 131.23 | 0.380 | 1.064 |

工作内容：运砂、喷砂、砂子回收、现场清理及工机具维护。 计量单位：10㎡

| 定 额 编 号 | | | | | A11-1-51 | A11-1-52 |
|---|---|---|---|---|---|---|
| 项 目 名 称 | | | | | 抛丸除锈 | |
| | | | | | 大型钢板 | |
| | | | | | 单面除锈 | 双面除锈 |
| 基 价 （元） | | | | | 94.74 | 52.89 |
| 其中 | 人 工 费 （元） | | | | 29.68 | 19.88 |
| | 材 料 费 （元） | | | | 0.49 | 0.49 |
| | 机 械 费 （元） | | | | 64.57 | 32.52 |
| 名 称 | | 单位 | 单价(元) | 消 耗 量 | | |
| 人工 | 综合工日 | 工日 | 140.00 | 0.212 | | 0.142 |
| 材料 | 钢制磨料 | kg | — | (2.206) | | (2.206) |
| | 其他材料费 | 元 | 1.00 | 0.491 | | 0.491 |
| 机械 | 门式起重机 10t | 台班 | 472.03 | 0.041 | | 0.021 |
| | 抛丸除锈机 1000mm | 台班 | 662.49 | 0.048 | | 0.024 |
| | 汽车式起重机 16t | 台班 | 958.70 | 0.014 | | 0.007 |

工作内容：运砂、喷砂、砂子回收、现场清理及工机具维护。 计量单位：10㎡

| 定 额 编 号 | | | A11-1-53 | A11-1-54 |
|---|---|---|---|---|
| 项 目 名 称 | | | 抛丸除锈 | |
| | | | 管道 | 大型型钢钢结构 |
| 基 价（元） | | | 80.09 | 80.06 |
| 其中 | 人 工 费（元） | | 24.50 | 25.62 |
| | 材 料 费（元） | | 0.11 | 0.10 |
| | 机 械 费（元） | | 55.48 | 54.34 |
| 名 称 | | 单位 | 单价（元） | 消 耗 量 | |
| 人工 | 综合工日 | 工日 | 140.00 | 0.175 | 0.183 |
| 材料 | 钢制磨料 | kg | — | （2.227） | （1.980） |
| | 其他材料费 | 元 | 1.00 | 0.110 | 0.100 |
| 机械 | 门式起重机 10t | 台班 | 472.03 | 0.045 | 0.049 |
| | 抛丸除锈机 500mm | 台班 | 377.94 | 0.050 | 0.042 |
| | 汽车式起重机 16t | 台班 | 958.70 | 0.016 | 0.016 |

26

工作内容：运砂、喷砂、砂子回收、现场清理及工机具维护。 计量单位：100kg

| 定 额 编 号 | | | | | A11-1-55 | A11-1-56 |
|---|---|---|---|---|---|---|
| 项 目 名 称 | | | | | 抛丸除锈 | |
| | | | | | 一般钢结构 | 管廊钢结构 |
| 基 价 （元） | | | | | 46.54 | 34.12 |
| 其 中 | 人 工 费 （元） | | | | 22.26 | 10.36 |
| | 材 料 费 （元） | | | | 0.66 | 0.14 |
| | 机 械 费 （元） | | | | 23.62 | 23.62 |
| 名 称 | | 单位 | 单价（元） | | 消 耗 量 | |
| 人工 | 综合工日 | 工日 | 140.00 | | 0.159 | 0.074 |
| 材 料 | 钢制磨料 | kg | — | | (1.435) | (0.940) |
| | 其他材料费 | 元 | 1.00 | | 0.660 | 0.135 |
| 机 械 | 门式起重机 10t | 台班 | 472.03 | | 0.014 | 0.019 |
| | 抛丸除锈机 500mm | 台班 | 377.94 | | 0.045 | 0.021 |
| | 汽车式起重机 16t | 台班 | 958.70 | | — | 0.007 |

# 四、化学除锈

工作内容：配液、酸洗、中和、吹干、检查。　　　　　　　　　　　　　　计量单位：10m²

| 定　额　编　号 | | | A11-1-57 | A11-1-58 |
|---|---|---|---|---|
| 项　目　名　称 | | | 金属面 | |
| | | | 一般 | 特殊 |
| 基　　　价（元） | | | 37.20 | 44.41 |
| 其中 | 人　工　费（元） | | 14.98 | 19.04 |
| | 材　料　费（元） | | 20.15 | 23.30 |
| | 机　械　费（元） | | 2.07 | 2.07 |
| 名　　称 | 单位 | 单价（元） | 消　耗　　量 | |
| 人工 | 综合工日 | 工日 | 140.00 | 0.107 | 0.136 |
| 材料 | 硫酸 38% | kg | 1.62 | 0.780 | 0.780 |
| | 耐油胶管(综合) | m | 20.34 | 0.740 | 0.740 |
| | 尼龙网(综合) | m | 6.24 | — | 0.170 |
| | 氢氧化钠(烧碱) | kg | 2.19 | 0.360 | 0.360 |
| | 水 | t | 7.96 | 0.210 | 0.360 |
| | 亚硝酸钠 | kg | 3.07 | — | 0.120 |
| | 其他材料费 | 元 | 1.00 | 1.375 | 1.898 |
| 机械 | 电动空气压缩机 6m³/min | 台班 | 206.73 | 0.010 | 0.010 |

# 第二章 刷油工程

# 说　　明

一、本章内容包括金属管道、设备、通风管道、金属结构与玻璃布面、石棉布面、玛琋脂面、抹灰面等刷（喷）油漆工程。

二、各种管件、阀件和设备上人孔、管口凹凸部分的刷油已综合考虑在定额内，不另行计算。

三、本章金属面刷油不包括除锈工作内容。

四、关于下列各项费用的规定。

1. 标志色环等零星刷油，执行本章定额相应项目，其人工乘以系数 2.0；

2. 刷油和防腐蚀工程按安装场地内涂刷油漆考虑，如安装前集中刷油，人工乘以系数 0.45（暖气片除外）。如安装前集中喷涂，执行刷油子目人工乘以系数 0.45，材料乘以系数 1.16，增加喷涂机械电动空气压缩机 3 哽/min（其台班消耗量同调整后的合计工日消耗量）。

五、本章主材与稀干料可以换算，但人工和材料消耗量不变。

# 一、管道刷油

工作内容：调配、涂刷。

计量单位：10m²

| 定 额 编 号 | | | | A11-2-1 | A11-2-2 | A11-2-3 | A11-2-4 |
|---|---|---|---|---|---|---|---|
| 项 目 名 称 | | | | 红丹防锈漆 | | 防锈漆 | |
| | | | | 第一遍 | 增一遍 | 第一遍 | 增一遍 |
| 基 价（元） | | | | 14.49 | 14.42 | 14.52 | 14.45 |
| 其中 | 人 工 费（元） | | | 13.86 | 13.86 | 13.86 | 13.86 |
| | 材 料 费（元） | | | 0.63 | 0.56 | 0.66 | 0.59 |
| | 机 械 费（元） | | | — | — | — | — |
| 名 称 | | 单位 | 单价（元） | 消 耗 量 | | | |
| 人工 | 综合工日 | 工日 | 140.00 | 0.099 | 0.099 | 0.099 | 0.099 |
| 材料 | 醇酸防锈漆 C53-1 | kg | — | (1.470) | (1.300) | — | — |
| | 酚醛防锈漆(各色) | kg | — | — | — | (1.310) | (1.120) |
| | 溶剂汽油 200号 | kg | 5.64 | 0.111 | 0.099 | 0.117 | 0.105 |

工作内容：调配、涂刷。

计量单位：10㎡

| 定 额 编 号 | | | | A11-2-5 | A11-2-6 | A11-2-7 |
|---|---|---|---|---|---|---|
| 项 目 名 称 | | | | 带锈底漆 | 厚漆 | |
| | | | | 一遍 | 第一遍 | 增一遍 |
| 基 价（元） | | | | 14.47 | 18.78 | 17.78 |
| 其中 | 人 工 费（元） | | | 13.86 | 14.28 | 13.86 |
| | 材 料 费（元） | | | 0.61 | 4.50 | 3.92 |
| | 机 械 费（元） | | | — | — | — |
| 名 称 | | 单位 | 单价（元） | 消 耗 量 | | |
| 人工 | 综合工日 | 工日 | 140.00 | 0.099 | 0.102 | 0.099 |
| 材料 | 带锈底漆 | kg | — | (0.740) | — | — |
| | 厚漆 | kg | — | — | (0.820) | (0.750) |
| | 清油 | kg | 9.70 | — | 0.410 | 0.360 |
| | 溶剂汽油 200号 | kg | 5.64 | 0.108 | 0.093 | 0.075 |

工作内容：调配、涂刷。 计量单位：10m²

| 定 额 编 号 | | | | A11-2-8 | A11-2-9 | A11-2-10 | A11-2-11 |
|---|---|---|---|---|---|---|---|
| 项 目 名 称 | | | | 调和漆 | | 磁漆 | |
| | | | | 第一遍 | 增一遍 | 第一遍 | 增一遍 |
| 基 价（元） | | | | 14.47 | 14.05 | 16.94 | 16.13 |
| 其中 | 人 工 费（元） | | | 14.28 | 13.86 | 14.28 | 13.86 |
| | 材 料 费（元） | | | 0.19 | 0.19 | 2.66 | 2.27 |
| | 机 械 费（元） | | | — | — | — | — |
| 名 称 | | 单位 | 单价（元） | 消 耗 量 | | | |
| 人工 | 综合工日 | 工日 | 140.00 | 0.102 | 0.099 | 0.102 | 0.099 |
| 材料 | 酚醛磁漆(各色) | kg | — | — | — | (0.980) | (0.930) |
| | 酚醛调和漆(各色) | kg | — | (1.050) | (0.930) | — | — |
| | 清油 | kg | 9.70 | — | — | 0.220 | 0.190 |
| | 溶剂汽油 200号 | kg | 5.64 | 0.033 | 0.033 | 0.093 | 0.075 |

35

工作内容：调配、涂刷。 计量单位：10m²

| 定　额　编　号 | | | A11-2-12 | A11-2-13 | A11-2-14 | A11-2-15 |
|---|---|---|---|---|---|---|
| 项　目　名　称 | | | 耐酸漆 | | 沥青漆 | |
| | | | 第一遍 | 增一遍 | 第一遍 | 增一遍 |
| 基　　　　价（元） | | | 14.60 | 14.13 | 15.54 | 14.98 |
| 其中 | 人　工　费（元） | | 14.28 | 13.86 | 14.28 | 13.86 |
| | 材　料　费（元） | | 0.32 | 0.27 | 1.26 | 1.12 |
| | 机　械　费（元） | | — | — | — | — |

| | 名　　称 | 单位 | 单价（元） | 消　　耗　　量 | | | |
|---|---|---|---|---|---|---|---|
| 人工 | 综合工日 | 工日 | 140.00 | 0.102 | 0.099 | 0.102 | 0.099 |
| 材料 | 酚醛耐酸漆 | kg | — | (0.730) | (0.650) | — | — |
| | 煤焦油沥青漆 L01-17 | kg | — | — | — | (2.880) | (2.470) |
| | 动力苯 | kg | 2.74 | — | — | 0.460 | 0.410 |
| | 溶剂汽油 200号 | kg | 5.64 | 0.057 | 0.048 | — | — |

36

工作内容：调配、涂刷。

计量单位：10m²

| 定 额 编 号 | | | A11-2-16 | A11-2-17 | A11-2-18 | A11-2-19 |
|---|---|---|---|---|---|---|
| 项 目 名 称 | | | 醇酸磁漆 | | 醇酸清漆 | |
| | | | 第一遍 | 增一遍 | 第一遍 | 增一遍 |
| 基 价（元） | | | **17.99** | **16.85** | **15.60** | **15.06** |
| 其中 | 人 工 费（元） | | 14.28 | 13.86 | 14.28 | 13.86 |
| | 材 料 费（元） | | 3.71 | 2.99 | 1.32 | 1.20 |
| | 机 械 费（元） | | — | — | — | — |
| 名 称 | 单位 | 单价（元） | 消 耗 量 | | | |
| 人工 | 综合工日 | 工日 | 140.00 | 0.102 | 0.099 | 0.102 | 0.099 |
| 材料 | 醇酸磁漆(各色) | kg | — | (1.200) | (1.120) | — | — |
| | 醇酸清漆 F01-1 | kg | — | — | — | (1.050) | (0.930) |
| | 醇酸漆稀释剂 | kg | 11.97 | 0.310 | 0.250 | 0.110 | 0.100 |

工作内容：调配、涂刷。                                                                        计量单位：10m²

| 定 额 编 号 | | | A11-2-20 | A11-2-21 | A11-2-22 | A11-2-23 |
|---|---|---|---|---|---|---|
| 项 目 名 称 | | | 有机硅耐热漆 | | 银粉漆 | |
| | | | 第一遍 | 增一遍 | 第一遍 | 增一遍 |
| 基 价（元） | | | 22.75 | 22.12 | 14.21 | 13.35 |
| 其中 | 人 工 费（元） | | 17.92 | 17.92 | 13.30 | 12.74 |
| | 材 料 费（元） | | 4.83 | 4.20 | 0.91 | 0.61 |
| | 机 械 费（元） | | — | — | — | — |
| 名 称 | 单位 | 单价（元） | 消 耗 量 | | | |
| 人工 | 综合工日 | 工日 | 140.00 | 0.128 | 0.128 | 0.095 | 0.091 |
| 材料 | 银粉漆 | kg | — | — | — | (0.670) | (0.630) |
| | 有机硅耐热漆 W61-25 | kg | — | (0.890) | (0.850) | — | — |
| | 溶剂汽油 200号 | kg | 5.64 | — | — | 0.162 | 0.108 |
| | 银粉 | kg | 51.28 | 0.060 | 0.050 | — | — |
| | 有机硅漆稀释剂 X13 | kg | 12.55 | 0.140 | 0.130 | — | — |

## 二、设备与矩形管道刷油

工作内容：调配、涂刷。

计量单位：10m²

| 定　额　编　号 | | | | A11-2-24 | A11-2-25 | A11-2-26 | A11-2-27 |
|---|---|---|---|---|---|---|---|
| 项　目　名　称 | | | | 红丹防锈漆 | | 防锈漆 | |
| | | | | 第一遍 | 增一遍 | 第一遍 | 增一遍 |
| 基　　　　价（元） | | | | 10.71 | 10.22 | 10.77 | 10.30 |
| 其中 | 人　工　费（元） | | | 10.08 | 9.66 | 10.08 | 9.66 |
| | 材　料　费（元） | | | 0.63 | 0.56 | 0.69 | 0.64 |
| | 机　械　费（元） | | | — | — | — | — |
| 名　　称 | 单位 | 单价（元） | | 消　　　耗　　　量 | | | |
| 人工 | 综合工日 | 工日 | 140.00 | 0.072 | 0.069 | 0.072 | 0.069 |
| 材料 | 醇酸防锈漆 C53-1 | kg | — | (1.518) | (1.331) | | |
| | 酚醛防锈漆(各色) | kg | — | — | — | (1.352) | (1.154) |
| | 溶剂汽油 200号 | kg | 5.64 | 0.111 | 0.099 | 0.123 | 0.114 |

39

工作内容：调配、涂刷。                                         计量单位：10m²

| 定　额　编　号 | | | A11-2-28 | A11-2-29 | A11-2-30 |
|---|---|---|---|---|---|
| 项　目　名　称 | | | 带锈底漆 | 厚漆 | |
| | | | 一遍 | 第一遍 | 增一遍 |
| 基　　　价　（元） | | | 10.27 | 14.27 | 13.30 |
| 其中 | 人　工　费（元） | | 9.66 | 10.08 | 9.66 |
| | 材　料　费（元） | | 0.61 | 4.19 | 3.64 |
| | 机　械　费（元） | | — | — | — |
| 名　　称 | 单位 | 单价(元) | 消　　耗　　量 | | |
| 人工 | 综合工日 | 工日 | 140.00 | 0.069 | 0.072 | 0.069 |
| 材料 | 带锈底漆 | kg | — | (0.759) | — | — |
| | 厚漆 | kg | — | — | (0.811) | (0.741) |
| | 清油 | kg | 9.70 | — | 0.380 | 0.330 |
| | 溶剂汽油 200号 | kg | 5.64 | 0.108 | 0.090 | 0.078 |

工作内容：调配、涂刷。 计量单位：10m²

| 定　额　编　号 | | | | A11-2-31 | A11-2-32 | A11-2-33 | A11-2-34 |
|---|---|---|---|---|---|---|---|
| 项　目　名　称 | | | | 调和漆 | | 磁漆 | |
| | | | | 第一遍 | 增一遍 | 第一遍 | 增一遍 |
| 基　　　价（元） | | | | 10.27 | 9.83 | 13.38 | 12.15 |
| 其中 | 人　工　费（元） | | | 10.08 | 9.66 | 10.08 | 9.66 |
| | 材　料　费（元） | | | 0.19 | 0.17 | 3.30 | 2.49 |
| | 机　械　费（元） | | | — | — | — | — |
| 名　　称 | | 单位 | 单价（元） | 消　耗　量 | | | |
| 人工 | 综合工日 | 工日 | 140.00 | 0.072 | 0.069 | 0.072 | 0.069 |
| 材料 | 酚醛磁漆（各色） | kg | — | — | — | — | (0.957) | (0.905) |
| | 酚醛调和漆（各色） | kg | — | (1.082) | (0.957) | — | — |
| | 清油 | kg | 9.70 | — | — | 0.290 | 0.220 |
| | 溶剂汽油 200号 | kg | 5.64 | 0.033 | 0.030 | 0.087 | 0.063 |

| 定　额　编　号 | | | A11-2-35 | A11-2-36 | A11-2-37 | A11-2-38 |
|---|---|---|---|---|---|---|
| 项　目　名　称 | | | 烟囱漆 | | 酚醛耐酸漆 | |
| | | | 第一遍 | 增一遍 | 第一遍 | 增一遍 |
| 基　　　　价（元） | | | 10.38 | 9.93 | 10.38 | 9.93 |
| 其中 | 人　工　费（元） | | 10.08 | 9.66 | 10.08 | 9.66 |
| | 材　料　费（元） | | 0.30 | 0.27 | 0.30 | 0.27 |
| | 机　械　费（元） | | — | — | — | — |
| 名　　称 | 单位 | 单价（元） | 消　　耗　　量 | | | |
| 人工 | 综合工日 | 工日 | 140.00 | 0.072 | 0.069 | 0.072 | 0.069 |
| 材料 | 酚醛耐酸漆 | kg | — | — | — | (0.749) | (0.666) |
| | 酚醛烟囱漆 | kg | — | (0.749) | (0.666) | — | — |
| | 溶剂汽油 200号 | kg | 5.64 | 0.054 | 0.048 | 0.054 | 0.048 |

工作内容：调配、涂刷。

| 定 额 编 号 | | | A11-2-39 | A11-2-40 | A11-2-41 | A11-2-42 |
|---|---|---|---|---|---|---|
| 项 目 名 称 | | | 沥青漆 | | 醇酸磁漆 | |
| | | | 第一遍 | 增一遍 | 第一遍 | 增一遍 |
| 基 价（元） | | | 11.34 | 10.78 | 13.79 | 13.13 |
| 其中 | 人 工 费（元） | | 10.08 | 9.66 | 10.08 | 9.66 |
| | 材 料 费（元） | | 1.26 | 1.12 | 3.71 | 3.47 |
| | 机 械 费（元） | | — | — | — | — |
| 名 称 | 单位 | 单价（元） | 消 耗 量 | | | |
| 人工 | 综合工日 | 工日 | 140.00 | 0.072 | 0.069 | 0.072 | 0.069 |
| 材料 | 醇酸磁漆(各色) | kg | — | — | — | (1.258) | (1.134) |
| | 煤焦油沥青漆 L01-17 | kg | — | (2.808) | (2.350) | — | — |
| | 醇酸漆稀释剂 | kg | 11.97 | — | — | 0.310 | 0.290 |
| | 动力苯 | kg | 2.74 | 0.460 | 0.410 | — | — |

工作内容：调配、涂刷。 计量单位：10m²

| 定 额 编 号 | | | | A11-2-43 | A11-2-44 | A11-2-45 | A11-2-46 |
|---|---|---|---|---|---|---|---|
| 项 目 名 称 | | | | 醇酸清漆 | | 有机硅耐热漆 | |
| | | | | 第一遍 | 增一遍 | 第一遍 | 增一遍 |
| 基 价（元） | | | | 11.40 | 10.86 | 17.71 | 16.80 |
| 其中 | 人 工 费（元） | | | 10.08 | 9.66 | 12.88 | 12.60 |
| | 材 料 费（元） | | | 1.32 | 1.20 | 4.83 | 4.20 |
| | 机 械 费（元） | | | — | — | — | — |
| 名 称 | | 单位 | 单价（元） | 消 耗 量 | | | |
| 人工 | 综合工日 | 工日 | 140.00 | 0.072 | 0.069 | 0.092 | 0.090 |
| 材料 | 醇酸清漆 F01-1 | kg | — | (1.082) | (0.957) | — | — |
| | 有机硅耐热漆 W61-25 | kg | — | — | — | (0.926) | (0.884) |
| | 醇酸漆稀释剂 | kg | 11.97 | 0.110 | 0.100 | — | — |
| | 银粉 | kg | 51.28 | — | — | 0.060 | 0.050 |
| | 有机硅漆稀释剂 X13 | kg | 12.55 | — | — | 0.140 | 0.130 |

44

工作内容：调配、涂刷。

计量单位：10m²

| 定 额 编 号 | | | | A11-2-47 | A11-2-48 |
|---|---|---|---|---|---|
| 项 目 名 称 | | | | 银粉漆 | |
| | | | | 第一遍 | 增一遍 |
| 基 价（元） | | | | 10.29 | 9.71 |
| 其中 | 人 工 费（元） | | | 9.38 | 9.10 |
| | 材 料 费（元） | | | 0.91 | 0.61 |
| | 机 械 费（元） | | | — | — |
| 名 称 | | 单位 | 单价（元） | 消 耗 量 | |
| 人工 | 综合工日 | 工日 | 140.00 | 0.067 | 0.065 |
| 材料 | 银粉漆 | kg | — | (0.666) | (0.634) |
| | 溶剂汽油 200号 | kg | 5.64 | 0.162 | 0.108 |

45

# 三、金属结构刷油

## 1.一般钢结构

工作内容：调配、涂刷。

计量单位：100kg

| 定　额　编　号 | | | | A11-2-49 | A11-2-50 | A11-2-51 | A11-2-52 |
|---|---|---|---|---|---|---|---|
| 项　目　名　称 | | | | 红丹防锈漆 | | 防锈漆 | |
| | | | | 第一遍 | 增一遍 | 第一遍 | 增一遍 |
| 基　　　价（元） | | | | 17.86 | 17.69 | 18.28 | 17.67 |
| 其中 | 人　工　费（元） | | | 13.02 | 12.46 | 13.02 | 12.46 |
| | 材　料　费（元） | | | 0.05 | 0.44 | 0.47 | 0.42 |
| | 机　械　费（元） | | | 4.79 | 4.79 | 4.79 | 4.79 |
| 名　　称 | | 单位 | 单价（元） | 消　　耗　　量 | | | |
| 人工 | 综合工日 | 工日 | 140.00 | 0.093 | 0.089 | 0.093 | 0.089 |
| 材料 | 醇酸防锈漆 C53-1 | kg | — | (1.160) | (0.950) | — | — |
| | 酚醛防锈漆(各色) | kg | — | — | — | (0.920) | (0.780) |
| | 溶剂汽油 200号 | kg | 5.64 | 0.009 | 0.078 | 0.084 | 0.075 |
| 机械 | 汽车式起重机 16t | 台班 | 958.70 | 0.005 | 0.005 | 0.005 | 0.005 |

工作内容：调配、涂刷。 计量单位：100kg

| 定 额 编 号 | | | | A11-2-53 | A11-2-54 | A11-2-55 |
|---|---|---|---|---|---|---|
| 项 目 名 称 | | | | 带锈底漆 | 银粉漆 | |
| | | | | 一遍 | 第一遍 | 增一遍 |
| 基 价 （元） | | | | 18.25 | 12.92 | 12.84 |
| 其中 | 人 工 费 （元） | | | 13.02 | 12.04 | 12.04 |
| | 材 料 费 （元） | | | 0.44 | 0.88 | 0.80 |
| | 机 械 费 （元） | | | 4.79 | — | — |
| 名 称 | | 单位 | 单价（元） | 消 耗 量 | | |
| 人工 | 综合工日 | 工日 | 140.00 | 0.093 | 0.086 | 0.086 |
| 材料 | 带锈底漆 | kg | — | (0.540) | — | — |
| | 银粉漆 | kg | — | — | (0.330) | (0.290) |
| | 溶剂汽油 200号 | kg | 5.64 | 0.078 | 0.156 | 0.141 |
| 机械 | 汽车式起重机 16t | 台班 | 958.70 | 0.005 | — | — |

47

工作内容：调配、涂刷。 计量单位：100kg

| 定 额 编 号 | | | | A11-2-56 | A11-2-57 | A11-2-58 | A11-2-59 |
|---|---|---|---|---|---|---|---|
| 项 目 名 称 | | | | 厚漆 | | 调和漆 | |
| | | | | 第一遍 | 增一遍 | 第一遍 | 增一遍 |
| 基 价 （元） | | | | 16.35 | 15.88 | 12.61 | 12.60 |
| 其中 | 人 工 费 （元） | | | 12.46 | 12.46 | 12.46 | 12.46 |
| | 材 料 费 （元） | | | 3.89 | 3.42 | 0.15 | 0.14 |
| | 机 械 费 （元） | | | — | — | — | — |
| 名 称 | | 单位 | 单价(元) | 消 耗 量 | | | |
| 人工 | 综合工日 | 工日 | 140.00 | 0.089 | 0.089 | 0.089 | 0.089 |
| 材料 | 酚醛调和漆(各色) | kg | — | — | — | (0.800) | (0.700) |
| | 厚漆 | kg | — | — | (0.580) | (0.530) | — | — |
| | 清油 | kg | 9.70 | 0.300 | 0.260 | — | — |
| | 溶剂汽油 200号 | kg | 5.64 | 0.174 | 0.159 | 0.027 | 0.024 |

48

工作内容：调配、涂刷。

计量单位：100kg

| 定 额 编 号 | | | | A11-2-60 | A11-2-61 | A11-2-62 | A11-2-63 |
|---|---|---|---|---|---|---|---|
| 项 目 名 称 | | | | 磁漆 | | 耐酸漆 | |
| | | | | 第一遍 | 增一遍 | 第一遍 | 增一遍 |
| 基 价（元） | | | | 15.29 | 14.12 | 12.68 | 12.66 |
| 其中 | 人 工 费（元） | | | 12.46 | 12.46 | 12.46 | 12.46 |
| | 材 料 费（元） | | | 2.83 | 1.66 | 0.22 | 0.20 |
| | 机 械 费（元） | | | — | — | — | — |
| 名 称 | | 单位 | 单价（元） | 消 耗 量 | | | |
| 人工 | 综合工日 | 工日 | 140.00 | 0.089 | 0.089 | 0.089 | 0.089 |
| 材料 | 酚醛磁漆(各色) | kg | — | (0.720) | (0.680) | — | — |
| | 酚醛耐酸漆 | kg | — | — | — | (0.560) | (0.490) |
| | 清油 | kg | 9.70 | 0.260 | 0.140 | — | — |
| | 溶剂汽油 200号 | kg | 5.64 | 0.054 | 0.054 | 0.039 | 0.036 |

工作内容：调配、涂刷。  计量单位：100kg

| 定 额 编 号 | | | A11-2-64 | A11-2-65 | A11-2-66 | A11-2-67 |
|---|---|---|---|---|---|---|
| 项 目 名 称 | | | 沥青漆 | | 醇酸磁漆 | |
| | | | 第一遍 | 增一遍 | 第一遍 | 增一遍 |
| 基 价（元） | | | 18.15 | 18.04 | 15.21 | 14.73 |
| 其中 | 人 工 费（元） | | 12.46 | 12.46 | 12.46 | 12.46 |
| | 材 料 费（元） | | 0.90 | 0.79 | 2.75 | 2.27 |
| | 机 械 费（元） | | 4.79 | 4.79 | — | — |
| 名 称 | 单位 | 单价（元） | 消 耗 量 | | | |
| 人工 综合工日 | 工日 | 140.00 | 0.089 | 0.089 | 0.089 | 0.089 |
| 材料 醇酸磁漆(各色) | kg | — | — | — | (0.900) | (0.840) |
| 煤焦油沥青漆 L01-17 | kg | — | (2.010) | (1.720) | — | — |
| 醇酸漆稀释剂 | kg | 11.97 | — | — | 0.230 | 0.190 |
| 动力苯 | kg | 2.74 | 0.330 | 0.290 | — | — |
| 机械 汽车式起重机 16t | 台班 | 958.70 | 0.005 | 0.005 | — | — |

50

工作内容：调配、涂刷。                                        计量单位：100kg

| 定　额　编　号 | | | A11-2-68 | A11-2-69 | A11-2-70 | A11-2-71 |
|---|---|---|---|---|---|---|
| 项　目　名　称 | | | 醇酸清漆 | | 有机硅耐热漆 | |
| | | | 第一遍 | 增一遍 | 第一遍 | 增一遍 |
| 基　　　　　价（元） | | | 13.42 | 13.42 | 26.79 | 26.79 |
| 其中 | 人　工　费（元） | | 12.46 | 12.46 | 18.06 | 18.06 |
| | 材　料　费（元） | | 0.96 | 0.96 | 3.94 | 3.94 |
| | 机　械　费（元） | | — | — | 4.79 | 4.79 |
| 名　　　称 | 单位 | 单价（元） | 消　　耗　　量 | | | |
| 人工 | 综合工日 | 工日 | 140.00 | 0.089 | 0.089 | 0.129 | 0.129 |
| 材料 | 醇酸清漆 | kg | — | (0.790) | (0.700) | — | — |
| | 有机硅耐热漆 W61-25 | kg | — | — | — | (0.750) | (0.670) |
| | 醇酸漆稀释剂 | kg | 11.97 | 0.080 | 0.080 | — | — |
| | 银粉 | kg | 51.28 | — | — | 0.050 | 0.050 |
| | 有机硅漆稀释剂 X13 | kg | 12.55 | — | — | 0.110 | 0.110 |
| 机械 | 汽车式起重机 16t | 台班 | 958.70 | — | — | 0.005 | 0.005 |

## 2.管廊钢结构

工作内容：调配、涂刷。

计量单位：100kg

| 定　额　编　号 | | | A11-2-72 | A11-2-73 | A11-2-74 | A11-2-75 |
|---|---|---|---|---|---|---|
| 项　目　名　称 | | | 红丹防锈漆 | | 防锈漆 | |
| | | | 第一遍 | 增一遍 | 第一遍 | 增一遍 |
| 基　　　价（元） | | | 13.94 | 13.90 | 13.91 | 13.87 |
| 其中 | 人　工　费（元） | | 8.82 | 8.82 | 8.82 | 8.82 |
| | 材　料　费（元） | | 0.33 | 0.29 | 0.30 | 0.26 |
| | 机　械　费（元） | | 4.79 | 4.79 | 4.79 | 4.79 |
| 名　　称 | 单位 | 单价（元） | 消　　耗　　量 | | | |
| 人工 综合工日 | 工日 | 140.00 | 0.063 | 0.063 | 0.063 | 0.063 |
| 材料 醇酸防锈漆 C53-1 | kg | — | （0.748） | （0.612） | — | — |
| 酚醛防锈漆(各色) | kg | — | — | — | （0.595） | （0.502） |
| 溶剂汽油 200号 | kg | 5.64 | 0.059 | 0.051 | 0.054 | 0.046 |
| 机械 汽车式起重机 16t | 台班 | 958.70 | 0.005 | 0.005 | 0.005 | 0.005 |

工作内容：调配、涂刷。                                           计量单位：100kg

| 定　额　编　号 | | | 单位 | 单价（元） | A11-2-76 | A11-2-77 | A11-2-78 |
|---|---|---|---|---|---|---|---|
| 项　目　名　称 | | | | | 带锈底漆 | 银粉漆 | |
| | | | | | 一遍 | 第一遍 | 增一遍 |
| 基　　　价（元） | | | | | 13.90 | 8.96 | 8.92 |
| 其中 | 人　工　费（元） | | | | 8.82 | 8.40 | 8.40 |
| | 材　料　费（元） | | | | 0.29 | 0.56 | 0.52 |
| | 机　械　费（元） | | | | 4.79 | — | — |
| 名　　　称 | | 单位 | 单价（元） | | 消　　耗　　量 | | |
| 人工 | 综合工日 | 工日 | 140.00 | | 0.063 | 0.060 | 0.060 |
| 材料 | 带锈底漆 | kg | — | | (0.349) | — | — |
| | 银粉漆 | kg | — | | — | (0.213) | (0.196) |
| | 溶剂汽油 200号 | kg | 5.64 | | 0.051 | 0.100 | 0.092 |
| 机械 | 汽车式起重机 16t | 台班 | 958.70 | | 0.005 | — | — |

工作内容：调配、涂刷。

计量单位：100kg

| 定 额 编 号 | | | A11-2-79 | A11-2-80 | A11-2-81 | A11-2-82 |
|---|---|---|---|---|---|---|
| 项 目 名 称 | | | 厚漆 | | 调和漆 | |
| | | | 第一遍 | 增一遍 | 第一遍 | 增一遍 |
| 基 价（元） | | | 11.35 | 11.04 | 8.92 | 8.90 |
| 其中 | 人 工 费（元） | | 8.82 | 8.82 | 8.82 | 8.82 |
| | 材 料 费（元） | | 2.53 | 2.22 | 0.10 | 0.08 |
| | 机 械 费（元） | | — | — | — | — |
| 名 称 | 单位 | 单价（元） | 消 耗 量 | | | |
| 人工 | 综合工日 | 工日 | 140.00 | 0.063 | 0.063 | 0.063 | 0.063 |
| 材料 | 酚醛调和漆(各色) | kg | — | — | — | (0.519) | (0.451) |
| | 厚漆 | kg | — | (0.374) | (0.340) | — | — |
| | 清油 | kg | 9.70 | 0.196 | 0.170 | — | — |
| | 溶剂汽油 200号 | kg | 5.64 | 0.112 | 0.102 | 0.018 | 0.015 |

54

工作内容：调配、涂刷。

| 定 额 编 号 | | | A11-2-83 | A11-2-84 | A11-2-85 | A11-2-86 |
|---|---|---|---|---|---|---|
| 项 目 名 称 | | | 磁漆 | | 耐酸漆 | |
| | | | 第一遍 | 增一遍 | 第一遍 | 增一遍 |
| 基 价（元） | | | 10.67 | 10.31 | 8.97 | 8.97 |
| 其中 | 人 工 费（元） | | 8.82 | 8.82 | 8.82 | 8.82 |
| | 材 料 费（元） | | 1.85 | 1.49 | 0.15 | 0.15 |
| | 机 械 费（元） | | — | — | — | — |
| 名 称 | 单位 | 单价(元) | 消 耗 量 | | | |
| 人工 | 综合工日 | 工日 | 140.00 | 0.063 | 0.063 | 0.063 | 0.063 |
| 材料 | 酚醛磁漆(各色) | kg | — | (0.468) | (0.442) | — | — |
| | 酚醛耐酸漆 | kg | — | — | — | (0.366) | (0.315) |
| | 清油 | kg | 9.70 | 0.170 | 0.094 | — | — |
| | 溶剂汽油 200号 | kg | 5.64 | 0.036 | 0.102 | 0.026 | 0.026 |

工作内容：调配、涂刷。

计量单位：100kg

| 定 额 编 号 | | | | A11-2-87 | A11-2-88 | A11-2-89 | A11-2-90 |
|---|---|---|---|---|---|---|---|
| 项 目 名 称 | | | | 沥青漆 | | 醇酸磁漆 | |
| | | | | 第一遍 | 增一遍 | 第一遍 | 增一遍 |
| 基 价（元） | | | | 14.12 | 14.19 | 10.56 | 10.24 |
| 其中 | 人 工 费（元） | | | 8.82 | 8.82 | 8.82 | 8.82 |
| | 材 料 费（元） | | | 0.51 | 0.58 | 1.74 | 1.42 |
| | 机 械 费（元） | | | 4.79 | 4.79 | — | — |
| 名 称 | | 单位 | 单价（元） | 消 耗 量 | | | |
| 人工 | 综合工日 | 工日 | 140.00 | 0.063 | 0.063 | 0.063 | 0.063 |
| 材料 | 醇酸磁漆(各色) | kg | — | — | — | (0.578) | (0.544) |
| | 煤焦油沥青漆 L01-17 | kg | — | (1.292) | (1.106) | — | — |
| | 醇酸漆稀释剂 | kg | 11.97 | — | — | 0.145 | 0.119 |
| | 动力苯 | kg | 2.74 | 0.187 | 0.213 | — | — |
| 机械 | 汽车式起重机 16t | 台班 | 958.70 | 0.005 | 0.005 | — | — |

56

工作内容：调配、涂刷。　　　　　　　　　　　　　　　　　　计量单位：100kg

| 定　额　编　号 | | | A11-2-91 | A11-2-92 | A11-2-93 | A11-2-94 |
|---|---|---|---|---|---|---|
| 项　目　名　称 | | | 醇酸清漆 | | 有机硅耐热漆 | |
| | | | 第一遍 | 增一遍 | 第一遍 | 增一遍 |
| 基　　　　　　价（元） | | | 9.43 | 9.43 | 19.71 | 19.71 |
| 其中 | 人　工　费（元） | | 8.82 | 8.82 | 12.32 | 12.32 |
| | 材　料　费（元） | | 0.61 | 0.61 | 2.60 | 2.60 |
| | 机　械　费（元） | | — | — | 4.79 | 4.79 |
| 名　　称 | 单位 | 单价（元） | 消　　耗　　量 | | | |
| 人工 | 综合工日 | 工日 | 140.00 | 0.063 | 0.063 | 0.088 | 0.088 |
| 材料 | 醇酸清漆 | kg | — | (0.510) | (0.451) | — | — |
| | 有机硅耐热漆 W61-25 | kg | — | — | — | (0.485) | (0.434) |
| | 醇酸漆稀释剂 | kg | 11.97 | 0.051 | 0.051 | — | — |
| | 银粉 | kg | 51.28 | — | — | 0.034 | 0.034 |
| | 有机硅漆稀释剂 X13 | kg | 12.55 | — | — | 0.068 | 0.068 |
| 机械 | 汽车式起重机 16t | 台班 | 958.70 | — | — | 0.005 | 0.005 |

# 3. 大型型钢钢结构

工作内容：调配、涂刷。

计量单位：10m²

| 定 额 编 号 | | | | | A11-2-95 | A11-2-96 | A11-2-97 | A11-2-98 |
|---|---|---|---|---|---|---|---|---|
| 项 目 名 称 | | | | | 红丹防锈漆 | | 防锈漆 | |
| | | | | | 第一遍 | 增一遍 | 第一遍 | 增一遍 |
| 基 价（元） | | | | | 19.21 | 19.15 | 19.15 | 19.15 |
| 其中 | 人 工 费（元） | | | | 9.94 | 9.94 | 9.94 | 9.94 |
| | 材 料 费（元） | | | | 0.60 | 0.54 | 0.54 | 0.54 |
| | 机 械 费（元） | | | | 8.67 | 8.67 | 8.67 | 8.67 |
| 名 称 | | 单位 | 单价(元) | | 消 耗 量 | | | |
| 人工 | 综合工日 | 工日 | 140.00 | | 0.071 | 0.071 | 0.071 | 0.071 |
| 材料 | 醇酸防锈漆 C53-1 | kg | — | | (1.400) | (1.232) | — | — |
| | 酚醛防锈漆(各色) | kg | — | | — | — | (1.248) | (1.064) |
| | 溶剂汽油 200号 | kg | 5.64 | | 0.106 | 0.096 | 0.096 | 0.096 |
| 机械 | 汽车式起重机 25t | 台班 | 1084.16 | | 0.008 | 0.008 | 0.008 | 0.008 |

工作内容：调配、涂刷。  计量单位：10m²

| 定 额 编 号 | | | A11-2-99 | A11-2-100 | A11-2-101 |
|---|---|---|---|---|---|
| 项 目 名 称 | | | 带锈底漆 | 银粉漆 | |
| | | | 一遍 | 第一遍 | 增一遍 |
| 基 价（元） | | | 19.15 | 11.58 | 11.58 |
| 其中 | 人 工 费（元） | | 9.94 | 10.50 | 10.50 |
| | 材 料 费（元） | | 0.54 | 1.08 | 1.08 |
| | 机 械 费（元） | | 8.67 | — | — |
| 名 称 | 单位 | 单价（元） | 消 耗 量 | | |
| 人工 | 综合工日 | 工日 | 140.00 | 0.071 | 0.075 | 0.075 |
| 材料 | 酚醛清漆(各色) | kg | — | (0.704) | — | — |
| | 银粉漆 | kg | — | — | (0.320) | (0.288) |
| | 溶剂汽油 200号 | kg | 5.64 | 0.096 | 0.192 | 0.192 |
| 机械 | 汽车式起重机 25t | 台班 | 1084.16 | 0.008 | — | — |

工作内容：调配、涂刷。 计量单位：10m²

| 定 额 编 号 | | | | | A11-2-102 | A11-2-103 |
|---|---|---|---|---|---|---|
| 项 目 名 称 | | | | | 厚漆 | |
| | | | | | 第一遍 | 增一遍 |
| 基 价（元） | | | | | 14.25 | 13.68 |
| 其中 | 人 工 费（元） | | | | 9.94 | 9.94 |
| | 材 料 费（元） | | | | 4.31 | 3.74 |
| | 机 械 费（元） | | | | — | — |
| 名 称 | | 单位 | 单价（元） | | 消 耗 量 | |
| 人工 | 综合工日 | 工日 | 140.00 | | 0.071 | 0.071 |
| 材料 | 厚漆 | kg | — | | (0.799) | (0.730) |
| | 清油 | kg | 9.70 | | 0.391 | 0.340 |
| | 溶剂汽油 200号 | kg | 5.64 | | 0.092 | 0.079 |

工作内容：调配、涂刷。                                                                                       计量单位：10m²

| 定　额　编　号 | | | | | A11-2-104 | A11-2-105 |
|---|---|---|---|---|---|---|
| 项　目　名　称 | | | | | 调和漆 | |
| | | | | | 第一遍 | 增一遍 |
| 基　　　　价（元） | | | | | 10.13 | 10.13 |
| 其中 | 人　工　费（元） | | | | 9.94 | 9.94 |
| | 材　料　费（元） | | | | 0.19 | 0.19 |
| | 机　械　费（元） | | | | — | — |
| 名　　　称 | | 单位 | 单价（元） | | 消　　耗　　量 | |
| 人工 | 综合工日 | 工日 | 140.00 | | 0.071 | 0.071 |
| 材料 | 酚醛调和漆(各色) | kg | — | | (1.063) | (0.935) |
| | 溶剂汽油 200号 | kg | 5.64 | | 0.033 | 0.033 |

工作内容：调配、涂刷。 计量单位：10m²

| 定 额 编 号 | | | | | A11-2-106 | A11-2-107 |
|---|---|---|---|---|---|---|
| 项 目 名 称 | | | | | 磁漆 | |
| | | | | | 第一遍 | 增一遍 |
| 基 价 （元） | | | | | 12.95 | 11.30 |
| 其中 | 人 工 费（元） | | | | 9.94 | 9.94 |
| | 材 料 费（元） | | | | 3.01 | 1.36 |
| | 机 械 费（元） | | | | — | — |
| 名 称 | | 单位 | 单价（元） | | 消 耗 量 | |
| 人工 | 综合工日 | 工日 | 140.00 | | 0.071 | 0.071 |
| 材料 | 酚醛磁漆(各色) | kg | — | | (0.935) | (0.883) |
| | 清油 | kg | 9.70 | | 0.281 | 0.111 |
| | 溶剂汽油 200号 | kg | 5.64 | | 0.051 | 0.051 |

工作内容：调配、涂刷。

计量单位：10m²

| 定　额　编　号 | | | | | A11-2-108 | A11-2-109 |
|---|---|---|---|---|---|---|
| 项　目　名　称 | | | | | 耐酸漆 | |
| | | | | | 第一遍 | 增一遍 |
| 基　　价（元） | | | | | 10.13 | 10.13 |
| 其中 | 人　工　费（元） | | | | 9.94 | 9.94 |
| | 材　料　费（元） | | | | 0.19 | 0.19 |
| | 机　械　费（元） | | | | — | — |
| 名　　称 | | 单位 | 单价（元） | 消　　耗　　量 | | |
| 人工 | 综合工日 | 工日 | 140.00 | 0.071 | | 0.071 |
| 材料 | 酚醛耐酸漆 | kg | — | (0.748) | | (0.680) |
| | 溶剂汽油 200号 | kg | 5.64 | 0.033 | | 0.033 |

63

工作内容：调配、涂刷。

计量单位：10m²

| 定 额 编 号 | | | | A11-2-110 | A11-2-111 |
|---|---|---|---|---|---|
| 项 目 名 称 | | | | 沥青漆 | |
| | | | | 第一遍 | 增一遍 |
| 基 价（元） | | | | 19.52 | 19.38 |
| 其中 | 人 工 费（元） | | | 9.94 | 9.94 |
| | 材 料 费（元） | | | 0.91 | 0.77 |
| | 机 械 费（元） | | | 8.67 | 8.67 |
| 名 称 | | 单位 | 单价（元） | 消 耗 量 | |
| 人工 | 综合工日 | 工日 | 140.00 | 0.071 | 0.071 |
| 材料 | 煤焦油沥青漆 L01-17 | kg | — | (2.754) | (2.304) |
| | 动力苯 | kg | 2.74 | 0.332 | 0.281 |
| 机械 | 汽车式起重机 25t | 台班 | 1084.16 | 0.008 | 0.008 |

工作内容：调配、涂刷。

计量单位：10m²

| 定 额 编 号 | | | A11-2-112 | A11-2-113 |
|---|---|---|---|---|
| 项 目 名 称 | | | 醇酸磁漆 | |
| | | | 第一遍 | 增一遍 |
| 基 价（元） | | | 13.71 | 13.51 |
| 其中 | 人 工 费（元） | | 9.94 | 9.94 |
| | 材 料 费（元） | | 3.77 | 3.57 |
| | 机 械 费（元） | | — | — |
| 名 称 | 单位 | 单价（元） | 消 耗 量 | |
| 人工 | 综合工日 | 工日 | 140.00 | 0.071 | 0.071 |
| 材料 | 醇酸磁漆(各色) | kg | — | (1.233) | (1.114) |
| | 醇酸漆稀释剂 | kg | 11.97 | 0.315 | 0.298 |

工作内容：调配、涂刷。 计量单位：10m²

| 定 额 编 号 | | | | A11-2-114 | A11-2-115 |
|---|---|---|---|---|---|
| 项 目 名 称 | | | | 醇酸清漆 | |
| | | | | 第一遍 | 增一遍 |
| 基 价（元） | | | | 11.27 | 10.88 |
| 其中 | 人 工 费（元） | | | 9.94 | 9.66 |
| | 材 料 费（元） | | | 1.33 | 1.22 |
| | 机 械 费（元） | | | — | — |
| 名 称 | | 单位 | 单价（元） | 消 耗 量 | |
| 人工 | 综合工日 | 工日 | 140.00 | 0.071 | 0.069 |
| 材料 | 醇酸清漆 | kg | — | (1.063) | (0.935) |
| | 醇酸漆稀释剂 | kg | 11.97 | 0.111 | 0.102 |

66

工作内容：调配、涂刷。

计量单位：10㎡

| 定　额　编　号 | | | | A11-2-116 | A11-2-117 |
|---|---|---|---|---|---|
| 项　目　名　称 | | | | 有机硅耐热漆 | |
| | | | | 第一遍 | 增一遍 |
| 基　　　　　价（元） | | | | 26.17 | 25.31 |
| 其中 | 人　工　费（元） | | | 12.60 | 12.32 |
| | 材　料　费（元） | | | 4.90 | 4.32 |
| | 机　械　费（元） | | | 8.67 | 8.67 |
| 名　　称 | | 单位 | 单价（元） | 消　耗　量 | |
| 人工 | 综合工日 | 工日 | 140.00 | 0.090 | 0.088 |
| 材料 | 有机硅耐热漆 W61-25 | kg | — | (1.080) | (1.020) |
| | 银粉 | kg | 51.28 | 0.060 | 0.051 |
| | 有机硅漆稀释剂 X13 | kg | 12.55 | 0.145 | 0.136 |
| 机械 | 汽车式起重机 25t | 台班 | 1084.16 | 0.008 | 0.008 |

# 四、铸铁管、暖气片刷油

工作内容：调配、涂刷。 计量单位：10m²

| 定　额　编　号 | | | | A11-2-118 | A11-2-119 |
|---|---|---|---|---|---|
| 项　目　名　称 | | | | 防锈漆 | 带锈底漆 |
| | | | | 一遍 | |
| 基　　　价（元） | | | | 19.45 | 19.50 |
| 其中 | 人　工　费（元） | | | 18.76 | 18.76 |
| | 材　料　费（元） | | | 0.69 | 0.74 |
| | 机　械　费（元） | | | — | — |
| 名　　　称 | 单位 | 单价(元) | | 消　耗　量 | |
| 人工 | 综合工日 | 工日 | 140.00 | 0.134 | 0.134 |
| 材料 | 带锈底漆 | kg | — | — | (0.920) |
| | 酚醛防锈漆(各色) | kg | — | (1.050) | — |
| | 溶剂汽油 200号 | kg | 5.64 | 0.123 | 0.132 |

工作内容：调配、涂刷。

计量单位：10㎡

| 定 额 编 号 | | | | A11-2-120 | A11-2-121 |
|---|---|---|---|---|---|
| 项 目 名 称 | | | | 银粉漆 | |
| | | | | 第一遍 | 增一遍 |
| 基 价（元） | | | | 19.58 | 18.84 |
| 其中 | 人 工 费（元） | | | 18.06 | 17.50 |
| | 材 料 费（元） | | | 1.52 | 1.34 |
| | 机 械 费（元） | | | — | — |
| 名 称 | | 单位 | 单价(元) | 消 耗 量 | |
| 人工 | 综合工日 | 工日 | 140.00 | 0.129 | 0.125 |
| 材料 | 银粉漆 | kg | — | (0.540) | (0.480) |
| | 溶剂汽油 200号 | kg | 5.64 | 0.270 | 0.237 |

69

工作内容：调配、涂刷。

计量单位：10m²

| 定 额 编 号 | | | | A11-2-122 | A11-2-123 |
|---|---|---|---|---|---|
| 项 目 名 称 | | | | 沥青漆 | |
| | | | | 第一遍 | 增一遍 |
| 基 价（元） | | | | 21.70 | 21.00 |
| 其中 | 人 工 费（元） | | | 20.44 | 19.88 |
| | 材 料 费（元） | | | 1.26 | 1.12 |
| | 机 械 费（元） | | | — | — |
| 名 称 | | 单位 | 单价（元） | 消 耗 量 | |
| 人工 | 综合工日 | 工日 | 140.00 | 0.146 | 0.142 |
| 材料 | 煤焦油沥青漆 L01-17 | kg | — | (2.880) | (2.740) |
| | 动力苯 | kg | 2.74 | 0.460 | 0.410 |

工作内容：调配、涂刷。

计量单位：10m²

| 定　额　编　号 | | | | A11-2-124 | A11-2-125 |
|---|---|---|---|---|---|
| 项　目　名　称 | | | | 热沥青 | |
| | | | | 第一遍 | 增一遍 |
| 基　　　价（元） | | | | 155.47 | 72.24 |
| 其中 | 人　工　费（元） | | | 61.60 | 29.54 |
| | 材　料　费（元） | | | 93.87 | 42.70 |
| | 机　械　费（元） | | | — | — |
| 名　　称 | | 单位 | 单价（元） | 消　　耗　　量 | |
| 人工 | 综合工日 | 工日 | 140.00 | 0.440 | 0.211 |
| 材料 | 滑石粉 | kg | 0.85 | 12.350 | 5.560 |
| | 煤 | t | 650.00 | 0.005 | 0.003 |
| | 木柴 | kg | 0.18 | 1.090 | 0.490 |
| | 石油沥青 10号 | kg | 2.74 | 28.070 | 12.630 |
| | 其他材料费 | 元 | 1.00 | 3.015 | 1.332 |

# 五、灰面刷油

工作内容：调配、涂刷。

计量单位：10m²

| 定　额　编　号 | | | | A11-2-126 | A11-2-127 |
|---|---|---|---|---|---|
| 项　目　名　称 | | | | 设备 | |
| | | | | 厚漆 | |
| | | | | 第一遍 | 增一遍 |
| 基　　　价（元） | | | | 29.21 | 23.86 |
| 其中 | 人　工　费（元） | | | 23.80 | 19.88 |
| | 材　料　费（元） | | | 5.41 | 3.98 |
| | 机　械　费（元） | | | — | — |
| 名　　称 | | 单位 | 单价（元） | 消　　耗　　量 | |
| 人工 | 综合工日 | 工日 | 140.00 | 0.170 | 0.142 |
| 材料 | 厚漆 | kg | — | (1.050) | (0.811) |
| | 清油 | kg | 9.70 | 0.490 | 0.360 |
| | 溶剂汽油 200号 | kg | 5.64 | 0.117 | 0.087 |

工作内容：调配、涂刷。

计量单位：10㎡

| 定 额 编 号 | | | | A11-2-128 | A11-2-129 |
|---|---|---|---|---|---|
| 项 目 名 称 | | | | 设备 | |
| | | | | 调和漆 | |
| | | | | 第一遍 | 增一遍 |
| 基 价（元） | | | | 24.04 | 20.07 |
| 其中 | 人 工 费（元） | | | 23.80 | 19.88 |
| | 材 料 费（元） | | | 0.24 | 0.19 |
| | 机 械 费（元） | | | — | — |
| 名 称 | | 单位 | 单价（元） | 消 耗 量 | |
| 人工 | 综合工日 | 工日 | 140.00 | 0.170 | 0.142 |
| 材料 | 酚醛调和漆(各色) | kg | — | (1.414) | (1.050) |
| | 溶剂汽油 200号 | kg | 5.64 | 0.042 | 0.033 |

工作内容：调配、涂刷。

计量单位：10m²

| 定　额　编　号 | | | | A11-2-130 | A11-2-131 |
|---|---|---|---|---|---|
| 项　目　名　称 | | | | 设备 | |
| | | | | 煤焦油 | |
| | | | | 第一遍 | 增一遍 |
| 基　　　　　　价（元） | | | | 28.19 | 23.30 |
| 其中 | 人　工　费（元） | | | 23.80 | 19.88 |
| | 材　料　费（元） | | | 4.39 | 3.42 |
| | 机　械　费（元） | | | — | — |
| 名　　　　称 | | 单位 | 单价(元) | 消　　耗　　量 | |
| 人工 | 综合工日 | 工日 | 140.00 | 0.170 | 0.142 |
| 材料 | 动力苯 | kg | 2.74 | 0.400 | 0.310 |
| | 煤焦油 | kg | 0.96 | 3.432 | 2.673 |

工作内容：调配、涂刷。

计量单位：10㎡

| 定　额　编　号 | | | | | A11-2-132 | A11-2-133 |
|---|---|---|---|---|---|---|
| 项　目　名　称 | | | | | 设备 | |
| | | | | | 沥青漆 | |
| | | | | | 第一遍 | 增一遍 |
| 基　　　　价（元） | | | | | 24.04 | 21.11 |
| 其中 | 人　工　费（元） | | | | 22.12 | 19.88 |
| | 材　料　费（元） | | | | 1.92 | 1.23 |
| | 机　械　费（元） | | | | — | — |
| 名　　称 | | 单位 | 单价（元） | | 消　耗　量 | |
| 人工 | 综合工日 | 工日 | 140.00 | | 0.158 | 0.142 |
| 材料 | 煤焦油沥清漆 L01-17 | kg | — | | (3.661) | (2.590) |
| | 动力苯 | kg | 2.74 | | 0.700 | 0.450 |

75

工作内容：调配、涂刷。

计量单位：10m²

| 定 额 编 号 | | | A11-2-134 | A11-2-135 |
|---|---|---|---|---|
| 项 目 名 称 | | | 设备 | |
| | | | 银粉漆 | |
| | | | 第一遍 | 增一遍 |
| 基 价 （元） | | | 23.87 | 20.09 |
| 其中 | 人 工 费（元） | | 22.40 | 18.62 |
| | 材 料 费（元） | | 1.47 | 1.47 |
| | 机 械 费（元） | | — | — |
| 名 称 | 单位 | 单价（元） | 消 耗 量 | |
| 人工 综合工日 | 工日 | 140.00 | 0.160 | 0.133 |
| 材料 银粉漆 | kg | — | (0.551) | (0.499) |
| 溶剂汽油 200号 | kg | 5.64 | 0.261 | 0.261 |

工作内容：调配、涂刷。                                          计量单位：10m²

| 定　额　编　号 | | | | A11-2-136 | A11-2-137 |
|---|---|---|---|---|---|
| 项　目　名　称 | | | | 管道 | |
| | | | | 厚漆 | |
| | | | | 第一遍 | 增一遍 |
| 基　　　　价（元） | | | | 38.95 | 31.78 |
| 其中 | 人　工　费（元） | | | 33.04 | 27.44 |
| | 材　料　费（元） | | | 5.91 | 4.34 |
| | 机　械　费（元） | | | — | — |
| 名　　称 | | 单位 | 单价（元） | 消　耗　量 | |
| 人工 | 综合工日 | 工日 | 140.00 | 0.236 | 0.196 |
| 材料 | 厚漆 | kg | — | (1.070) | (0.820) |
| | 清油 | kg | 9.70 | 0.540 | 0.400 |
| | 溶剂汽油 200号 | kg | 5.64 | 0.120 | 0.081 |

工作内容：调配、涂刷。

计量单位：10m²

| 定 额 编 号 | | | | A11-2-138 | A11-2-139 |
|---|---|---|---|---|---|
| 项 目 名 称 | | | | 管道 | |
| | | | | 调和漆 | |
| | | | | 第一遍 | 增一遍 |
| 基 价（元） | | | | 33.28 | 27.63 |
| 其中 | 人 工 费（元） | | | 33.04 | 27.44 |
| | 材 料 费（元） | | | 0.24 | 0.19 |
| | 机 械 费（元） | | | — | — |
| 名 称 | | 单位 | 单价（元） | 消 耗 量 | |
| 人工 | 综合工日 | 工日 | 140.00 | 0.236 | 0.196 |
| 材料 | 酚醛调和漆(各色) | kg | — | (1.370) | (1.020) |
| | 溶剂汽油 200号 | kg | 5.64 | 0.042 | 0.033 |

工作内容：调配、涂刷。 计量单位：10m²

| 定 额 编 号 | | | | A11-2-140 | A11-2-141 |
|---|---|---|---|---|---|
| 项 目 名 称 | | | | 管道 | |
| | | | | 煤焦油 | |
| | | | | 第一遍 | 增一遍 |
| 基 价 （元） | | | | 51.06 | 30.79 |
| 其中 | 人 工 费（元） | | | 46.76 | 27.44 |
| | 材 料 费（元） | | | 4.30 | 3.35 |
| | 机 械 费（元） | | | — | — |
| 名 称 | | 单位 | 单价（元） | 消 耗 量 | |
| 人工 | 综合工日 | 工日 | 140.00 | 0.334 | 0.196 |
| 材料 | 动力苯 | kg | 2.74 | 0.400 | 0.310 |
| | 煤焦油 | kg | 0.96 | 3.340 | 2.600 |

工作内容：调配、涂刷。

计量单位：10m²

| 定　额　编　号 | | | A11-2-142 | A11-2-143 |
|---|---|---|---|---|
| 项　目　名　称 | | | 管道 | |
| | | | 沥青漆 | |
| | | | 第一遍 | 增一遍 |
| 基　　　　　价（元） | | | 33.31 | 28.67 |
| 其中 | 人　工　费（元） | | 31.64 | 27.44 |
| | 材　料　费（元） | | 1.67 | 1.23 |
| | 机　械　费（元） | | — | — |
| 名　　　称 | 单位 | 单价（元） | 消　耗　量 | |
| 人工 | 综合工日 | 工日 | 140.00 | 0.226 | 0.196 |
| 材料 | 煤焦油沥清漆 L01-17 | kg | — | (3.750) | (2.720) |
| | 动力苯 | kg | 2.74 | 0.610 | 0.450 |

工作内容：调配、涂刷。

计量单位：10m²

| 定　额　编　号 | | | | | A11-2-144 | A11-2-145 |
|---|---|---|---|---|---|---|
| 项　目　名　称 | | | | | 管道 | |
| | | | | | 银粉漆 | |
| | | | | | 第一遍 | 增一遍 |
| 基　　　　价（元） | | | | | 32.81 | 27.23 |
| 其中 | 人　工　费（元） | | | | 31.22 | 25.76 |
| | 材　料　费（元） | | | | 1.59 | 1.47 |
| | 机　械　费（元） | | | | — | — |
| 名　　　称 | | 单位 | 单价（元） | | 消　耗　量 | |
| 人工 | 综合工日 | 工日 | 140.00 | | 0.223 | 0.184 |
| 材料 | 银粉漆 | kg | — | | (0.590) | (0.530) |
| | 溶剂汽油 200号 | kg | 5.64 | | 0.282 | 0.261 |

# 六、玻璃布、白布面刷油

工作内容：调配、涂刷。

计量单位：10m²

| 定　额　编　号 | | | | A11-2-146 | A11-2-147 |
|---|---|---|---|---|---|
| 项　目　名　称 | | | | 设备 | |
| | | | | 厚漆 | |
| | | | | 第一遍 | 增一遍 |
| 基　　价（元） | | | | 40.20 | 34.86 |
| 其中 | 人　工　费（元） | | | 33.04 | 29.12 |
| | 材　料　费（元） | | | 7.16 | 5.74 |
| | 机　械　费（元） | | | — | — |
| 名　称 | | 单位 | 单价（元） | 消　耗　量 | |
| 人工 | 综合工日 | 工日 | 140.00 | 0.236 | 0.208 |
| 材料 | 厚漆 | kg | — | (1.446) | (1.144) |
| | 清油 | kg | 9.70 | 0.640 | 0.520 |
| | 溶剂汽油 200号 | kg | 5.64 | 0.168 | 0.123 |

工作内容：调配、涂刷。 计量单位：10m²

| 定 额 编 号 | | | | | A11-2-148 | A11-2-149 |
|---|---|---|---|---|---|---|
| 项 目 名 称 | | | | | 设备 | |
| | | | | | 调和漆 | |
| | | | | | 第一遍 | 增一遍 |
| 基 价（元） | | | | | 33.38 | 29.39 |
| 其中 | 人 工 费（元） | | | | 33.04 | 29.12 |
| | 材 料 费（元） | | | | 0.34 | 0.27 |
| | 机 械 费（元） | | | | — | — |
| 名 称 | | 单位 | 单价(元) | | 消 耗 量 | |
| 人工 | 综合工日 | 工日 | 140.00 | | 0.236 | 0.208 |
| 材料 | 酚醛调和漆(各色) | kg | — | | (1.945) | (1.487) |
| | 溶剂汽油 200号 | kg | 5.64 | | 0.060 | 0.048 |

83

工作内容：调配、涂刷。 计量单位：10m²

| 定 额 编 号 | | | | A11-2-150 | A11-2-151 |
|---|---|---|---|---|---|
| 项 目 名 称 | | | | 设备 | |
| | | | | 煤焦油 | |
| | | | | 第一遍 | 增一遍 |
| 基 价（元） | | | | 39.58 | 34.25 |
| 其中 | 人 工 费（元） | | | 33.04 | 29.12 |
| | 材 料 费（元） | | | 6.54 | 5.13 |
| | 机 械 费（元） | | | — | — |
| | 名 称 | 单位 | 单价(元) | 消 耗 量 | |
| 人工 | 综合工日 | 工日 | 140.00 | 0.236 | 0.208 |
| 材料 | 动力苯 | kg | 2.74 | 0.600 | 0.470 |
| | 煤焦油 | kg | 0.96 | 5.096 | 4.004 |

84

工作内容：调配、涂刷。

计量单位：10m²

| 定　额　编　号 | | | | A11-2-152 | A11-2-153 |
|---|---|---|---|---|---|
| 项　目　名　称 | | | | 设备 | |
| | | | | 沥青漆 | |
| | | | | 第一遍 | 增一遍 |
| 基　　　　价（元） | | | | 36.99 | 31.29 |
| 其中 | 人　工　费（元） | | | 34.72 | 29.54 |
| | 材　料　费（元） | | | 2.27 | 1.75 |
| | 机　械　费（元） | | | — | — |
| 名　　　称 | | 单位 | 单价（元） | 消　　耗　　量 | |
| 人工 | 综合工日 | 工日 | 140.00 | 0.248 | 0.211 |
| 材料 | 煤焦油沥清漆 L01-17 | kg | — | (5.065) | (3.682) |
| | 动力苯 | kg | 2.74 | 0.830 | 0.640 |

工作内容：调配、涂刷。 计量单位：10m²

| 定 额 编 号 | | | | | A11-2-154 | A11-2-155 |
|---|---|---|---|---|---|---|
| 项 目 名 称 | | | | | 设备 | |
| | | | | | 银粉漆 | |
| | | | | | 第一遍 | 增一遍 |
| 基 价（元） | | | | | **34.11** | **30.19** |
| 其中 | 人 工 费（元） | | | | 32.06 | 28.14 |
| | 材 料 费（元） | | | | 2.05 | 2.05 |
| | 机 械 费（元） | | | | — | — |
| 名 称 | | 单位 | 单价(元) | | 消 耗 量 | |
| 人工 | 综合工日 | 工日 | 140.00 | | 0.229 | 0.201 |
| 材料 | 银粉漆 | kg | — | | (0.770) | (0.697) |
| | 溶剂汽油 200号 | kg | 5.64 | | 0.363 | 0.363 |

工作内容：调配、涂刷。 计量单位：10m²

| 定 额 编 号 | | | | A11-2-156 | A11-2-157 |
|---|---|---|---|---|---|
| 项 目 名 称 | | | | 管道 | |
| | | | | 厚漆 | |
| | | | | 第一遍 | 增一遍 |
| 基 价（元） | | | | 54.45 | 46.25 |
| 其中 | 人 工 费（元） | | | 46.34 | 40.18 |
| | 材 料 费（元） | | | 8.11 | 6.07 |
| | 机 械 费（元） | | | — | — |
| 名 称 | | 单位 | 单价(元) | 消 耗 量 | |
| 人工 | 综合工日 | 工日 | 140.00 | 0.331 | 0.287 |
| 材料 | 厚漆 | kg | — | (1.490) | (1.180) |
| | 清油 | kg | 9.70 | 0.740 | 0.560 |
| | 溶剂汽油 200号 | kg | 5.64 | 0.165 | 0.114 |

工作内容：调配、涂刷。

计量单位：10m²

| 定 额 编 号 | | | | A11-2-158 | A11-2-159 |
|---|---|---|---|---|---|
| 项 目 名 称 | | | | 管道 | |
| | | | | 调和漆 | |
| | | | | 第一遍 | 增一遍 |
| 基 价（元） | | | | 46.71 | 40.45 |
| 其中 | 人 工 费（元） | | | 46.34 | 40.18 |
| | 材 料 费（元） | | | 0.37 | 0.27 |
| | 机 械 费（元） | | | — | — |
| 名 称 | | 单位 | 单价(元) | 消 耗 量 | |
| 人工 | 综合工日 | 工日 | 140.00 | 0.331 | 0.287 |
| 材料 | 酚醛调和漆(各色) | kg | — | (1.900) | (1.450) |
| | 溶剂汽油 200号 | kg | 5.64 | 0.066 | 0.048 |

工作内容：调配、涂刷。

计量单位：10m²

| 定 额 编 号 | | | A11-2-160 | A11-2-161 |
|---|---|---|---|---|
| 项 目 名 称 | | | 管道 | |
| | | | 煤焦油 | |
| | | | 第一遍 | 增一遍 |
| 基 价（元） | | | 52.78 | 45.20 |
| 其中 | 人 工 费（元） | | 46.34 | 40.18 |
| | 材 料 费（元） | | 6.44 | 5.02 |
| | 机 械 费（元） | | — | — |
| 名 称 | 单位 | 单价（元） | 消 耗 量 | |
| 人工 | 综合工日 | 工日 | 140.00 | 0.331 | 0.287 |
| 材料 | 动力苯 | kg | 2.74 | 0.600 | 0.470 |
| | 煤焦油 | kg | 0.96 | 5.000 | 3.890 |

工作内容：调配、涂刷。

计量单位：10m²

| 定　额　编　号 | | | | A11-2-162 | A11-2-163 |
|---|---|---|---|---|---|
| 项　目　名　称 | | | | 管道 | |
| | | | | 沥青漆 | |
| | | | | 第一遍 | 增一遍 |
| 基　　　　价（元） | | | | 46.12 | 38.88 |
| 其中 | 人　工　费（元） | | | 43.82 | 37.10 |
| | 材　料　费（元） | | | 2.30 | 1.78 |
| | 机　械　费（元） | | | — | — |
| 名　　称 | | 单位 | 单价(元) | 消　　耗　　量 | |
| 人工 | 综合工日 | 工日 | 140.00 | 0.313 | 0.265 |
| 材料 | 煤焦油沥清漆 L01-17 | kg | — | (5.200) | (3.850) |
| | 动力苯 | kg | 2.74 | 0.840 | 0.650 |

工作内容：调配、涂刷。 计量单位：10m²

| 定　额　编　号 | | | | A11-2-164 | A11-2-165 |
|---|---|---|---|---|---|
| 项　目　名　称 | | | | 管道 | |
| | | | | 银粉漆 | |
| | | | | 第一遍 | 增一遍 |
| 基　　　　价（元） | | | | 47.14 | 41.09 |
| 其中 | 人　工　费（元） | | | 44.94 | 39.06 |
| | 材　料　费（元） | | | 2.20 | 2.03 |
| | 机　械　费（元） | | | — | — |
| 名　　　　称 | | 单位 | 单价(元) | 消　耗　量 | |
| 人工 | 综合工日 | 工日 | 140.00 | 0.321 | 0.279 |
| 材料 | 银粉漆 | kg | — | (0.820) | (0.730) |
| | 溶剂汽油 200号 | kg | 5.64 | 0.390 | 0.360 |

# 七、麻布面、石棉布面刷油

工作内容：调配、涂刷。

计量单位：10m²

| 定 额 编 号 | | | | A11-2-166 | A11-2-167 |
|---|---|---|---|---|---|
| 项 目 名 称 | | | | 设备 | |
| | | | | 厚漆 | |
| | | | | 第一遍 | 增一遍 |
| 基 价 （元） | | | | 43.83 | 36.23 |
| 其中 | 人 工 费 （元） | | | 36.96 | 31.08 |
| | 材 料 费 （元） | | | 6.87 | 5.15 |
| | 机 械 费 （元） | | | — | — |
| | 名 称 | 单位 | 单价（元） | 消 耗 量 | |
| 人工 | 综合工日 | 工日 | 140.00 | 0.264 | 0.222 |
| 材料 | 厚漆 | kg | — | (1.352) | (1.071) |
| | 清油 | kg | 9.70 | 0.640 | 0.480 |
| | 溶剂汽油 200号 | kg | 5.64 | 0.117 | 0.087 |

工作内容：调配、涂刷。

计量单位：10m²

| 定 额 编 号 | | | A11-2-168 | A11-2-169 |
|---|---|---|---|---|
| 项 目 名 称 | | | 设备 | |
| | | | 调和漆 | |
| | | | 第一遍 | 增一遍 |
| 基　　价（元） | | | 37.28 | 31.33 |
| 其中 | 人　工　费（元） | | 36.96 | 31.08 |
| | 材　料　费（元） | | 0.32 | 0.25 |
| | 机　械　费（元） | | — | — |
| 名　　称 | 单位 | 单价（元） | 消　　耗　　量 | |
| 人工 | 综合工日 | 工日 | 140.00 | 0.264 | 0.222 |
| 材料 | 酚醛调和漆(各色) | kg | — | (1.820) | (1.383) |
| | 溶剂汽油 200号 | kg | 5.64 | 0.057 | 0.045 |

工作内容：调配、涂刷。

计量单位：10m²

| 定　额　编　号 | | | | A11-2-170 | A11-2-171 |
|---|---|---|---|---|---|
| 项　目　名　称 | | | | 设备 | |
| | | | | 煤焦油 | |
| | | | | 第一遍 | 增一遍 |
| 基　　　　　　价（元） | | | | 43.12 | 35.88 |
| 其中 | 人　工　费（元） | | | 36.96 | 31.08 |
| | 材　料　费（元） | | | 6.16 | 4.80 |
| | 机　械　费（元） | | | — | — |
| 名　　　称 | | 单位 | 单价(元) | 消　　耗　　量 | |
| 人工 | 综合工日 | 工日 | 140.00 | 0.264 | 0.222 |
| 材料 | 动力苯 | kg | 2.74 | 0.560 | 0.440 |
| | 煤焦油 | kg | 0.96 | 4.815 | 3.744 |

94

工作内容：调配、涂刷。 计量单位：10m²

| 定 额 编 号 | | | | A11-2-172 | A11-2-173 |
|---|---|---|---|---|---|
| 项 目 名 称 | | | | 设备 | |
| | | | | 沥青漆 | |
| | | | | 第一遍 | 增一遍 |
| 基 价（元） | | | | 35.57 | 30.74 |
| 其中 | 人 工 费（元） | | | 33.46 | 29.12 |
| | 材 料 费（元） | | | 2.11 | 1.62 |
| | 机 械 费（元） | | | — | — |
| 名 称 | | 单位 | 单价(元) | 消 耗 量 | |
| 人工 | 综合工日 | 工日 | 140.00 | 0.239 | 0.208 |
| 材料 | 煤焦油沥清漆 L01-17 | kg | — | (4.732) | (3.432) |
| | 动力苯 | kg | 2.74 | 0.770 | 0.590 |

工作内容：调配、涂刷。

计量单位：10m²

| 定　额　编　号 | | | A11-2-174 | A11-2-175 |
|---|---|---|---|---|
| 项　目　名　称 | | | 设备 | |
| | | | 银粉漆 | |
| | | | 第一遍 | 增一遍 |
| 基　　　　　价（元） | | | 36.64 | 31.16 |
| 其中 | 人　工　费（元） | | 34.86 | 29.26 |
| | 材　料　费（元） | | 1.78 | 1.90 |
| | 机　械　费（元） | | — | — |
| 名　　　称 | 单位 | 单价(元) | 消　耗　　量 | |
| 人工 | 综合工日 | 工日 | 140.00 | 0.249 | 0.209 |
| 材料 | 银粉漆 | kg | — | (0.707) | (0.645) |
| | 溶剂汽油 200号 | kg | 5.64 | 0.316 | 0.336 |

工作内容：调配、涂刷。

计量单位：10m²

| 定　额　编　号 | | | | | A11-2-176 | A11-2-177 |
|---|---|---|---|---|---|---|
| 项　目　名　称 | | | | | 管道 | |
| | | | | | 厚漆 | |
| | | | | | 第一遍 | 增一遍 |
| 基　　　　价（元） | | | | | 59.87 | 49.57 |
| 其中 | 人　工　费（元） | | | | 52.50 | 43.82 |
| | 材　料　费（元） | | | | 7.37 | 5.75 |
| | 机　械　费（元） | | | | — | — |
| 名　　　称 | | 单位 | 单价（元） | | 消　耗　　量 | |
| 人工 | 综合工日 | 工日 | 140.00 | | 0.375 | 0.313 |
| 材料 | 厚漆 | kg | — | | (1.390) | (1.100) |
| | 清油 | kg | 9.70 | | 0.690 | 0.530 |
| | 溶剂汽油 200号 | kg | 5.64 | | 0.120 | 0.108 |

工作内容：调配、涂刷。

计量单位：10m²

| 定　额　编　号 | | | | A11-2-178 | A11-2-179 |
|---|---|---|---|---|---|
| 项　目　名　称 | | | | 管道 | |
| | | | | 调和漆 | |
| | | | | 第一遍 | 增一遍 |
| 基　　　价（元） | | | | 52.84 | 44.07 |
| 其中 | 人　工　费（元） | | | 52.50 | 43.82 |
| | 材　料　费（元） | | | 0.34 | 0.25 |
| | 机　械　费（元） | | | — | — |
| 名　　称 | | 单位 | 单价（元） | 消　耗　量 | |
| 人工 | 综合工日 | 工日 | 140.00 | 0.375 | 0.313 |
| 材料 | 酚醛调和漆(各色) | kg | — | (1.770) | (1.360) |
| | 溶剂汽油 200号 | kg | 5.64 | 0.060 | 0.045 |

工作内容：调配、涂刷。

计量单位：10m²

| 定 额 编 号 | | | | A11-2-180 | A11-2-181 |
|---|---|---|---|---|---|
| 项 目 名 称 | | | | 管道 | |
| | | | | 煤焦油 | |
| | | | | 第一遍 | 增一遍 |
| 基 价（元） | | | | 59.29 | 48.51 |
| 其中 | 人 工 费（元） | | | 52.50 | 43.82 |
| | 材 料 费（元） | | | 6.79 | 4.69 |
| | 机 械 费（元） | | | — | — |
| 名 称 | | 单位 | 单价（元） | 消 耗 量 | |
| 人工 | 综合工日 | 工日 | 140.00 | 0.375 | 0.313 |
| 材料 | 动力苯 | kg | 2.74 | 0.780 | 0.440 |
| | 煤焦油 | kg | 0.96 | 4.850 | 3.630 |

工作内容：调配、涂刷。 计量单位：10m²

| 定 额 编 号 | | | | A11-2-182 | A11-2-183 |
|---|---|---|---|---|---|
| 项 目 名 称 | | | | 管道 | |
| | | | | 沥青漆 | |
| | | | | 第一遍 | 增一遍 |
| 基 价（元） | | | | 48.92 | 42.41 |
| 其中 | 人 工 费（元） | | | 46.76 | 40.74 |
| | 材 料 费（元） | | | 2.16 | 1.67 |
| | 机 械 费（元） | | | — | — |
| 名 称 | | 单位 | 单价（元） | 消 耗 量 | |
| 人工 | 综合工日 | 工日 | 140.00 | 0.334 | 0.291 |
| 材料 | 煤焦油沥清漆 L01-17 | kg | — | (4.850) | (3.600) |
| | 动力苯 | kg | 2.74 | 0.790 | 0.610 |

100

工作内容：调配、涂刷。 计量单位：10m²

| 定 额 编 号 | | | | A11-2-184 | A11-2-185 |
|---|---|---|---|---|---|
| 项 目 名 称 | | | | 管道 | |
| | | | | 银粉漆 | |
| | | | | 第一遍 | 增一遍 |
| 基 价（元） | | | | 52.85 | 42.78 |
| 其中 | 人 工 费（元） | | | 50.82 | 40.88 |
| | 材 料 费（元） | | | 2.03 | 1.90 |
| | 机 械 费（元） | | | — | — |
| 名 称 | | 单位 | 单价(元) | 消 耗 量 | |
| 人工 | 综合工日 | 工日 | 140.00 | 0.363 | 0.292 |
| 材料 | 银粉漆 | kg | — | (0.750) | (0.650) |
| | 溶剂汽油 200号 | kg | 5.64 | 0.360 | 0.336 |

101

# 八、气柜刷油

工作内容：调配、涂刷。 计量单位：10㎡

| 定 额 编 号 | | | | A11-2-186 | A11-2-187 |
|---|---|---|---|---|---|
| 项 目 名 称 | | | | 水槽壁内外板 | |
| | | | | 红丹防锈漆 | |
| | | | | 第一遍 | 增一遍 |
| 基 价（元） | | | | 13.57 | 9.63 |
| 其中 | 人 工 费（元） | | | 12.88 | 9.24 |
| | 材 料 费（元） | | | 0.69 | 0.39 |
| | 机 械 费（元） | | | — | — |
| 名 称 | 单位 | 单价（元） | | 消 耗 量 | |
| 人工 | 综合工日 | 工日 | 140.00 | 0.092 | 0.066 |
| 材料 | 醇酸防锈漆 C53-1 | kg | — | (1.674) | (1.331) |
| | 溶剂汽油 200号 | kg | 5.64 | 0.123 | 0.069 |

102

工作内容：调配、涂刷。

计量单位：10m²

| 定　额　编　号 | | | | A11-2-188 | A11-2-189 |
|---|---|---|---|---|---|
| 项　目　名　称 | | | | 水槽壁内外板 | |
| | | | | 调和漆 | |
| | | | | 第一遍 | 增一遍 |
| 基　　　　价（元） | | | | 9.43 | 9.41 |
| 其中 | 人　工　费（元） | | | 9.24 | 9.24 |
| | 材　料　费（元） | | | 0.19 | 0.17 |
| | 机　械　费（元） | | | — | — |
| 名　　　称 | 单位 | 单价(元) | | 消　　耗　　量 | |
| 人工 | 综合工日 | 工日 | 140.00 | 0.066 | 0.066 |
| 材料 | 酚醛调和漆(各色) | kg | — | (1.082) | (0.957) |
| | 溶剂汽油 200号 | kg | 5.64 | 0.033 | 0.030 |

工作内容：调配、涂刷。 计量单位：10m²

| 定　额　编　号 | | | | | A11-2-190 | A11-2-191 |
|---|---|---|---|---|---|---|
| 项　目　名　称 | | | | | 中罩塔内外壁 | |
| | | | | | 红丹防锈漆 | |
| | | | | | 第一遍 | 增一遍 |
| 基　　　　价（元） | | | | | 18.75 | 13.44 |
| 其中 | 人　工　费（元） | | | | 18.06 | 12.88 |
| | 材　料　费（元） | | | | 0.69 | 0.56 |
| | 机　械　费（元） | | | | — | — |
| 名　　称 | | 单位 | 单价（元） | | 消　耗　量 | |
| 人工 | 综合工日 | 工日 | 140.00 | | 0.129 | 0.092 |
| 材料 | 醇酸防锈漆 C53-1 | kg | — | | (1.674) | (1.331) |
| | 溶剂汽油 200号 | kg | 5.64 | | 0.123 | 0.099 |

104

工作内容：调配、涂刷。 计量单位：10m²

| 定　额　编　号 | | | | | A11-2-192 | A11-2-193 |
|---|---|---|---|---|---|---|
| 项　目　名　称 | | | | | 中罩塔内外壁 | |
| | | | | | 沥青漆 | |
| | | | | | 第一遍 | 增一遍 |
| 基　　　　价（元） | | | | | 18.56 | 13.99 |
| 其中 | 人　工　费（元） | | | | 17.78 | 13.30 |
| | 材　料　费（元） | | | | 0.78 | 0.69 |
| | 机　械　费（元） | | | | — | — |
| 名　　称 | | 单位 | 单价（元） | | 消　耗　量 | |
| 人工 | 综合工日 | 工日 | 140.00 | | 0.127 | 0.095 |
| 材料 | 沥青耐酸漆 | kg | — | | (2.808) | (2.350) |
| | 溶剂汽油 200号 | kg | 5.64 | | 0.138 | 0.123 |

工作内容：调配、涂刷。

计量单位：10m²

| 定 额 编 号 | | | | A11-2-194 | A11-2-195 |
|---|---|---|---|---|---|
| 项 目 名 称 | | | | 顶盖内 | |
| | | | | 红丹防锈漆 | |
| | | | | 第一遍 | 增一遍 |
| 基　　　价（元） | | | | 20.57 | 14.53 |
| 其中 | 人　工　费（元） | | | 19.88 | 14.14 |
| | 材　料　费（元） | | | 0.69 | 0.39 |
| | 机　械　费（元） | | | — | — |
| 名　　　称 | | 单位 | 单价（元） | 消　　耗　　量 | |
| 人工 | 综合工日 | 工日 | 140.00 | 0.142 | 0.101 |
| 材料 | 醇酸防锈漆 C53-1 | kg | — | (1.674) | (1.331) |
| | 溶剂汽油 200号 | kg | 5.64 | 0.123 | 0.069 |

工作内容：调配、涂刷。 计量单位：10m²

| 定　额　编　号 | | | | | A11-2-196 | A11-2-197 |
|---|---|---|---|---|---|---|
| 项　目　名　称 | | | | | 顶盖内 | |
| | | | | | 沥青漆 | |
| | | | | | 第一遍 | 增一遍 |
| 基　　　　价（元） | | | | | 20.66 | 14.83 |
| 其中 | 人　工　费（元） | | | | 19.88 | 14.14 |
| | 材　料　费（元） | | | | 0.78 | 0.69 |
| | 机　械　费（元） | | | | — | — |
| 名　　　称 | | 单位 | 单价(元) | | 消　耗　量 | |
| 人工 | 综合工日 | 工日 | 140.00 | | 0.142 | 0.101 |
| 材料 | 沥青耐酸漆 | kg | — | | (2.808) | (2.777) |
| | 溶剂汽油 200号 | kg | 5.64 | | 0.138 | 0.123 |

工作内容：调配、涂刷。 计量单位：10m²

| 定　额　编　号 | | | | A11-2-198 | A11-2-199 |
|---|---|---|---|---|---|
| 项　目　名　称 | | | | 顶盖外、罐底 | |
| | | | | 调和漆 | |
| | | | | 第一遍 | 增一遍 |
| 基　　　价（元） | | | | 9.39 | 9.39 |
| 其中 | 人　工　费（元） | | | 9.24 | 9.24 |
| | 材　料　费（元） | | | 0.15 | 0.15 |
| | 机　械　费（元） | | | — | — |
| 名　　　称 | 单位 | 单价(元) | | 消　耗　量 | |
| 人工 | 综合工日 | 工日 | 140.00 | 0.066 | 0.066 |
| 材料 | 酚醛调和漆(各色) | kg | — | (1.082) | (0.957) |
| | 溶剂汽油 200号 | kg | 5.64 | 0.027 | 0.027 |

工作内容：调配、涂刷。

计量单位：10m²

| 定 额 编 号 | | | | A11-2-200 | A11-2-201 | A11-2-202 |
|---|---|---|---|---|---|---|
| 项 目 名 称 | | | | 顶盖外、罐底 | | |
| | | | | 烫沥青 | | |
| | | | | 10以内 | 15以内 | 25以内 |
| 基 价（元） | | | | 473.50 | 755.20 | 943.02 |
| 其中 | 人 工 费（元） | | | 114.10 | 174.30 | 225.12 |
| | 材 料 费（元） | | | 359.40 | 580.90 | 717.90 |
| | 机 械 费（元） | | | — | — | — |
| 名 称 | | 单位 | 单价（元） | 消 耗 量 | | |
| 人工 | 综合工日 | 工日 | 140.00 | 0.815 | 1.245 | 1.608 |
| 材料 | 煤 | t | 650.00 | 0.130 | 0.260 | 0.260 |
| | 木柴 | kg | 0.18 | 5.000 | 5.000 | 5.000 |
| | 石油沥青 10号 | kg | 2.74 | 100.000 | 150.000 | 200.000 |

# 九、玛琋脂面刷油

工作内容：调配、涂刷。

计量单位：10m²

| 定　额　编　号 | | | | A11-2-203 | A11-2-204 |
|---|---|---|---|---|---|
| 项　目　名　称 | | | | 调和漆 | |
| | | | | 第一遍 | 增一遍 |
| 基　　价（元） | | | | 58.58 | 48.35 |
| 其中 | 人　工　费（元） | | | 58.24 | 48.16 |
| | 材　料　费（元） | | | 0.34 | 0.19 |
| | 机　械　费（元） | | | — | — |
| 名　称 | | 单位 | 单价（元） | 消　　耗　　量 | |
| 人工 | 综合工日 | 工日 | 140.00 | 0.416 | 0.344 |
| 材料 | 酚醛调和漆(各色) | kg | — | (1.770) | (1.360) |
| | 溶剂汽油 200号 | kg | 5.64 | 0.060 | 0.033 |

工作内容：调配、涂刷。

计量单位：10m²

| 定　额　编　号 | | | | A11-2-205 | A11-2-206 |
|---|---|---|---|---|---|
| 项　目　名　称 | | | | 银粉漆 | |
| | | | | 第一遍 | 增一遍 |
| 基　　　价（元） | | | | 58.59 | 48.66 |
| 其中 | 人　工　费（元） | | | 56.56 | 46.76 |
| | 材　料　费（元） | | | 2.03 | 1.90 |
| | 机　械　费（元） | | | — | — |
| 名　　称 | | 单位 | 单价（元） | 消　　耗　　量 | |
| 人工 | 综合工日 | 工日 | 140.00 | 0.404 | 0.334 |
| 材料 | 银粉漆 | kg | — | (0.750) | (0.680) |
| | 溶剂汽油 200号 | kg | 5.64 | 0.360 | 0.336 |

# 十、喷漆

计量单位：10m²

| 定　额　编　号 | | | | A11-2-207 | A11-2-208 |
|---|---|---|---|---|---|
| 项　目　名　称 | | | | 管道 | |
| | | | | 防锈漆 | |
| | | | | 第一遍 | 增一遍 |
| 基　　　价（元） | | | | 17.14 | 14.68 |
| 其中 | 人　工　费（元） | | | 4.48 | 4.48 |
| | 材　料　费（元） | | | 0.84 | 0.74 |
| | 机　械　费（元） | | | 11.82 | 9.46 |
| 名　　称 | | 单位 | 单价（元） | 消　耗　量 | |
| 人工 | 综合工日 | 工日 | 140.00 | 0.032 | 0.032 |
| 材料 | 酚醛防锈漆(各色) | kg | — | (1.500) | (1.290) |
| | 溶剂汽油 200号 | kg | 5.64 | 0.136 | 0.120 |
| | 其他材料费 | 元 | 1.00 | 0.075 | 0.066 |
| 机械 | 电动空气压缩机 3m³/min | 台班 | 118.19 | 0.100 | 0.080 |

工作内容：调配、喷漆。                                                   计量单位：10m²

| 定 额 编 号 | | | | | A11-2-209 | A11-2-210 |
|---|---|---|---|---|---|---|
| 项 目 名 称 | | | | | 管道 | |
| | | | | | 银粉漆 | |
| | | | | | 第一遍 | 增一遍 |
| 基 价（元） | | | | | 15.66 | 15.53 |
| 其中 | 人 工 费（元） | | | | 4.48 | 4.48 |
| | 材 料 费（元） | | | | 1.72 | 1.59 |
| | 机 械 费（元） | | | | 9.46 | 9.46 |
| 名 称 | | 单位 | 单价（元） | | 消 耗 量 | |
| 人工 | 综合工日 | 工日 | 140.00 | | 0.032 | 0.032 |
| 材料 | 银粉漆 | kg | — | | (0.510) | (0.470) |
| | 溶剂汽油 200号 | kg | 5.64 | | 0.249 | 0.231 |
| | 其他材料费 | 元 | 1.00 | | 0.318 | 0.290 |
| 机械 | 电动空气压缩机 3硬/min | 台班 | 118.19 | | 0.080 | 0.080 |

工作内容：调配、喷漆。

计量单位：10m²

| 定 额 编 号 | | | | A11-2-211 | A11-2-212 |
|---|---|---|---|---|---|
| 项 目 名 称 | | | | 设备 | |
| | | | | 调和漆 | |
| | | | | 第一遍 | 增一遍 |
| 基 价（元） | | | | 14.18 | 14.16 |
| 其中 | 人 工 费（元） | | | 4.48 | 4.48 |
| | 材 料 费（元） | | | 0.24 | 0.22 |
| | 机 械 费（元） | | | 9.46 | 9.46 |
| 名 称 | | 单位 | 单价（元） | 消 耗 量 | |
| 人工 | 综合工日 | 工日 | 140.00 | 0.032 | 0.032 |
| 材料 | 酚醛调和漆(各色) | kg | — | (1.210) | (1.070) |
| | 溶剂汽油 200号 | kg | 5.64 | 0.039 | 0.036 |
| | 其他材料费 | 元 | 1.00 | 0.022 | 0.020 |
| 机械 | 电动空气压缩机 3硬/min | 台班 | 118.19 | 0.080 | 0.080 |

114

工作内容：调配、喷漆。                                                        计量单位：100kg

| 定 额 编 号 | | | | A11-2-213 | A11-2-214 |
|---|---|---|---|---|---|
| 项 目 名 称 | | | | 一般钢结构 | |
| | | | | 防锈漆 | |
| | | | | 第一遍 | 增一遍 |
| 基 价（元） | | | | 13.61 | 13.56 |
| 其中 | 人 工 费（元） | | | 2.80 | 2.80 |
| | 材 料 费（元） | | | 0.46 | 0.41 |
| | 机 械 费（元） | | | 10.35 | 10.35 |
| | 名 称 | 单位 | 单价（元） | 消 耗 量 | |
| 人工 | 综合工日 | 工日 | 140.00 | 0.020 | 0.020 |
| 材料 | 酚醛防锈漆(各色) | kg | — | (0.870) | (0.750) |
| | 溶剂汽油 200号 | kg | 5.64 | 0.078 | 0.069 |
| | 其他材料费 | 元 | 1.00 | 0.025 | 0.022 |
| 机械 | 电动空气压缩机 3㎥/min | 台班 | 118.19 | 0.047 | 0.047 |
| | 汽车式起重机 16t | 台班 | 958.70 | 0.005 | 0.005 |

工作内容：调配、喷漆。

计量单位：100kg

| 定 额 编 号 | | | | A11-2-215 | A11-2-216 |
|---|---|---|---|---|---|
| 项 目 名 称 | | | | 一般钢结构 | |
| | | | | 银粉漆 | |
| | | | | 第一遍 | 增一遍 |
| 基 价（元） | | | | 9.16 | 9.10 |
| 其中 | 人 工 费（元） | | | 2.80 | 2.80 |
| | 材 料 费（元） | | | 0.92 | 0.86 |
| | 机 械 费（元） | | | 5.44 | 5.44 |
| 名 称 | | 单位 | 单价（元） | 消 耗 量 | |
| 人工 | 综合工日 | 工日 | 140.00 | 0.020 | 0.020 |
| 材料 | 银粉漆 | kg | — | (0.300) | (0.270) |
| | 溶剂汽油 200号 | kg | 5.64 | 0.144 | 0.135 |
| | 其他材料费 | 元 | 1.00 | 0.110 | 0.097 |
| 机械 | 电动空气压缩机 3哽/min | 台班 | 118.19 | 0.046 | 0.046 |

工作内容：调配、喷漆。 计量单位：100kg

| 定 额 编 号 | | | | A11-2-217 | A11-2-218 |
|---|---|---|---|---|---|
| 项 目 名 称 | | | | 一般钢结构 | |
| | | | | 调和漆 | |
| | | | | 第一遍 | 增一遍 |
| 基 价（元） | | | | **8.49** | **8.48** |
| 其中 | 人 工 费（元） | | | 2.80 | 2.80 |
| | 材 料 费（元） | | | 0.14 | 0.13 |
| | 机 械 费（元） | | | 5.55 | 5.55 |
| 名 称 | | 单位 | 单价（元） | 消 耗 量 | |
| 人工 | 综合工日 | 工日 | 140.00 | 0.020 | 0.020 |
| 材料 | 酚醛调和漆(各色) | kg | — | (0.700) | (0.620) |
| | 溶剂汽油 200号 | kg | 5.64 | 0.024 | 0.021 |
| | 其他材料费 | 元 | 1.00 | 0.008 | 0.007 |
| 机械 | 电动空气压缩机 3㎥/min | 台班 | 118.19 | 0.047 | 0.047 |

工作内容：调配、喷漆。 计量单位：100kg

| 定 额 编 号 | | | | A11-2-219 | A11-2-220 |
|---|---|---|---|---|---|
| 项 目 名 称 | | | | 管廊钢结构 | |
| | | | | 防锈漆 | |
| | | | | 第一遍 | 增一遍 |
| 基 价（元） | | | | 11.21 | 11.18 |
| 其中 | 人 工 费（元） | | | 2.10 | 2.10 |
| | 材 料 费（元） | | | 0.30 | 0.27 |
| | 机 械 费（元） | | | 8.81 | 8.81 |
| | 名 称 | 单位 | 单价(元) | 消 耗 量 | |
| 人工 | 综合工日 | 工日 | 140.00 | 0.015 | 0.015 |
| 材料 | 酚醛防锈漆(各色) | kg | — | (0.561) | (0.485) |
| | 溶剂汽油 200号 | kg | 5.64 | 0.051 | 0.046 |
| | 其他材料费 | 元 | 1.00 | 0.016 | 0.015 |
| 机械 | 电动空气压缩机 3m³/min | 台班 | 118.19 | 0.034 | 0.034 |
| | 汽车式起重机 16t | 台班 | 958.70 | 0.005 | 0.005 |

118

工作内容：调配、喷漆。

计量单位：100kg

| 定　额　编　号 | | | | A11-2-221 | A11-2-222 |
|---|---|---|---|---|---|
| 项　目　名　称 | | | | 管廊钢结构 | |
| | | | | 银粉漆 | |
| | | | | 第一遍 | 增一遍 |
| 基　　　　价（元） | | | | 6.60 | 6.55 |
| 其中 | 人　工　费（元） | | | 2.10 | 2.10 |
| | 材　料　费（元） | | | 0.60 | 0.55 |
| | 机　械　费（元） | | | 3.90 | 3.90 |
| 名　　　　称 | | 单位 | 单价（元） | 消　　耗　　量 | |
| 人工 | 综合工日 | 工日 | 140.00 | 0.015 | 0.015 |
| 材料 | 银粉漆 | kg | — | (0.187) | (0.170) |
| | 溶剂汽油 200号 | kg | 5.64 | 0.095 | 0.087 |
| | 其他材料费 | 元 | 1.00 | 0.066 | 0.055 |
| 机械 | 电动空气压缩机 3硬/min | 台班 | 118.19 | 0.033 | 0.033 |

工作内容：调配、喷漆。                                         计量单位：100kg

| 定　额　编　号 | | | | A11-2-223 | A11-2-224 |
|---|---|---|---|---|---|
| 项　目　名　称 | | | | 管廊钢结构 | |
| | | | | 调和漆 | |
| | | | | 第一遍 | 增一遍 |
| 基　　　价（元） | | | | 6.21 | 6.20 |
| 其中 | 人　工　费（元） | | | 2.10 | 2.10 |
| | 材　料　费（元） | | | 0.09 | 0.08 |
| | 机　械　费（元） | | | 4.02 | 4.02 |
| 名　　　称 | | 单位 | 单价（元） | 消　耗　量 | |
| 人工 | 综合工日 | 工日 | 140.00 | 0.015 | 0.015 |
| 材料 | 酚醛调和漆（各色） | kg | — | (0.451) | (0.400) |
| | 溶剂汽油 200号 | kg | 5.64 | 0.015 | 0.013 |
| | 其他材料费 | 元 | 1.00 | 0.005 | 0.004 |
| 机械 | 电动空气压缩机 3㎥/min | 台班 | 118.19 | 0.034 | 0.034 |

工作内容：调配、喷漆。                                                                                         计量单位：10m²

| 定　额　编　号 | | | | A11-2-225 | A11-2-226 |
|---|---|---|---|---|---|
| 项　目　名　称 | | | | 大型型钢钢结构 | |
| | | | | 防锈漆 | |
| | | | | 第一遍 | 增一遍 |
| 基　　　　价（元） | | | | 17.86 | 17.79 |
| 其中 | 人　工　费（元） | | | 3.64 | 3.64 |
| | 材　料　费（元） | | | 0.62 | 0.55 |
| | 机　械　费（元） | | | 13.60 | 13.60 |
| 名　　称 | | 单位 | 单价(元) | 消　　耗　　量 | |
| 人工 | 综合工日 | 工日 | 140.00 | 0.026 | 0.026 |
| 材料 | 酚醛防锈漆(各色) | kg | — | (1.093) | (0.941) |
| | 溶剂汽油 200号 | kg | 5.64 | 0.098 | 0.087 |
| | 其他材料费 | 元 | 1.00 | 0.064 | 0.057 |
| 机械 | 电动空气压缩机 3㎥/min | 台班 | 118.19 | 0.060 | 0.060 |
| | 汽车式起重机 25t | 台班 | 1084.16 | 0.006 | 0.006 |

工作内容：调配、喷漆。 计量单位：10m²

| 定 额 编 号 | | | | A11-2-227 | A11-2-228 |
|---|---|---|---|---|---|
| 项 目 名 称 | | | | 大型型钢钢结构 | |
| | | | | 银粉漆 | |
| | | | | 第一遍 | 增一遍 |
| 基 价（元） | | | | 11.68 | 11.58 |
| 其中 | | 人 工 费（元） | | 3.64 | 3.64 |
| | | 材 料 费（元） | | 1.30 | 1.20 |
| | | 机 械 费（元） | | 6.74 | 6.74 |
| 名 称 | | 单位 | 单价（元） | 消 耗 量 | |
| 人工 | 综合工日 | 工日 | 140.00 | 0.026 | 0.026 |
| 材料 | 银粉漆 | kg | — | (0.370) | (0.346) |
| | 溶剂汽油 200号 | kg | 5.64 | 0.182 | 0.168 |
| | 其他材料费 | 元 | 1.00 | 0.273 | 0.250 |
| 机械 | 电动空气压缩机 3㎥/min | 台班 | 118.19 | 0.057 | 0.057 |

工作内容：调配、喷漆。

计量单位：10m²

| 定 额 编 号 | | | | A11-2-229 | A11-2-230 |
|---|---|---|---|---|---|
| 项 目 名 称 | | | | 大型型钢钢结构 | |
| | | | | 调和漆 | |
| | | | | 第一遍 | 增一遍 |
| 基 价（元） | | | | 10.91 | 10.89 |
| 其中 | 人 工 费（元） | | | 3.64 | 3.64 |
| | 材 料 费（元） | | | 0.18 | 0.16 |
| | 机 械 费（元） | | | 7.09 | 7.09 |
| 名 称 | | 单位 | 单价（元） | 消 耗 量 | |
| 人工 | 综合工日 | 工日 | 140.00 | 0.026 | 0.026 |
| 材料 | 酚醛调和漆(各色) | kg | — | (0.880) | (0.777) |
| | 溶剂汽油 200号 | kg | 5.64 | 0.029 | 0.026 |
| | 其他材料费 | 元 | 1.00 | 0.019 | 0.016 |
| 机械 | 电动空气压缩机 3硬/min | 台班 | 118.19 | 0.060 | 0.060 |

# 第三章 防腐蚀涂料工程

第三章 沥青混合料工程

# 说　　明

一、本章内容包括设备、管道、金属结构等各种防腐蚀涂料工程。

二、本章不包括除锈工作内容。

三、涂料配合比与实际设计配合比不同时，可根据设计要求进行换算，其人工、机械消耗量不变。

四、本章聚合热固化是采用蒸汽及红外线间接聚合固化考虑的，如采用其他方法，应按施工方案另行计算。

五、本章未包括的新品种涂料，应按相近定额项目执行，其人工、机械消耗量不变。

六、无机富锌底漆执行氯磺化聚乙烯漆，漆用量进行换算。

七、如涂刷时需要强行通风，应增加轴流通风机 7.5kW，其台班消耗量同合计工日消耗量。

# 一、漆酚树脂漆

工作内容：运料、过筛、填料干燥、表面清洗、调配、涂刷。　　　　　　　计量单位：10m²

| 定　额　编　号 | | | A11-3-1 | A11-3-2 | A11-3-3 | A11-3-4 |
|---|---|---|---|---|---|---|
| 项　目　名　称 | | | 设备 | | | |
| | | | 底漆 | | 中间漆 | |
| | | | 两遍 | 增一遍 | 两遍 | 增一遍 |
| 基　　　　　价（元） | | | 49.21 | 23.32 | 37.87 | 19.44 |
| 其中 | 人　工　费（元） | | 37.94 | 19.60 | 33.74 | 17.36 |
| | 材　料　费（元） | | 11.27 | 3.72 | 4.13 | 2.08 |
| | 机　械　费（元） | | — | — | — | — |
| 名　　　称 | 单位 | 单价（元） | 消　　耗　　量 | | | |
| 人工 | 综合工日 | 工日 | 140.00 | 0.271 | 0.140 | 0.241 | 0.124 |
| 材料 | 漆酚树脂漆 | kg | — | (2.330) | (1.144) | (2.028) | (0.978) |
| | 破布 | kg | 6.32 | 0.200 | — | — | — |
| | 溶剂汽油 200号 | kg | 5.64 | 0.801 | 0.174 | 0.243 | 0.126 |
| | 石英粉 | kg | 0.35 | 1.120 | 0.550 | 0.590 | 0.280 |
| | 铁砂布 | 张 | 0.85 | 6.000 | 3.000 | 3.000 | 1.500 |

工作内容：运料、过筛、填料干燥、表面清洗、调配、涂刷。 计量单位：10m²

| 定 额 编 号 | | | A11-3-5 | A11-3-6 | A11-3-7 | A11-3-8 |
|---|---|---|---|---|---|---|
| 项 目 名 称 | | | 设备 | | 管道 | |
| | | | 面漆 | | 底漆 | |
| | | | 两遍 | 增一遍 | 两遍 | 增一遍 |
| 基 价（元） | | | 31.26 | 15.90 | 88.47 | 41.29 |
| 其中 | 人 工 费（元） | | 29.96 | 15.26 | 80.92 | 39.76 |
| | 材 料 费（元） | | 1.30 | 0.64 | 7.55 | 1.53 |
| | 机 械 费（元） | | — | — | — | — |
| 名 称 | 单位 | 单价(元) | 消 耗 量 | | | |
| 人工 | 综合工日 | 工日 | 140.00 | 0.214 | 0.109 | 0.578 | 0.284 |
| 材料 | 漆酚树脂漆 | kg | — | (1.903) | (0.926) | (2.930) | (1.440) |
| | 破布 | kg | 6.32 | — | — | 0.200 | — |
| | 溶剂汽油 200号 | kg | 5.64 | 0.231 | 0.114 | 0.990 | 0.210 |
| | 石英粉 | kg | 0.35 | — | — | 1.470 | 0.720 |
| | 铁砂布 | 张 | 0.85 | — | — | 0.220 | 0.110 |

工作内容：运料、过筛、填料干燥、表面清洗、调配、涂刷。　　　　　　计量单位：10㎡

| 定　　额　　编　　号 | | | | A11-3-9 | A11-3-10 | A11-3-11 | A11-3-12 |
|---|---|---|---|---|---|---|---|
| 项　目　名　称 | | | | 管道 | | | |
| | | | | 中间漆 | | 面漆 | |
| | | | | 两遍 | 增一遍 | 两遍 | 增一遍 |
| 基　　　　价　（元） | | | | 66.38 | 33.24 | 59.55 | 29.90 |
| 其中 | 人　工　费（元） | | | 64.26 | 32.20 | 57.96 | 29.12 |
| | 材　料　费（元） | | | 2.12 | 1.04 | 1.59 | 0.78 |
| | 机　械　费（元） | | | — | — | — | — |
| 名　　　称 | | 单位 | 单价(元) | 消　　耗　　量 | | | |
| 人工 | 综合工日 | 工日 | 140.00 | 0.459 | 0.230 | 0.414 | 0.208 |
| 材料 | 漆酚树脂漆 | kg | — | (2.730) | (1.310) | (2.610) | (1.270) |
| | 溶剂汽油 200号 | kg | 5.64 | 0.291 | 0.144 | 0.282 | 0.138 |
| | 石英粉 | kg | 0.35 | 0.820 | 0.390 | — | — |
| | 铁砂布 | 张 | 0.85 | 0.220 | 0.110 | — | — |

工作内容：运料、过筛、填料干燥、表面清洗、调配、涂刷。　　　　　　　　　　计量单位：100kg

| 定　额　编　号 | | | | A11-3-13 | A11-3-14 | A11-3-15 | A11-3-16 |
|---|---|---|---|---|---|---|---|
| 项　目　名　称 | | | | 一般钢结构 | | | |
| | | | | 底漆 | | 中间漆 | |
| | | | | 两遍 | 增一遍 | 两遍 | 增一遍 |
| 基　　　价（元） | | | | 46.62 | 25.19 | 34.10 | 19.72 |
| 其中 | 人　工　费（元） | | | 35.28 | 18.48 | 27.16 | 13.86 |
| | 材　料　费（元） | | | 6.55 | 1.92 | 2.15 | 1.07 |
| | 机　械　费（元） | | | 4.79 | 4.79 | 4.79 | 4.79 |
| 名　　称 | | 单位 | 单价（元） | 消　耗　量 | | | |
| 人工 | 综合工日 | 工日 | 140.00 | 0.252 | 0.132 | 0.194 | 0.099 |
| 材料 | 漆酚树脂漆 | kg | — | (1.290) | (0.640) | (1.130) | (0.550) |
| | 破布 | kg | 6.32 | 0.120 | — | — | — |
| | 溶剂汽油 200号 | kg | 5.64 | 0.462 | 0.102 | 0.141 | 0.072 |
| | 石英粉 | kg | 0.35 | 0.650 | 0.320 | 0.340 | 0.160 |
| | 铁砂布 | 张 | 0.85 | 3.480 | 1.450 | 1.450 | 0.720 |
| 机械 | 汽车式起重机 16t | 台班 | 958.70 | 0.005 | 0.005 | 0.005 | 0.005 |

工作内容：运料、过筛、填料干燥、表面清洗、调配、涂刷。　　　　　　　　　　　　计量单位：100kg

| 定　额　编　号 | | | | | A11-3-17 | A11-3-18 | A11-3-19 | A11-3-20 |
|---|---|---|---|---|---|---|---|---|
| 项　目　名　称 | | | | | 一般钢结构 | | 管廊钢结构 | |
| | | | | | 面漆 | | 底漆 | |
| | | | | | 两遍 | 增一遍 | 两遍 | 增一遍 |
| 基　　　　价（元） | | | | | 24.98 | 12.55 | 32.58 | 18.63 |
| 其中 | 人　工　费（元） | | | | 24.22 | 12.18 | 23.94 | 12.60 |
| | 材　料　费（元） | | | | 0.76 | 0.37 | 3.85 | 1.24 |
| | 机　械　费（元） | | | | — | — | 4.79 | 4.79 |
| 名　　　称 | | 单位 | 单价（元） | | 消　　耗　　量 | | | |
| 人工 | 综合工日 | 工日 | 140.00 | | 0.173 | 0.087 | 0.171 | 0.090 |
| 材料 | 漆酚树脂漆 | kg | — | | (1.060) | (0.520) | (0.842) | (0.408) |
| | 破布 | kg | 6.32 | | — | — | 0.068 | — |
| | 溶剂汽油 200号 | kg | 5.64 | | 0.135 | 0.066 | 0.299 | 0.066 |
| | 石英粉 | kg | 0.35 | | — | — | 0.400 | 0.221 |
| | 铁砂布 | 张 | 0.85 | | — | — | 1.870 | 0.935 |
| 机械 | 汽车式起重机 16t | 台班 | 958.70 | | — | — | 0.005 | 0.005 |

工作内容：运料、过筛、填料干燥、表面清洗、调配、涂刷。 计量单位：100kg

| 定 额 编 号 | | | | A11-3-21 | A11-3-22 | A11-3-23 | A11-3-24 |
|---|---|---|---|---|---|---|---|
| 项 目 名 称 | | | | 管廊钢结构 | | | |
| | | | | 中间漆 | | 面漆 | |
| | | | | 两遍 | 增一遍 | 两遍 | 增一遍 |
| 基 价（元） | | | | 24.97 | 14.86 | 17.15 | 8.51 |
| 其中 | 人 工 费（元） | | | 18.76 | 9.38 | 16.66 | 8.26 |
| | 材 料 费（元） | | | 1.42 | 0.69 | 0.49 | 0.25 |
| | 机 械 费（元） | | | 4.79 | 4.79 | — | — |
| 名 称 | | 单位 | 单价（元） | 消 耗 量 | | | |
| 人工 | 综合工日 | 工日 | 140.00 | 0.134 | 0.067 | 0.119 | 0.059 |
| 材料 | 漆酚树脂漆 | kg | — | (0.731) | (0.349) | (0.689) | (0.332) |
| | 溶剂汽油 200号 | kg | 5.64 | 0.092 | 0.046 | 0.087 | 0.044 |
| | 石英粉 | kg | 0.35 | 0.306 | 0.102 | — | — |
| | 铁砂布 | 张 | 0.85 | 0.935 | 0.468 | — | — |
| 机械 | 汽车式起重机 16t | 台班 | 958.70 | 0.005 | 0.005 | — | — |

134

工作内容：运料、过筛、填料干燥、表面清洗、调配、涂刷。　　　　　　　　　　　计量单位：10m²

| 定　额　编　号 | | | | A11-3-25 | A11-3-26 | A11-3-27 | A11-3-28 |
|---|---|---|---|---|---|---|---|
| 项　目　名　称 | | | | 大型型钢钢结构 | | | |
| | | | | 底漆 | | 中间漆 | |
| | | | | 两遍 | 增一遍 | 两遍 | 增一遍 |
| 基　　　　　　　价（元） | | | | 62.33 | 34.79 | 45.67 | 27.47 |
| 其中 | 人　工　费（元） | | | 42.84 | 22.54 | 33.04 | 16.80 |
| | 材　料　费（元） | | | 10.82 | 3.58 | 3.96 | 2.00 |
| | 机　械　费（元） | | | 8.67 | 8.67 | 8.67 | 8.67 |
| 名　　　称 | | 单位 | 单价（元） | 消　　耗　　量 | | | |
| 人工 | 综合工日 | 工日 | 140.00 | 0.306 | 0.161 | 0.236 | 0.120 |
| 材料 | 漆酚树脂漆 | kg | — | (2.152) | (1.056) | (1.872) | (0.904) |
| | 破布 | kg | 6.32 | 0.192 | — | — | — |
| | 溶剂汽油 200号 | kg | 5.64 | 0.768 | 0.168 | 0.233 | 0.120 |
| | 石英粉 | kg | 0.35 | 1.072 | 0.528 | 0.568 | 0.272 |
| | 铁砂布 | 张 | 0.85 | 5.760 | 2.880 | 2.880 | 1.440 |
| 机械 | 汽车式起重机 25t | 台班 | 1084.16 | 0.008 | 0.008 | 0.008 | 0.008 |

工作内容：运料、过筛、填料干燥、表面清洗、调配、涂刷。 计量单位：10m²

| 定　额　编　号 | | | | A11-3-29 | A11-3-30 |
|---|---|---|---|---|---|
| 项　目　名　称 | | | | 大型型钢钢结构 | |
| | | | | 面漆 | |
| | | | | 两遍 | 增一遍 |
| 基　　　　价（元） | | | | 30.93 | 15.46 |
| 其中 | 人　工　费（元） | | | 29.68 | 14.84 |
| | 材　料　费（元） | | | 1.25 | 0.62 |
| | 机　械　费（元） | | | — | — |
| 名　　　称 | | 单位 | 单价(元) | 消　　耗　　量 | |
| 人工 | 综合工日 | 工日 | 140.00 | 0.212 | 0.106 |
| 材料 | 漆酚树脂漆 | kg | — | (1.760) | (0.856) |
| | 溶剂汽油 200号 | kg | 5.64 | 0.221 | 0.110 |

## 二、聚氨酯漆

工作内容：运料、过筛、填料干燥、表面清洗、调配、涂刷。　　　　　　　　　计量单位：10m²

| 定　额　编　号 | | | | A11-3-31 | A11-3-32 |
|---|---|---|---|---|---|
| 项　目　名　称 | | | | 设备 | |
| | | | | 底漆 | |
| | | | | 两遍 | 增一遍 |
| 基　　　　价（元） | | | | 52.14 | 29.07 |
| 其中 | 人　工　费（元） | | | 37.80 | 23.80 |
| | 材　料　费（元） | | | 14.34 | 5.27 |
| | 机　械　费（元） | | | — | — |
| 名　　称 | | 单位 | 单价（元） | 消　耗　量 | |
| 人工 | 综合工日 | 工日 | 140.00 | 0.270 | 0.170 |
| 材料 | 聚氨酯底漆 | kg | — | (2.080) | (1.040) |
| | 二甲苯 | kg | 7.77 | 0.700 | 0.350 |
| | 破布 | kg | 6.32 | 0.200 | — |
| | 溶剂汽油 200号 | kg | 5.64 | 0.450 | — |
| | 铁砂布 | 张 | 0.85 | 6.000 | 3.000 |

工作内容：运料、过筛、填料干燥、表面清洗、调配、涂刷。                                    计量单位：10m²

| 定 额 编 号 | | | | A11-3-33 | A11-3-34 | A11-3-35 |
|---|---|---|---|---|---|---|
| 项 目 名 称 | | | | 设备 | | |
| | | | | 中间漆 | | 面漆 |
| | | | | 一遍 | 增一遍 | 每一遍 |
| 基 价（元） | | | | 21.71 | 21.71 | 20.51 |
| 其中 | 人 工 费（元） | | | 17.64 | 17.64 | 17.64 |
| | 材 料 费（元） | | | 4.07 | 4.07 | 2.87 |
| | 机 械 费（元） | | | — | — | — |
| 名 称 | | 单位 | 单价（元） | 消 耗 量 | | |
| 人工 | 综合工日 | 工日 | 140.00 | 0.126 | 0.126 | 0.126 |
| 材料 | 聚氨酯磁漆 | kg | — | (0.905) | (0.874) | (1.227) |
| | 二甲苯 | kg | 7.77 | 0.360 | 0.360 | 0.370 |
| | 铁砂布 | 张 | 0.85 | 1.500 | 1.500 | — |

138

工作内容：运料、过筛、填料干燥、表面清洗、调配、涂刷。 计量单位：10㎡

| 定 额 编 号 | | | | A11-3-36 | A11-3-37 |
|---|---|---|---|---|---|
| 项 目 名 称 | | | | 管道 | |
| | | | | 底漆 | |
| | | | | 两遍 | 增一遍 |
| 基 价（元） | | | | 75.42 | 48.81 |
| 其中 | 人 工 费（元） | | | 64.26 | 45.22 |
| | 材 料 费（元） | | | 11.16 | 3.59 |
| | 机 械 费（元） | | | — | — |
| 名 称 | | 单位 | 单价（元） | 消 耗 量 | |
| 人工 | 综合工日 | 工日 | 140.00 | 0.459 | 0.323 |
| 材料 | 聚氨酯底漆 | kg | — | (2.550) | (1.280) |
| | 二甲苯 | kg | 7.77 | 0.890 | 0.450 |
| | 破布 | kg | 6.32 | 0.200 | — |
| | 溶剂汽油 200号 | kg | 5.64 | 0.495 | — |
| | 铁砂布 | 张 | 0.85 | 0.220 | 0.110 |

工作内容：运料、过筛、填料干燥、表面清洗、调配、涂刷。  计量单位：10m²

| 定 额 编 号 | | | A11-3-38 | A11-3-39 | A11-3-40 |
|---|---|---|---|---|---|
| 项 目 名 称 | | | 管道 | | |
| | | | 中间漆 | | 面漆 |
| | | | 一遍 | 增一遍 | 每一遍 |
| 基 价 （元） | | | 37.16 | 37.16 | 36.91 |
| 其中 | 人 工 费（元） | | 33.18 | 33.18 | 33.18 |
| | 材 料 费（元） | | 3.98 | 3.98 | 3.73 |
| | 机 械 费（元） | | — | — | — |
| 名 称 | 单位 | 单价(元) | 消 耗 量 | | |
| 人工 | 综合工日 | 工日 | 140.00 | 0.237 | 0.237 | 0.237 |
| 材料 | 聚氨酯磁漆 | kg | — | (0.970) | (0.750) | (1.530) |
| | 二甲苯 | kg | 7.77 | 0.500 | 0.500 | 0.480 |
| | 铁砂布 | 张 | 0.85 | 0.110 | 0.110 | — |

140

工作内容：运料、过筛、填料干燥、表面清洗、调配、涂刷。　　　　　　　　计量单位：100kg

| 定　额　编　号 | | | | A11-3-41 | A11-3-42 |
|---|---|---|---|---|---|
| 项　目　名　称 | | | | 一般钢结构 | |
| | | | | 底漆 | |
| | | | | 两遍 | 增一遍 |
| 基　　　　价（元） | | | | 43.82 | 26.68 |
| 其中 | 人　工　费（元） | | | 30.66 | 19.60 |
| | 材　料　费（元） | | | 8.37 | 2.29 |
| | 机　械　费（元） | | | 4.79 | 4.79 |
| 名　　　称 | | 单位 | 单价（元） | 消　耗　量 | |
| 人工 | 综合工日 | 工日 | 140.00 | 0.219 | 0.140 |
| 材料 | 聚氨酯底漆 | kg | — | (1.160) | (0.580) |
| | 二甲苯 | kg | 7.77 | 0.410 | 0.200 |
| | 破布 | kg | 6.32 | 0.120 | — |
| | 溶剂汽油 200号 | kg | 5.64 | 0.261 | — |
| | 铁砂布 | 张 | 0.85 | 3.480 | 0.870 |
| 机械 | 汽车式起重机 16t | 台班 | 958.70 | 0.005 | 0.005 |

工作内容：运料、过筛、填料干燥、表面清洗、调配、涂刷。　　　　　　　　　　　　　计量单位：100kg

| 定　额　编　号 | | | | A11-3-43 | A11-3-44 | A11-3-45 |
|---|---|---|---|---|---|---|
| 项　目　名　称 | | | | 一般钢结构 | | |
| | | | | 中间漆 | | 面漆 |
| | | | | 一遍 | 增一遍 | 每一遍 |
| 基　　　　　价　（元） | | | | 21.66 | 21.50 | 16.21 |
| 其中 | 人　工　费（元） | | | 14.42 | 14.42 | 14.42 |
| | 材　料　费（元） | | | 2.45 | 2.29 | 1.79 |
| | 机　械　费（元） | | | 4.79 | 4.79 | — |
| 名　　　称 | 单位 | 单价（元） | | 消　　耗　　量 | | |
| 人工 | 综合工日 | 工日 | 140.00 | 0.103 | 0.103 | 0.103 |
| 材料 | 聚氨酯磁漆 | kg | — | (0.520) | (0.510) | (0.550) |
| | 二甲苯 | kg | 7.77 | 0.220 | 0.200 | 0.230 |
| | 铁砂布 | 张 | 0.85 | 0.870 | 0.870 | — |
| 机械 | 汽车式起重机 16t | 台班 | 958.70 | 0.005 | 0.005 | — |

142

工作内容：运料、过筛、填料干燥、表面清洗、调配、涂刷。　　　　　　　　　　　　　计量单位：10m²

| 定　额　编　号 | | | | A11-3-46 | A11-3-47 |
|---|---|---|---|---|---|
| 项　目　名　称 | | | | 大型型钢钢结构 | |
| | | | | 底漆 | |
| | | | | 两遍 | 增一遍 |
| 基　　　　　价（元） | | | | 59.54 | 37.39 |
| 其中 | 人　工　费（元） | | | 37.10 | 23.66 |
| | 材　料　费（元） | | | 13.77 | 5.06 |
| | 机　械　费（元） | | | 8.67 | 8.67 |
| 名　　称 | | 单位 | 单价（元） | 消　　耗　　量 | |
| 人工 | 综合工日 | 工日 | 140.00 | 0.265 | 0.169 |
| 材料 | 聚氨酯底漆 | kg | — | (1.920) | (0.960) |
| | 二甲苯 | kg | 7.77 | 0.672 | 0.336 |
| | 破布 | kg | 6.32 | 0.192 | — |
| | 溶剂汽油 200号 | kg | 5.64 | 0.432 | — |
| | 铁砂布 | 张 | 0.85 | 5.760 | 2.880 |
| 机械 | 汽车式起重机 25t | 台班 | 1084.16 | 0.008 | 0.008 |

工作内容：运料、过筛、填料干燥、表面清洗、调配、涂刷。　　　　　　　　　　　计量单位：10m²

| 定　额　编　号 | | | | A11-3-48 | A11-3-49 | A11-3-50 |
|---|---|---|---|---|---|---|
| 项　目　名　称 | | | | 大型型钢钢结构 | | |
| | | | | 中间漆 | | 面漆 |
| | | | | 一遍 | 增一遍 | 每一遍 |
| 基　　　　　价（元） | | | | 31.43 | 31.43 | 20.44 |
| 其中 | 人　工　费（元） | | | 17.64 | 17.64 | 17.64 |
| | 材　料　费（元） | | | 5.12 | 5.12 | 2.80 |
| | 机　械　费（元） | | | 8.67 | 8.67 | — |
| 名　　　称 | | 单位 | 单价（元） | 消　　　耗　　　量 | | |
| 人工 | 综合工日 | 工日 | 140.00 | 0.126 | 0.126 | 0.126 |
| 材料 | 聚氨酯磁漆 | kg | — | (0.832) | (0.520) | (1.136) |
| | 二甲苯 | kg | 7.77 | 0.344 | 0.344 | 0.360 |
| | 铁砂布 | 张 | 0.85 | 2.880 | 2.880 | — |
| 机械 | 汽车式起重机 25t | 台班 | 1084.16 | 0.008 | 0.008 | — |

144

工作内容：运料、过筛、填料干燥、表面清洗、调配、涂刷。　　　　　　　　　计量单位：100kg

| 定　额　编　号 | | | | A11-3-51 | A11-3-52 |
|---|---|---|---|---|---|
| 项　目　名　称 | | | | 管廊钢结构 | |
| | | | | 底漆 | |
| | | | | 两遍 | 增一遍 |
| 基　　　　价（元） | | | | 31.37 | 20.32 |
| 其中 | 人　工　费（元） | | | 21.00 | 13.58 |
| | 材　料　费（元） | | | 5.58 | 1.95 |
| | 机　械　费（元） | | | 4.79 | 4.79 |
| 名　　　称 | | 单位 | 单价（元） | 消　耗　量 | |
| 人工 | 综合工日 | 工日 | 140.00 | 0.150 | 0.097 |
| 材料 | 聚氨酯底漆 | kg | — | (0.791) | (0.374) |
| | 二甲苯 | kg | 7.77 | 0.281 | 0.128 |
| | 破布 | kg | 6.32 | 0.085 | — |
| | 溶剂汽油 200号 | kg | 5.64 | 0.168 | — |
| | 铁砂布 | 张 | 0.85 | 2.244 | 1.122 |
| 机械 | 汽车式起重机 16t | 台班 | 958.70 | 0.005 | 0.005 |

工作内容：运料、过筛、填料干燥、表面清洗、调配、涂刷。　　　　　　　　　　　　　　计量单位：100kg

| 定　额　编　号 | | | A11-3-53 | A11-3-54 | A11-3-55 |
|---|---|---|---|---|---|
| 项　目　名　称 | | | 管廊钢结构 | | |
| | | | 中间漆 | | 面漆 |
| | | | 一遍 | 增一遍 | 每一遍 |
| 基　　　价（元） | | | 16.68 | 16.68 | 11.07 |
| 其中 | 人　工　费（元） | | 9.94 | 9.94 | 9.94 |
| | 材　料　费（元） | | 1.95 | 1.95 | 1.13 |
| | 机　械　费（元） | | 4.79 | 4.79 | — |
| 名　　称 | 单位 | 单价（元） | 消　　耗　　量 | | |
| 人工 | 综合工日 | 工日 | 140.00 | 0.071 | 0.071 | 0.071 |
| 材料 | 聚氨酯磁漆 | kg | — | (0.332) | (0.315) | (0.442) |
| | 二甲苯 | kg | 7.77 | 0.128 | 0.128 | 0.145 |
| | 铁砂布 | 张 | 0.85 | 1.122 | 1.122 | — |
| 机械 | 汽车式起重机 16t | 台班 | 958.70 | 0.005 | 0.005 | — |

# 三、环氧酚醛树脂漆

工作内容：运料、过筛、填料干燥、表面清洗、调配、涂刷。　　　　　计量单位：10㎡

| 定　额　编　号 | | | A11-3-56 | A11-3-57 | A11-3-58 | A11-3-59 |
|---|---|---|---|---|---|---|
| 项　目　名　称 | | | 设备 | | | |
| | | | 底漆 | | 面漆 | |
| | | | 两遍 | 增一遍 | 两遍 | 增一遍 |
| 基　　　　价（元） | | | 128.56 | 61.16 | 112.78 | 54.70 |
| 其中 | 人　工　费（元） | | 37.80 | 20.16 | 26.74 | 13.58 |
| | 材　料　费（元） | | 90.76 | 41.00 | 86.04 | 41.12 |
| | 机　械　费（元） | | — | — | — | — |
| 名　　　称 | 单位 | 单价（元） | 消　　耗　　量 | | | |
| 人工 | 综合工日 | 工日 | 140.00 | 0.270 | 0.144 | 0.191 | 0.097 |
| 材料 | 丙酮 | kg | 7.51 | 1.000 | 0.480 | 0.760 | 0.380 |
| | 酚醛树脂 | kg | 16.00 | 0.770 | 0.364 | 0.832 | 0.395 |
| | 环氧树脂 | kg | 32.08 | 1.799 | 0.842 | 1.945 | 0.926 |
| | 邻苯二甲酸二丁酯 | kg | 6.84 | 0.240 | 0.110 | 0.260 | 0.130 |
| | 破布 | kg | 6.32 | 0.200 | — | — | — |
| | 溶剂汽油 200号 | kg | 5.64 | 0.450 | — | — | — |
| | 石英粉 | kg | 0.35 | 0.360 | 0.170 | — | — |
| | 铁砂布 | 张 | 0.85 | 6.000 | 3.000 | — | — |
| | 乙二胺 | kg | 15.00 | 0.170 | 0.080 | 0.190 | 0.090 |

工作内容：运料、过筛、填料干燥、表面清洗、调配、涂刷。 计量单位：10m²

| 定 额 编 号 | | | | | A11-3-60 | A11-3-61 | A11-3-62 | A11-3-63 |
|---|---|---|---|---|---|---|---|---|
| 项 目 名 称 | | | | | 管道 | | | |
| | | | | | 底漆 | | 面漆 | |
| | | | | | 两遍 | 增一遍 | 两遍 | 增一遍 |
| 基 价（元） | | | | | 176.36 | 83.84 | 156.35 | 75.79 |
| 其中 | 人 工 费（元） | | | | 69.44 | 34.72 | 49.84 | 24.92 |
| | 材 料 费（元） | | | | 106.92 | 49.12 | 106.51 | 50.87 |
| | 机 械 费（元） | | | | — | — | — | — |
| 名 称 | | 单位 | 单价（元） | | 消 耗 量 | | | |
| 人工 | 综合工日 | 工日 | 140.00 | | 0.496 | 0.248 | 0.356 | 0.178 |
| 材料 | 丙酮 | kg | 7.51 | | 1.140 | 0.560 | 0.840 | 0.410 |
| | 酚醛树脂 | kg | 16.00 | | 0.950 | 0.450 | 1.040 | 0.500 |
| | 环氧树脂 | kg | 32.08 | | 2.210 | 1.050 | 2.420 | 1.150 |
| | 邻苯二甲酸二丁酯 | kg | 6.84 | | 0.310 | 0.150 | 0.340 | 0.160 |
| | 破布 | kg | 6.32 | | 0.200 | — | — | — |
| | 溶剂汽油 200号 | kg | 5.64 | | 0.495 | — | — | — |
| | 石英粉 | kg | 0.35 | | 0.660 | 0.220 | — | — |
| | 铁砂布 | 张 | 0.85 | | 3.000 | 1.500 | — | — |
| | 乙二胺 | kg | 15.00 | | 0.220 | 0.110 | 0.240 | 0.120 |

工作内容：运料、过筛、填料干燥、表面清洗、调配、涂刷。　　　　　　计量单位：100kg

| 定　额　编　号 | | | | A11-3-64 | A11-3-65 | A11-3-66 | A11-3-67 |
|---|---|---|---|---|---|---|---|
| 项　目　名　称 | | | | 一般钢结构 | | | |
| | | | | 底漆 | | 面漆 | |
| | | | | 两遍 | 增一遍 | 两遍 | 增一遍 |
| 基　　　价（元） | | | | 88.88 | 44.80 | 73.23 | 35.19 |
| 其中 | 人　工　费（元） | | | 30.66 | 16.10 | 22.54 | 10.92 |
| | 材　料　费（元） | | | 53.43 | 23.91 | 50.69 | 24.27 |
| | 机　械　费（元） | | | 4.79 | 4.79 | — | — |
| 名　　称 | | 单位 | 单价（元） | 消　　耗　　量 | | | |
| 人工 | 综合工日 | 工日 | 140.00 | 0.219 | 0.115 | 0.161 | 0.078 |
| 材料 | 丙酮 | kg | 7.51 | 0.600 | 0.290 | 0.450 | 0.220 |
| | 酚醛树脂 | kg | 16.00 | 0.450 | 0.220 | 0.490 | 0.230 |
| | 环氧树脂 | kg | 32.08 | 1.060 | 0.490 | 1.140 | 0.550 |
| | 邻苯二甲酸二丁酯 | kg | 6.84 | 0.140 | 0.070 | 0.160 | 0.080 |
| | 破布 | kg | 6.32 | 0.120 | — | — | — |
| | 溶剂汽油 200号 | kg | 5.64 | 0.261 | — | — | — |
| | 石英粉 | kg | 0.35 | 0.220 | 0.100 | — | — |
| | 铁砂布 | 张 | 0.85 | 3.480 | 1.450 | — | — |
| | 乙二胺 | kg | 15.00 | 0.100 | 0.050 | 0.120 | 0.050 |
| 机械 | 汽车式起重机 16t | 台班 | 958.70 | 0.005 | 0.005 | — | — |

工作内容：运料、过筛、填料干燥、表面清洗、调配、涂刷。　　　　　　　　　　　计量单位：10m²

| 定　额　编　号 | | | | A11-3-68 | A11-3-69 | A11-3-70 | A11-3-71 |
|---|---|---|---|---|---|---|---|
| 项　目　名　称 | | | | 大型型钢钢结构 | | | |
| | | | | 底漆 | | 面漆 | |
| | | | | 两遍 | 增一遍 | 两遍 | 增一遍 |
| 基　　价（元） | | | | 130.41 | 66.72 | 106.02 | 51.89 |
| 其中 | 人　工　费（元） | | | 37.10 | 19.88 | 26.32 | 13.58 |
| | 材　料　费（元） | | | 84.64 | 38.17 | 79.70 | 38.31 |
| | 机　械　费（元） | | | 8.67 | 8.67 | — | — |
| 名　　称 | | 单位 | 单价（元） | 消　　耗　　量 | | | |
| 人工 | 综合工日 | 工日 | 140.00 | 0.265 | 0.142 | 0.188 | 0.097 |
| 材料 | 丙酮 | kg | 7.51 | 0.960 | 0.464 | 0.728 | 0.368 |
| | 酚醛树脂 | kg | 16.00 | 0.712 | 0.336 | 0.768 | 0.368 |
| | 环氧树脂 | kg | 32.08 | 1.664 | 0.776 | 1.792 | 0.856 |
| | 邻苯二甲酸二丁酯 | kg | 6.84 | 0.232 | 0.104 | 0.248 | 0.128 |
| | 破布 | kg | 6.32 | 0.192 | — | — | — |
| | 溶剂汽油 200号 | kg | 5.64 | 0.432 | — | — | — |
| | 石英粉 | kg | 0.35 | 0.344 | 0.160 | — | — |
| | 铁砂布 | 张 | 0.85 | 5.760 | 2.880 | — | — |
| | 乙二胺 | kg | 15.00 | 0.160 | 0.080 | 0.184 | 0.088 |
| 机械 | 汽车式起重机 25t | 台班 | 1084.16 | 0.008 | 0.008 | — | — |

150

工作内容：运料、过筛、填料干燥、表面清洗、调配、涂刷。 计量单位：100kg

| 定 额 编 号 | | | | A11-3-72 | A11-3-73 | A11-3-74 | A11-3-75 |
|---|---|---|---|---|---|---|---|
| 项 目 名 称 | | | | 管廊钢结构 | | | |
| | | | | 底漆 | | 面漆 | |
| | | | | 两遍 | 增一遍 | 两遍 | 增一遍 |
| 基 价（元） | | | | 58.69 | 31.72 | 48.31 | 23.13 |
| 其中 | 人 工 费（元） | | | 21.00 | 11.48 | 15.54 | 7.28 |
| | 材 料 费（元） | | | 32.90 | 15.45 | 32.77 | 15.85 |
| | 机 械 费（元） | | | 4.79 | 4.79 | — | — |
| 名 称 | | 单位 | 单价（元） | 消 耗 量 | | | |
| 人工 | 综合工日 | 工日 | 140.00 | 0.150 | 0.082 | 0.111 | 0.052 |
| 材料 | 丙酮 | kg | 7.51 | 0.391 | 0.187 | 0.289 | 0.145 |
| | 酚醛树脂 | kg | 16.00 | 0.289 | 0.145 | 0.315 | 0.153 |
| | 环氧树脂 | kg | 32.08 | 0.646 | 0.315 | 0.731 | 0.357 |
| | 邻苯二甲酸二丁酯 | kg | 6.84 | 0.094 | 0.043 | 0.102 | 0.051 |
| | 破布 | kg | 6.32 | 0.077 | — | — | — |
| | 溶剂汽油 200号 | kg | 5.64 | 0.168 | — | — | — |
| | 石英粉 | kg | 0.35 | 0.145 | 0.068 | — | — |
| | 铁砂布 | 张 | 0.85 | 1.870 | 0.935 | — | — |
| | 乙二胺 | kg | 15.00 | 0.060 | 0.034 | 0.094 | 0.034 |
| 机械 | 汽车式起重机 16t | 台班 | 958.70 | 0.005 | 0.005 | — | — |

# 四、冷固环氧树脂漆

工作内容：运料、过筛、填料干燥、表面清洗、调配、涂刷。 计量单位：10m²

| 定 额 编 号 | | | | A11-3-76 | A11-3-77 | A11-3-78 | A11-3-79 |
|---|---|---|---|---|---|---|---|
| 项 目 名 称 | | | | 管道 | | | |
| | | | | 底漆 | | 面漆 | |
| | | | | 两遍 | 增一遍 | 两遍 | 增一遍 |
| 基 价（元） | | | | 195.06 | 89.28 | 176.86 | 85.74 |
| 其中 | 人 工 费（元） | | | 70.00 | 34.72 | 50.26 | 25.34 |
| | 材 料 费（元） | | | 125.06 | 54.56 | 126.60 | 60.40 |
| | 机 械 费（元） | | | — | — | — | — |
| 名 称 | 单位 | 单价（元） | | 消 耗 量 | | | |
| 人工 | 综合工日 | 工日 | 140.00 | 0.500 | 0.248 | 0.359 | 0.181 |
| 材料 | 丙酮 | kg | 7.51 | 1.130 | 0.550 | 1.200 | 0.580 |
| | 环氧树脂 | kg | 32.08 | 3.160 | 1.480 | 3.460 | 1.650 |
| | 邻苯二甲酸二丁酯 | kg | 6.84 | 0.320 | 0.150 | 0.350 | 0.170 |
| | 破布 | kg | 6.32 | 0.200 | — | — | — |
| | 溶剂汽油 200号 | kg | 5.64 | 0.495 | — | — | — |
| | 石英粉 | kg | 0.35 | 0.290 | 0.370 | — | — |
| | 铁砂布 | 张 | 0.85 | 6.000 | — | — | — |
| | 乙二胺 | kg | 15.00 | 0.250 | 0.120 | 0.280 | 0.130 |

工作内容：运料、过筛、填料干燥、表面清洗、调配、涂刷。　　　　　　　　计量单位：10m²

| 定 额 编 号 | | | A11-3-80 | A11-3-81 | A11-3-82 | A11-3-83 |
|---|---|---|---|---|---|---|
| 项 目 名 称 | | | 设备 | | | |
| | | | 底漆 | | 面漆 | |
| | | | 两遍 | 增一遍 | 两遍 | 增一遍 |
| 基 价（元） | | | 142.29 | 67.28 | 126.61 | 61.20 |
| 其中 | 人 工 费（元） | | 38.22 | 20.16 | 26.74 | 13.58 |
| | 材 料 费（元） | | 104.07 | 47.12 | 99.87 | 47.62 |
| | 机 械 费（元） | | — | — | — | — |
| 名 称 | 单位 | 单价（元） | 消 耗 量 | | | |
| 人工 | 综合工日 | 工日 | 140.00 | 0.273 | 0.144 | 0.191 | 0.097 |
| 材料 | 丙酮 | kg | 7.51 | 1.000 | 0.480 | 0.770 | 0.380 |
| | 环氧树脂 | kg | 32.08 | 2.579 | 1.206 | 2.777 | 1.321 |
| | 邻苯二甲酸二丁酯 | kg | 6.84 | 0.250 | 0.120 | 0.270 | 0.130 |
| | 破布 | kg | 6.32 | 0.200 | — | — | — |
| | 溶剂汽油 200号 | kg | 5.64 | 0.450 | | | |
| | 石英粉 | kg | 0.35 | 0.620 | 0.290 | — | — |
| | 铁砂布 | 张 | 0.85 | 6.000 | 3.000 | — | — |
| | 乙二胺 | kg | 15.00 | 0.200 | 0.090 | 0.210 | 0.100 |

工作内容：运料、过筛、填料干燥、表面清洗、调配、涂刷。 计量单位：100kg

| 定　额　编　号 | | | | A11-3-84 | A11-3-85 | A11-3-86 | A11-3-87 |
|---|---|---|---|---|---|---|---|
| 项　目　名　称 | | | | 一般钢结构 | | | |
| | | | | 底漆 | | 面漆 | |
| | | | | 两遍 | 增一遍 | 两遍 | 增一遍 |
| 基　　　价（元） | | | | 95.74 | 48.28 | 79.97 | 39.32 |
| 其中 | 人　工　费（元） | | | 31.22 | 16.66 | 21.28 | 10.92 |
| | 材　料　费（元） | | | 59.73 | 26.83 | 58.69 | 28.40 |
| | 机　械　费（元） | | | 4.79 | 4.79 | — | — |
| 名　　　称 | | 单位 | 单价（元） | 消　　耗　　量 | | | |
| 人工 | 综合工日 | 工日 | 140.00 | 0.223 | 0.119 | 0.152 | 0.078 |
| 材　料 | 丙酮 | kg | 7.51 | 0.590 | 0.280 | 0.470 | 0.300 |
| | 环氧树脂 | kg | 32.08 | 1.470 | 0.680 | 1.620 | 0.770 |
| | 邻苯二甲酸二丁酯 | kg | 6.84 | 0.150 | 0.070 | 0.160 | 0.080 |
| | 破布 | kg | 6.32 | 0.120 | — | — | — |
| | 溶剂汽油 200号 | kg | 5.64 | 0.261 | — | — | — |
| | 石英粉 | kg | 0.35 | 0.370 | 0.170 | — | — |
| | 铁砂布 | 张 | 0.85 | 3.480 | 1.740 | — | — |
| | 乙二胺 | kg | 15.00 | 0.120 | 0.060 | 0.140 | 0.060 |
| 机械 | 汽车式起重机 16t | 台班 | 958.70 | 0.005 | 0.005 | — | — |

工作内容：运料、过筛、填料干燥、表面清洗、调配、涂刷。 计量单位：10m²

| 定 额 编 号 | | | | A11-3-88 | A11-3-89 | A11-3-90 | A11-3-91 |
|---|---|---|---|---|---|---|---|
| 项 目 名 称 | | | | 大型型钢钢结构 | | | |
| | | | | 底漆 | | 面漆 | |
| | | | | 两遍 | 增一遍 | 两遍 | 增一遍 |
| 基 价（元） | | | | 143.43 | 72.34 | 118.72 | 57.67 |
| 其中 | 人 工 费（元） | | | 37.80 | 19.88 | 26.32 | 13.58 |
| | 材 料 费（元） | | | 96.96 | 43.79 | 92.40 | 44.09 |
| | 机 械 费（元） | | | 8.67 | 8.67 | — | — |
| 名 称 | | 单位 | 单价（元） | 消 耗 量 | | | |
| 人工 | 综合工日 | 工日 | 140.00 | 0.270 | 0.142 | 0.188 | 0.097 |
| 材料 | 丙酮 | kg | 7.51 | 0.960 | 0.464 | 0.736 | 0.368 |
| | 环氧树脂 | kg | 32.08 | 2.384 | 1.112 | 2.560 | 1.216 |
| | 邻苯二甲酸二丁酯 | kg | 6.84 | 0.240 | 0.112 | 0.256 | 0.128 |
| | 破布 | kg | 6.32 | 0.192 | — | — | — |
| | 溶剂汽油 200号 | kg | 5.64 | 0.432 | — | — | — |
| | 石英粉 | kg | 0.35 | 0.592 | 0.280 | — | — |
| | 铁砂布 | 张 | 0.85 | 5.760 | 2.880 | — | — |
| | 乙二胺 | kg | 15.00 | 0.192 | 0.088 | 0.200 | 0.096 |
| 机械 | 汽车式起重机 25t | 台班 | 1084.16 | 0.008 | 0.008 | — | — |

工作内容：运料、过筛、填料干燥、表面清洗、调配、涂刷。　　　　　　　　　计量单位：100kg

| 定　额　编　号 | | | | A11-3-92 | A11-3-93 | A11-3-94 | A11-3-95 |
|---|---|---|---|---|---|---|---|
| 项　目　名　称 | | | | 管廊钢结构 | | | |
| | | | | 底漆 | | 面漆 | |
| | | | | 两遍 | 增一遍 | 两遍 | 增一遍 |
| 基　　　　价（元） | | | | 64.51 | 33.73 | 52.52 | 26.12 |
| 其中 | 人　工　费（元） | | | 21.28 | 11.48 | 14.56 | 7.84 |
| | 材　料　费（元） | | | 38.44 | 17.46 | 37.96 | 18.28 |
| | 机　械　费（元） | | | 4.79 | 4.79 | — | — |
| | 名　　称 | 单位 | 单价（元） | 消　耗　量 | | | |
| 人工 | 综合工日 | 工日 | 140.00 | 0.152 | 0.082 | 0.104 | 0.056 |
| 材料 | 丙酮 | kg | 7.51 | 0.383 | 0.179 | 0.306 | 0.196 |
| | 环氧树脂 | kg | 32.08 | 0.944 | 0.442 | 1.046 | 0.493 |
| | 邻苯二甲酸二丁酯 | kg | 6.84 | 0.102 | 0.043 | 0.102 | 0.051 |
| | 破布 | kg | 6.32 | 0.077 | — | — | — |
| | 溶剂汽油 200号 | kg | 5.64 | 0.168 | — | — | — |
| | 石英粉 | kg | 0.35 | 0.238 | 0.111 | — | — |
| | 铁砂布 | 张 | 0.85 | 2.244 | 1.122 | — | — |
| | 乙二胺 | kg | 15.00 | 0.077 | 0.043 | 0.094 | 0.043 |
| 机械 | 汽车式起重机 16t | 台班 | 958.70 | 0.005 | 0.005 | — | — |

# 五、环氧呋喃树脂漆

工作内容：运料、过筛、填料干燥、表面清洗、调配、涂刷。　　　　　　　　　　　　计量单位：10m²

| 定　额　编　号 | | | A11-3-96 | A11-3-97 | A11-3-98 | A11-3-99 |
|---|---|---|---|---|---|---|
| 项　目　名　称 | | | 设备 | | | |
| | | | 底漆 | | 面漆 | |
| | | | 两遍 | 增一遍 | 两遍 | 增一遍 |
| 基　　　　价（元） | | | 60.89 | 30.30 | 39.57 | 20.37 |
| 其中 | 人　工　费（元） | | 36.26 | 19.46 | 25.34 | 12.88 |
| | 材　料　费（元） | | 24.63 | 10.84 | 14.23 | 7.49 |
| | 机　械　费（元） | | — | — | — | — |
| 名　　　称 | 单位 | 单价（元） | 消　　耗　　量 | | | |
| 人工 综合工日 | 工日 | 140.00 | 0.259 | 0.139 | 0.181 | 0.092 |
| 环氧呋喃树脂漆 | kg | — | (3.880) | (2.042) | (3.510) | (1.847) |
| 环氧呋喃树脂漆固化剂 | kg | 18.21 | 0.484 | 0.255 | 0.438 | 0.230 |
| 材 环氧呋喃树脂漆稀释剂 | kg | 10.68 | 0.647 | 0.341 | 0.586 | 0.309 |
| 破布 | kg | 6.32 | 0.200 | — | — | — |
| 料 溶剂汽油 200号 | kg | 5.64 | 0.450 | — | — | — |
| 铁砂布 | 张 | 0.85 | 6.000 | 3.000 | — | — |

工作内容：运料、过筛、填料干燥、表面清洗、调配、涂刷。　　　　　　　　　计量单位：10m²

| 定　额　编　号 | | | | A11-3-100 | A11-3-101 |
|---|---|---|---|---|---|
| 项　目　名　称 | | | | 管道 | |
| | | | | 底漆 | |
| | | | | 两遍 | 增一遍 |
| 基　　　价（元） | | | | 84.58 | 41.09 |
| 其中 | 人　工　费（元） | | | 65.24 | 33.04 |
| | 材　料　费（元） | | | 19.34 | 8.05 |
| | 机　械　费（元） | | | — | — |
| 名　称 | | 单位 | 单价(元) | 消　　耗　　量 | |
| 人工 | 综合工日 | 工日 | 140.00 | 0.466 | 0.236 |
| 材料 | 环氧呋喃树脂漆 | kg | — | (3.725) | (1.960) |
| | 环氧呋喃树脂漆固化剂 | kg | 18.21 | 0.465 | 0.245 |
| | 环氧呋喃树脂漆稀释剂 | kg | 10.68 | 0.621 | 0.327 |
| | 破布 | kg | 6.32 | 0.200 | — |
| | 溶剂汽油 200号 | kg | 5.64 | 0.495 | — |
| | 铁砂布 | 张 | 0.85 | 0.220 | 0.110 |

工作内容：运料、过筛、填料干燥、表面清洗、调配、涂刷。 计量单位：10m²

| 定 额 编 号 | | | | | A11-3-102 | A11-3-103 |
|---|---|---|---|---|---|---|
| 项 目 名 称 | | | | | 管道 | |
| | | | | | 面漆 | |
| | | | | | 两遍 | 增一遍 |
| 基 价（元） | | | | | 61.54 | 31.23 |
| 其中 | 人 工 费（元） | | | | 47.88 | 24.22 |
| | 材 料 费（元） | | | | 13.66 | 7.01 |
| | 机 械 费（元） | | | | — | — |
| 名 称 | | 单位 | 单价（元） | | 消 耗 量 | |
| 人工 | 综合工日 | 工日 | 140.00 | | 0.342 | 0.173 |
| 材料 | 环氧呋喃树脂漆 | kg | — | | (3.370) | (1.773) |
| | 环氧呋喃树脂漆固化剂 | kg | 18.21 | | 0.420 | 0.211 |
| | 环氧呋喃树脂漆稀释剂 | kg | 10.68 | | 0.563 | 0.297 |

工作内容：运料、过筛、填料干燥、表面清洗、调配、涂刷。 计量单位：100kg

| 定 额 编 号 | | | | A11-3-104 | A11-3-105 |
|---|---|---|---|---|---|
| 项 目 名 称 | | | | 一般钢结构 | |
| | | | | 底漆 | |
| | | | | 两遍 | 增一遍 |
| 基 价（元） | | | | 48.19 | 26.80 |
| 其中 | 人 工 费（元） | | | 29.68 | 15.96 |
| | 材 料 费（元） | | | 13.72 | 6.05 |
| | 机 械 费（元） | | | 4.79 | 4.79 |
| 名 称 | | 单位 | 单价(元) | 消 耗 量 | |
| 人工 | 综合工日 | 工日 | 140.00 | 0.212 | 0.114 |
| 材料 | 环氧呋喃树脂漆 | kg | — | (2.143) | (1.128) |
| | 环氧呋喃树脂漆固化剂 | kg | 18.21 | 0.267 | 0.141 |
| | 环氧呋喃树脂漆稀释剂 | kg | 10.68 | 0.358 | 0.188 |
| | 破布 | kg | 6.32 | 0.120 | — |
| | 溶剂汽油 200号 | kg | 5.64 | 0.234 | — |
| | 铁砂布 | 张 | 0.85 | 3.480 | 1.740 |
| 机械 | 汽车式起重机 16t | 台班 | 958.70 | 0.005 | 0.005 |

工作内容：运料、过筛、填料干燥、表面清洗、调配、涂刷。 计量单位：100kg

| 定 额 编 号 | | | | A11-3-106 | A11-3-107 |
|---|---|---|---|---|---|
| 项 目 名 称 | | | | 一般钢结构 | |
| | | | | 面漆 | |
| | | | | 两遍 | 增一遍 |
| 基 价（元） | | | | 29.14 | 14.49 |
| 其中 | 人 工 费（元） | | | 21.28 | 10.36 |
| | 材 料 费（元） | | | 7.86 | 4.13 |
| | 机 械 费（元） | | | — | — |
| 名 称 | | 单位 | 单价（元） | 消 耗 量 | |
| 人工 | 综合工日 | 工日 | 140.00 | 0.152 | 0.074 |
| 材料 | 环氧呋喃树脂漆 | kg | — | (1.939) | (1.020) |
| | 环氧呋喃树脂漆固化剂 | kg | 18.21 | 0.242 | 0.127 |
| | 环氧呋喃树脂漆稀释剂 | kg | 10.68 | 0.323 | 0.170 |

161

工作内容：运料、过筛、填料干燥、表面清洗、调配、涂刷。

计量单位：10m²

| 定　额　编　号 | | | | A11-3-108 | A11-3-109 |
|---|---|---|---|---|---|
| 项　目　名　称 | | | | 大型型钢钢结构 | |
| | | | | 底漆 | |
| | | | | 两遍 | 增一遍 |
| 基　　　　价（元） | | | | 69.36 | 38.61 |
| 其中 | 人　工　费（元） | | | 35.84 | 18.90 |
| | 材　料　费（元） | | | 24.85 | 11.04 |
| | 机　械　费（元） | | | 8.67 | 8.67 |
| 名　　称 | | 单位 | 单价(元) | 消　耗　量 | |
| 人工 | 综合工日 | 工日 | 140.00 | 0.256 | 0.135 |
| 材料 | 环氧呋喃树脂漆 | kg | — | (4.023) | (2.117) |
| | 环氧呋喃树脂漆固化剂 | kg | 18.21 | 0.502 | 0.264 |
| | 环氧呋喃树脂漆稀释剂 | kg | 10.68 | 0.671 | 0.354 |
| | 破布 | kg | 6.32 | 0.192 | — |
| | 溶剂汽油 200号 | kg | 5.64 | 0.432 | — |
| | 铁砂布 | 张 | 0.85 | 5.760 | 2.880 |
| 机械 | 汽车式起重机 25t | 台班 | 1084.16 | 0.008 | 0.008 |

工作内容：运料、过筛、填料干燥、表面清洗、调配、涂刷。计量单位：10㎡

| 定 额 编 号 | | | | A11-3-110 | A11-3-111 |
|---|---|---|---|---|---|
| 项 目 名 称 | | | | 大型型钢钢结构 | |
| | | | | 面漆 | |
| | | | | 两遍 | 增一遍 |
| 基 价（元） | | | | 39.68 | 20.63 |
| 其中 | 人 工 费（元） | | | 24.92 | 12.88 |
| | 材 料 费（元） | | | 14.76 | 7.75 |
| | 机 械 费（元） | | | — | — |
| 名 称 | | 单位 | 单价（元） | 消 耗 量 | |
| 人工 | 综合工日 | 工日 | 140.00 | 0.178 | 0.092 |
| 材料 | 环氧呋喃树脂漆 | kg | — | (3.639) | (1.915) |
| | 环氧呋喃树脂漆固化剂 | kg | 18.21 | 0.454 | 0.238 |
| | 环氧呋喃树脂漆稀释剂 | kg | 10.68 | 0.608 | 0.320 |

工作内容：运料、过筛、填料干燥、表面清洗、调配、涂刷。　　　　　　　　　　　　　计量单位：100kg

| 定　额　编　号 | | | | | A11-3-112 | A11-3-113 |
|---|---|---|---|---|---|---|
| 项　目　名　称 | | | | | 管廊钢结构 | |
| | | | | | 底漆 | |
| | | | | | 两遍 | 增一遍 |
| 基　　　　价（元） | | | | | 34.30 | 19.58 |
| 其中 | 人　工　费（元） | | | | 20.72 | 10.92 |
| | 材　料　费（元） | | | | 8.79 | 3.87 |
| | 机　械　费（元） | | | | 4.79 | 4.79 |
| 名　　　称 | | 单位 | 单价（元） | | 消　耗　　　量 | |
| 人工 | 综合工日 | 工日 | 140.00 | | 0.148 | 0.078 |
| 材料 | 环氧呋喃树脂漆 | kg | — | | (1.367) | (0.720) |
| | 环氧呋喃树脂漆固化剂 | kg | 18.21 | | 0.171 | 0.090 |
| | 环氧呋喃树脂漆稀释剂 | kg | 10.68 | | 0.228 | 0.120 |
| | 破布 | kg | 6.32 | | 0.077 | — |
| | 溶剂汽油 200号 | kg | 5.64 | | 0.151 | — |
| | 铁砂布 | 张 | 0.85 | | 2.244 | 1.122 |
| 机械 | 汽车式起重机 16t | 台班 | 958.70 | | 0.005 | 0.005 |

164

| 定　额　编　号 | | | | | A11-3-114 | A11-3-115 |
|---|---|---|---|---|---|---|
| 项　目　名　称 | | | | | 管廊钢结构 | |
| | | | | | 面漆 | |
| | | | | | 两遍 | 增一遍 |
| 基　　　　　价（元） | | | | | 18.86 | 10.06 |
| 其中 | 人　工　费（元） | | | | 13.86 | 7.42 |
| | 材　料　费（元） | | | | 5.00 | 2.64 |
| | 机　械　费（元） | | | | — | — |
| 名　　称 | | 单位 | 单价（元） | | 消　　耗　　量 | |
| 人工 | 综合工日 | 工日 | 140.00 | | 0.099 | 0.053 |
| 材料 | 环氧呋喃树脂漆 | kg | — | | (1.237) | (0.651) |
| | 环氧呋喃树脂漆固化剂 | kg | 18.21 | | 0.154 | 0.081 |
| | 环氧呋喃树脂漆稀释剂 | kg | 10.68 | | 0.206 | 0.109 |

# 六、酚醛树脂漆

工作内容：运料、过筛、填料干燥、表面清洗、调配、涂刷。 计量单位：10m²

| 定 额 编 号 | | | | A11-3-116 | A11-3-117 |
|---|---|---|---|---|---|
| 项 目 名 称 | | | | 设备 | |
| | | | | 底漆 | |
| | | | | 两遍 | 增一遍 |
| 基 价 （元） | | | | 101.80 | 49.13 |
| 其中 | 人 工 费（元） | | | 45.22 | 24.22 |
| | 材 料 费（元） | | | 56.58 | 24.91 |
| | 机 械 费（元） | | | — | — |
| 名 称 | | 单位 | 单价（元） | 消 耗 量 | |
| 人工 | 综合工日 | 工日 | 140.00 | 0.323 | 0.173 |
| 材料 | 苯磺酰氯 | kg | 10.51 | 0.190 | 0.090 |
| | 酚醛树脂 | kg | 16.00 | 2.454 | 1.144 |
| | 酒精 | kg | 6.40 | 0.970 | 0.470 |
| | 破布 | kg | 6.32 | 0.200 | — |
| | 溶剂汽油 200号 | kg | 5.64 | 0.450 | — |
| | 石英粉 | kg | 0.35 | 0.590 | 0.280 |
| | 铁砂布 | 张 | 0.85 | 6.000 | 3.000 |

166

工作内容：运料、过筛、填料干燥、表面清洗、调配、涂刷。 计量单位：10m²

| 定　额　编　号 | | | | | A11-3-118 | A11-3-119 |
|---|---|---|---|---|---|---|
| 项　目　名　称 | | | | | 设备 | |
| | | | | | 中间漆 | |
| | | | | | 两遍 | 增一遍 |
| 基　　　　　价（元） | | | | | 84.21 | 40.63 |
| 其中 | 人　工　费（元） | | | | 38.92 | 19.60 |
| | 材　料　费（元） | | | | 45.29 | 21.03 |
| | 机　械　费（元） | | | | — | — |
| 名　　称 | | 单位 | 单价(元) | | 消　耗　量 | |
| 人工 | 综合工日 | 工日 | 140.00 | | 0.278 | 0.140 |
| 材料 | 苯磺酰氯 | kg | 10.51 | | 0.170 | 0.080 |
| | 酚醛树脂 | kg | 16.00 | | 2.267 | 1.040 |
| | 酒精 | kg | 6.40 | | 0.720 | 0.350 |
| | 石英粉 | kg | 0.35 | | 0.220 | 0.100 |
| | 铁砂布 | 张 | 0.85 | | 3.000 | 1.500 |

工作内容：运料、过筛、填料干燥、表面清洗、调配、涂刷。

计量单位：10m²

| 定 额 编 号 | | | | | A11-3-120 | A11-3-121 |
|---|---|---|---|---|---|---|
| 项 目 名 称 | | | | | 设备 | |
| | | | | | 面漆 | |
| | | | | | 两遍 | 增一遍 |
| 基 价（元） | | | | | 80.75 | 39.33 |
| 其中 | 人 工 费（元） | | | | 32.34 | 16.10 |
| | 材 料 费（元） | | | | 48.41 | 23.23 |
| | 机 械 费（元） | | | | — | — |
| 名 称 | | 单位 | 单价(元) | | 消 耗 量 | |
| 人工 | 综合工日 | 工日 | 140.00 | | 0.231 | 0.115 |
| 材料 | 苯磺酰氯 | kg | 10.51 | | 0.200 | 0.100 |
| | 酚醛树脂 | kg | 16.00 | | 2.642 | 1.258 |
| | 酒精 | kg | 6.40 | | 0.630 | 0.320 |

工作内容：运料、过筛、填料干燥、表面清洗、调配、涂刷。 计量单位：10m²

| 定 额 编 号 | | | | A11-3-122 | A11-3-123 |
|---|---|---|---|---|---|
| 项 目 名 称 | | | | 管道 | |
| | | | | 底漆 | |
| | | | | 两遍 | 增一遍 |
| 基 价（元） | | | | 146.23 | 69.16 |
| 其中 | 人 工 费（元） | | | 84.00 | 42.00 |
| | 材 料 费（元） | | | 62.23 | 27.16 |
| | 机 械 费（元） | | | — | — |
| 名 称 | | 单位 | 单价（元） | 消 耗 量 | |
| 人工 | 综合工日 | 工日 | 140.00 | 0.600 | 0.300 |
| 材料 | 苯磺酰氯 | kg | 10.51 | 0.240 | 0.110 |
| | 酚醛树脂 | kg | 16.00 | 3.010 | 1.400 |
| | 酒精 | kg | 6.40 | 1.100 | 0.530 |
| | 破布 | kg | 6.32 | 0.200 | — |
| | 溶剂汽油 200号 | kg | 5.64 | 0.495 | — |
| | 石英粉 | kg | 0.35 | 0.750 | 0.350 |
| | 铁砂布 | 张 | 0.85 | 0.220 | 0.110 |

工作内容：运料、过筛、填料干燥、表面清洗、调配、涂刷。 计量单位：10m²

| 定 额 编 号 | | | | A11-3-124 | A11-3-125 |
|---|---|---|---|---|---|
| 项 目 名 称 | | | | 管道 | |
| | | | | 中间漆 | |
| | | | | 两遍 | 增一遍 |
| 基 价（元） | | | | 116.80 | 56.61 |
| 其中 | 人 工 费（元） | | | 66.36 | 33.18 |
| | 材 料 费（元） | | | 50.44 | 23.43 |
| | 机 械 费（元） | | | — | — |
| 名 称 | | 单位 | 单价(元) | 消 耗 量 | |
| 人工 | 综合工日 | 工日 | 140.00 | 0.474 | 0.237 |
| 材料 | 苯磺酰氯 | kg | 10.51 | 0.210 | 0.100 |
| | 酚醛树脂 | kg | 16.00 | 2.640 | 1.220 |
| | 酒精 | kg | 6.40 | 0.900 | 0.430 |
| | 石英粉 | kg | 0.35 | 0.400 | 0.180 |
| | 铁砂布 | 张 | 0.85 | 0.110 | 0.050 |

工作内容：运料、过筛、填料干燥、表面清洗、调配、涂刷。 计量单位：10m²

| 定　额　编　号 | | | | | A11-3-126 | A11-3-127 |
|---|---|---|---|---|---|---|
| 项　目　名　称 | | | | | 管道 | |
| | | | | | 面漆 | |
| | | | | | 两遍 | 增一遍 |
| 基　　　价（元） | | | | | 120.42 | 59.26 |
| 其中 | 人　工　费（元） | | | | 60.76 | 30.66 |
| | 材　料　费（元） | | | | 59.66 | 28.60 |
| | 机　械　费（元） | | | | — | — |
| 名　　　称 | | 单位 | 单价(元) | | 消　耗　量 | |
| 人工 | 综合工日 | 工日 | 140.00 | | 0.434 | 0.219 |
| 材料 | 苯磺酰氯 | kg | 10.51 | | 0.260 | 0.130 |
| | 酚醛树脂 | kg | 16.00 | | 3.290 | 1.570 |
| | 酒精 | kg | 6.40 | | 0.670 | 0.330 |

工作内容：运料、过筛、填料干燥、表面清洗、调配、涂刷。　　　　　　　　　计量单位：100kg

| 定　额　编　号 | | | | | A11-3-128 | A11-3-129 |
|---|---|---|---|---|---|---|
| 项　目　名　称 | | | | | 一般钢结构 | |
| | | | | | 底漆 | |
| | | | | | 两遍 | 增一遍 |
| 基　　　　　价（元） | | | | | 74.13 | 39.14 |
| 其中 | 人　工　费（元） | | | | 36.82 | 20.16 |
| | 材　料　费（元） | | | | 32.52 | 14.19 |
| | 机　械　费（元） | | | | 4.79 | 4.79 |
| 名　　称 | | 单位 | 单价（元） | | 消　耗　量 | |
| 人工 | 综合工日 | 工日 | 140.00 | | 0.263 | 0.144 |
| 材料 | 苯磺酰氯 | kg | 10.51 | | 0.110 | 0.050 |
| | 酚醛树脂 | kg | 16.00 | | 1.400 | 0.650 |
| | 酒精 | kg | 6.40 | | 0.570 | 0.270 |
| | 破布 | kg | 6.32 | | 0.120 | — |
| | 溶剂汽油 200号 | kg | 5.64 | | 0.261 | — |
| | 石英粉 | kg | 0.35 | | 0.350 | 0.160 |
| | 铁砂布 | 张 | 0.85 | | 3.480 | 1.740 |
| 机械 | 汽车式起重机 16t | 台班 | 958.70 | | 0.005 | 0.005 |

工作内容：运料、过筛、填料干燥、表面清洗、调配、涂刷。 计量单位：100kg

| 定 额 编 号 | | | | A11-3-130 | A11-3-131 |
|---|---|---|---|---|---|
| 项 目 名 称 | | | | 一般钢结构 | |
| | | | | 中间漆 | |
| | | | | 两遍 | 增一遍 |
| 基 价（元） | | | | 61.85 | 32.74 |
| 其中 | 人 工 费（元） | | | 31.64 | 16.10 |
| | 材 料 费（元） | | | 25.42 | 11.85 |
| | 机 械 费（元） | | | 4.79 | 4.79 |
| 名 称 | | 单位 | 单价（元） | 消 耗 量 | |
| 人工 | 综合工日 | 工日 | 140.00 | 0.226 | 0.115 |
| 材料 | 苯磺酰氯 | kg | 10.51 | 0.100 | 0.050 |
| | 酚醛树脂 | kg | 16.00 | 1.260 | 0.580 |
| | 酒精 | kg | 6.40 | 0.420 | 0.200 |
| | 石英粉 | kg | 0.35 | 0.130 | 0.060 |
| | 铁砂布 | 张 | 0.85 | 1.740 | 0.870 |
| 机械 | 汽车式起重机 16t | 台班 | 958.70 | 0.005 | 0.005 |

工作内容：运料、过筛、填料干燥、表面清洗、调配、涂刷。计量单位：100kg

| 定 额 编 号 | | | | | A11-3-132 | A11-3-133 |
|---|---|---|---|---|---|---|
| 项 目 名 称 | | | | | 一般钢结构 | |
| | | | | | 面漆 | |
| | | | | | 两遍 | 增一遍 |
| 基 价（元） | | | | | 53.61 | 26.84 |
| 其中 | 人 工 费（元） | | | | 26.46 | 13.86 |
| | 材 料 费（元） | | | | 27.15 | 12.98 |
| | 机 械 费（元） | | | | — | — |
| | 名 称 | 单位 | 单价(元) | | 消 耗 量 | |
| 人工 | 综合工日 | 工日 | 140.00 | | 0.189 | 0.099 |
| 材料 | 苯磺酰氯 | kg | 10.51 | | 0.120 | 0.060 |
| | 酚醛树脂 | kg | 16.00 | | 1.470 | 0.700 |
| | 酒精 | kg | 6.40 | | 0.370 | 0.180 |

工作内容：运料、过筛、填料干燥、表面清洗、调配、涂刷。  计量单位：100kg

| 定　额　编　号 | | | | A11-3-134 | A11-3-135 |
|---|---|---|---|---|---|
| 项　目　名　称 | | | | 管廊钢结构 | |
| | | | | 底漆 | |
| | | | | 两遍 | 增一遍 |
| 基　　　　　价（元） | | | | 50.74 | 27.90 |
| 其中 | 人　工　费（元） | | | 25.06 | 14.00 |
| | 材　料　费（元） | | | 20.89 | 9.11 |
| | 机　械　费（元） | | | 4.79 | 4.79 |
| 名　　称 | | 单位 | 单价（元） | 消　　耗　　量 | |
| 人工 | 综合工日 | 工日 | 140.00 | 0.179 | 0.100 |
| 材料 | 苯磺酰氯 | kg | 10.51 | 0.068 | 0.034 |
| | 酚醛树脂 | kg | 16.00 | 0.901 | 0.417 |
| | 酒精 | kg | 6.40 | 0.366 | 0.170 |
| | 破布 | kg | 6.32 | 0.077 | — |
| | 溶剂汽油 200号 | kg | 5.64 | 0.168 | — |
| | 石英粉 | kg | 0.35 | 0.230 | 0.102 |
| | 铁砂布 | 张 | 0.85 | 2.236 | 1.122 |
| 机械 | 汽车式起重机 16t | 台班 | 958.70 | 0.005 | 0.005 |

工作内容：运料、过筛、填料干燥、表面清洗、调配、涂刷。 计量单位：100kg

| 定　额　编　号 | | | | A11-3-136 | A11-3-137 |
|---|---|---|---|---|---|
| 项　目　名　称 | | | | 管廊钢结构 | |
| | | | | 中间漆 | |
| | | | | 两遍 | 增一遍 |
| 基　　　　价（元） | | | | 42.68 | 23.20 |
| 其中 | 人　工　费（元） | | | 21.84 | 10.92 |
| | 材　料　费（元） | | | 16.05 | 7.49 |
| | 机　械　费（元） | | | 4.79 | 4.79 |
| 名　　称 | | 单位 | 单价（元） | 消　　耗　　量 | |
| 人工 | 综合工日 | 工日 | 140.00 | 0.156 | 0.078 |
| 材料 | 苯磺酰氯 | kg | 10.51 | 0.068 | 0.034 |
| | 酚醛树脂 | kg | 16.00 | 0.774 | 0.357 |
| | 酒精 | kg | 6.40 | 0.306 | 0.145 |
| | 石英粉 | kg | 0.35 | 0.119 | 0.051 |
| | 铁砂布 | 张 | 0.85 | 1.122 | 0.561 |
| 机械 | 汽车式起重机 16t | 台班 | 958.70 | 0.005 | 0.005 |

工作内容：运料、过筛、填料干燥、表面清洗、调配、涂刷。  计量单位：100kg

| 定　额　编　号 | | | | A11-3-138 | A11-3-139 |
|---|---|---|---|---|---|
| 项　目　名　称 | | | | 管廊钢结构 | |
| | | | | 面漆 | |
| | | | | 两遍 | 增一遍 |
| 基　　　价（元） | | | | 35.90 | 17.94 |
| 其中 | 人　工　费（元） | | | 18.34 | 9.38 |
| | 材　料　费（元） | | | 17.56 | 8.56 |
| | 机　械　费（元） | | | — | — |
| 名　　　称 | | 单位 | 单价（元） | 消　　耗　　量 | |
| 人工 | 综合工日 | 工日 | 140.00 | 0.131 | 0.067 |
| 材料 | 苯磺酰氯 | kg | 10.51 | 0.077 | 0.043 |
| | 酚醛树脂 | kg | 16.00 | 0.952 | 0.459 |
| | 酒精 | kg | 6.40 | 0.238 | 0.119 |

工作内容：运料、过筛、填料干燥、表面清洗、调配、涂刷。 计量单位：10m²

| 定 额 编 号 | | | | A11-3-140 | A11-3-141 |
|---|---|---|---|---|---|
| 项 目 名 称 | | | | 大型型钢钢结构 | |
| | | | | 底漆 | |
| | | | | 两遍 | 增一遍 |
| 基 价（元） | | | | 106.03 | 55.84 |
| 其中 | 人 工 费（元） | | | 44.52 | 23.94 |
| | 材 料 费（元） | | | 52.84 | 23.23 |
| | 机 械 费（元） | | | 8.67 | 8.67 |
| 名 称 | | 单位 | 单价（元） | 消 耗 量 | |
| 人工 | 综合工日 | 工日 | 140.00 | 0.318 | 0.171 |
| 材料 | 苯磺酰氯 | kg | 10.51 | 0.184 | 0.088 |
| | 酚醛树脂 | kg | 16.00 | 2.264 | 1.056 |
| | 酒精 | kg | 6.40 | 0.928 | 0.448 |
| | 破布 | kg | 6.32 | 0.192 | — |
| | 溶剂汽油 200号 | kg | 5.64 | 0.432 | — |
| | 石英粉 | kg | 0.35 | 0.568 | 0.272 |
| | 铁砂布 | 张 | 0.85 | 5.760 | 2.880 |
| 机械 | 汽车式起重机 25t | 台班 | 1084.16 | 0.008 | 0.008 |

178

工作内容：运料、过筛、填料干燥、表面清洗、调配、涂刷。　　　　　　　　　　　　计量单位：10m²

| 定　额　编　号 | | | | | A11-3-142 | A11-3-143 |
|---|---|---|---|---|---|---|
| 项　目　名　称 | | | | | 大型型钢钢结构 | |
| | | | | | 中间漆 | |
| | | | | | 两遍 | 增一遍 |
| 基　　　价（元） | | | | | 89.31 | 47.88 |
| 其中 | 人　工　费（元） | | | | 38.50 | 19.60 |
| | 材　料　费（元） | | | | 42.14 | 19.61 |
| | 机　械　费（元） | | | | 8.67 | 8.67 |
| 名　　称 | | 单位 | 单价（元） | | 消　　耗　　量 | |
| 人工 | 综合工日 | 工日 | 140.00 | | 0.275 | 0.140 |
| 材料 | 苯磺酰氯 | kg | 10.51 | | 0.160 | 0.080 |
| | 酚醛树脂 | kg | 16.00 | | 2.096 | 0.960 |
| | 酒精 | kg | 6.40 | | 0.688 | 0.336 |
| | 石英粉 | kg | 0.35 | | 0.208 | 0.096 |
| | 铁砂布 | 张 | 0.85 | | 2.880 | 1.440 |
| 机械 | 汽车式起重机 25t | 台班 | 1084.16 | | 0.008 | 0.008 |

工作内容：运料、过筛、填料干燥、表面清洗、调配、涂刷。　　　　　　　　　　计量单位：10m²

| 定　额　编　号 | | | | A11-3-144 | A11-3-145 |
|---|---|---|---|---|---|
| 项　目　名　称 | | | | 大型型钢钢结构 | |
| | | | | 面漆 | |
| | | | | 两遍 | 增一遍 |
| 基　　　价　（元） | | | | 77.01 | 37.47 |
| 其中 | 人　工　费（元） | | | 32.06 | 15.96 |
| | 材　料　费（元） | | | 44.95 | 21.51 |
| | 机　械　费（元） | | | — | — |
| | 名　　称 | 单位 | 单价(元) | 消　　耗　　量 | |
| 人工 | 综合工日 | 工日 | 140.00 | 0.229 | 0.114 |
| 材料 | 苯磺酰氯 | kg | 10.51 | 0.192 | 0.096 |
| | 酚醛树脂 | kg | 16.00 | 2.440 | 1.160 |
| | 酒精 | kg | 6.40 | 0.608 | 0.304 |

# 七、氯磺化聚乙烯漆

工作内容：运料、表面清洗、调配、涂刷。

计量单位：10m²

| 定 额 编 号 | | | | A11-3-146 | A11-3-147 |
|---|---|---|---|---|---|
| 项 目 名 称 | | | | 设备 | |
| | | | | 底漆 | 中间漆 |
| | | | | 一遍 | |
| 基 价 （元） | | | | 111.49 | 93.43 |
| 其中 | 人 工 费 （元） | | | 47.32 | 38.64 |
| | 材 料 费 （元） | | | 64.17 | 54.79 |
| | 机 械 费 （元） | | | — | — |
| 名 称 | | 单位 | 单价（元） | 消 耗 量 | |
| 人工 | 综合工日 | 工日 | 140.00 | 0.338 | 0.276 |
| 材料 | 氯磺化聚乙烯漆 | kg | 23.00 | 2.288 | 2.080 |
| | 氯磺化聚乙烯漆稀释剂 | kg | 12.82 | 0.540 | 0.520 |
| | 破布 | kg | 6.32 | 0.200 | — |
| | 溶剂汽油 200号 | kg | 5.64 | 0.450 | — |
| | 铁砂布 | 张 | 0.85 | 0.220 | — |
| | 其他材料费 | 元 | 1.00 | 0.637 | 0.281 |

工作内容：运料、表面清洗、调配、涂刷。                                        计量单位：10m²

| 定 额 编 号 | | | | | A11-3-148 | A11-3-149 |
|---|---|---|---|---|---|---|
| 项　目　名　称 | | | | | 设备 | |
| | | | | | 中间漆 | 面漆 |
| | | | | | 增一遍 | 一遍 |
| 基　　　　价（元） | | | | | 86.25 | 82.46 |
| 其中 | 人　工　费（元） | | | | 38.64 | 34.58 |
| | 材　料　费（元） | | | | 47.61 | 47.88 |
| | 机　械　费（元） | | | | — | — |
| 名　　　称 | | 单位 | 单价（元） | | 消　耗　　量 | |
| 人工 | 综合工日 | 工日 | 140.00 | | 0.276 | 0.247 |
| 材料 | 氯磺化聚乙烯漆 | kg | 23.00 | | 1.768 | 1.768 |
| | 氯磺化聚乙烯漆稀释剂 | kg | 12.82 | | 0.520 | 0.540 |
| | 其他材料费 | 元 | 1.00 | | 0.281 | 0.292 |

工作内容：运料、表面清洗、调配、涂刷。

计量单位：10m²

| 定　额　编　号 | | | | A11-3-150 | A11-3-151 |
|---|---|---|---|---|---|
| 项　目　名　称 | | | | 管道 | |
| | | | | 底漆 | 中间漆 |
| | | | | 一遍 | |
| 基　　　　价（元） | | | | 145.53 | 118.19 |
| 其中 | 人　工　费（元） | | | 79.80 | 65.24 |
| | 材　料　费（元） | | | 65.73 | 52.95 |
| | 机　械　费（元） | | | — | — |
| 名　　　称 | | 单位 | 单价（元） | 消　耗　量 | |
| 人工 | 综合工日 | 工日 | 140.00 | 0.570 | 0.466 |
| 材料 | 氯磺化聚乙烯漆 | kg | 23.00 | 2.350 | 2.000 |
| | 氯磺化聚乙烯漆稀释剂 | kg | 12.82 | 0.550 | 0.520 |
| | 破布 | kg | 6.32 | 0.200 | — |
| | 溶剂汽油 200号 | kg | 5.64 | 0.450 | — |
| | 铁砂布 | 张 | 0.85 | 0.220 | — |
| | 其他材料费 | 元 | 1.00 | 0.642 | 0.281 |

工作内容：运料、表面清洗、调配、涂刷。

计量单位：10m²

| 定 额 编 号 | | | | A11-3-152 | A11-3-153 |
|---|---|---|---|---|---|
| 项 目 名 称 | | | | 管道 | |
| | | | | 中间漆 | 面漆 |
| | | | | 增一遍 | 一遍 |
| 基 价（元） | | | | 110.87 | 104.97 |
| 其中 | 人 工 费（元） | | | 64.82 | 58.66 |
| | 材 料 费（元） | | | 46.05 | 46.31 |
| | 机 械 费（元） | | | — | — |
| 名 称 | | 单位 | 单价(元) | 消 耗 量 | |
| 人工 | 综合工日 | 工日 | 140.00 | 0.463 | 0.419 |
| 材料 | 氯磺化聚乙烯漆 | kg | 23.00 | 1.700 | 1.700 |
| | 氯磺化聚乙烯漆稀释剂 | kg | 12.82 | 0.520 | 0.540 |
| | 其他材料费 | 元 | 1.00 | 0.281 | 0.292 |

184

工作内容：运料、表面清洗、调配、涂刷。计量单位：100kg

| 定 额 编 号 | | | | A11-3-154 | A11-3-155 |
|---|---|---|---|---|---|
| 项 目 名 称 | | | | 一般钢结构 | |
| | | | | 底漆 | 中间漆 |
| | | | | 一遍 | |
| 基 价（元） | | | | 78.67 | 66.62 |
| 其中 | 人 工 费（元） | | | 37.94 | 31.22 |
| | 材 料 费（元） | | | 35.94 | 30.61 |
| | 机 械 费（元） | | | 4.79 | 4.79 |
| 名 称 | | 单位 | 单价（元） | 消 耗 量 | |
| 人工 | 综合工日 | 工日 | 140.00 | 0.271 | 0.223 |
| 材料 | 氯磺化聚乙烯漆 | kg | 23.00 | 1.280 | 1.160 |
| | 氯磺化聚乙烯漆稀释剂 | kg | 12.82 | 0.310 | 0.300 |
| | 破布 | kg | 6.32 | 0.120 | — |
| | 溶剂汽油 200号 | kg | 5.64 | 0.261 | — |
| | 铁砂布 | 张 | 0.85 | 0.130 | — |
| | 其他材料费 | 元 | 1.00 | 0.185 | 0.081 |
| 机械 | 汽车式起重机 16t | 台班 | 958.70 | 0.005 | 0.005 |

185

工作内容：运料、表面清洗、调配、涂刷。

计量单位：100kg

| 定　额　编　号 | | | | A11-3-156 | A11-3-157 |
|---|---|---|---|---|---|
| 项　目　名　称 | | | | 一般钢结构 | |
| | | | | 中间漆 | 面漆 |
| | | | | 增一遍 | 一遍 |
| 基　　　　价（元） | | | | 62.71 | 54.41 |
| 其中 | 人　工　费（元） | | | 31.22 | 27.58 |
| | 材　料　费（元） | | | 26.70 | 26.83 |
| | 机　械　费（元） | | | 4.79 | — |
| 名　　　称 | 单位 | 单价(元) | | 消　耗　量 | |
| 人工 | 综合工日 | 工日 | 140.00 | 0.223 | 0.197 |
| 材料 | 氯磺化聚乙烯漆 | kg | 23.00 | 0.990 | 0.990 |
| | 氯磺化聚乙烯漆稀释剂 | kg | 12.82 | 0.300 | 0.310 |
| | 其他材料费 | 元 | 1.00 | 0.081 | 0.084 |
| 机械 | 汽车式起重机 16t | 台班 | 958.70 | 0.005 | — |

工作内容：运料、表面清洗、调配、涂刷。 计量单位：10m²

| 定 额 编 号 | | | | A11-3-158 | A11-3-159 |
|---|---|---|---|---|---|
| 项 目 名 称 | | | | 大型型钢钢结构 | |
| | | | | 底漆 | 中间漆 |
| | | | | 一遍 | |
| 基 价（元） | | | | 114.97 | 97.54 |
| 其中 | 人 工 费（元） | | | 46.62 | 38.08 |
| | 材 料 费（元） | | | 59.68 | 50.79 |
| | 机 械 费（元） | | | 8.67 | 8.67 |
| 名 称 | | 单位 | 单价（元） | 消 耗 量 | |
| 人工 | 综合工日 | 工日 | 140.00 | 0.333 | 0.272 |
| 材料 | 氯磺化聚乙烯漆 | kg | 23.00 | 2.112 | 1.920 |
| | 氯磺化聚乙烯漆稀释剂 | kg | 12.82 | 0.520 | 0.496 |
| | 破布 | kg | 6.32 | 0.192 | — |
| | 溶剂汽油 200号 | kg | 5.64 | 0.432 | — |
| | 铁砂布 | 张 | 0.85 | 0.208 | — |
| | 其他材料费 | 元 | 1.00 | 0.612 | 0.268 |
| 机械 | 汽车式起重机 25t | 台班 | 1084.16 | 0.008 | 0.008 |

工作内容：运料、表面清洗、调配、涂刷。 计量单位：10m²

| 定　额　编　号 | | | | A11-3-160 | A11-3-161 |
|---|---|---|---|---|---|
| 项　目　名　称 | | | | 大型型钢钢结构 | |
| | | | | 中间漆 | 面漆 |
| | | | | 增一遍 | 一遍 |
| 基　　　　　价（元） | | | | 90.63 | 73.59 |
| 其中 | 人　工　费（元） | | | 37.80 | 34.02 |
| | 材　料　费（元） | | | 44.16 | 39.57 |
| | 机　械　费（元） | | | 8.67 | — |
| 名　　称 | | 单位 | 单价（元） | 消　　耗　　量 | |
| 人工 | 综合工日 | 工日 | 140.00 | 0.270 | 0.243 |
| 材料 | 氯磺化聚乙烯漆 | kg | 23.00 | 1.632 | 1.632 |
| | 氯磺化聚乙烯漆稀释剂 | kg | 12.82 | 0.496 | 0.152 |
| | 其他材料费 | 元 | 1.00 | 0.268 | 0.082 |
| 机械 | 汽车式起重机 25t | 台班 | 1084.16 | 0.008 | — |

工作内容：运料、表面清洗、调配、涂刷。 计量单位：100kg

| 定 额 编 号 | | | | A11-3-162 | A11-3-163 |
|---|---|---|---|---|---|
| 项 目 名 称 | | | | 管廊钢结构 | |
| | | | | 底漆 | 中间漆 |
| | | | | 一遍 | |
| 基 价（元） | | | | 54.23 | 45.84 |
| 其中 | 人 工 费（元） | | | 26.04 | 21.28 |
| | 材 料 费（元） | | | 23.40 | 19.77 |
| | 机 械 费（元） | | | 4.79 | 4.79 |
| 名 称 | | 单位 | 单价（元） | 消 耗 量 | |
| 人工 | 综合工日 | 工日 | 140.00 | 0.186 | 0.152 |
| 材料 | 氯磺化聚乙烯漆 | kg | 23.00 | 0.833 | 0.748 |
| | 氯磺化聚乙烯漆稀释剂 | kg | 12.82 | 0.204 | 0.196 |
| | 破布 | kg | 6.32 | 0.077 | — |
| | 溶剂汽油 200号 | kg | 5.64 | 0.168 | — |
| | 铁砂布 | 张 | 0.85 | 0.085 | — |
| | 其他材料费 | 元 | 1.00 | 0.120 | 0.053 |
| 机械 | 汽车式起重机 16t | 台班 | 958.70 | 0.005 | 0.005 |

189

工作内容：运料、表面清洗、调配、涂刷。

计量单位：100kg

| 定　额　编　号 | | | | A11-3-164 | A11-3-165 |
|---|---|---|---|---|---|
| 项　目　名　称 | | | | 管廊钢结构 | |
| | | | | 中间漆 | 面漆 |
| | | | | 增一遍 | 一遍 |
| 基　　　价（元） | | | | 43.31 | 36.52 |
| 其中 | 人　工　费（元） | | | 21.28 | 19.18 |
| | 材　料　费（元） | | | 17.24 | 17.34 |
| | 机　械　费（元） | | | 4.79 | — |
| 名　　　称 | | 单位 | 单价（元） | 消　耗　　量 | |
| 人工 | 综合工日 | 工日 | 140.00 | 0.152 | 0.137 |
| 材料 | 氯磺化聚乙烯漆 | kg | 23.00 | 0.638 | 0.638 |
| | 氯磺化聚乙烯漆稀释剂 | kg | 12.82 | 0.196 | 0.204 |
| | 其他材料费 | 元 | 1.00 | 0.053 | 0.055 |
| 机械 | 汽车式起重机 16t | 台班 | 958.70 | 0.005 | — |

# 八、过氯乙烯漆

工作内容：运料、表面清洗、涂刷和喷涂。　　　　　　　　　　　　　计量单位：10m²

| 定　额　编　号 | | | A11-3-166 | A11-3-167 | A11-3-168 |
|---|---|---|---|---|---|
| 项　目　名　称 | | | 设备 | | |
| | | | 磷化底漆 | 喷底漆 | |
| | | | 一遍 | 两遍 | 增一遍 |
| 基　　　　价（元） | | | 36.15 | 79.13 | 40.12 |
| 其中 | 人　工　费（元） | | 27.58 | 11.48 | 6.30 |
| | 材　料　费（元） | | 8.57 | 44.01 | 22.00 |
| | 机　械　费（元） | | — | 23.64 | 11.82 |
| 名　　称 | | 单位 | 单价（元） | 消　　耗　　量 | |
| 人工 | 综合工日 | 工日 | 140.00 | 0.197 | 0.082 | 0.045 |
| 材料 | 磷化底漆 | kg | — | (1.373) | — | — |
| | 丁醇 95% | kg | 8.45 | 0.210 | — | — |
| | 过氯乙烯底漆 | kg | 15.81 | — | 1.540 | 0.770 |
| | 过氯乙烯漆稀释剂 X3 | kg | 11.11 | — | 1.540 | 0.770 |
| | 酒精 | kg | 6.40 | 0.070 | — | — |
| | 破布 | kg | 6.32 | 0.200 | — | — |
| | 溶剂汽油 200号 | kg | 5.64 | 0.450 | — | — |
| | 铁砂布 | 张 | 0.85 | 3.000 | 3.000 | 1.500 |
| 机械 | 电动空气压缩机 3m³/min | 台班 | 118.19 | — | 0.200 | 0.100 |

工作内容：运料、表面清洗、涂刷和喷涂。

计量单位：10m²

| 定 额 编 号 | | | A11-3-169 | A11-3-170 |
|---|---|---|---|---|
| 项 目 名 称 | | | 设备 | |
| | | | 喷中间漆 | |
| | | | 两遍 | 增一遍 |
| 基 价（元） | | | 128.45 | 64.81 |
| 其中 | 人 工 费（元） | | 17.36 | 8.68 |
| | 材 料 费（元） | | 74.45 | 37.22 |
| | 机 械 费（元） | | 36.64 | 18.91 |
| 名 称 | 单位 | 单价（元） | 消 耗 量 | |
| 人工 | 综合工日 | 工日 | 140.00 | 0.124 | 0.062 |
| 材料 | 过氯乙烯磁漆 | kg | 17.09 | 2.640 | 1.320 |
| | 过氯乙烯漆稀释剂 X3 | kg | 11.11 | 2.640 | 1.320 |
| 机械 | 电动空气压缩机 3m³/min | 台班 | 118.19 | 0.310 | 0.160 |

192

工作内容：运料、表面清洗、涂刷和喷涂。                                    计量单位：10㎡

| 定　额　编　号 | | | | A11-3-171 | A11-3-172 |
|---|---|---|---|---|---|
| 项　目　名　称 | | | | 设备 | |
| | | | | 喷面漆 | |
| | | | | 两遍 | 增一遍 |
| 基　　　价（元） | | | | 38.63 | 19.49 |
| 其中 | 人　工　费（元） | | | 8.68 | 3.92 |
| | 材　料　费（元） | | | 12.22 | 6.11 |
| | 机　械　费（元） | | | 17.73 | 9.46 |
| 名　　称 | | 单位 | 单价（元） | 消　　耗　　量 | |
| 人工 | 综合工日 | 工日 | 140.00 | 0.062 | 0.028 |
| 材料 | 过氯乙烯清漆 G52-2 | kg | — | (1.100) | (0.550) |
| | 过氯乙烯漆稀释剂 X3 | kg | 11.11 | 1.100 | 0.550 |
| 机械 | 电动空气压缩机 3㎥/min | 台班 | 118.19 | 0.150 | 0.080 |

193

工作内容：运料、表面清洗、涂刷和喷涂。 计量单位：10m²

| 定 额 编 号 | | | | A11-3-173 | A11-3-174 | A11-3-175 |
|---|---|---|---|---|---|---|
| 项 目 名 称 | | | | 管道 | | |
| | | | | 磷化底漆 | 喷底漆 | |
| | | | | 一遍 | 两遍 | 增一遍 |
| 基 价 （元） | | | | 46.02 | 94.53 | 47.56 |
| 其中 | 人 工 费 （元） | | | 38.92 | 13.30 | 7.00 |
| | 材 料 费 （元） | | | 7.10 | 52.86 | 26.38 |
| | 机 械 费 （元） | | | — | 28.37 | 14.18 |
| 名 称 | | 单位 | 单价(元) | 消 耗 量 | | |
| 人工 | 综合工日 | 工日 | 140.00 | 0.278 | 0.095 | 0.050 |
| 材料 | 磷化底漆 | kg | — | (1.680) | — | — |
| | 丁醇 95% | kg | 8.45 | 0.270 | — | — |
| | 过氯乙烯底漆 | kg | 15.81 | — | 1.960 | 0.980 |
| | 过氯乙烯漆稀释剂 X3 | kg | 11.11 | — | 1.960 | 0.980 |
| | 酒精 | kg | 6.40 | 0.090 | — | — |
| | 破布 | kg | 6.32 | 0.200 | | |
| | 溶剂汽油 200号 | kg | 5.64 | 0.495 | — | — |
| | 铁砂布 | 张 | 0.85 | 0.220 | 0.110 | — |
| 机械 | 电动空气压缩机 3m³/min | 台班 | 118.19 | — | 0.240 | 0.120 |

工作内容：运料、表面清洗、涂刷和喷涂。

计量单位：10m²

| 定 额 编 号 | | | | A11-3-176 | A11-3-177 |
|---|---|---|---|---|---|
| 项 目 名 称 | | | | 管道 | |
| | | | | 喷中间漆 | |
| | | | | 两遍 | 增一遍 |
| 基 价（元） | | | | 104.33 | 53.04 |
| 其中 | 人 工 费（元） | | | 20.16 | 10.36 |
| | 材 料 费（元） | | | 40.44 | 20.22 |
| | 机 械 费（元） | | | 43.73 | 22.46 |
| 名 称 | | 单位 | 单价（元） | 消 耗 量 | |
| 人工 | 综合工日 | 工日 | 140.00 | 0.144 | 0.074 |
| 材料 | 过氯乙烯磁漆 G52-1 | kg | — | (3.640) | (1.820) |
| | 过氯乙烯漆稀释剂 X3 | kg | 11.11 | 3.640 | 1.820 |
| 机械 | 电动空气压缩机 3m³/min | 台班 | 118.19 | 0.370 | 0.190 |

195

工作内容：运料、表面清洗、涂刷和喷涂。                                          计量单位：10m²

| 定　额　编　号 | | | | A11-3-178 | A11-3-179 |
|---|---|---|---|---|---|
| 项　目　名　称 | | | | 管道 | |
| | | | | 喷面漆 | |
| | | | | 两遍 | 增一遍 |
| 基　　　价（元） | | | | 47.52 | 24.52 |
| 其中 | 人　工　费（元） | | | 10.36 | 5.88 |
| | 材　料　费（元） | | | 15.89 | 8.00 |
| | 机　械　费（元） | | | 21.27 | 10.64 |
| 名　　称 | | 单位 | 单价(元) | 消　耗　量 | |
| 人工 | 综合工日 | 工日 | 140.00 | 0.074 | 0.042 |
| 材料 | 过氯乙烯清漆 G52-2 | kg | — | (1.430) | (0.720) |
| | 过氯乙烯漆稀释剂 X3 | kg | 11.11 | 1.430 | 0.720 |
| 机械 | 电动空气压缩机 3m³/min | 台班 | 118.19 | 0.180 | 0.090 |

196

工作内容：运料、表面清洗、涂刷和喷涂。　　　　　　　　　　　　　　　　　　　　　　　计量单位：100kg

| 定　额　编　号 | | | A11-3-180 | A11-3-181 | A11-3-182 |
|---|---|---|---|---|---|
| 项　目　名　称 | | | 一般钢结构 | | |
| | | | 磷化底漆 | 喷底漆 | |
| | | | 一遍 | 两遍 | 增一遍 |
| 基　　　　价（元） | | | 32.31 | 39.06 | 20.49 |
| 其中 | 人　工　费（元） | | 22.54 | 7.42 | 3.50 |
| | 材　料　费（元） | | 4.98 | 11.48 | 5.11 |
| | 机　械　费（元） | | 4.79 | 20.16 | 11.88 |
| 名　　称 | 单位 | 单价（元） | 消　　耗　　量 | | |
| 人工　综合工日 | 工日 | 140.00 | 0.161 | 0.053 | 0.025 |
| 材料　过氯乙烯底漆 G06-4 | kg | — | — | (0.900) | (0.460) |
| 磷化底漆 | kg | — | (0.770) | | |
| 丁醇 95% | kg | 8.45 | 0.120 | | |
| 过氯乙烯漆稀释剂 X3 | kg | 11.11 | — | 0.900 | 0.460 |
| 酒精 | kg | 6.40 | 0.040 | | |
| 破布 | kg | 6.32 | 0.120 | — | — |
| 溶剂汽油 200号 | kg | 5.64 | 0.261 | | |
| 铁砂布 | 张 | 0.85 | 1.740 | 1.740 | — |
| 机械　电动空气压缩机 3m³/min | 台班 | 118.19 | — | 0.130 | 0.060 |
| 汽车式起重机 16t | 台班 | 958.70 | 0.005 | 0.005 | 0.005 |

工作内容：运料、表面清洗、涂刷和喷涂。 计量单位：100kg

| 定 额 编 号 | | | | A11-3-183 | A11-3-184 |
|---|---|---|---|---|---|
| 项 目 名 称 | | | | 一般钢结构 | |
| | | | | 喷中间漆 | |
| | | | | 两遍 | 增一遍 |
| 基 价（元） | | | | 53.43 | 29.16 |
| 其中 | 人 工 费（元） | | | 10.36 | 5.18 |
| | 材 料 费（元） | | | 17.00 | 8.55 |
| | 机 械 费（元） | | | 26.07 | 15.43 |
| 名 称 | | 单位 | 单价（元） | 消 耗 量 | |
| 人工 | 综合工日 | 工日 | 140.00 | 0.074 | 0.037 |
| 材料 | 过氯乙烯磁漆 G52-1 | kg | — | (1.530) | (0.770) |
| | 过氯乙烯漆稀释剂 X3 | kg | 11.11 | 1.530 | 0.770 |
| 机械 | 电动空气压缩机 3m³/min | 台班 | 118.19 | 0.180 | 0.090 |
| | 汽车式起重机 16t | 台班 | 958.70 | 0.005 | 0.005 |

工作内容：运料、表面清洗、涂刷和喷涂。 计量单位：100kg

| 定 额 编 号 | | | | A11-3-185 | A11-3-186 |
|---|---|---|---|---|---|
| 项 目 名 称 | | | | 一般钢结构 | |
| | | | | 喷面漆 | |
| | | | | 两遍 | 增一遍 |
| 基 价（元） | | | | 22.93 | 12.41 |
| 其中 | 人 工 费（元） | | | 5.18 | 2.94 |
| | 材 料 费（元） | | | 7.11 | 3.56 |
| | 机 械 费（元） | | | 10.64 | 5.91 |
| 名 称 | 单位 | 单价（元） | | 消 耗 量 | |
| 人工 | 综合工日 | 工日 | 140.00 | 0.037 | 0.021 |
| 材料 | 过氯乙烯清漆 G52-2 | kg | — | (0.640) | (0.320) |
| | 过氯乙烯漆稀释剂 X3 | kg | 11.11 | 0.640 | 0.320 |
| 机械 | 电动空气压缩机 3m³/min | 台班 | 118.19 | 0.090 | 0.050 |

199

工作内容：运料、表面清洗、涂刷和喷涂。 计量单位：100kg

| 定 额 编 号 | | | | A11-3-187 | A11-3-188 | A11-3-189 |
|---|---|---|---|---|---|---|
| 项 目 名 称 | | | | 管廊钢结构 | | |
| | | | | 磷化底漆 | 喷底漆 | |
| | | | | 一遍 | 两遍 | 增一遍 |
| 基 价 （元） | | | | 23.12 | 30.47 | 16.69 |
| 其中 | 人 工 费（元） | | | 15.12 | 5.18 | 2.66 |
| | 材 料 费（元） | | | 3.21 | 7.38 | 3.21 |
| | 机 械 费（元） | | | 4.79 | 17.91 | 10.82 |
| 名 称 | | 单位 | 单价(元) | 消 耗 量 | | |
| 人工 | 综合工日 | 工日 | 140.00 | 0.108 | 0.037 | 0.019 |
| 材料 | 过氯乙烯底漆 G06-4 | kg | — | — | (0.578) | (0.289) |
| | 磷化底漆 | kg | — | (0.493) | — | — |
| | 丁醇 95% | kg | 8.45 | 0.077 | — | — |
| | 过氯乙烯漆稀释剂 X3 | kg | 11.11 | — | 0.578 | 0.289 |
| | 酒精 | kg | 6.40 | 0.026 | — | — |
| | 破布 | kg | 6.32 | 0.077 | — | — |
| | 溶剂汽油 200号 | kg | 5.64 | 0.168 | — | — |
| | 铁砂布 | 张 | 0.85 | 1.131 | 1.131 | — |
| 机械 | 电动空气压缩机 3m³/min | 台班 | 118.19 | — | 0.111 | 0.051 |
| | 汽车式起重机 16t | 台班 | 958.70 | 0.005 | 0.005 | 0.005 |

工作内容：运料、表面清洗、涂刷和喷涂。　　　　　　　　　　　　　　　　　　计量单位：100kg

| 定　额　编　号 | | | A11-3-190 | A11-3-191 |
|---|---|---|---|---|
| 项　目　名　称 | | | 管廊钢结构 | |
| | | | 喷中间漆 | |
| | | | 两遍 | 增一遍 |
| 基　　　　价（元） | | | 41.11 | 23.15 |
| 其中 | 人　工　费（元） | | 7.28 | 3.78 |
| | 材　料　费（元） | | 10.95 | 5.48 |
| | 机　械　费（元） | | 22.88 | 13.89 |
| 名　　称 | 单位 | 单价（元） | 消　　耗　　量 | |
| 人工 | 综合工日 | 工日 | 140.00 | 0.052 | 0.027 |
| 材料 | 过氯乙烯磁漆 G52-1 | kg | — | (0.986) | (0.493) |
| | 过氯乙烯漆稀释剂 X3 | kg | 11.11 | 0.986 | 0.493 |
| 机械 | 电动空气压缩机 3m³/min | 台班 | 118.19 | 0.153 | 0.077 |
| | 汽车式起重机 16t | 台班 | 958.70 | 0.005 | 0.005 |

201

工作内容：运料、表面清洗、涂刷和喷涂。 计量单位：100kg

| 定 额 编 号 | | | | | A11-3-192 | A11-3-193 |
|---|---|---|---|---|---|---|
| 项 目 名 称 | | | | | 管廊钢结构 | |
| | | | | | 喷面漆 | |
| | | | | | 两遍 | 增一遍 |
| 基 价（元） | | | | | 17.41 | 9.59 |
| 其中 | 人 工 费（元） | | | | 3.78 | 2.24 |
| | 材 料 费（元） | | | | 4.53 | 2.27 |
| | 机 械 费（元） | | | | 9.10 | 5.08 |
| | 名 称 | 单位 | 单价（元） | | 消 耗 量 | |
| 人工 | 综合工日 | 工日 | 140.00 | | 0.027 | 0.016 |
| 材料 | 过氯乙烯清漆 G52-2 | kg | — | | (0.408) | (0.204) |
| | 过氯乙烯漆稀释剂 X3 | kg | 11.11 | | 0.408 | 0.204 |
| 机械 | 电动空气压缩机 3m³/min | 台班 | 118.19 | | 0.077 | 0.043 |

工作内容：运料、表面清洗、涂刷和喷涂。

计量单位：10m²

| 定 额 编 号 | | | | A11-3-194 | A11-3-195 | A11-3-196 |
|---|---|---|---|---|---|---|
| 项 目 名 称 | | | | 大型型钢钢结构 | | |
| | | | | 磷化底漆 | 喷底漆 | |
| | | | | 一遍 | 两遍 | 增一遍 |
| 基 价（元） | | | | 43.89 | 71.46 | 40.51 |
| 其中 | 人 工 费（元） | | | 27.02 | 13.86 | 7.42 |
| | 材 料 费（元） | | | 8.20 | 22.22 | 11.06 |
| | 机 械 费（元） | | | 8.67 | 35.38 | 22.03 |
| 名 称 | | 单位 | 单价（元） | 消 耗 量 | | |
| 人工 | 综合工日 | 工日 | 140.00 | 0.193 | 0.099 | 0.053 |
| 材料 | 过氯乙烯底漆 G06-4 | kg | — | — | (1.741) | (0.866) |
| | 磷化底漆 | kg | — | (1.264) | — | — |
| | 丁醇 95% | kg | 8.45 | 0.200 | — | — |
| | 过氯乙烯漆稀释剂 X3 | kg | 11.11 | — | 1.741 | 0.866 |
| | 酒精 | kg | 6.40 | 0.064 | — | — |
| | 破布 | kg | 6.32 | 0.192 | — | — |
| | 溶剂汽油 200号 | kg | 5.64 | 0.432 | — | — |
| | 铁砂布 | 张 | 0.85 | 2.880 | 3.388 | 1.694 |
| 机械 | 电动空气压缩机 3m³/min | 台班 | 118.19 | — | 0.226 | 0.113 |
| | 汽车式起重机 25t | 台班 | 1084.16 | 0.008 | 0.008 | 0.008 |

工作内容：运料、表面清洗、涂刷和喷涂。

计量单位：10m²

| 定　额　编　号 | | | | | A11-3-197 | A11-3-198 |
|---|---|---|---|---|---|---|
| 项　目　名　称 | | | | | 大型型钢钢结构 | |
| | | | | | 喷中间漆 | |
| | | | | | 两遍 | 增一遍 |
| 基　　　价（元） | | | | | 102.61 | 56.85 |
| 其中 | | 人　工　费（元） | | | 20.72 | 10.50 |
| | | 材　料　费（元） | | | 33.15 | 16.52 |
| | | 机　械　费（元） | | | 48.74 | 29.83 |
| 名　　称 | | 单位 | 单价（元） | | 消　耗　量 | |
| 人工 | 综合工日 | 工日 | 140.00 | | 0.148 | 0.075 |
| 材料 | 过氯乙烯磁漆 G52-1 | kg | — | | (2.984) | — |
| | 过氯乙烯清漆 G52-2 | kg | — | | — | (1.487) |
| | 过氯乙烯漆稀释剂 X3 | kg | 11.11 | | 2.984 | 1.487 |
| 机械 | 电动空气压缩机 3m³/min | 台班 | 118.19 | | 0.339 | 0.179 |
| | 汽车式起重机 25t | 台班 | 1084.16 | | 0.008 | 0.008 |

工作内容：运料、表面清洗、涂刷和喷涂。

计量单位：10m²

| 定　额　编　号 | | | | A11-3-199 | A11-3-200 |
|---|---|---|---|---|---|
| 项　目　名　称 | | | | 大型型钢钢结构 | |
| | | | | 喷面漆 | |
| | | | | 两遍 | 增一遍 |
| 基　　　　价（元） | | | | 44.27 | 22.63 |
| 其中 | 人　工　费（元） | | | 10.50 | 4.62 |
| | 材　料　费（元） | | | 13.80 | 6.90 |
| | 机　械　费（元） | | | 19.97 | 11.11 |
| 名　　　称 | | 单位 | 单价（元） | 消　　耗　　量 | |
| 人工 | 综合工日 | 工日 | 140.00 | 0.075 | 0.033 |
| 材料 | 过氯乙烯清漆 G52-2 | kg | — | (1.242) | (0.621) |
| | 过氯乙烯漆稀释剂 X3 | kg | 11.11 | 1.242 | 0.621 |
| 机械 | 电动空气压缩机 3m³/min | 台班 | 118.19 | 0.169 | 0.094 |

205

# 九、环氧银粉漆

工作内容：运料、表面清洗、配置、涂刷。

计量单位：10m²

| 定　额　编　号 | | | | A11-3-201 | A11-3-202 |
|---|---|---|---|---|---|
| 项　目　名　称 | | | | 设备 | |
| | | | | 面漆 | |
| | | | | 两遍 | 增一遍 |
| 基　　　价（元） | | | | 160.94 | 75.85 |
| 其中 | 人　工　费（元） | | | 26.74 | 13.58 |
| | 材　料　费（元） | | | 134.20 | 62.27 |
| | 机　械　费（元） | | | — | — |
| 名　　　称 | 单位 | 单价（元） | | 消　耗　　量 | |
| 人工 | 综合工日 | 工日 | 140.00 | 0.191 | 0.097 |
| 材料 | 丙酮 | kg | 7.51 | 0.770 | 0.380 |
| | 环氧树脂 | kg | 32.08 | 2.777 | 1.321 |
| | 邻苯二甲酸二丁酯 | kg | 6.84 | 0.270 | 0.120 |
| | 溶剂汽油 200号 | kg | 5.64 | 0.450 | — |
| | 乙二胺 | kg | 15.00 | 0.210 | 0.090 |
| | 银粉 | kg | 51.28 | 0.620 | 0.290 |

工作内容：运料、表面清洗、配置、涂刷。　　　　　　　　　　　　　　　　计量单位：10m²

| 定　额　编　号 | | | A11-3-203 | A11-3-204 |
|---|---|---|---|---|
| 项　目　名　称 | | | 管道 | |
| | | | 面漆 | |
| | | | 两遍 | 增一遍 |
| 基　　　　价（元） | | | 216.88 | 103.66 |
| 其中 | 人　工　费（元） | | 50.26 | 25.34 |
| | 材　料　费（元） | | 166.62 | 78.32 |
| | 机　械　费（元） | | — | — |
| 名　　称 | 单位 | 单价（元） | 消　耗　量 | |
| 人工 | 综合工日 | 工日 | 140.00 | 0.359 | 0.181 |
| 材料 | 丙酮 | kg | 7.51 | 0.840 | 0.420 |
| | 环氧树脂 | kg | 32.08 | 3.460 | 1.650 |
| | 邻苯二甲酸二丁酯 | kg | 6.84 | 0.340 | 0.170 |
| | 溶剂汽油 200号 | kg | 5.64 | 0.495 | — |
| | 乙二胺 | kg | 15.00 | 0.280 | 0.140 |
| | 银粉 | kg | 51.28 | 0.780 | 0.370 |

工作内容：运料、表面清洗、配置、涂刷。

计量单位：100kg

| 定　额　编　号 | | | | A11-3-205 | A11-3-206 |
|---|---|---|---|---|---|
| 项　目　名　称 | | | | 一般钢结构 | |
| | | | | 面漆 | |
| | | | | 两遍 | 增一遍 |
| 基　　　　　价（元） | | | | 99.65 | 46.99 |
| 其中 | 人　工　费（元） | | | 22.54 | 10.92 |
| | 材　料　费（元） | | | 77.11 | 36.07 |
| | 机　械　费（元） | | | — | — |
| 名　　称 | | 单位 | 单价（元） | 消　耗　　量 | |
| 人工 | 综合工日 | 工日 | 140.00 | 0.161 | 0.078 |
| 材料 | 丙酮 | kg | 7.51 | 0.450 | 0.220 |
| | 环氧树脂 | kg | 32.08 | 1.550 | 0.740 |
| | 邻苯二甲酸二丁酯 | kg | 6.84 | 0.160 | 0.080 |
| | 溶剂汽油 200号 | kg | 5.64 | 0.261 | — |
| | 乙二胺 | kg | 15.00 | 0.130 | 0.060 |
| | 银粉 | kg | 51.28 | 0.380 | 0.180 |

工作内容：运料、表面清洗、配置、涂刷。计量单位：100kg

| 定 额 编 号 | | | A11-3-207 | A11-3-208 |
|---|---|---|---|---|
| 项 目 名 称 | | | 管廊钢结构 | |
| | | | 面漆 | |
| | | | 两遍 | 增一遍 |
| 基 价（元） | | | 65.22 | 31.30 |
| 其中 | 人 工 费（元） | | 15.54 | 7.84 |
| | 材 料 费（元） | | 49.68 | 23.46 |
| | 机 械 费（元） | | — | — |
| 名 称 | 单位 | 单价（元） | 消 耗 量 | |
| 人工 | 综合工日 | 工日 | 140.00 | 0.111 | 0.056 |
| 材料 | 丙酮 | kg | 7.51 | 0.289 | 0.145 |
| | 环氧树脂 | kg | 32.08 | 0.995 | 0.476 |
| | 邻苯二甲酸二丁酯 | kg | 6.84 | 0.102 | 0.051 |
| | 溶剂汽油 200号 | kg | 5.64 | 0.168 | — |
| | 乙二胺 | kg | 15.00 | 0.085 | 0.043 |
| | 银粉 | kg | 51.28 | 0.247 | 0.119 |

工作内容：运料、表面清洗、配置、涂刷。 计量单位：10m²

| 定 额 编 号 | | | | | A11-3-209 | A11-3-210 |
|---|---|---|---|---|---|---|
| 项 目 名 称 | | | | | 大型型钢钢结构 | |
| | | | | | 面漆 | |
| | | | | | 两遍 | 增一遍 |
| 基 价 （元） | | | | | 156.94 | 77.22 |
| 其中 | 人 工 费（元） | | | | 26.32 | 13.58 |
| | 材 料 费（元） | | | | 125.20 | 58.22 |
| | 机 械 费（元） | | | | 5.42 | 5.42 |
| 名 称 | | 单位 | 单价（元） | | 消 耗 量 | |
| 人工 | 综合工日 | 工日 | 140.00 | | 0.188 | 0.097 |
| 材料 | 丙酮 | kg | 7.51 | | 0.736 | 0.368 |
| | 环氧树脂 | kg | 32.08 | | 2.560 | 1.216 |
| | 邻苯二甲酸二丁酯 | kg | 6.84 | | 0.256 | 0.112 |
| | 溶剂汽油 200号 | kg | 5.64 | | 0.432 | — |
| | 乙二胺 | kg | 15.00 | | 0.200 | 0.088 |
| | 银粉 | kg | 51.28 | | 0.592 | 0.280 |
| 机械 | 汽车式起重机 25t | 台班 | 1084.16 | | 0.005 | 0.005 |

## 十、KJ-130涂料

工作内容：运料、表面清洗、配置、涂刷。

计量单位：10m²

| 定 额 编 号 | | | | A11-3-211 | A11-3-212 | A11-3-213 |
|---|---|---|---|---|---|---|
| 项 目 名 称 | | | | 设备 | | |
| | | | | 底漆 | | 面漆 |
| | | | | 第一遍 | 增一遍 | 每一遍 |
| 基 价（元） | | | | 34.06 | 24.71 | 17.98 |
| 其中 | 人 工 费（元） | | | 21.70 | 20.58 | 16.10 |
| | 材 料 费（元） | | | 12.36 | 4.13 | 1.88 |
| | 机 械 费（元） | | | — | — | — |
| 名 称 | | 单位 | 单价（元） | 消 耗 量 | | |
| 人工 | 综合工日 | 工日 | 140.00 | 0.155 | 0.147 | 0.115 |
| 材料 | KJ-130涂料 A,B,C,D | kg | — | (1.248) | (1.248) | (1.560) |
| | 丙酮 | kg | 7.51 | 0.800 | 0.550 | 0.250 |
| | 破布 | kg | 6.32 | 0.200 | — | — |
| | 溶剂汽油 200号 | kg | 5.64 | 0.450 | — | — |
| | 铁砂布 | 张 | 0.85 | 3.000 | — | — |

工作内容：运料、表面清洗、配置、涂刷。                                        计量单位：10m²

| 定 额 编 号 | | | | A11-3-214 | A11-3-215 | A11-3-216 |
|---|---|---|---|---|---|---|
| 项 目 名 称 | | | | 管道 | | |
| | | | | 底漆 | | 面漆 |
| | | | | 第一遍 | 增一遍 | 每一遍 |
| 基 价（元） | | | | 53.32 | 45.70 | 31.98 |
| 其中 | 人 工 费（元） | | | 42.56 | 40.88 | 30.10 |
| | 材 料 费（元） | | | 10.76 | 4.82 | 1.88 |
| | 机 械 费（元） | | | — | — | — |
| 名 称 | | 单位 | 单价(元) | 消　　耗　　量 | | |
| 人工 | 综合工日 | 工日 | 140.00 | 0.304 | 0.292 | 0.215 |
| 材料 | KJ-130涂料 A,B,C,D | kg | — | (1.530) | (1.530) | (1.940) |
| | 丙酮 | kg | 7.51 | 0.880 | 0.630 | 0.250 |
| | 破布 | kg | 6.32 | 0.200 | — | — |
| | 溶剂汽油 200号 | kg | 5.64 | 0.495 | — | — |
| | 铁砂布 | 张 | 0.85 | 0.110 | 0.110 | — |

工作内容：运料、表面清洗、配置、涂刷。 计量单位：100kg

| 定 额 编 号 | | | A11-3-217 | A11-3-218 | A11-3-219 |
|---|---|---|---|---|---|
| 项 目 名 称 | | | 一般钢结构 | | |
| | | | 底漆 | | 面漆 |
| | | | 一遍 | 增一遍 | 每一遍 |
| 基 价（元） | | | 29.95 | 26.11 | 14.43 |
| 其中 | 人 工 费（元） | | 17.92 | 17.36 | 13.30 |
| | 材 料 费（元） | | 7.24 | 3.96 | 1.13 |
| | 机 械 费（元） | | 4.79 | 4.79 | — |
| 名 称 | 单位 | 单价（元） | 消 耗 量 | | |
| 人工 综合工日 | 工日 | 140.00 | 0.128 | 0.124 | 0.095 |
| 材 料 KJ-130涂料 A, B, C, D | kg | — | (0.710) | (0.710) | (0.920) |
| 丙酮 | kg | 7.51 | 0.470 | 0.330 | 0.150 |
| 破布 | kg | 6.32 | 0.120 | — | — |
| 溶剂汽油 200号 | kg | 5.64 | 0.261 | — | — |
| 铁砂布 | 张 | 0.85 | 1.740 | 1.740 | — |
| 机械 汽车式起重机 16t | 台班 | 958.70 | 0.005 | 0.005 | — |

213

# 十一、红丹环氧防锈漆、环氧磁漆

工作内容：运料、表面清洗、配置、涂刷。　　　　　　　　　　　　　　　计量单位：10m²

| 定　额　编　号 | | | | A11-3-220 | A11-3-221 |
|---|---|---|---|---|---|
| 项　目　名　称 | | | | 设备 | |
| | | | | 底漆 | |
| | | | | 两遍 | 增一遍 |
| 基　　　价（元） | | | | 56.55 | 28.88 |
| 其中 | 人　工　费（元） | | | 38.64 | 20.16 |
| | 材　料　费（元） | | | 17.91 | 8.72 |
| | 机　械　费（元） | | | — | — |
| 名　　称 | | 单位 | 单价（元） | 消　　耗　　量 | |
| 人工 | 综合工日 | 工日 | 140.00 | 0.276 | 0.144 |
| 材料 | 红丹环氧防锈漆 | kg | — | (3.598) | (1.768) |
| | 丙酮 | kg | 7.51 | 1.000 | 0.480 |
| | 破布 | kg | 6.32 | 0.200 | 0.100 |
| | 溶剂汽油 200号 | kg | 5.64 | 0.450 | 0.210 |
| | 铁砂布 | 张 | 0.85 | 6.000 | 3.000 |
| | 乙二胺 | kg | 15.00 | 0.100 | 0.050 |

工作内容：运料、表面清洗、配置、涂刷。 计量单位：10㎡

| 定 额 编 号 | | | | A11-3-222 | A11-3-223 |
|---|---|---|---|---|---|
| 项 目 名 称 | | | | 设备 | |
| | | | | 面漆 | |
| | | | | 两遍 | 增一遍 |
| 基 价（元） | | | | 35.69 | 17.83 |
| 其中 | 人 工 费（元） | | | 27.58 | 14.00 |
| | 材 料 费（元） | | | 8.11 | 3.83 |
| | 机 械 费（元） | | | — | — |
| 名 称 | | 单位 | 单价(元) | 消 耗 量 | |
| 人工 | 综合工日 | 工日 | 140.00 | 0.197 | 0.100 |
| 材料 | 环氧磁漆 | kg | — | (3.182) | (1.560) |
| | 丙酮 | kg | 7.51 | 0.800 | 0.390 |
| | 乙二胺 | kg | 15.00 | 0.140 | 0.060 |

工作内容：运料、表面清洗、配置、涂刷。 计量单位：10㎡

| 定 额 编 号 | | | | A11-3-224 | A11-3-225 |
|---|---|---|---|---|---|
| 项 目 名 称 | | | | 管道 | |
| | | | | 底漆 | |
| | | | | 两遍 | 增一遍 |
| 基 价（元） | | | | 90.16 | 44.44 |
| 其中 | 人 工 费（元） | | | 70.42 | 34.72 |
| | 材 料 费（元） | | | 19.74 | 9.72 |
| | 机 械 费（元） | | | — | — |
| 名 称 | | 单位 | 单价（元） | 消 耗 量 | |
| 人工 | 综合工日 | 工日 | 140.00 | 0.503 | 0.248 |
| 材料 | 红丹环氧防锈漆 | kg | — | (3.970) | (2.070) |
| | 丙酮 | kg | 7.51 | 1.130 | 0.550 |
| | 破布 | kg | 6.32 | 0.200 | 0.100 |
| | 溶剂汽油 200号 | kg | 5.64 | 0.495 | 0.240 |
| | 铁砂布 | 张 | 0.85 | 6.000 | 3.000 |
| | 乙二胺 | kg | 15.00 | 0.140 | 0.070 |

216

工作内容：运料、表面清洗、配置、涂刷。                                                计量单位：10m²

| 定 额 编 号 | | | | A11-3-226 | A11-3-227 |
|---|---|---|---|---|---|
| 项 目 名 称 | | | | 管道 | |
| | | | | 面漆 | |
| | | | | 两遍 | 增一遍 |
| 基 价（元） | | | | 62.49 | 29.77 |
| 其中 | 人 工 费（元） | | | 51.38 | 24.36 |
| | 材 料 费（元） | | | 11.11 | 5.41 |
| | 机 械 费（元） | | | — | — |
| 名 称 | | 单位 | 单价（元） | 消 耗 量 | |
| 人工 | 综合工日 | 工日 | 140.00 | 0.367 | 0.174 |
| 材料 | 环氧磁漆 | kg | — | (3.950) | (1.880) |
| | 丙酮 | kg | 7.51 | 1.200 | 0.580 |
| | 乙二胺 | kg | 15.00 | 0.140 | 0.070 |

工作内容：运料、表面清洗、配置、涂刷。

计量单位：100kg

| 定　额　编　号 | | | | A11-3-228 | A11-3-229 |
|---|---|---|---|---|---|
| 项　目　名　称 | | | | 一般钢结构 | |
| | | | | 底漆 | |
| | | | | 两遍 | 增一遍 |
| 基　　　　价（元） | | | | 48.01 | 24.41 |
| 其中 | 人　工　费（元） | | | 31.64 | 16.10 |
| | 材　料　费（元） | | | 11.58 | 3.52 |
| | 机　械　费（元） | | | 4.79 | 4.79 |
| 名　　称 | | 单位 | 单价（元） | 消　　耗　　量 | |
| 人工 | 综合工日 | 工日 | 140.00 | 0.226 | 0.115 |
| 材料 | 红丹环氧防锈漆 | kg | — | (2.050) | (1.090) |
| | 丙酮 | kg | 7.51 | 0.630 | — |
| | 破布 | kg | 6.32 | 0.120 | 0.060 |
| | 溶剂汽油 200号 | kg | 5.64 | 0.264 | 0.123 |
| | 铁砂布 | 张 | 0.85 | 4.000 | 2.000 |
| | 乙二胺 | kg | 15.00 | 0.080 | 0.050 |
| 机械 | 汽车式起重机 16t | 台班 | 958.70 | 0.005 | 0.005 |

工作内容：运料、表面清洗、配置、涂刷。  计量单位：100kg

| 定　额　编　号 | | | | A11-3-230 | A11-3-231 |
|---|---|---|---|---|---|
| 项　目　名　称 | | | | 一般钢结构 | |
| | | | | 面漆 | |
| | | | | 两遍 | 增一遍 |
| 基　　　　　价（元） | | | | 26.42 | 14.11 |
| 其中 | 人　工　费（元） | | | 21.84 | 11.48 |
| | 材　料　费（元） | | | 4.58 | 2.63 |
| | 机　械　费（元） | | | — | — |
| 名　　　称 | | 单位 | 单价(元) | 消　耗　量 | |
| 人工 | 综合工日 | 工日 | 140.00 | 0.156 | 0.082 |
| 材料 | 环氧磁漆 | kg | — | (1.860) | (0.920) |
| | 丙酮 | kg | 7.51 | 0.530 | 0.290 |
| | 乙二胺 | kg | 15.00 | 0.040 | 0.030 |

工作内容：运料、表面清洗、配置、涂刷。 计量单位：10㎡

| 定 额 编 号 | | | | A11-3-232 | A11-3-233 |
|---|---|---|---|---|---|
| 项 目 名 称 | | | | 大型型钢钢结构 | |
| | | | | 底漆 | |
| | | | | 两遍 | 增一遍 |
| 基 价 （元） | | | | 63.95 | 36.95 |
| 其中 | 人 工 费（元） | | | 38.08 | 19.88 |
| | 材 料 费（元） | | | 17.20 | 8.40 |
| | 机 械 费（元） | | | 8.67 | 8.67 |
| 名 称 | | 单位 | 单价（元） | 消 耗 量 | |
| 人工 | 综合工日 | 工日 | 140.00 | 0.272 | 0.142 |
| 材料 | 红丹环氧防锈漆 | kg | — | (3.320) | (1.632) |
| | 丙酮 | kg | 7.51 | 0.960 | 0.464 |
| | 破布 | kg | 6.32 | 0.192 | 0.096 |
| | 溶剂汽油 200号 | kg | 5.64 | 0.432 | 0.202 |
| | 铁砂布 | 张 | 0.85 | 5.760 | 2.880 |
| | 乙二胺 | kg | 15.00 | 0.096 | 0.048 |
| 机械 | 汽车式起重机 25t | 台班 | 1084.16 | 0.008 | 0.008 |

220

工作内容：运料、表面清洗、配置、涂刷。

计量单位：10m²

| 定　额　编　号 | | | A11-3-234 | A11-3-235 |
|---|---|---|---|---|
| 项　目　名　称 | | | 大型型钢钢结构 | |
| | | | 面漆 | |
| | | | 两遍 | 增一遍 |
| 基　　　价（元） | | | 34.83 | 17.52 |
| 其中 | 人　工　费（元） | | 27.02 | 13.86 |
| | 材　料　费（元） | | 7.81 | 3.66 |
| | 机　械　费（元） | | — | — |
| 名　　　称 | 单位 | 单价（元） | 消　　耗　　量 | |
| 人工 | 综合工日 | 工日 | 140.00 | 0.193 | 0.099 |
| 材料 | 环氧磁漆 | kg | — | (2.936) | (1.440) |
| | 丙酮 | kg | 7.51 | 0.768 | 0.376 |
| | 乙二胺 | kg | 15.00 | 0.136 | 0.056 |

工作内容：运料、表面清洗、配置、涂刷。 计量单位：100kg

| 定　额　编　号 | | | | A11-3-236 | A11-3-237 |
|---|---|---|---|---|---|
| 项　目　名　称 | | | | 管廊钢结构 | |
| | | | | 底漆 | |
| | | | | 两遍 | 增一遍 |
| 基　　　　　价（元） | | | | 34.08 | 18.59 |
| 其中 | 人　工　费（元） | | | 21.84 | 11.48 |
| | 材　料　费（元） | | | 7.45 | 2.32 |
| | 机　械　费（元） | | | 4.79 | 4.79 |
| 名　　　称 | | 单位 | 单价(元) | 消　耗　量 | |
| 人工 | 综合工日 | 工日 | 140.00 | 0.156 | 0.082 |
| 材料 | 红丹环氧防锈漆 | kg | — | (1.318) | (0.638) |
| | 丙酮 | kg | 7.51 | 0.408 | — |
| | 破布 | kg | 6.32 | 0.077 | 0.043 |
| | 溶剂汽油 200号 | kg | 5.64 | 0.171 | 0.079 |
| | 铁砂布 | 张 | 0.85 | 2.550 | 1.284 |
| | 乙二胺 | kg | 15.00 | 0.051 | 0.034 |
| 机械 | 汽车式起重机 16t | 台班 | 958.70 | 0.005 | 0.005 |

222

工作内容：运料、表面清洗、配置、涂刷。 计量单位：100kg

| 定 额 编 号 | | | | A11-3-238 | A11-3-239 |
|---|---|---|---|---|---|
| 项 目 名 称 | | | | \multicolumn{2}{c}{管廊钢结构} |
| | | | | \multicolumn{2}{c}{面漆} |
| | | | | 两遍 | 增一遍 |
| 基 价（元） | | | | 18.06 | 9.50 |
| 其中 | 人 工 费（元） | | | 15.12 | 7.84 |
| | 材 料 费（元） | | | 2.94 | 1.66 |
| | 机 械 费（元） | | | — | — |
| 名 称 | | 单位 | 单价（元） | \multicolumn{2}{c}{消 耗 量} |
| 人工 | 综合工日 | 工日 | 140.00 | 0.108 | 0.056 |
| 材料 | 环氧磁漆 | kg | — | (1.148) | (0.553) |
| | 丙酮 | kg | 7.51 | 0.340 | 0.187 |
| | 乙二胺 | kg | 15.00 | 0.026 | 0.017 |

# 十二、弹性聚氨酯漆

工作内容：运料、表面清洗、配置、涂刷。　　　　　　　　　　计量单位：10m²

| 定　额　编　号 | | | | A11-3-240 | A11-3-241 |
|---|---|---|---|---|---|
| 项　目　名　称 | | | | 设备 | |
| | | | | 底漆 | |
| | | | | 两遍 | 增一遍 |
| 基　　　　　　价（元） | | | | 71.45 | 32.05 |
| 其中 | 人　工　费（元） | | | 62.16 | 27.58 |
| | 材　料　费（元） | | | 9.29 | 4.47 |
| | 机　械　费（元） | | | — | — |
| 名　　　称 | | 单位 | 单价（元） | 消　耗　量 | |
| 人工 | 综合工日 | 工日 | 140.00 | 0.444 | 0.197 |
| 材料 | 弹性聚氨酯底漆 | kg | — | (2.839) | (1.425) |
| | 滑石粉 | kg | 0.85 | 0.460 | 0.120 |
| | 破布 | kg | 6.32 | 0.200 | 0.100 |
| | 溶剂汽油 200号 | kg | 5.64 | 0.450 | 0.210 |
| | 铁砂布 | 张 | 0.85 | 6.000 | 3.000 |

工作内容：运料、表面清洗、配置、涂刷。 计量单位：10m²

| 定 额 编 号 | | | | A11-3-242 | A11-3-243 |
|---|---|---|---|---|---|
| 项 目 名 称 | | | | 设备 | |
| | | | | 中间漆 | 面漆 |
| | | | | 每一遍 | |
| 基 价（元） | | | | 50.14 | 49.29 |
| 其中 | 人 工 费（元） | | | 23.10 | 23.10 |
| | 材 料 费（元） | | | 27.04 | 26.19 |
| | 机 械 费（元） | | | — | — |
| 名 称 | | 单位 | 单价(元) | 消 耗 量 | |
| 人工 | 综合工日 | 工日 | 140.00 | 0.165 | 0.165 |
| 材料 | 弹性聚氨酯磁漆 甲组 | kg | — | (1.331) | (1.310) |
| | 弹性聚氨酯磁漆 乙组 | kg | — | (0.135) | (0.135) |
| | 醋酸乙酯 | kg | 16.97 | 1.500 | 1.500 |
| | 滑石粉 | kg | 0.85 | 0.050 | 0.050 |
| | 破布 | kg | 6.32 | 0.110 | 0.110 |
| | 铁砂布 | 张 | 0.85 | 1.000 | — |

工作内容：运料、表面清洗、配置、涂刷。 计量单位：10㎡

| 定 额 编 号 | | | | A11-3-244 | A11-3-245 |
|---|---|---|---|---|---|
| 项 目 名 称 | | | | 管道 | |
| | | | | 底漆 | |
| | | | | 两遍 | 增一遍 |
| 基 价（元） | | | | 107.46 | 51.16 |
| 其中 | 人 工 费（元） | | | 96.32 | 45.50 |
| | 材 料 费（元） | | | 11.14 | 5.66 |
| | 机 械 费（元） | | | — | — |
| 名 称 | | 单位 | 单价(元) | 消 耗 量 | |
| 人工 | 综合工日 | 工日 | 140.00 | 0.688 | 0.325 |
| 材料 | 弹性聚氨酯底漆 | kg | — | (3.490) | (1.750) |
| | 滑石粉 | kg | 0.85 | 0.590 | 0.120 |
| | 破布 | kg | 6.32 | 0.230 | 0.100 |
| | 溶剂汽油 200号 | kg | 5.64 | 0.573 | 0.270 |
| | 铁砂布 | 张 | 0.85 | 7.000 | 4.000 |

226

工作内容：运料、表面清洗、配置、涂刷。　　　　　　　　　　　　　　　计量单位：10m²

| 定　额　编　号 | | | | A11-3-246 | A11-3-247 |
|---|---|---|---|---|---|
| 项　目　名　称 | | | | 管道 | |
| | | | | 中间漆 | 面漆 |
| | | | | 每一遍 | |
| 基　　　价（元） | | | | 74.98 | 73.62 |
| 其中 | 人　工　费（元） | | | 40.46 | 40.46 |
| | 材　料　费（元） | | | 34.52 | 33.16 |
| | 机　械　费（元） | | | — | — |
| 名　　　称 | | 单位 | 单价（元） | 消　　耗　　量 | |
| 人工 | 综合工日 | 工日 | 140.00 | 0.289 | 0.289 |
| 材料 | 弹性聚氨酯磁漆 甲组 | kg | — | (1.630) | (1.590) |
| | 弹性聚氨酯磁漆 乙组 | kg | — | (0.170) | (0.170) |
| | 醋酸乙酯 | kg | 16.97 | 1.940 | 1.910 |
| | 滑石粉 | kg | 0.85 | 0.060 | 0.060 |
| | 破布 | kg | 6.32 | 0.110 | 0.110 |
| | 铁砂布 | 张 | 0.85 | 1.000 | — |

工作内容：运料、表面清洗、配置、涂刷。　　　　　　　　　　　　　　　　计量单位：100kg

| 定　额　编　号 | | | | A11-3-248 | A11-3-249 |
|---|---|---|---|---|---|
| 项　目　名　称 | | | | 一般钢结构 | |
| | | | | 底漆 | |
| | | | | 两遍 | 增一遍 |
| 基　　　　价（元） | | | | 61.09 | 29.94 |
| 其中 | 人　工　费（元） | | | 50.82 | 22.54 |
| | 材　料　费（元） | | | 5.48 | 2.61 |
| | 机　械　费（元） | | | 4.79 | 4.79 |
| 名　　　称 | | 单位 | 单价（元） | 消　　耗　　量 | |
| 人工 | 综合工日 | 工日 | 140.00 | 0.363 | 0.161 |
| 材料 | 弹性聚氨酯底漆 | kg | — | (1.580) | (0.800) |
| | 滑石粉 | kg | 0.85 | 0.270 | 0.070 |
| | 破布 | kg | 6.32 | 0.130 | 0.060 |
| | 溶剂汽油 200号 | kg | 5.64 | 0.261 | 0.123 |
| | 铁砂布 | 张 | 0.85 | 3.480 | 1.740 |
| 机械 | 汽车式起重机 16t | 台班 | 958.70 | 0.005 | 0.005 |

228

工作内容：运料、表面清洗、配置、涂刷。 计量单位：100kg

| 定 额 编 号 | | | | A11-3-250 | A11-3-251 |
|---|---|---|---|---|---|
| 项 目 名 称 | | | | 一般钢结构 | |
| | | | | 中间漆 | 面漆 |
| | | | | 每一遍 | |
| 基 价（元） | | | | 39.55 | 33.65 |
| 其中 | 人 工 费（元） | | | 19.04 | 18.48 |
| | 材 料 费（元） | | | 15.72 | 15.17 |
| | 机 械 费（元） | | | 4.79 | — |
| 名 称 | | 单位 | 单价（元） | 消 耗 量 | |
| 人工 | 综合工日 | 工日 | 140.00 | 0.136 | 0.132 |
| 材料 | 弹性聚氨酯磁漆 甲组 | kg | — | (0.750) | (0.730) |
| | 弹性聚氨酯磁漆 乙组 | kg | — | (0.080) | (0.080) |
| | 醋酸乙酯 | kg | 16.97 | 0.870 | 0.870 |
| | 滑石粉 | kg | 0.85 | 0.030 | 0.030 |
| | 破布 | kg | 6.32 | 0.070 | 0.060 |
| | 铁砂布 | 张 | 0.85 | 0.580 | — |
| 机械 | 汽车式起重机 16t | 台班 | 958.70 | 0.005 | — |

工作内容：运料、表面清洗、配置、涂刷。 计量单位：10m²

| 定 额 编 号 | | | A11-3-252 | A11-3-253 |
|---|---|---|---|---|
| 项 目 名 称 | | | 大型型钢钢结构 | |
| | | | 底漆 | |
| | | | 两遍 | 增一遍 |
| 基 价（元） | | | 78.77 | 39.98 |
| 其中 | 人 工 费（元） | | 61.18 | 27.02 |
| | 材 料 费（元） | | 8.92 | 4.29 |
| | 机 械 费（元） | | 8.67 | 8.67 |
| 名 称 | 单位 | 单价（元） | 消 耗 量 | |
| 人工 综合工日 | 工日 | 140.00 | 0.437 | 0.193 |
| 材料 弹性聚氨酯底漆 | kg | — | (2.624) | (1.312) |
| 滑石粉 | kg | 0.85 | 0.440 | 0.112 |
| 破布 | kg | 6.32 | 0.192 | 0.096 |
| 溶剂汽油 200号 | kg | 5.64 | 0.432 | 0.202 |
| 铁砂布 | 张 | 0.85 | 5.760 | 2.880 |
| 机械 汽车式起重机 25t | 台班 | 1084.16 | 0.008 | 0.008 |

工作内容：运料、表面清洗、配置、涂刷。

计量单位：10m²

| 定 额 编 号 | | | | A11-3-254 | A11-3-255 |
|---|---|---|---|---|---|
| 项 目 名 称 | | | | 大型型钢钢结构 | |
| | | | | 中间漆 | 面漆 |
| | | | | 每一遍 | |
| 基 价（元） | | | | 57.17 | 47.68 |
| 其中 | 人 工 费（元） | | | 22.54 | 22.54 |
| | 材 料 费（元） | | | 25.96 | 25.14 |
| | 机 械 费（元） | | | 8.67 | — |
| 名 称 | | 单位 | 单价(元) | 消 耗 量 | |
| 人工 | 综合工日 | 工日 | 140.00 | 0.161 | 0.161 |
| 材料 | 弹性聚氨酯磁漆 甲组 | kg | — | (1.232) | (1.208) |
| | 弹性聚氨酯磁漆 乙组 | kg | — | (0.128) | (0.128) |
| | 醋酸乙酯 | kg | 16.97 | 1.440 | 1.440 |
| | 滑石粉 | kg | 0.85 | 0.056 | 0.056 |
| | 破布 | kg | 6.32 | 0.104 | 0.104 |
| | 铁砂布 | 张 | 0.85 | 0.960 | — |
| 机械 | 汽车式起重机 25t | 台班 | 1084.16 | 0.008 | — |

工作内容：运料、表面清洗、配置、涂刷。 计量单位：100kg

| 定　额　编　号 | | | | A11-3-256 | A11-3-257 |
|---|---|---|---|---|---|
| 项　目　名　称 | | | | 管廊钢结构 | |
| | | | | 底漆 | |
| | | | | 两遍 | 增一遍 |
| 基　　价（元） | | | | 42.77 | 22.04 |
| 其中 | 人　工　费（元） | | | 34.44 | 15.54 |
| | 材　料　费（元） | | | 3.54 | 1.71 |
| | 机　械　费（元） | | | 4.79 | 4.79 |
| 名　　称 | | 单位 | 单价(元) | 消　耗　量 | |
| 人工 | 综合工日 | 工日 | 140.00 | 0.246 | 0.111 |
| 材料 | 弹性聚氨酯底漆 | kg | — | (1.020) | (0.510) |
| | 滑石粉 | kg | 0.85 | 0.170 | 0.043 |
| | 破布 | kg | 6.32 | 0.085 | 0.043 |
| | 溶剂汽油 200号 | kg | 5.64 | 0.168 | 0.079 |
| | 铁砂布 | 张 | 0.85 | 2.244 | 1.122 |
| 机械 | 汽车式起重机 16t | 台班 | 958.70 | 0.005 | 0.005 |

工作内容：运料、表面清洗、配置、涂刷。 计量单位：100kg

| 定 额 编 号 | | | | A11-3-258 | A11-3-259 |
|---|---|---|---|---|---|
| 项 目 名 称 | | | | 管廊钢结构 | |
| | | | | 中间漆 | 面漆 |
| | | | | 每一遍 | |
| 基 价（元） | | | | 27.94 | 22.83 |
| 其中 | 人 工 费（元） | | | 13.02 | 13.02 |
| | 材 料 费（元） | | | 10.13 | 9.81 |
| | 机 械 费（元） | | | 4.79 | — |
| 名 称 | | 单位 | 单价（元） | 消 耗 量 | |
| 人工 | 综合工日 | 工日 | 140.00 | 0.093 | 0.093 |
| 材料 | 弹性聚氨酯磁漆 甲组 | kg | — | (0.476) | (0.468) |
| | 弹性聚氨酯磁漆 乙组 | kg | — | (0.051) | (0.051) |
| | 醋酸乙酯 | kg | 16.97 | 0.561 | 0.561 |
| | 滑石粉 | kg | 0.85 | 0.026 | 0.026 |
| | 破布 | kg | 6.32 | 0.043 | 0.043 |
| | 铁砂布 | 张 | 0.85 | 0.374 | — |
| 机械 | 汽车式起重机 16t | 台班 | 958.70 | 0.005 | — |

# 十三、乙烯基酯树脂涂料

工作内容：运料、表面清洗、配置、涂刷。

计量单位：10㎡

| 定 额 编 号 | | | | A11-3-260 | A11-3-261 |
|---|---|---|---|---|---|
| 项 目 名 称 | | | | 设备 | |
| | | | | 底漆 | |
| | | | | 两遍 | 增一遍 |
| 基 价（元） | | | | 61.46 | 32.57 |
| 其中 | 人 工 费（元） | | | 52.22 | 28.00 |
| | 材 料 费（元） | | | 9.24 | 4.57 |
| | 机 械 费（元） | | | — | — |
| 名 称 | 单位 | 单价（元） | | 消 耗 量 | |
| 人工 | 综合工日 | 工日 | 140.00 | 0.373 | 0.200 |
| 材料 | MFE-2乙烯基酯树脂 | kg | — | (4.139) | (1.976) |
| | 固化剂 | kg | 23.93 | 0.120 | 0.058 |
| | 破布 | kg | 6.32 | 0.200 | 0.100 |
| | 铁砂布 | 张 | 0.85 | 6.000 | 3.000 |

工作内容：运料、表面清洗、配置、涂刷。                                                    计量单位：10m²

| 定 额 编 号 | | | A11-3-262 | A11-3-263 |
|---|---|---|---|---|
| 项 目 名 称 | | | 设备 | |
| | | | 面漆 | |
| | | | 两遍 | 增一遍 |
| 基 价（元） | | | 41.64 | 20.55 |
| 其中 | 人 工 费（元） | | 37.38 | 18.48 |
| | 材 料 费（元） | | 4.26 | 2.07 |
| | 机 械 费（元） | | — | — |
| 名 称 | 单位 | 单价（元） | 消 耗 量 | |
| 人工 | 综合工日 | 工日 | 140.00 | 0.267 | 0.132 |
| 材料 | MFE-2乙烯基酯树脂 | kg | — | (4.264) | (2.080) |
| | 固化剂 | kg | 23.93 | 0.125 | 0.060 |
| | 破布 | kg | 6.32 | 0.200 | 0.100 |

工作内容：运料、表面清洗、配置、涂刷。　　　　　　　　　　　　　　　　　　计量单位：10m²

| 定　额　编　号 | | | | A11-3-264 | A11-3-265 |
|---|---|---|---|---|---|
| 项　目　名　称 | | | | 管道 | |
| | | | | 底漆 | |
| | | | | 两遍 | 增一遍 |
| 基　　　　价（元） | | | | 105.75 | 52.99 |
| 其中 | 人　工　费（元） | | | 96.32 | 48.30 |
| | 材　料　费（元） | | | 9.43 | 4.69 |
| | 机　械　费（元） | | | — | — |
| 名　　称 | | 单位 | 单价（元） | 消　　耗　　量 | |
| 人工 | 综合工日 | 工日 | 140.00 | 0.688 | 0.345 |
| 材料 | MFE-2乙烯基酯树脂 | kg | — | (4.250) | (2.100) |
| | 固化剂 | kg | 23.93 | 0.128 | 0.063 |
| | 破布 | kg | 6.32 | 0.200 | 0.100 |
| | 铁砂布 | 张 | 0.85 | 6.000 | 3.000 |

工作内容：运料、表面清洗、配置、涂刷。计量单位：10㎡

| 定　额　编　号 | | | | A11-3-266 | A11-3-267 |
|---|---|---|---|---|---|
| 项　目　名　称 | | | | 管道 | |
| | | | | 面漆 | |
| | | | | 两遍 | 增一遍 |
| 基　　　价（元） | | | | 74.35 | 37.49 |
| 其中 | 人　工　费（元） | | | 70.00 | 35.28 |
| | 材　料　费（元） | | | 4.35 | 2.21 |
| | 机　械　费（元） | | | — | — |
| 名　　称 | | 单位 | 单价（元） | 消　　耗　　量 | |
| 人工 | 综合工日 | 工日 | 140.00 | 0.500 | 0.252 |
| 材料 | MFE-2乙烯基酯树脂 | kg | — | (4.300) | (2.200) |
| | 固化剂 | kg | 23.93 | 0.129 | 0.066 |
| | 破布 | kg | 6.32 | 0.200 | 0.100 |

# 十四、DT-22型凉凉隔热胶

工作内容：运料、表面清洗、配置、涂刷。 计量单位：10㎡

| 定 额 编 号 | | | | A11-3-268 | A11-3-269 | A11-3-270 |
|---|---|---|---|---|---|---|
| 项 目 名 称 | | | | 设备外壁 | | |
| | | | | 底漆 | 中间漆 | 面漆 |
| | | | | 两遍70μm | 一遍40μm | 三遍90μm |
| 基 价（元） | | | | 41.86 | 14.84 | 47.60 |
| 其中 | 人 工 费（元） | | | 41.86 | 14.84 | 47.60 |
| | 材 料 费（元） | | | — | — | — |
| | 机 械 费（元） | | | — | — | — |
| 名 称 | | 单位 | 单价(元) | 消 耗 量 | | |
| 人工 | 综合工日 | 工日 | 140.00 | 0.299 | 0.106 | 0.340 |
| 材料 | 凉凉隔热胶底漆 DT-22 | kg | — | (3.380) | — | — |
| | 凉凉隔热胶面漆 DT-24 | kg | — | — | — | (4.566) |
| | 凉凉隔热胶中间漆 DT-23 | kg | — | — | (1.997) | — |

工作内容：运料、表面清洗、配置、涂刷。 计量单位：10m²

| 定 额 编 号 | | | A11-3-271 | A11-3-272 | A11-3-273 |
|---|---|---|---|---|---|
| 项 目 名 称 | | | 管道外壁 | | |
| | | | 底漆 | 中间漆 | 面漆 |
| | | | 两遍70μm | 一遍40μm | 三遍90μm |
| 基 价（元） | | | 69.16 | 24.64 | 78.26 |
| 其中 | 人 工 费（元） | | 69.16 | 24.64 | 78.26 |
| | 材 料 费（元） | | — | — | — |
| | 机 械 费（元） | | — | — | — |
| 名 称 | 单位 | 单价（元） | 消 耗 量 | | |
| 人工 | 综合工日 | 工日 | 140.00 | 0.494 | 0.176 | 0.559 |
| 材料 | 凉凉隔热胶底漆 DT-22 | kg | — | (4.160) | — | — |
| | 凉凉隔热胶面漆 DT-24 | kg | — | — | — | (5.620) |
| | 凉凉隔热胶中间漆 DT-23 | kg | — | — | (2.460) | — |

239

# 十五、环氧玻璃鳞片防锈漆

工作内容：配料拌匀、涂刷。

计量单位：10m²

| 定　额　编　号 | | | 单位 | 单价（元） | A11-3-274 | A11-3-275 |
|---|---|---|---|---|---|---|
| 项　目　名　称 | | | | | 设备 | |
| | | | | | 底漆 | |
| | | | | | 第一遍 | 增一遍 |
| 基　　　价（元） | | | | | 25.59 | 24.93 |
| 其中 | 人　工　费（元） | | | | 21.00 | 20.44 |
| | 材　料　费（元） | | | | 4.59 | 4.49 |
| | 机　械　费（元） | | | | — | — |
| 名　　称 | | | 单位 | 单价（元） | 消　耗　量 | |
| 人工 | 综合工日 | | 工日 | 140.00 | 0.150 | 0.146 |
| 材料 | 环氧玻璃鳞片防锈漆 | | kg | — | (4.576) | (4.472) |
| | 环氧玻璃鳞片防锈漆稀释剂 | | kg | 10.68 | 0.430 | 0.420 |

工作内容：配料拌匀、涂刷。                                    计量单位：10m²

| 定　额　编　号 | | | | A11-3-276 | A11-3-277 |
|---|---|---|---|---|---|
| 项　目　名　称 | | | | 管道 | |
| | | | | 底漆 | |
| | | | | 第一遍 | 增一遍 |
| 基　　价（元） | | | | 36.76 | 35.61 |
| 其中 | 人　工　费（元） | | | 32.06 | 30.80 |
| | 材　料　费（元） | | | 4.70 | 4.81 |
| | 机　械　费（元） | | | — | — |
| 名　　称 | | 单位 | 单价（元） | 消　耗　量 | |
| 人工 | 综合工日 | 工日 | 140.00 | 0.229 | 0.220 |
| 材料 | 环氧玻璃鳞片防锈漆 | kg | — | (4.700) | (4.600) |
| | 环氧玻璃鳞片防锈漆稀释剂 | kg | 10.68 | 0.440 | 0.450 |

工作内容：配料拌匀、涂刷。 计量单位：100kg

| 定　额　编　号 | | | | A11-3-278 | A11-3-279 |
|---|---|---|---|---|---|
| 项　目　名　称 | | | | 一般钢结构 | |
| | | | | 底漆 | |
| | | | | 第一遍 | 增一遍 |
| 基　　　　价（元） | | | | 25.68 | 25.20 |
| 其中 | 人　工　费（元） | | | 17.08 | 16.66 |
| | 材　料　费（元） | | | 2.42 | 2.36 |
| | 机　械　费（元） | | | 6.18 | 6.18 |
| 名　　称 | | 单位 | 单价(元) | 消　耗　量 | |
| 人工 | 综合工日 | 工日 | 140.00 | 0.122 | 0.119 |
| 材料 | 环氧玻璃鳞片防锈漆 | kg | — | (2.319) | (2.266) |
| | 环氧玻璃鳞片防锈漆稀释剂 | kg | 10.68 | 0.227 | 0.221 |
| 机械 | 汽车式起重机 20t | 台班 | 1030.31 | 0.006 | 0.006 |

242

# 十六、FVC防腐蚀涂料

工作内容：配料拌匀、涂刷。

计量单位：10m²

| 定 额 编 号 | | | | A11-3-280 | A11-3-281 |
|---|---|---|---|---|---|
| 项 目 名 称 | | | | 设备 | |
| | | | | 底漆 | |
| | | | | 第一遍 | 增一遍 |
| 基 价（元） | | | | 24.92 | 24.22 |
| 其中 | 人 工 费（元） | | | 24.92 | 24.22 |
| | 材 料 费（元） | | | — | — |
| | 机 械 费（元） | | | — | — |
| 名 称 | | 单位 | 单价（元） | 消 耗 量 | |
| 人工 | 综合工日 | 工日 | 140.00 | 0.178 | 0.173 |
| 材料 | 防腐涂料(底)FVC | kg | — | (1.560) | (1.550) |

工作内容：配料拌匀、涂刷。 计量单位：10m²

| 定 额 编 号 | | | | | A11-3-282 | A11-3-283 |
|---|---|---|---|---|---|---|
| 项 目 名 称 | | | | | 设备 | |
| | | | | | 面漆 | |
| | | | | | 第一遍 | 增一遍 |
| 基 价（元） | | | | | 23.38 | 22.96 |
| 其中 | 人 工 费（元） | | | | 23.38 | 22.96 |
| | 材 料 费（元） | | | | — | — |
| | 机 械 费（元） | | | | — | — |
| 名 称 | | 单位 | 单价(元) | | 消 耗 量 | |
| 人工 | 综合工日 | 工日 | 140.00 | | 0.167 | 0.164 |
| 材料 | 防腐涂料(面)FVC | kg | — | | (1.498) | (1.477) |

244

计量单位：10m²

| 定 额 编 号 | | | | A11-3-284 | A11-3-285 |
|---|---|---|---|---|---|
| 项 目 名 称 | | | | 管道 | |
| | | | | 底漆 | |
| | | | | 第一遍 | 增一遍 |
| 基 价（元） | | | | 38.08 | 37.66 |
| 其中 | 人 工 费（元） | | | 38.08 | 37.66 |
| | 材 料 费（元） | | | — | — |
| | 机 械 费（元） | | | — | — |
| 名 称 | | 单位 | 单价（元） | 消 耗 量 | |
| 人工 | 综合工日 | 工日 | 140.00 | 0.272 | 0.269 |
| 材料 | 防腐涂料(底)FVC | kg | — | (1.650) | (1.620) |

工作内容：配料拌匀、涂刷。

计量单位：10m²

| 定　额　编　号 | | | | A11-3-286 | A11-3-287 |
|---|---|---|---|---|---|
| 项　目　名　称 | | | | 管道 | |
| | | | | 面漆 | |
| | | | | 第一遍 | 增一遍 |
| 基　　价（元） | | | | 35.14 | 33.88 |
| 其中 | 人　工　费（元） | | | 35.14 | 33.88 |
| | 材　料　费（元） | | | — | — |
| | 机　械　费（元） | | | — | — |
| 名　　称 | 单位 | 单价(元) | | 消　耗　　量 | |
| 人工 | 综合工日 | 工日 | 140.00 | 0.251 | 0.242 |
| 材料 | 防腐涂料(面)FVC | kg | — | (1.570) | (1.550) |

工作内容：配料拌匀、涂刷。

计量单位：100kg

| 定 额 编 号 | | | A11-3-288 | A11-3-289 |
|---|---|---|---|---|
| 项 目 名 称 | | | 一般钢结构 | |
| | | | 底漆 | |
| | | | 第一遍 | 增一遍 |
| 基 价（元） | | | 26.05 | 25.35 |
| 其中 | 人 工 费（元） | | 20.30 | 19.60 |
| | 材 料 费（元） | | — | — |
| | 机 械 费（元） | | 5.75 | 5.75 |
| 名 称 | 单位 | 单价(元) | 消 耗 量 | |
| 人工 | 综合工日 | 工日 | 140.00 | 0.145 | 0.140 |
| 材料 | 防腐涂料(底)FVC | kg | — | (0.791) | (0.785) |
| 机械 | 汽车式起重机 16t | 台班 | 958.70 | 0.006 | 0.006 |

工作内容：配料拌匀、涂刷。

计量单位：100kg

| 定 额 编 号 | | | | A11-3-290 | A11-3-291 |
|---|---|---|---|---|---|
| 项 目 名 称 | | | | 一般钢结构 | |
| | | | | 面漆 | |
| | | | | 第一遍 | 增一遍 |
| 基 价（元） | | | | 19.04 | 18.62 |
| 其中 | 人 工 费（元） | | | 19.04 | 18.62 |
| | 材 料 费（元） | | | — | — |
| | 机 械 费（元） | | | — | — |
| 名 称 | | 单位 | 单价(元) | 消 耗 量 | |
| 人工 | 综合工日 | 工日 | 140.00 | 0.136 | 0.133 |
| 材料 | 防腐涂料(面)FVC | kg | — | (0.759) | (0.748) |

# 十七、H-3改性树脂防腐涂料

工作内容：配料拌匀、涂刷。

计量单位：10m²

| 定　额　编　号 | | | A11-3-292 | A11-3-293 |
|---|---|---|---|---|
| 项　目　名　称 | | | 金属面(设备) | |
| | | | 底漆 | |
| | | | 两遍 | 增一遍 |
| 基　　　　价（元） | | | 64.50 | 30.31 |
| 其中 | 人　工　费（元） | | 47.04 | 24.78 |
| | 材　料　费（元） | | 17.46 | 5.53 |
| | 机　械　费（元） | | — | — |
| 名　　称 | 单位 | 单价（元） | 消　耗　量 | |
| 人工 | 综合工日 | 工日 | 140.00 | 0.336 | 0.177 |
| 材料 | H-3改性树脂防腐涂料 | kg | — | (5.408) | (2.704) |
| | 铁砂布 | 张 | 0.85 | 7.200 | — |
| | 专用稀释剂 | kg | 9.53 | 1.190 | 0.580 |

工作内容：配料拌匀、涂刷。 计量单位：10m²

| 定 额 编 号 | | | | | A11-3-294 | A11-3-295 |
|---|---|---|---|---|---|---|
| 项 目 名 称 | | | | | 金属面(设备) | |
| | | | | | 面漆 | |
| | | | | | 两遍 | 增一遍 |
| 基 价（元） | | | | | 43.82 | 21.77 |
| 其中 | 人 工 费（元） | | | | 32.48 | 16.24 |
| | 材 料 费（元） | | | | 11.34 | 5.53 |
| | 机 械 费（元） | | | | — | — |
| 名 称 | | 单位 | 单价(元) | | 消 耗 量 | |
| 人工 | 综合工日 | 工日 | 140.00 | | 0.232 | 0.116 |
| 材料 | H-3改性树脂防腐涂料 | kg | — | | (4.992) | (2.496) |
| | 专用稀释剂 | kg | 9.53 | | 1.190 | 0.580 |

250

# 十八、HC-1型改性树脂玻璃鳞片重防腐涂料

工作内容：配料拌匀、涂刷。 计量单位：10m²

| 定 额 编 号 | | | | A11-3-296 | A11-3-297 |
|---|---|---|---|---|---|
| 项 目 名 称 | | | | 设备 | |
| | | | | 底漆 | |
| | | | | 两遍 | 增一遍 |
| 基 价（元） | | | | 64.50 | 30.31 |
| 其中 | 人 工 费（元） | | | 47.04 | 24.78 |
| | 材 料 费（元） | | | 17.46 | 5.53 |
| | 机 械 费（元） | | | — | — |
| 名 称 | | 单位 | 单价（元） | 消 耗 量 | |
| 人工 | 综合工日 | 工日 | 140.00 | 0.336 | 0.177 |
| 材料 | HC-1改性树脂重防腐涂料 | kg | — | (5.408) | (2.704) |
| | 铁砂布 | 张 | 0.85 | 7.200 | — |
| | 专用稀释剂 | kg | 9.53 | 1.190 | 0.580 |

工作内容：配料拌匀、涂刷。

计量单位：10m²

| 定　额　编　号 | | | | A11-3-298 | A11-3-299 |
|---|---|---|---|---|---|
| 项　目　名　称 | | | | 设备 | |
| | | | | 面漆 | |
| | | | | 两遍 | 增一遍 |
| 基　　　　价（元） | | | | 43.82 | 21.77 |
| 其中 | 人　工　费（元） | | | 32.48 | 16.24 |
| | 材　料　费（元） | | | 11.34 | 5.53 |
| | 机　械　费（元） | | | — | — |
| 名　　　称 | | 单位 | 单价（元） | 消　耗　量 | |
| 人工 | 综合工日 | 工日 | 140.00 | 0.232 | 0.116 |
| 材料 | HC-1改性树脂重防腐涂料 | kg | — | (4.992) | (2.496) |
| | 专用稀释剂 | kg | 9.53 | 1.190 | 0.580 |

# 十九、HLC-1型凉水塔专用玻璃鳞片重防腐涂料

工作内容：配料拌匀、涂刷。

计量单位：10m²

| 定 额 编 号 | | | | A11-3-300 | A11-3-301 |
|---|---|---|---|---|---|
| 项 目 名 称 | | | | 金属面(设备) | |
| | | | | 底漆 | |
| | | | | 两遍 | 增一遍 |
| 基 价（元） | | | | 64.50 | 30.31 |
| 其中 | 人 工 费（元） | | | 47.04 | 24.78 |
| | 材 料 费（元） | | | 17.46 | 5.53 |
| | 机 械 费（元） | | | — | — |
| 名 称 | | 单位 | 单价（元） | 消 耗 量 | |
| 人工 | 综合工日 | 工日 | 140.00 | 0.336 | 0.177 |
| 材料 | HLC-1型凉水塔防腐涂料 | kg | — | (5.408) | (2.704) |
| | 铁砂布 | 张 | 0.85 | 7.200 | — |
| | 专用稀释剂 | kg | 9.53 | 1.190 | 0.580 |

253

工作内容：配料拌匀、涂刷。

计量单位：10m²

| 定　额　编　号 | | | | A11-3-302 | A11-3-303 |
|---|---|---|---|---|---|
| 项　目　名　称 | | | | 金属面(设备) | |
| | | | | 面漆 | |
| | | | | 两遍 | 增一遍 |
| 基　　　价（元） | | | | 43.82 | 21.77 |
| 其中 | 人　工　费（元） | | | 32.48 | 16.24 |
| | 材　料　费（元） | | | 11.34 | 5.53 |
| | 机　械　费（元） | | | — | — |
| 名　　称 | | 单位 | 单价(元) | 消　耗　量 | |
| 人工 | 综合工日 | 工日 | 140.00 | 0.232 | 0.116 |
| 材料 | HLC-1型凉水塔防腐涂料 | kg | — | (4.992) | (2.496) |
| | 专用稀释剂 | kg | 9.53 | 1.190 | 0.580 |

# 二十、无溶剂环氧涂料

工作内容：运料、表面清理、调配、喷涂。　　　　　　　　　　　　　　　　　计量单位：10m²

| 定　额　编　号 | | | | | A11-3-304 | A11-3-305 |
|---|---|---|---|---|---|---|
| 项　目　名　称 | | | | | 设备 | 管道 |
| | | | | | 内壁干膜350μm | 内壁干膜350μm |
| | | | | | | DN150～350mm |
| 基　　　价（元） | | | | | 107.26 | 126.39 |
| 其中 | 人　工　费（元） | | | | 42.84 | 62.72 |
| | 材　料　费（元） | | | | 11.03 | 10.28 |
| | 机　械　费（元） | | | | 53.39 | 53.39 |
| 名　　称 | | 单位 | 单价（元） | | 消　　耗　　量 | |
| 人工 | 综合工日 | 工日 | 140.00 | | 0.306 | 0.448 |
| 材料 | 无溶剂环氧涂料 | kg | — | | (7.644) | (6.840) |
| | 丙酮清洗剂 | kg | 7.50 | | 1.470 | 1.370 |
| 机械 | 电动空气压缩机 6m³/min | 台班 | 206.73 | | 0.200 | 0.200 |
| | 轴流通风机 7.5kW | 台班 | 40.15 | | 0.300 | 0.300 |

# 二十一、氯化橡胶类厚浆型防锈漆

工作内容：运料、表面清理、配置拌匀、涂刷。

计量单位：10m²

| 定　额　编　号 | | | | A11-3-306 | A11-3-307 |
|---|---|---|---|---|---|
| 项　目　名　称 | | | | 氯化橡胶铝粉厚浆型 | |
| | | | | 管道 | |
| | | | | 第一遍 | 增一遍 |
| 基　　　　价（元） | | | | 44.66 | 43.68 |
| 其中 | 人　工　费（元） | | | 44.66 | 43.68 |
| | 材　料　费（元） | | | — | — |
| | 机　械　费（元） | | | — | — |
| 名　　称 | | 单位 | 单价（元） | 消　　耗　　量 | |
| 人工 | 综合工日 | 工日 | 140.00 | 0.319 | 0.312 |
| 材料 | 氯化橡胶铝粉厚浆型防锈漆 | kg | — | (2.750) | (2.700) |

256

工作内容：运料、表面清理、配置拌匀、涂刷。                                    计量单位：10㎡

| 定　额　编　号 | | | A11-3-308 | A11-3-309 |
|---|---|---|---|---|
| 项　目　名　称 | | | 氯化橡胶铁红厚浆型 | |
| | | | 管道 | |
| | | | 第一遍 | 增一遍 |
| 基　　　　价（元） | | | 45.92 | 45.22 |
| 其中 | 人　工　费（元） | | 45.92 | 45.22 |
| | 材　料　费（元） | | — | — |
| | 机　械　费（元） | | — | — |
| 名　　　称 | 单位 | 单价(元) | 消　　耗　　量 | |
| 人工 | 综合工日 | 工日 | 140.00 | 0.328 | 0.323 |
| 材料 | 氯化橡胶铁红厚浆型防锈漆 | kg | — | (2.820) | (2.790) |

257

工作内容：运料、表面清理、配置拌匀、涂刷。 计量单位：10m²

| 定 额 编 号 | | | | A11-3-310 | A11-3-311 |
|---|---|---|---|---|---|
| 项 目 名 称 | | | | 氯化橡胶云铁厚浆型 | |
| | | | | 管道 | |
| | | | | 第一遍 | 增一遍 |
| 基 价（元） | | | | 39.76 | 38.64 |
| 其中 | 人 工 费（元） | | | 39.76 | 38.64 |
| | 材 料 费（元） | | | — | — |
| | 机 械 费（元） | | | — | — |
| 名 称 | 单位 | 单价(元) | | 消 耗 量 | |
| 人工 | 综合工日 | 工日 | 140.00 | 0.284 | 0.276 |
| 材料 | 氯化橡胶云铁防锈底漆 | kg | — | (2.330) | (2.290) |

258

工作内容：运料、表面清理、配置拌匀、涂刷。

计量单位：10m²

| 定　额　编　号 | | | | A11-3-312 | A11-3-313 |
|---|---|---|---|---|---|
| 项　目　名　称 | | | | 氯化橡胶沥青厚浆型防锈漆 | |
| | | | | 管道 | |
| | | | | 第一遍 | 增一遍 |
| 基　　　价（元） | | | | 34.72 | 33.18 |
| 其中 | 人　工　费（元） | | | 34.72 | 33.18 |
| | 材　料　费（元） | | | — | — |
| | 机　械　费（元） | | | — | — |
| 名　　称 | | 单位 | 单价(元) | 消　　耗　　量 | |
| 人工 | 综合工日 | 工日 | 140.00 | 0.248 | 0.237 |
| 材料 | 氯化橡胶沥青厚浆型防锈漆 | kg | — | (2.070) | (2.020) |

259

# 二十二、环氧富锌、云铁中间漆

工作内容：运料、配置、拌匀、涂刷。

计量单位：10㎡

| 定　额　编　号 | | | | A11-3-314 | A11-3-315 |
|---|---|---|---|---|---|
| 项　目　名　称 | | | | 设备 | |
| | | | | 环氧富锌底漆 | |
| | | | | 第一遍 | 增一遍 |
| 基　　　价　（元） | | | | 32.87 | 30.95 |
| 其中 | 人　工　费（元） | | | 16.10 | 15.40 |
| | 材　料　费（元） | | | 16.77 | 15.55 |
| | 机　械　费（元） | | | — | — |
| 名　　称 | | 单位 | 单价(元) | 消　耗　量 | |
| 人工 | 综合工日 | 工日 | 140.00 | 0.115 | 0.110 |
| 材料 | 环氧富锌底漆(封闭漆) | kg | — | (2.600) | (2.444) |
| | 固化剂 | kg | 23.93 | 0.500 | 0.460 |
| | 稀释剂 | kg | 9.53 | 0.504 | 0.477 |

260

工作内容：运料、配置、拌匀、涂刷。　　　　　　　　　　　　　　　　　　　　计量单位：10m²

| 定　额　编　号 | | | | | A11-3-316 | A11-3-317 |
|---|---|---|---|---|---|---|
| 项　目　名　称 | | | | | 设备 | |
| | | | | | 云铁中间漆 | |
| | | | | | 第一遍 | 增一遍 |
| 基　　　　　价（元） | | | | | 21.00 | 20.44 |
| 其中 | 人　工　费（元） | | | | 21.00 | 20.44 |
| | 材　料　费（元） | | | | — | — |
| | 机　械　费（元） | | | | — | — |
| 名　　　称 | | 单位 | 单价(元) | | 消　耗　量 | |
| 人工 | 综合工日 | 工日 | 140.00 | | 0.150 | 0.146 |
| 材料 | 氯化橡胶云铁中间漆 | kg | — | | (5.366) | (4.555) |

工作内容：运料、配置、拌匀、涂刷。 计量单位：10m²

| 定　额　编　号 | | | | A11-3-318 | A11-3-319 |
|---|---|---|---|---|---|
| 项　目　名　称 | | | | 管道 | |
| | | | | 环氧富锌底漆 | |
| | | | | 第一遍 | 增一遍 |
| 基　　价（元） | | | | 44.26 | 42.60 |
| 其中 | 人　工　费（元） | | | 25.76 | 25.34 |
| | 材　料　费（元） | | | 18.50 | 17.26 |
| | 机　械　费（元） | | | — | — |
| 名　　称 | | 单位 | 单价（元） | 消　　耗　　量 | |
| 人工 | 综合工日 | 工日 | 140.00 | 0.184 | 0.181 |
| 材料 | 环氧富锌底漆(封闭漆) | kg | — | (2.760) | (2.500) |
| | 固化剂 | kg | 23.93 | 0.550 | 0.510 |
| | 稀释剂 | kg | 9.53 | 0.560 | 0.530 |

262

工作内容：运料、配置、拌匀、涂刷。 计量单位：10m²

| 定 额 编 号 | | | | A11-3-320 | A11-3-321 |
|---|---|---|---|---|---|
| 项 目 名 称 | | | | 管道 | |
| | | | | 云铁中间漆 | |
| | | | | 第一遍 | 增一遍 |
| 基 价（元） | | | | 33.04 | 31.50 |
| 其中 | 人 工 费（元） | | | 33.04 | 31.50 |
| | 材 料 费（元） | | | — | — |
| | 机 械 费（元） | | | — | — |
| 名 称 | | 单位 | 单价（元） | 消 耗 量 | |
| 人工 | 综合工日 | 工日 | 140.00 | 0.236 | 0.225 |
| 材料 | 氯化橡胶云铁中间漆 | kg | — | (5.930) | (5.550) |

工作内容：运料、配置、拌匀、涂刷。　　　　　　　　　　　　　　　　　　计量单位：100kg

| 定　额　编　号 | | | | A11-3-322 | A11-3-323 |
|---|---|---|---|---|---|
| 项　目　名　称 | | | | 一般钢结构 | |
| | | | | 环氧富锌底漆 | |
| | | | | 第一遍 | 增一遍 |
| 基　　　　价（元） | | | | 27.61 | 26.40 |
| 其中 | 人　工　费（元） | | | 13.02 | 12.46 |
| | 材　料　费（元） | | | 8.84 | 8.19 |
| | 机　械　费（元） | | | 5.75 | 5.75 |
| 名　　　称 | | 单位 | 单价（元） | 消　　耗　　量 | |
| 人工 | 综合工日 | 工日 | 140.00 | 0.093 | 0.089 |
| 材料 | 环氧富锌底漆(封闭漆) | kg | — | (1.318) | (1.238) |
| | 固化剂 | kg | 23.93 | 0.264 | 0.242 |
| | 稀释剂 | kg | 9.53 | 0.265 | 0.252 |
| 机械 | 汽车式起重机 16t | 台班 | 958.70 | 0.006 | 0.006 |

工作内容：运料、配置、拌匀、涂刷。                                        计量单位：100kg

| 定　额　编　号 | | | | A11-3-324 | A11-3-325 |
|---|---|---|---|---|---|
| 项　目　名　称 | | | | 一般钢结构 | |
| | | | | 云铁中间漆 | |
| | | | | 第一遍 | 增一遍 |
| 基　　　价（元） | | | | 22.83 | 22.41 |
| 其中 | 人　工　费（元） | | | 17.08 | 16.66 |
| | 材　料　费（元） | | | — | — |
| | 机　械　费（元） | | | 5.75 | 5.75 |
| 名　　　称 | | 单位 | 单价（元） | 消　　耗　　量 | |
| 人工 | 综合工日 | 工日 | 140.00 | 0.122 | 0.119 |
| 材料 | 氯化橡胶云铁中间漆 | kg | — | (2.719) | (2.308) |
| 机械 | 汽车式起重机 16t | 台班 | 958.70 | 0.006 | 0.006 |

265

工作内容：运料、配置、拌匀、涂刷。 计量单位：100kg

| 定 额 编 号 | | | | A11-3-326 | A11-3-327 |
|---|---|---|---|---|---|
| 项 目 名 称 | | | | 管廊钢结构 | |
| | | | | 环氧富锌底漆 | |
| | | | | 第一遍 | 增一遍 |
| 基 价（元） | | | | 15.67 | 15.32 |
| 其中 | 人 工 费（元） | | | 7.56 | 7.42 |
| | 材 料 费（元） | | | 5.23 | 5.02 |
| | 机 械 费（元） | | | 2.88 | 2.88 |
| 名 称 | | 单位 | 单价（元） | 消 耗 量 | |
| 人工 | 综合工日 | 工日 | 140.00 | 0.054 | 0.053 |
| 材料 | 环氧富锌底漆(封闭漆) | kg | — | (0.782) | (0.735) |
| | 固化剂 | kg | 23.93 | 0.156 | 0.150 |
| | 稀释剂 | kg | 9.53 | 0.157 | 0.150 |
| 机械 | 汽车式起重机 16t | 台班 | 958.70 | 0.003 | 0.003 |

266

工作内容：运料、配置、拌匀、涂刷。 计量单位：100kg

| 定 额 编 号 | | | | A11-3-328 | A11-3-329 |
|---|---|---|---|---|---|
| 项 目 名 称 | | | | 管廊钢结构 | |
| | | | | 云铁中间漆 | |
| | | | | 第一遍 | 增一遍 |
| 基 价（元） | | | | 12.82 | 12.68 |
| 其中 | 人 工 费（元） | | | 9.94 | 9.80 |
| | 材 料 费（元） | | | — | — |
| | 机 械 费（元） | | | 2.88 | 2.88 |
| 名 称 | 单位 | 单价（元） | | 消 耗 量 | |
| 人工 | 综合工日 | 工日 | 140.00 | 0.071 | 0.070 |
| 材料 | 氯化橡胶云铁中间漆 | kg | — | (1.579) | (1.341) |
| 机械 | 汽车式起重机 16t | 台班 | 958.70 | 0.003 | 0.003 |

工作内容：运料、配置、拌匀、涂刷。 计量单位：10㎡

| 定 额 编 号 | | | | | A11-3-330 | A11-3-331 |
|---|---|---|---|---|---|---|
| 项 目 名 称 | | | | | 大型型钢钢结构 | |
| | | | | | 环氧富锌底漆 | |
| | | | | | 第一遍 | 增一遍 |
| 基 价（元） | | | | | 34.67 | 33.61 |
| 其中 | 人 工 费（元） | | | | 13.58 | 13.02 |
| | 材 料 费（元） | | | | 13.42 | 12.92 |
| | 机 械 费（元） | | | | 7.67 | 7.67 |
| 名 称 | | 单位 | 单价(元) | 消 耗 量 | | |
| 人工 | 综合工日 | 工日 | 140.00 | | 0.097 | 0.093 |
| 材料 | 环氧富锌底漆(封闭漆) | kg | — | | (2.010) | (1.889) |
| | 固化剂 | kg | 23.93 | | 0.401 | 0.386 |
| | 稀释剂 | kg | 9.53 | | 0.401 | 0.386 |
| 机械 | 汽车式起重机 16t | 台班 | 958.70 | | 0.008 | 0.008 |

268

工作内容：运料、配置、拌匀、涂刷。 计量单位：10m²

| 定 额 编 号 | | | | A11-3-332 | A11-3-333 |
|---|---|---|---|---|---|
| 项 目 名 称 | | | | 大型型钢钢结构 | |
| | | | | 云铁中间漆 | |
| | | | | 第一遍 | 增一遍 |
| 基 价（元） | | | | 25.31 | 25.17 |
| 其中 | 人 工 费（元） | | | 17.64 | 17.50 |
| | 材 料 费（元） | | | — | — |
| | 机 械 费（元） | | | 7.67 | 7.67 |
| 名 称 | 单位 | 单价（元） | | 消 耗 量 | |
| 人工 | 综合工日 | 工日 | 140.00 | 0.126 | 0.125 |
| 材料 | 氯化橡胶云铁中间漆 | kg | — | (4.058) | (3.444) |
| 机械 | 汽车式起重机 16t | 台班 | 958.70 | 0.008 | 0.008 |

269

工作内容：运料、配置、拌匀、涂刷。 计量单位：10m²

| 定 额 编 号 | | | | A11-3-334 | A11-3-335 |
|---|---|---|---|---|---|
| 项 目 名 称 | | | | 铸铁管、暖气片刷油 | |
| | | | | 环氧富锌漆 | |
| | | | | 第一遍 | 增一遍 |
| 基 价（元） | | | | 27.02 | 25.76 |
| 其中 | 人 工 费（元） | | | 27.02 | 25.76 |
| | 材 料 费（元） | | | — | — |
| | 机 械 费（元） | | | — | — |
| 名 称 | | 单位 | 单价（元） | 消 耗 量 | |
| 人工 | 综合工日 | 工日 | 140.00 | 0.193 | 0.184 |
| 材料 | 环氧富锌漆 | kg | — | (3.000) | (2.820) |

# 二十三、环氧煤沥青防腐漆

工作内容：运料、调配、涂刷、缠玻璃丝布。

计量单位：10m²

| 定　额　编　号 | | | | A11-3-336 | A11-3-337 | A11-3-338 |
|---|---|---|---|---|---|---|
| 项　目　名　称 | | | | 环氧煤沥青防腐 | | |
| | | | | (增)一底 | (增)一油 | (增)一布 |
| 基　　　　　价（元） | | | | 28.03 | 33.57 | 64.57 |
| 其中 | 人　工　费（元） | | | 19.60 | 23.38 | 30.10 |
| | 材　料　费（元） | | | 8.43 | 10.19 | 34.47 |
| | 机　械　费（元） | | | — | — | — |
| 名　　　称 | | 单位 | 单价（元） | 消　　耗　　量 | | |
| 人工 | 综合工日 | 工日 | 140.00 | 0.140 | 0.167 | 0.215 |
| 材料 | 环氧煤沥青底漆 | kg | — | (2.500) | — | — |
| | 环氧煤沥青面漆 | kg | — | — | (2.800) | — |
| | 玻璃布 | m² | 1.03 | — | — | 14.000 |
| | 固化剂 | kg | 23.93 | 0.200 | 0.260 | 0.780 |
| | 煤油 | kg | 3.73 | 0.060 | 0.060 | — |
| | 稀释剂 | kg | 9.53 | 0.180 | 0.200 | — |
| | 其他材料费 | 元 | 1.00 | 1.700 | 1.840 | 1.380 |

# 二十四、管道沥青玻璃布防腐

工作内容：施工准备、材料搬运、熬沥青、涂刷、缠玻璃丝布。 计量单位：10m²

| 定 额 编 号 | | | A11-3-339 | A11-3-340 |
|---|---|---|---|---|
| 项 目 名 称 | | | 管道沥青玻璃布防腐 | |
| | | | (增)一油 | (增)一布 |
| 基 价（元） | | | 101.16 | 66.02 |
| 其中 | 人 工 费（元） | | 28.00 | 30.10 |
| | 材 料 费（元） | | 73.16 | 35.92 |
| | 机 械 费（元） | | — | — |
| 名 称 | 单位 | 单价（元） | 消 耗 量 | |
| 人工 综合工日 | 工日 | 140.00 | 0.200 | 0.215 |
| 材料 玻璃丝布 | m² | 2.48 | — | 14.000 |
| 滑石粉 | kg | 0.85 | 10.000 | — |
| 煤 | kg | 0.65 | 3.200 | — |
| 石油沥青 10号 | kg | 2.74 | 22.500 | — |
| 其他材料费 | 元 | 1.00 | 0.930 | 1.200 |

272

# 二十五、聚氯乙烯缠绕带

工作内容：运料、配料、刷涂、涂底胶、缠绕胶带。　　　　　　　　　　　　计量单位：10㎡

| 定　额　编　号 | | | A11-3-341 | A11-3-342 | A11-3-343 |
|---|---|---|---|---|---|
| 项　目　名　称 | | | 管道 | | |
| | | | 底漆<br>（干膜220μm） | 缠绕一层 | 缠绕两层 |
| | | | 一遍 | | |
| 基　　　价（元） | | | 17.08 | 51.52 | 103.18 |
| 其中 | 人　工　费（元） | | 17.08 | 51.52 | 103.18 |
| | 材　料　费（元） | | — | — | — |
| | 机　械　费（元） | | — | — | — |
| 名　　　称 | 单位 | 单价（元） | 消　　耗　　量 | | |
| 人工 | 综合工日 | 工日 | 140.00 | 0.122 | 0.368 | 0.737 |
| 材料 | 聚氯乙烯缠绕带 H=200～250 | ㎡ | — | — | (12.000) | (24.000) |
| | 氯磺化聚乙烯底漆 | kg | — | (3.000) | — | — |

273

# 二十六、H87防腐涂料

工作内容：运料、表面清洗、配置、喷涂。　　　　　　　　　　　　　　计量单位：10m²

| 定　额　编　号 | | | | A11-3-344 | A11-3-345 |
|---|---|---|---|---|---|
| 项　目　名　称 | | | | 管道 | |
| | | | | 底漆 | |
| | | | | 第一遍 | 增一遍 |
| 基　　　价（元） | | | | 37.28 | 37.28 |
| 其中 | 人　工　费（元） | | | 6.72 | 6.72 |
| | 材　料　费（元） | | | 11.56 | 11.56 |
| | 机　械　费（元） | | | 19.00 | 19.00 |
| 名　　称 | | 单位 | 单价（元） | 消　耗　量 | |
| 人工 | 综合工日 | 工日 | 140.00 | 0.048 | 0.048 |
| 材料 | H87涂料 | kg | — | (1.210) | (1.200) |
| | H87涂料稀释剂 | kg | 14.02 | 0.600 | 0.600 |
| | 破布 | kg | 6.32 | 0.200 | 0.200 |
| | 铁砂布 | 张 | 0.85 | 2.000 | 2.000 |
| | 其他材料费 | 元 | 1.00 | 0.181 | 0.181 |
| 机械 | 电动空气压缩机 3m³/min | 台班 | 118.19 | 0.120 | 0.120 |
| | 轴流通风机 7.5kW | 台班 | 40.15 | 0.120 | 0.120 |

工作内容：运料、表面清洗、配置、喷涂。 计量单位：10m²

| 定 额 编 号 | | | A11-3-346 | A11-3-347 | A11-3-348 |
|---|---|---|---|---|---|
| 项 目 名 称 | | | 管道 | | |
| | | | 中间漆 | | 面漆 |
| | | | 两遍 | 增一遍 | 一遍 |
| 基 价（元） | | | 106.19 | 52.00 | 54.81 |
| 其中 | 人 工 费（元） | | 18.62 | 8.82 | 8.82 |
| | 材 料 费（元） | | 28.98 | 14.68 | 17.49 |
| | 机 械 费（元） | | 58.59 | 28.50 | 28.50 |
| 名 称 | 单位 | 单价(元) | 消 耗 量 | | |
| 人工 | 综合工日 | 工日 | 140.00 | 0.133 | 0.063 | 0.063 |
| 材料 | H87涂料 | kg | — | (4.050) | (2.000) | (2.490) |
| | H87涂料稀释剂 | kg | 14.02 | 2.020 | 1.000 | 1.200 |
| | 破布 | kg | 6.32 | 0.100 | 0.100 | 0.100 |
| | 其他材料费 | 元 | 1.00 | 0.032 | 0.032 | 0.032 |
| 机械 | 电动空气压缩机 3m³/min | 台班 | 118.19 | 0.370 | 0.180 | 0.180 |
| | 轴流通风机 7.5kW | 台班 | 40.15 | 0.370 | 0.180 | 0.180 |

# 二十七、H8701防腐涂料

工作内容：运料、表面清洗、配置、喷涂。 计量单位：10m²

| 定　额　编　号 | | | A11-3-349 | A11-3-350 | A11-3-351 |
|---|---|---|---|---|---|
| 项　目　名　称 | | | 管道 | | |
| | | | 底漆 | 中间漆 | 面漆 |
| | | | 两遍 | | |
| 基　　　价（元） | | | 73.16 | 106.25 | 42.47 |
| 其中 | 人　工　费（元） | | 12.04 | 18.62 | 8.82 |
| | 材　料　费（元） | | 23.12 | 29.04 | 17.82 |
| | 机　械　费（元） | | 38.00 | 58.59 | 15.83 |
| 名　　称 | 单位 | 单价（元） | 消　　耗　　量 | | |
| 人工 | 综合工日 | 工日 | 140.00 | 0.086 | 0.133 | 0.063 |
| 材料 | H8701涂料 | kg | — | (2.420) | (4.000) | (2.400) |
| | H8701涂料稀释剂 | kg | 14.02 | 1.200 | 2.000 | 1.200 |
| | 破布 | kg | 6.32 | 0.400 | 0.150 | 0.150 |
| | 铁砂布 | 张 | 0.85 | 4.000 | — | — |
| | 其他材料费 | 元 | 1.00 | 0.368 | 0.049 | 0.049 |
| 机械 | 电动空气压缩机 3m³/min | 台班 | 118.19 | 0.240 | 0.370 | 0.100 |
| | 轴流通风机 7.5kW | 台班 | 40.15 | 0.240 | 0.370 | 0.100 |

276

# 二十八、硅酸锌防腐蚀涂料

工作内容：运料、表面清洗、配置、喷涂。　　　　　　　　　　　　　　　　　计量单位：10m²

| 定　额　编　号 | | | A11-3-352 | A11-3-353 | A11-3-354 |
|---|---|---|---|---|---|
| 项　目　名　称 | | | 管道 | | |
| | | | 底漆 | 中间漆 | |
| | | | 两遍 | | 增一遍 |
| 基　　　　　价（元） | | | 159.94 | 157.19 | 79.45 |
| 其中 | 人　工　费（元） | | 118.86 | 99.54 | 48.72 |
| | 材　料　费（元） | | 3.08 | 0.65 | 0.65 |
| | 机　械　费（元） | | 38.00 | 57.00 | 30.08 |
| 名　　称 | 单位 | 单价（元） | 消　　耗　　量 | | |
| 人工 | 综合工日 | 工日 | 140.00 | 0.849 | 0.711 | 0.348 |
| 材料 | 硅酸锌涂料 | kg | — | (4.620) | (4.020) | (1.800) |
| | 破布 | kg | 6.32 | 0.200 | 0.100 | 0.100 |
| | 铁砂布 | 张 | 0.85 | 2.000 | — | — |
| | 其他材料费 | 元 | 1.00 | 0.116 | 0.020 | 0.020 |
| 机械 | 电动空气压缩机 3m³/min | 台班 | 118.19 | 0.240 | 0.360 | 0.190 |
| | 轴流通风机 7.5kW | 台班 | 40.15 | 0.240 | 0.360 | 0.190 |

工作内容：运料、表面清洗、配置、喷涂。 计量单位：10m²

| 定 额 编 号 | | | | | A11-3-355 | A11-3-356 |
|---|---|---|---|---|---|---|
| 项 目 名 称 | | | | | 管道 | |
| | | | | | 面漆 | |
| | | | | | 两遍 | 增一遍 |
| 基 价（元） | | | | | 155.32 | 75.25 |
| 其中 | 人 工 费（元） | | | | 94.50 | 44.52 |
| | 材 料 费（元） | | | | 0.65 | 0.65 |
| | 机 械 费（元） | | | | 60.17 | 30.08 |
| | 名 称 | 单位 | 单价(元) | | 消 耗 量 | |
| 人工 | 综合工日 | 工日 | 140.00 | | 0.675 | 0.318 |
| 材料 | 硅酸锌涂料 | kg | — | | (3.460) | (1.700) |
| | 破布 | kg | 6.32 | | 0.100 | 0.100 |
| | 其他材料费 | 元 | 1.00 | | 0.020 | 0.020 |
| 机械 | 电动空气压缩机 3m³/min | 台班 | 118.19 | | 0.380 | 0.190 |
| | 轴流通风机 7.5kW | 台班 | 40.15 | | 0.380 | 0.190 |

278

# 二十九、NSJ特种防腐涂料

工作内容：运料、表面清洗、配置、涂刷。

计量单位：10m²

| 定　额　编　号 | | | | | A11-3-357 | A11-3-358 |
|---|---|---|---|---|---|---|
| 项　目　名　称 | | | | | 设备 | |
| | | | | | 底漆 | |
| | | | | | 两遍 | 一遍 |
| 基　　　　价（元） | | | | | 60.79 | 33.73 |
| 其中 | 人　工　费（元） | | | | 50.82 | 27.58 |
| | 材　料　费（元） | | | | 9.97 | 6.15 |
| | 机　械　费（元） | | | | — | — |
| 名　　称 | | 单位 | 单价（元） | | 消　耗　　量 | |
| 人工 | 综合工日 | 工日 | 140.00 | | 0.363 | 0.197 |
| 材料 | 特种防腐涂料 NSJ | kg | — | | (4.360) | (2.230) |
| | NSJ稀释剂 | kg | 14.02 | | 0.500 | 0.250 |
| | 破布 | kg | 6.32 | | 0.200 | 0.150 |
| | 铁砂布 | 张 | 0.85 | | 2.000 | 2.000 |

工作内容：运料、表面清洗、配置、涂刷。

计量单位：10㎡

| 定　额　编　号 | | | | | A11-3-359 | A11-3-360 |
|---|---|---|---|---|---|---|
| 项　目　名　称 | | | | | 设备 | |
| | | | | | 面漆 | |
| | | | | | 两遍 | 一遍 |
| 基　　　　　价（元） | | | | | 57.42 | 29.80 |
| 其中 | 人　工　费（元） | | | | 48.30 | 24.50 |
| | 材　料　费（元） | | | | 9.12 | 5.30 |
| | 机　械　费（元） | | | | — | — |
| 名　　称 | | 单位 | 单价(元) | | 消　耗　量 | |
| 人工 | 综合工日 | 工日 | 140.00 | | 0.345 | 0.175 |
| 材料 | 特种防腐涂料 NSJ | kg | — | | (4.060) | (2.100) |
| | NSJ稀释剂 | kg | 14.02 | | 0.500 | 0.250 |
| | 破布 | kg | 6.32 | | 0.200 | 0.150 |
| | 铁砂布 | 张 | 0.85 | | 1.000 | 1.000 |

# 三十、NSJ-II特种涂料

工作内容：运料、表面清洗、配置、涂刷。

计量单位：10m²

| 定 额 编 号 | | | | A11-3-361 | A11-3-362 | A11-3-363 |
|---|---|---|---|---|---|---|
| 项 目 名 称 | | | | 管道 | | |
| | | | | 底漆 | 中间漆 | 面漆 |
| | | | | 一遍 | 两遍 | 一遍 |
| 基 价（元） | | | | 32.47 | 56.03 | 26.44 |
| 其中 | 人 工 费（元） | | | 27.58 | 48.72 | 22.40 |
| | 材 料 费（元） | | | 4.89 | 7.31 | 4.04 |
| | 机 械 费（元） | | | — | — | — |
| 名 称 | | 单位 | 单价（元） | 消 耗 量 | | |
| 人工 | 综合工日 | 工日 | 140.00 | 0.197 | 0.348 | 0.160 |
| 材料 | 特种涂料 NSJ-II | kg | — | (1.550) | (3.100) | (1.550) |
| | NSJ-II稀释剂 | kg | 14.02 | 0.160 | 0.310 | 0.160 |
| | 破布 | kg | 6.32 | 0.150 | 0.200 | 0.150 |
| | 铁砂布 | 张 | 0.85 | 2.000 | 2.000 | 1.000 |

# 三十一、通用型仿瓷涂料

工作内容：运料、表面清洗、配置、涂刷。

计量单位：10m²

| 定　额　编　号 | | | | A11-3-364 | A11-3-365 | A11-3-366 |
|---|---|---|---|---|---|---|
| 项　目　名　称 | | | | 设备 | | |
| | | | | 底漆 | 中间漆 | 面漆 |
| | | | | 一遍 | | |
| 基　　　价（元） | | | | 67.17 | 61.02 | 58.94 |
| 其中 | 人　工　费（元） | | | 42.28 | 37.38 | 36.54 |
| | 材　料　费（元） | | | 24.89 | 23.64 | 22.40 |
| | 机　械　费（元） | | | — | — | — |
| 名　　称 | | 单位 | 单价（元） | 消　耗　量 | | |
| 人工 | 综合工日 | 工日 | 140.00 | 0.302 | 0.267 | 0.261 |
| 材料 | 仿瓷涂料 | kg | — | (2.080) | (1.976) | (1.872) |
| | 固化剂 | kg | 23.93 | 1.040 | 0.988 | 0.936 |

工作内容：运料、表面清洗、配置、涂刷。

计量单位：10m²

| 定 额 编 号 | | | A11-3-367 | A11-3-368 | A11-3-369 |
|---|---|---|---|---|---|
| 项 目 名 称 | | | 管道 | | |
| | | | 底漆 | 中间漆 | 面漆 |
| | | | 一遍 | | |
| 基 价（元） | | | 87.50 | 74.11 | 72.57 |
| 其中 | 人 工 费（元） | | 61.18 | 51.38 | 49.84 |
| | 材 料 费（元） | | 26.32 | 22.73 | 22.73 |
| | 机 械 费（元） | | — | — | — |
| 名 称 | 单位 | 单价（元） | 消 耗 量 | | |
| 人工 | 综合工日 | 工日 | 140.00 | 0.437 | 0.367 | 0.356 |
| 材料 | 仿瓷涂料 | kg | — | (2.200) | (1.900) | (1.900) |
| | 固化剂 | kg | 23.93 | 1.100 | 0.950 | 0.950 |

283

# 三十二、TO树脂漆涂料

工作内容：运料、表面清洗、搅拌、配置、涂刷。　　　　　　　　　　　　计量单位：10m²

| 定　额　编　号 | | | A11-3-370 | A11-3-371 |
|---|---|---|---|---|
| 项　目　名　称 | | | 设备 | |
| | | | 底漆 | |
| | | | 第一遍 | 增一遍 |
| 基　　　价（元） | | | 28.12 | 26.46 |
| 其中 | 人　工　费（元） | | 21.28 | 20.72 |
| | 材　料　费（元） | | 6.84 | 5.74 |
| | 机　械　费（元） | | — | — |
| 名　　称 | 单位 | 单价（元） | 消　　耗　　量 | |
| 人工 | 综合工日 | 工日 | 140.00 | 0.152 | 0.148 |
| 材料 | TO树脂底漆 | kg | — | (1.716) | (1.508) |
| | TO固化剂 | kg | 23.93 | 0.177 | 0.156 |
| | 电 | kW·h | 0.68 | 1.700 | 1.030 |
| | 动力苯 | kg | 2.74 | 0.240 | 0.220 |
| | 氧化铁红 | kg | 4.38 | 0.170 | 0.150 |
| | 其他材料费 | 元 | 1.00 | 0.051 | 0.046 |

工作内容：运料、表面清洗、搅拌、配置、涂刷。　　　　　　　　　　　　　　　　计量单位：10m²

| 定　额　编　号 | | | | A11-3-372 | A11-3-373 |
|---|---|---|---|---|---|
| 项　目　名　称 | | | | 设备 | |
| | | | | 面漆 | |
| | | | | 第一遍 | 增一遍 |
| 基　　　　价（元） | | | | 26.46 | 26.46 |
| 其中 | 人　工　费（元） | | | 20.72 | 20.72 |
| | 材　料　费（元） | | | 5.74 | 5.74 |
| | 机　械　费（元） | | | — | — |
| 名　　　称 | | 单位 | 单价（元） | 消　　耗　　量 | |
| 人工 | 综合工日 | 工日 | 140.00 | 0.148 | 0.148 |
| 材料 | TO树脂面漆 | kg | — | (1.508) | (1.508) |
| | TO固化剂 | kg | 23.93 | 0.156 | 0.156 |
| | 电 | kW·h | 0.68 | 1.030 | 1.030 |
| | 动力苯 | kg | 2.74 | 0.220 | 0.220 |
| | 氧化铁红 | kg | 4.38 | 0.150 | 0.150 |
| | 其他材料费 | 元 | 1.00 | 0.046 | 0.046 |

工作内容：运料、表面清洗、搅拌、配置、涂刷。 计量单位：10m²

| 定 额 编 号 | | | | | A11-3-374 | A11-3-375 |
|---|---|---|---|---|---|---|
| 项 目 名 称 | | | | | 管道 | |
| | | | | | 底漆 | |
| | | | | | 第一遍 | 增一遍 |
| 基 价（元） | | | | | 37.15 | 32.64 |
| 其中 | 人 工 费（元） | | | | 30.10 | 27.02 |
| | 材 料 费（元） | | | | 7.05 | 5.62 |
| | 机 械 费（元） | | | | — | — |
| 名 称 | | 单位 | 单价(元) | 消 耗 量 | | |
| 人工 | 综合工日 | 工日 | 140.00 | 0.215 | | 0.193 |
| 材料 | TO树脂底漆 | kg | — | (1.800) | | (1.500) |
| | TO固化剂 | kg | 23.93 | 0.180 | | 0.150 |
| | 电 | kW·h | 0.68 | 1.700 | | 1.030 |
| | 动力苯 | kg | 2.74 | 0.270 | | 0.230 |
| | 氧化铁红 | kg | 4.38 | 0.180 | | 0.150 |
| | 其他材料费 | 元 | 1.00 | 0.056 | | 0.047 |

工作内容：运料、表面清洗、搅拌、配置、涂刷。

计量单位：10m²

| 定 额 编 号 | | | | A11-3-376 | A11-3-377 |
|---|---|---|---|---|---|
| 项 目 名 称 | | | | 管道 | |
| | | | | 面漆 | |
| | | | | 第一遍 | 增一遍 |
| 基 价（元） | | | | 32.64 | 32.64 |
| 其中 | 人 工 费（元） | | | 27.02 | 27.02 |
| | 材 料 费（元） | | | 5.62 | 5.62 |
| | 机 械 费（元） | | | — | — |
| 名 称 | | 单位 | 单价（元） | 消 耗 量 | |
| 人工 | 综合工日 | 工日 | 140.00 | 0.193 | 0.193 |
| 材料 | TO树脂面漆 | kg | — | (1.500) | (1.500) |
| | TO固化剂 | kg | 23.93 | 0.150 | 0.150 |
| | 电 | kW·h | 0.68 | 1.030 | 1.030 |
| | 动力苯 | kg | 2.74 | 0.230 | 0.230 |
| | 氧化铁红 | kg | 4.38 | 0.150 | 0.150 |
| | 其他材料费 | 元 | 1.00 | 0.047 | 0.047 |

287

工作内容：运料、表面清洗、搅拌、配置、涂刷。 计量单位：100kg

| 定 额 编 号 | | | | A11-3-378 | A11-3-379 |
|---|---|---|---|---|---|
| 项 目 名 称 | | | | 一般钢结构 | |
| | | | | 底漆 | |
| | | | | 第一遍 | 增一遍 |
| 基 价（元） | | | | 26.09 | 24.62 |
| 其中 | 人 工 费（元） | | | 17.36 | 16.66 |
| | 材 料 费（元） | | | 3.94 | 3.17 |
| | 机 械 费（元） | | | 4.79 | 4.79 |
| 名 称 | | 单位 | 单价（元） | 消 耗 量 | |
| 人工 | 综合工日 | 工日 | 140.00 | 0.124 | 0.119 |
| 材料 | TO树脂底漆 | kg | — | (1.000) | (0.860) |
| | TO固化剂 | kg | 23.93 | 0.100 | 0.090 |
| | 电 | kW·h | 0.68 | 1.020 | 0.340 |
| | 动力苯 | kg | 2.74 | 0.140 | 0.130 |
| | 氧化铁红 | kg | 4.38 | 0.100 | 0.090 |
| | 其他材料费 | 元 | 1.00 | 0.036 | 0.033 |
| 机械 | 汽车式起重机 16t | 台班 | 958.70 | 0.005 | 0.005 |

工作内容：运料、表面清洗、搅拌、配置、涂刷。                           计量单位：100kg

| 定 额 编 号 | | | | | A11-3-380 | A11-3-381 |
|---|---|---|---|---|---|---|
| 项 目 名 称 | | | | | 一般钢结构 | |
| | | | | | 面漆 | |
| | | | | | 第一遍 | 增一遍 |
| 基 价（元） | | | | | 19.83 | 19.83 |
| 其中 | 人 工 费（元） | | | | 16.66 | 16.66 |
| | 材 料 费（元） | | | | 3.17 | 3.17 |
| | 机 械 费（元） | | | | — | — |
| 名 称 | | 单位 | 单价（元） | | 消 耗 量 | |
| 人工 | 综合工日 | 工日 | 140.00 | | 0.119 | 0.119 |
| 材料 | TO树脂面漆 | kg | — | | (0.860) | (0.860) |
| | TO固化剂 | kg | 23.93 | | 0.090 | 0.090 |
| | 电 | kW·h | 0.68 | | 0.340 | 0.340 |
| | 动力苯 | kg | 2.74 | | 0.130 | 0.130 |
| | 氧化铁红 | kg | 4.38 | | 0.090 | 0.090 |
| | 其他材料费 | 元 | 1.00 | | 0.033 | 0.033 |

工作内容：运料、表面清洗、搅拌、配置、涂刷。 计量单位：10m²

| 定 额 编 号 | | | | A11-3-382 | A11-3-383 |
|---|---|---|---|---|---|
| 项 目 名 称 | | | | 大型型钢钢结构 | |
| | | | | 底漆 | |
| | | | | 第一遍 | 增一遍 |
| 基 价（元） | | | | 32.76 | 31.16 |
| 其中 | 人 工 费（元） | | | 21.00 | 20.30 |
| | 材 料 费（元） | | | 6.34 | 5.44 |
| | 机 械 费（元） | | | 5.42 | 5.42 |
| 名 称 | | 单位 | 单价（元） | 消 耗 量 | |
| 人工 | 综合工日 | 工日 | 140.00 | 0.150 | 0.145 |
| 材料 | TO树脂底漆 | kg | — | (1.584) | (1.392) |
| | TO固化剂 | kg | 23.93 | 0.160 | 0.144 |
| | 电 | kW·h | 0.68 | 1.640 | 1.090 |
| | 动力苯 | kg | 2.74 | 0.232 | 0.208 |
| | 氧化铁红 | kg | 4.38 | 0.160 | 0.144 |
| | 其他材料费 | 元 | 1.00 | 0.058 | 0.053 |
| 机械 | 汽车式起重机 25t | 台班 | 1084.16 | 0.005 | 0.005 |

工作内容：运料、表面清洗、搅拌、配置、涂刷。 计量单位：10m²

| 定 额 编 号 | | | | | A11-3-384 | A11-3-385 |
|---|---|---|---|---|---|---|
| 项 目 名 称 | | | | | 大型型钢钢结构 | |
| | | | | | 面漆 | |
| | | | | | 第一遍 | 增一遍 |
| 基 价（元） | | | | | 25.74 | 25.74 |
| 其中 | 人 工 费（元） | | | | 20.30 | 20.30 |
| | 材 料 费（元） | | | | 5.44 | 5.44 |
| | 机 械 费（元） | | | | — | — |
| | 名 称 | 单位 | 单价（元） | | 消 耗 量 | |
| 人工 | 综合工日 | 工日 | 140.00 | | 0.145 | 0.145 |
| 材料 | TO树脂面漆 | kg | — | | (1.392) | (1.392) |
| | TO固化剂 | kg | 23.93 | | 0.144 | 0.144 |
| | 电 | kW·h | 0.68 | | 1.090 | 1.090 |
| | 动力苯 | kg | 2.74 | | 0.208 | 0.208 |
| | 氧化铁红 | kg | 4.38 | | 0.144 | 0.144 |
| | 其他材料费 | 元 | 1.00 | | 0.053 | 0.053 |

291

工作内容：运料、表面清洗、搅拌、配置、涂刷。 计量单位：100kg

| 定 额 编 号 | | | | | A11-3-386 | A11-3-387 |
|---|---|---|---|---|---|---|
| 项 目 名 称 | | | | | 管廊钢结构 | |
| | | | | | 底漆 | |
| | | | | | 第一遍 | 增一遍 |
| 基 价 （元） | | | | | **19.64** | **18.43** |
| 其中 | 人 工 费 （元） | | | | 12.04 | 11.48 |
| | 材 料 费 （元） | | | | 2.81 | 2.16 |
| | 机 械 费 （元） | | | | 4.79 | 4.79 |
| 名 称 | | 单位 | 单价（元） | | 消 耗 量 | |
| 人工 | 综合工日 | 工日 | 140.00 | | 0.086 | 0.082 |
| 材料 | TO树脂底漆 | kg | — | | (0.621) | (0.553) |
| | TO固化剂 | kg | 23.93 | | 0.068 | 0.060 |
| | 电 | kW·h | 0.68 | | 0.890 | 0.310 |
| | 动力苯 | kg | 2.74 | | 0.094 | 0.085 |
| | 氧化铁红 | kg | 4.38 | | 0.068 | 0.060 |
| | 其他材料费 | 元 | 1.00 | | 0.025 | 0.021 |
| 机械 | 汽车式起重机 16t | 台班 | 958.70 | | 0.005 | 0.005 |

工作内容：运料、表面清洗、搅拌、配置、涂刷。 　　　　　　　　　　　　　　　　　　　　计量单位：100kg

| 定　额　编　号 | | | | | A11-3-388 | A11-3-389 |
|---|---|---|---|---|---|---|
| 项　目　名　称 | | | | | 管廊钢结构 | |
| | | | | | 面漆 | |
| | | | | | 第一遍 | 增一遍 |
| 基　　　　价（元） | | | | | 13.64 | 13.64 |
| 其中 | 人　工　费（元） | | | | 11.48 | 11.48 |
| | 材　料　费（元） | | | | 2.16 | 2.16 |
| | 机　械　费（元） | | | | — | — |
| 名　　　称 | | 单位 | 单价（元） | | 消　　耗　　量 | |
| 人工 | 综合工日 | 工日 | 140.00 | | 0.082 | 0.082 |
| 材料 | T0树脂面漆 | kg | — | | (0.553) | (0.553) |
| | T0固化剂 | kg | 23.93 | | 0.060 | 0.060 |
| | 电 | kW·h | 0.68 | | 0.310 | 0.310 |
| | 动力苯 | kg | 2.74 | | 0.085 | 0.085 |
| | 氧化铁红 | kg | 4.38 | | 0.060 | 0.060 |
| | 其他材料费 | 元 | 1.00 | | 0.021 | 0.021 |

# 三十三、防静电涂料

工作内容：运料、表面清洗、搅拌、配置、涂刷。 计量单位：10m²

| 定　额　编　号 | | | | A11-3-390 | A11-3-391 |
|---|---|---|---|---|---|
| 项　目　名　称 | | | | 金属油罐内壁 | |
| | | | | 底漆 | |
| | | | | 两遍 | 增一遍 |
| 基　　　　　价（元） | | | | 89.47 | 47.43 |
| 其中 | 人　工　费（元） | | | 41.44 | 22.26 |
| | 材　料　费（元） | | | 16.71 | 6.70 |
| | 机　械　费（元） | | | 31.32 | 18.47 |
| 名　　称 | | 单位 | 单价（元） | 消　耗　量 | |
| 人工 | 综合工日 | 工日 | 140.00 | 0.296 | 0.159 |
| 材料 | HFL-1型耐油防静电底漆 | kg | — | (0.842) | (0.416) |
| | 锌粉 | kg | — | (1.945) | (0.967) |
| | 电 | kW·h | 0.68 | 1.700 | 1.030 |
| | 防静电涂料固化剂 | kg | 23.66 | 0.281 | 0.146 |
| | 破布 | kg | 6.32 | 0.200 | — |
| | 溶剂汽油 200号 | kg | 5.64 | 0.450 | — |
| | 铁砂布 | 张 | 0.85 | 6.000 | 3.000 |
| 机械 | 轴流通风机 7.5kW | 台班 | 40.15 | 0.780 | 0.460 |

294

工作内容：运料、表面清洗、搅拌、配置、涂刷。 计量单位：10m²

| 定 额 编 号 | | | | | A11-3-392 | A11-3-393 |
|---|---|---|---|---|---|---|
| 项 目 名 称 | | | | | 金属油罐内壁 | |
| | | | | | 面漆 | |
| | | | | | 两遍 | 增一遍 |
| 基 价（元） | | | | | **78.42** | **39.20** |
| 其中 | 人 工 费（元） | | | | 29.12 | 14.70 |
| | 材 料 费（元） | | | | 20.39 | 10.05 |
| | 机 械 费（元） | | | | 28.91 | 14.45 |
| 名 称 | | 单位 | 单价（元） | | 消 耗 量 | |
| 人工 | 综合工日 | 工日 | 140.00 | | 0.208 | 0.105 |
| 材料 | HFL-1型耐油防静电面漆 | kg | — | | (3.318) | (1.581) |
| | 电 | kW·h | 0.68 | | 1.030 | 1.030 |
| | 防静电涂料固化剂 | kg | 23.66 | | 0.832 | 0.395 |
| 机械 | 轴流通风机 7.5kW | 台班 | 40.15 | | 0.720 | 0.360 |

# 三十四、涂层聚合一次

工作内容：安装拆卸灯、调节、检查。

计量单位：10m²

| 定 额 编 号 | | | | | A11-3-394 | A11-3-395 |
|---|---|---|---|---|---|---|
| 项 目 名 称 | | | | | 蒸汽设备 | 蒸汽管道 |
| 基 价（元） | | | | | 2898.66 | 1748.60 |
| 其中 | 人 工 费（元） | | | | 374.50 | 228.62 |
| | 材 料 费（元） | | | | 2524.16 | 1519.98 |
| | 机 械 费（元） | | | | — | — |
| 名 称 | | 单位 | 单价（元） | | 消 耗 量 | |
| 人工 | 综合工日 | 工日 | 140.00 | | 2.675 | 1.633 |
| 材料 | 蒸汽 | t | 182.91 | | 13.800 | 8.310 |

工作内容：安装拆卸灯、调节、检查。 计量单位：100kg

| 定 额 编 号 | | | | A11-3-396 | |
|---|---|---|---|---|---|
| 项 目 名 称 | | | | 蒸汽支架 | |
| 基 价（元） | | | | 691.08 | |
| 其中 | 人 工 费（元） | | | 91.14 | |
| | 材 料 费（元） | | | 599.94 | |
| | 机 械 费（元） | | | — | |
| 名 称 | | 单位 | 单价（元） | 消 耗 量 | |
| 人工 | 综合工日 | 工日 | 140.00 | 0.651 | |
| 材料 | 蒸汽 | t | 182.91 | 3.280 | |

工作内容：安装拆卸灯、调节、检查。

计量单位：10m²

| 定　额　编　号 | | | | A11-3-397 | A11-3-398 |
|---|---|---|---|---|---|
| 项　目　名　称 | | | | 红外线设备 | 红外线管道 |
| 基　　价（元） | | | | 131.16 | 118.42 |
| 其中 | 人　工　费（元） | | | 128.52 | 115.78 |
| | 材　料　费（元） | | | 0.64 | 0.64 |
| | 机　械　费（元） | | | 2.00 | 2.00 |
| 名　　称 | | 单位 | 单价(元) | 消　耗　　量 | |
| 人工 | 综合工日 | 工日 | 140.00 | 0.918 | 0.827 |
| 材料 | 红外线灯泡 220V 1000W | 个 | 10.26 | 0.020 | 0.020 |
| | 其他材料费 | 元 | 1.00 | 0.430 | 0.430 |
| 机械 | 远红外线调压器 | 台班 | 11.09 | 0.180 | 0.180 |

298

工作内容：安装拆卸灯、调节、检查。

计量单位：100kg

| 定　额　编　号 | | | | | A11-3-399 |
|---|---|---|---|---|---|
| 项　目　名　称 | | | | | 红外线支架 |
| 基　　价（元） | | | | | **70.22** |
| 其中 | 人　工　费（元） | | | | 67.90 |
| | 材　料　费（元） | | | | 0.32 |
| | 机　械　费（元） | | | | 2.00 |
| 名　　称 | | 单位 | 单价(元) | 消　　耗　　量 | |
| 人工 | 综合工日 | 工日 | 140.00 | 0.485 | |
| 材料 | 红外线灯泡 220V 1000W | 个 | 10.26 | 0.010 | |
| | 其他材料费 | 元 | 1.00 | 0.215 | |
| 机械 | 远红外线调压器 | 台班 | 11.09 | 0.180 | |

# 第四章 绝热工程

第四章 涂装工艺

# 说　　明

一、本章内容包括设备、管道、通风管道的绝热工程。

二、关于下列各项费用的规定。

1. 镀锌铁皮保护层厚度按 0.8mm 以下综合考虑，若厚度大于 0.8mm 时，其人工乘以系数 1.2。

2. 铝皮保护层执行镀锌铁皮保护层安装项目，主材可以换算，若厚度大于 1mm 时，其人工乘以系数 1.2。

3. 采用不锈钢薄板作保护层，执行金属保护层相应项目，其人工乘以系数 1.25，钻头消耗量乘以系数 2.0，机械乘以系数 1.15。

4. 管道绝热均按现场安装后绝热施工考虑，若先绝热后安装时，其人工乘以系数 0.9。

三、有关说明：

1. 伴热管道、设备绝热工程量计算方法是：主绝热管道或设备的直径加伴热管道的直径、再加 10～20mm 的间隙作为计算的直径，即：$D=D_主+d_伴+（10～20mm）$。

2. 管道绝热工程，除法兰、阀门单独套用定额外，其他管件均已考虑在内；设备绝热工程，除法兰、人孔单独套用定额外，其封头已考虑在内。

3. 聚氨脂泡沫塑料安装子目执行泡沫塑料相应子目。

4. 保温卷材安装执行相同材质的板材安装项目，其人工、铁线消耗量不变，但卷材用量损耗率按 3.1% 考虑。

5. 复合成品材料安装执行相同材质瓦块（或管壳）安装项目。复合材料分别安装时应按分层计算。

6. 根据绝热工程施工及验收技术规范，保温层厚度大于 100mm，保冷层厚度大于 75mm 时，若分为两层安装的，其工程量可按两层计算并分别套用定额子目，如厚 140mm 的要两层，分别为 60mm 和 80mm 该两层分别计算工程量，套用定额时，按单层 60mm 和 80mm 分别套用定额子目。

7. 聚氨酯泡沫塑料发泡安装，是按无模具直喷施工考虑的。若采用有模具浇注安装，其模具（制作安装）费另行计算；由于批量不同，相差悬殊的，可另行协商，分次数摊销。发泡效果受环境温度条件影响较大，因此本定额以成品 m³ 计算，环境温度低于 15℃ 应采用措施，其费用另计。

# 一、硬质瓦块安装

工作内容：运料、割料、安装、捆扎、修理整平、抹缝(或塞缝)。　　　　计量单位：m³

| 定　额　编　号 | | | | A11-4-1 | A11-4-2 | A11-4-3 | A11-4-4 |
|---|---|---|---|---|---|---|---|
| 项　目　名　称 | | | | 管道DN50以下(厚度) | | | |
| | | | | 40mm | 60mm | 80mm | 100mm |
| 基　　　　价（元） | | | | 434.31 | 335.04 | 261.40 | 210.64 |
| 其中 | 人　工　费（元） | | | 360.64 | 262.08 | 188.44 | 137.20 |
| | 材　料　费（元） | | | 49.24 | 48.53 | 48.53 | 49.01 |
| | 机　械　费（元） | | | 24.43 | 24.43 | 24.43 | 24.43 |
| 名　　　　称 | 单位 | 单价（元） | | 消　　耗　　　量 | | | |
| 人工 | 综合工日 | 工日 | 140.00 | 2.576 | 1.872 | 1.346 | 0.980 |
| 材料 | 硬质瓦块 | m³ | — | (1.060) | (1.060) | (1.060) | (1.060) |
| | 镀锌铁丝 φ2.5～1.4 | kg | 3.57 | 4.500 | 4.300 | 4.300 | 4.300 |
| | 硅藻土粉生料 | kg | 0.62 | 40.300 | 40.300 | 40.300 | 40.300 |
| | 石棉灰 4级 | kg | 0.43 | 17.200 | 17.200 | 17.200 | 17.200 |
| | 水 | t | 7.96 | 0.100 | 0.100 | 0.100 | 0.160 |
| 机械 | 电动单筒慢速卷扬机 10kN | 台班 | 203.56 | 0.120 | 0.120 | 0.120 | 0.120 |

注：适用于珍珠岩、蛭石、微孔硅酸钙等。

工作内容：运料、割料、安装、捆扎、修理整平、抹缝(或塞缝)。　　　　　　　　计量单位：m³

| 定　额　编　号 | | | | A11-4-5 | A11-4-6 | A11-4-7 | A11-4-8 |
|---|---|---|---|---|---|---|---|
| 项　目　名　称 | | | | 管道DN125以下(厚度) | | | |
| | | | | 40mm | 60mm | 80mm | 100mm |
| 基　　　　价（元） | | | | 249.20 | 195.68 | 167.82 | 137.44 |
| 其中 | 人　工　费（元） | | | 180.88 | 127.40 | 99.54 | 69.16 |
| | 材　料　费（元） | | | 43.89 | 43.85 | 43.85 | 43.85 |
| | 机　械　费（元） | | | 24.43 | 24.43 | 24.43 | 24.43 |
| 名　　称 | | 单位 | 单价(元) | 消　　耗　　量 | | | |
| 人工 | 综合工日 | 工日 | 140.00 | 1.292 | 0.910 | 0.711 | 0.494 |
| 材料 | 硬质瓦块 | m³ | — | (1.060) | (1.060) | (1.060) | (1.060) |
| | 镀锌铁丝　φ2.5~1.4 | kg | 3.57 | 3.000 | 2.990 | 2.990 | 2.990 |
| | 硅藻土粉生料 | kg | 0.62 | 40.300 | 40.300 | 40.300 | 40.300 |
| | 石棉灰　4级 | kg | 0.43 | 17.200 | 17.200 | 17.200 | 17.200 |
| | 水 | t | 7.96 | 0.100 | 0.100 | 0.100 | 0.100 |
| 机械 | 电动单筒慢速卷扬机　10kN | 台班 | 203.56 | 0.120 | 0.120 | 0.120 | 0.120 |

工作内容：运料、割料、安装、捆扎、修理整平、抹缝(或塞缝)。 计量单位：m³

| 定 额 编 号 | | | A11-4-9 | A11-4-10 | A11-4-11 | A11-4-12 |
|---|---|---|---|---|---|---|
| 项 目 名 称 | | | 管道DN300以下(厚度) | | | |
| | | | 40mm | 60mm | 80mm | 100mm |
| 基 价（元） | | | 228.87 | 186.59 | 155.09 | 130.17 |
| 其中 | 人 工 费（元） | | 160.02 | 117.74 | 86.24 | 61.32 |
| | 材 料 费（元） | | 44.42 | 44.42 | 44.42 | 44.42 |
| | 机 械 费（元） | | 24.43 | 24.43 | 24.43 | 24.43 |
| 名 称 | 单位 | 单价(元) | 消 耗 量 | | | |
| 人工 | 综合工日 | 工日 | 140.00 | 1.143 | 0.841 | 0.616 | 0.438 |
| 材料 | 硬质瓦块 | m³ | — | (1.060) | (1.060) | (1.060) | (1.060) |
| | 镀锌铁丝 φ2.5～1.4 | kg | 3.57 | 3.150 | 3.150 | 3.150 | 3.150 |
| | 硅藻土粉生料 | kg | 0.62 | 40.300 | 40.300 | 40.300 | 40.300 |
| | 石棉灰 4级 | kg | 0.43 | 17.200 | 17.200 | 17.200 | 17.200 |
| | 水 | t | 7.96 | 0.100 | 0.100 | 0.100 | 0.100 |
| 机械 | 电动单筒慢速卷扬机 10kN | 台班 | 203.56 | 0.120 | 0.120 | 0.120 | 0.120 |

工作内容：运料、割料、安装、捆扎、修理整平、抹缝(或塞缝)。 计量单位：㎥

| 定 额 编 号 | | | | A11-4-13 | A11-4-14 | A11-4-15 | A11-4-16 |
|---|---|---|---|---|---|---|---|
| 项 目 名 称 | | | | 管道DN500以下(厚度) | | | |
| | | | | 40mm | 60mm | 80mm | 100mm |
| 基 价（元） | | | | 213.47 | 174.97 | 146.41 | 125.55 |
| 其中 | 人 工 费（元） | | | 144.76 | 106.26 | 77.70 | 56.84 |
| | 材 料 费（元） | | | 44.28 | 44.28 | 44.28 | 44.28 |
| | 机 械 费（元） | | | 24.43 | 24.43 | 24.43 | 24.43 |
| 名 称 | | 单位 | 单价(元) | 消 耗 量 | | | |
| 人工 | 综合工日 | 工日 | 140.00 | 1.034 | 0.759 | 0.555 | 0.406 |
| 材料 | 硬质瓦块 | ㎥ | — | (1.060) | (1.060) | (1.060) | (1.060) |
| | 镀锌铁丝 φ2.5～1.4 | kg | 3.57 | 3.110 | 3.110 | 3.110 | 3.110 |
| | 硅藻土粉生料 | kg | 0.62 | 40.300 | 40.300 | 40.300 | 40.300 |
| | 石棉灰 4级 | kg | 0.43 | 17.200 | 17.200 | 17.200 | 17.200 |
| | 水 | t | 7.96 | 0.100 | 0.100 | 0.100 | 0.100 |
| 机械 | 电动单筒慢速卷扬机 10kN | 台班 | 203.56 | 0.120 | 0.120 | 0.120 | 0.120 |

工作内容：运料、割料、安装、捆扎、修理整平、抹缝(或塞缝)。 计量单位：m³

| 定 额 编 号 | | | | A11-4-17 | A11-4-18 | A11-4-19 | A11-4-20 |
|---|---|---|---|---|---|---|---|
| 项 目 名 称 | | | | 管道DN700以下(厚度) | | | |
| | | | | 40mm | 60mm | 80mm | 100mm |
| 基 价 （元） | | | | 200.14 | 165.84 | 140.36 | 120.34 |
| 其中 | 人 工 费（元） | | | 131.46 | 97.16 | 71.68 | 51.66 |
| | 材 料 费（元） | | | 44.25 | 44.25 | 44.25 | 44.25 |
| | 机 械 费（元） | | | 24.43 | 24.43 | 24.43 | 24.43 |
| 名 称 | | 单位 | 单价（元） | 消 耗 量 | | | |
| 人工 | 综合工日 | 工日 | 140.00 | 0.939 | 0.694 | 0.512 | 0.369 |
| 材料 | 硬质瓦块 | m³ | — | (1.060) | (1.060) | (1.060) | (1.060) |
| | 镀锌铁丝 φ2.5~1.4 | kg | 3.57 | 3.100 | 3.100 | 3.100 | 3.100 |
| | 硅藻土粉生料 | kg | 0.62 | 40.300 | 40.300 | 40.300 | 40.300 |
| | 石棉灰 4级 | kg | 0.43 | 17.200 | 17.200 | 17.200 | 17.200 |
| | 水 | t | 7.96 | 0.100 | 0.100 | 0.100 | 0.100 |
| 机械 | 电动单筒慢速卷扬机 10kN | 台班 | 203.56 | 0.120 | 0.120 | 0.120 | 0.120 |

309

工作内容：运料、割料、安装、捆扎、修理整平、抹缝(或塞缝)。　　　　　　　　　　　　　　　　　计量单位：m³

| 定 额 编 号 | | | A11-4-21 | A11-4-22 | A11-4-23 | A11-4-24 |
|---|---|---|---|---|---|---|
| 项 目 名 称 | | | 立式设备(厚度) | | | |
| | | | 40mm | 60mm | 80mm | 100mm |
| 基 价（元） | | | 287.42 | 232.12 | 198.52 | 175.42 |
| 其中 | 人 工 费（元） | | 210.56 | 155.26 | 121.66 | 98.56 |
| | 材 料 费（元） | | 52.43 | 52.43 | 52.43 | 52.43 |
| | 机 械 费（元） | | 24.43 | 24.43 | 24.43 | 24.43 |
| 名 称 | 单位 | 单价(元) | 消 耗 量 | | | |
| 人工 | 综合工日 | 工日 | 140.00 | 1.504 | 1.109 | 0.869 | 0.704 |
| 材料 | 硬质瓦块 | m³ | — | (1.060) | (1.060) | (1.060) | (1.060) |
| | 镀锌铁丝 φ2.5～1.4 | kg | 3.57 | 6.800 | 6.800 | 6.800 | 6.800 |
| | 硅藻土粉生料 | kg | 0.62 | 34.000 | 34.000 | 34.000 | 34.000 |
| | 石棉灰 4级 | kg | 0.43 | 14.600 | 14.600 | 14.600 | 14.600 |
| | 水 | t | 7.96 | 0.100 | 0.100 | 0.100 | 0.100 |
| 机械 | 电动单筒慢速卷扬机 10kN | 台班 | 203.56 | 0.120 | 0.120 | 0.120 | 0.120 |

工作内容：运料、割料、安装、捆扎、修理整平、抹缝(或塞缝)。　　　　　　　　　　　计量单位：m³

| 定　额　编　号 | | | | A11-4-25 | A11-4-26 | A11-4-27 | A11-4-28 |
|---|---|---|---|---|---|---|---|
| 项　目　名　称 | | | | 卧式设备(厚度) | | | |
| | | | | 40mm | 60mm | 80mm | 100mm |
| 基　　　价（元） | | | | 340.28 | 271.26 | 229.26 | 200.28 |
| 其中 | 人　工　费（元） | | | 263.06 | 194.04 | 152.04 | 123.06 |
| | 材　料　费（元） | | | 52.79 | 52.79 | 52.79 | 52.79 |
| | 机　械　费（元） | | | 24.43 | 24.43 | 24.43 | 24.43 |
| 名　　　称 | | 单位 | 单价（元） | 消　　耗　　量 | | | |
| 人工 | 综合工日 | 工日 | 140.00 | 1.879 | 1.386 | 1.086 | 0.879 |
| 材料 | 硬质瓦块 | m³ | — | (1.060) | (1.060) | (1.060) | (1.060) |
| | 镀锌铁丝　φ2.5～1.4 | kg | 3.57 | 6.900 | 6.900 | 6.900 | 6.900 |
| | 硅藻土粉生料 | kg | 0.62 | 34.000 | 34.000 | 34.000 | 34.000 |
| | 石棉灰 4级 | kg | 0.43 | 14.600 | 14.600 | 14.600 | 14.600 |
| | 水 | t | 7.96 | 0.100 | 0.100 | 0.100 | 0.100 |
| 机械 | 电动单筒慢速卷扬机 10kN | 台班 | 203.56 | 0.120 | 0.120 | 0.120 | 0.120 |

工作内容：运料、割料、安装、捆扎、修理整平、抹缝(或塞缝)。　　　　　　　　　　　计量单位：m³

| 定　额　编　号 | | | A11-4-29 | A11-4-30 | A11-4-31 | A11-4-32 |
|---|---|---|---|---|---|---|
| 项　目　名　称 | | | 球形设备(厚度) | | | |
| | | | 40mm | 60mm | 80mm | 100mm |
| 基　　价（元） | | | 407.15 | 320.77 | 268.55 | 232.15 |
| 其中 | 人　工　费（元） | | 328.86 | 242.48 | 190.26 | 153.86 |
| | 材　料　费（元） | | 53.86 | 53.86 | 53.86 | 53.86 |
| | 机　械　费（元） | | 24.43 | 24.43 | 24.43 | 24.43 |
| 名　　称 | 单位 | 单价(元) | 消　　耗　　量 | | | |
| 人工 | 综合工日 | 工日 | 140.00 | 2.349 | 1.732 | 1.359 | 1.099 |
| 材料 | 硬质瓦块 | m³ | — | (1.060) | (1.060) | (1.060) | (1.060) |
| | 镀锌铁丝 φ2.5～1.4 | kg | 3.57 | 7.200 | 7.200 | 7.200 | 7.200 |
| | 硅藻土粉生料 | kg | 0.62 | 34.000 | 34.000 | 34.000 | 34.000 |
| | 石棉灰 4级 | kg | 0.43 | 14.600 | 14.600 | 14.600 | 14.600 |
| | 水 | t | 7.96 | 0.100 | 0.100 | 0.100 | 0.100 |
| 机械 | 电动单筒慢速卷扬机 10kN | 台班 | 203.56 | 0.120 | 0.120 | 0.120 | 0.120 |

312

# 二、泡沫玻璃瓦块安装

工作内容：运料、割料、粘接、安装、捆扎、抹缝、修理找平。　　　　　　　　计量单位：m³

| 定　额　编　号 | | | A11-4-33 | A11-4-34 | A11-4-35 | A11-4-36 |
|---|---|---|---|---|---|---|
| 项　目　名　称 | | | 管道DN50以下（厚度） | | | |
| | | | 40mm | 60mm | 80mm | 100mm |
| 基　　　　　价（元） | | | 713.41 | 518.11 | 378.47 | 313.46 |
| 其中 | 人　工　费（元） | | 573.30 | 416.92 | 292.04 | 236.18 |
| | 材　料　费（元） | | 115.68 | 76.76 | 62.00 | 52.85 |
| | 机　械　费（元） | | 24.43 | 24.43 | 24.43 | 24.43 |
| 名　　　　　称 | 单位 | 单价（元） | 消　　耗　　量 | | | |
| 人工 | 综合工日 | 工日 | 140.00 | 4.095 | 2.978 | 2.086 | 1.687 |
| 材料 | 泡沫玻璃瓦块 | m³ | — | (1.060) | (1.060) | (1.060) | (1.060) |
| | 镀锌铁丝 φ2.5～1.4 | kg | 3.57 | 4.500 | 4.500 | 4.500 | 4.500 |
| | 胶粘剂 | kg | 2.20 | 45.280 | 27.590 | 20.880 | 16.720 |
| 机械 | 电动单筒慢速卷扬机 10kN | 台班 | 203.56 | 0.120 | 0.120 | 0.120 | 0.120 |

工作内容：运料、割料、粘接、安装、捆扎、抹缝、修理找平。 计量单位：m³

| 定 额 编 号 | | | A11-4-37 | A11-4-38 | A11-4-39 | A11-4-40 |
|---|---|---|---|---|---|---|
| 项 目 名 称 | | | 管道DN125以下（厚度） | | | |
| | | | 40mm | 60mm | 80mm | 100mm |
| 基 价（元） | | | 508.78 | 371.67 | 279.81 | 212.90 |
| 其中 | 人 工 费（元） | | 383.88 | 278.74 | 201.60 | 143.22 |
| | 材 料 费（元） | | 100.47 | 68.50 | 53.78 | 45.25 |
| | 机 械 费（元） | | 24.43 | 24.43 | 24.43 | 24.43 |
| 名 称 | 单位 | 单价（元） | 消 耗 量 | | | |
| 人工 | 综合工日 | 工日 | 140.00 | 2.742 | 1.991 | 1.440 | 1.023 |
| 材料 | 泡沫玻璃瓦块 | m³ | — | (1.060) | (1.060) | (1.060) | (1.060) |
| | 镀锌铁丝 Φ2.5～1.4 | kg | 3.57 | 2.950 | 2.950 | 2.950 | 2.950 |
| | 胶粘剂 | kg | 2.20 | 40.880 | 26.350 | 19.660 | 15.780 |
| 机械 | 电动单筒慢速卷扬机 10kN | 台班 | 203.56 | 0.120 | 0.120 | 0.120 | 0.120 |

工作内容：运料、割料、粘接、安装、捆扎、抹缝、修理找平。 计量单位：m³

| 定 额 编 号 | | | | A11-4-41 | A11-4-42 | A11-4-43 | A11-4-44 |
|---|---|---|---|---|---|---|---|
| 项 目 名 称 | | | | 管道DN300以下（厚度） | | | |
| | | | | 40mm | 60mm | 80mm | 100mm |
| 基 价（元） | | | | 461.21 | 336.14 | 255.85 | 195.15 |
| 其中 | 人 工 费（元） | | | 338.10 | 246.82 | 178.78 | 126.42 |
| | 材 料 费（元） | | | 98.68 | 64.89 | 52.64 | 44.30 |
| | 机 械 费（元） | | | 24.43 | 24.43 | 24.43 | 24.43 |
| 名 称 | | 单位 | 单价（元） | 消 耗 量 | | | |
| 人工 | 综合工日 | 工日 | 140.00 | 2.415 | 1.763 | 1.277 | 0.903 |
| 材料 | 泡沫玻璃瓦块 | m³ | — | (1.060) | (1.060) | (1.060) | (1.060) |
| | 镀锌铁丝 φ2.5～1.4 | kg | 3.57 | 3.110 | 3.110 | 3.110 | 3.110 |
| | 胶粘剂 | kg | 2.20 | 39.810 | 24.450 | 18.880 | 15.090 |
| 机械 | 电动单筒慢速卷扬机 10kN | 台班 | 203.56 | 0.120 | 0.120 | 0.120 | 0.120 |

工作内容：运料、割料、粘接、安装、捆扎、抹缝、修理找平。 计量单位：m³

| 定 额 编 号 | | | | A11-4-45 | A11-4-46 | A11-4-47 | A11-4-48 |
|---|---|---|---|---|---|---|---|
| 项 目 名 称 | | | | 管道DN500以下(厚度) | | | |
| | | | | 40mm | 60mm | 80mm | 100mm |
| 基 价 （元） | | | | 428.12 | 313.90 | 248.69 | 182.36 |
| 其中 | 人 工 费 （元） | | | 305.76 | 223.02 | 172.20 | 114.10 |
| | 材 料 费 （元） | | | 97.93 | 66.45 | 52.06 | 43.83 |
| | 机 械 费 （元） | | | 24.43 | 24.43 | 24.43 | 24.43 |
| 名 称 | | 单位 | 单价（元） | 消 耗 量 | | | |
| 人工 | 综合工日 | 工日 | 140.00 | 2.184 | 1.593 | 1.230 | 0.815 |
| 材料 | 泡沫玻璃瓦块 | m³ | — | (1.060) | (1.060) | (1.060) | (1.060) |
| | 镀锌铁丝 φ2.5～1.4 | kg | 3.57 | 3.250 | 3.250 | 3.250 | 3.250 |
| | 胶粘剂 | kg | 2.20 | 39.240 | 24.930 | 18.390 | 14.650 |
| 机械 | 电动单筒慢速卷扬机 10kN | 台班 | 203.56 | 0.120 | 0.120 | 0.120 | 0.120 |

工作内容：运料、割料、粘接、安装、捆扎、抹缝、修理找平。　　　　　　　　　　计量单位：m³

| 定　额　编　号 | | | | A11-4-49 | A11-4-50 | A11-4-51 | A11-4-52 |
|---|---|---|---|---|---|---|---|
| 项　目　名　称 | | | | 管道DN700以下(厚度) | | | |
| | | | | 40mm | 60mm | 80mm | 100mm |
| 基　　　价（元） | | | | 337.33 | 251.26 | 195.18 | 159.93 |
| 其中 | 人　工　费（元） | | | 207.20 | 152.04 | 110.04 | 82.88 |
| | 材　料　费（元） | | | 105.70 | 74.79 | 60.71 | 52.62 |
| | 机　械　费（元） | | | 24.43 | 24.43 | 24.43 | 24.43 |
| 名　　称 | | 单位 | 单价（元） | 消　　耗　　量 | | | |
| 人工 | 综合工日 | 工日 | 140.00 | 1.480 | 1.086 | 0.786 | 0.592 |
| 材料 | 泡沫玻璃瓦块 | m³ | — | (1.060) | (1.060) | (1.060) | (1.060) |
| | 镀锌铁丝 φ2.5～1.4 | kg | 3.57 | 6.000 | 6.000 | 6.000 | 6.000 |
| | 胶粘剂 | kg | 2.20 | 38.310 | 24.260 | 17.860 | 14.180 |
| 机械 | 电动单筒慢速卷扬机 10kN | 台班 | 203.56 | 0.120 | 0.120 | 0.120 | 0.120 |

工作内容：运料、割料、粘接、安装、捆扎、抹缝、修理找平。 计量单位：m³

| 定 额 编 号 | | | | A11-4-53 | A11-4-54 | A11-4-55 | A11-4-56 |
|---|---|---|---|---|---|---|---|
| 项 目 名 称 | | | | 立式设备(厚度) | | | |
| | | | | 40mm | 60mm | 80mm | 100mm |
| 基 价 （元） | | | | 435.11 | 350.27 | 293.99 | 263.61 |
| 其中 | 人 工 费 （元） | | | 332.08 | 247.24 | 190.96 | 160.58 |
| | 材 料 费 （元） | | | 78.60 | 78.60 | 78.60 | 78.60 |
| | 机 械 费 （元） | | | 24.43 | 24.43 | 24.43 | 24.43 |
| 名 称 | | 单位 | 单价(元) | 消 耗 量 | | | |
| 人工 | 综合工日 | 工日 | 140.00 | 2.372 | 1.766 | 1.364 | 1.147 |
| 材料 | 泡沫玻璃瓦块 | m³ | — | (1.060) | (1.060) | (1.060) | (1.060) |
| | 镀锌铁丝 φ2.5～1.4 | kg | 3.57 | 6.610 | 6.610 | 6.610 | 6.610 |
| | 胶粘剂 | kg | 2.20 | 25.000 | 25.000 | 25.000 | 25.000 |
| 机械 | 电动单筒慢速卷扬机 10kN | 台班 | 203.56 | 0.120 | 0.120 | 0.120 | 0.120 |

工作内容：运料、割料、粘接、安装、捆扎、抹缝、修理找平。　　　　　　　　计量单位：m³

| 定　额　编　号 | | | | A11-4-57 | A11-4-58 | A11-4-59 | A11-4-60 |
|---|---|---|---|---|---|---|---|
| 项　目　名　称 | | | | 卧式设备(厚度) | | | |
| | | | | 40mm | 60mm | 80mm | 100mm |
| 基　　　价（元） | | | | 518.97 | 412.29 | 341.31 | 303.23 |
| 其中 | 人　工　费（元） | | | 415.94 | 309.26 | 238.28 | 200.20 |
| | 材　料　费（元） | | | 78.60 | 78.60 | 78.60 | 78.60 |
| | 机　械　费（元） | | | 24.43 | 24.43 | 24.43 | 24.43 |
| 名　　　称 | | 单位 | 单价（元） | 消　　耗　　量 | | | |
| 人工 | 综合工日 | 工日 | 140.00 | 2.971 | 2.209 | 1.702 | 1.430 |
| 材料 | 泡沫玻璃瓦块 | m³ | — | (1.060) | (1.060) | (1.060) | (1.060) |
| | 镀锌铁丝 φ2.5～1.4 | kg | 3.57 | 6.610 | 6.610 | 6.610 | 6.610 |
| | 胶粘剂 | kg | 2.20 | 25.000 | 25.000 | 25.000 | 25.000 |
| 机械 | 电动单筒慢速卷扬机 10kN | 台班 | 203.56 | 0.120 | 0.120 | 0.120 | 0.120 |

工作内容：运料、割料、粘接、安装、捆扎、抹缝、修理找平。 计量单位：m³

| 定 额 编 号 | | | | A11-4-61 | A11-4-62 | A11-4-63 | A11-4-64 |
|---|---|---|---|---|---|---|---|
| 项 目 名 称 | | | | 球形设备(厚度) | | | |
| | | | | 40mm | 60mm | 80mm | 100mm |
| 基 价（元） | | | | 638.80 | 504.26 | 434.12 | 363.98 |
| 其中 | 人 工 费（元） | | | 520.52 | 385.98 | 315.84 | 245.70 |
| | 材 料 费（元） | | | 93.85 | 93.85 | 93.85 | 93.85 |
| | 机 械 费（元） | | | 24.43 | 24.43 | 24.43 | 24.43 |
| 名 称 | | 单位 | 单价(元) | 消 耗 量 | | | |
| 人工 | 综合工日 | 工日 | 140.00 | 3.718 | 2.757 | 2.256 | 1.755 |
| 材料 | 泡沫玻璃瓦块 | m³ | — | (1.060) | (1.060) | (1.060) | (1.060) |
| | 镀锌铁丝 φ2.5～1.4 | kg | 3.57 | 7.800 | 7.800 | 7.800 | 7.800 |
| | 胶粘剂 | kg | 2.20 | 30.000 | 30.000 | 30.000 | 30.000 |
| 机械 | 电动单筒慢速卷扬机 10kN | 台班 | 203.56 | 0.120 | 0.120 | 0.120 | 0.120 |

# 三、纤维类制品安装

工作内容：运料、下料、开口、安装、捆扎、修理找平。　　　　　　　　　　　　计量单位：m³

| 定　额　编　号 | | | | A11-4-65 | A11-4-66 | A11-4-67 | A11-4-68 |
|---|---|---|---|---|---|---|---|
| 项　目　名　称 | | | | 管道DN50以下（厚度） | | | |
| | | | | 40mm | 60mm | 80mm | 100mm |
| 基　　　　　价（元） | | | | 325.62 | 239.80 | 184.92 | 143.20 |
| 其中 | 人　工　费（元） | | | 286.02 | 200.20 | 145.32 | 103.60 |
| | 材　料　费（元） | | | 15.17 | 15.17 | 15.17 | 15.17 |
| | 机　械　费（元） | | | 24.43 | 24.43 | 24.43 | 24.43 |
| 名　　　称 | | 单位 | 单价(元) | 消　　耗　　量 | | | |
| 人工 | 综合工日 | 工日 | 140.00 | 2.043 | 1.430 | 1.038 | 0.740 |
| 材料 | 岩棉管壳 | m³ | — | (1.030) | (1.030) | (1.030) | (1.030) |
| | 镀锌铁丝　φ2.5～1.4 | kg | 3.57 | 4.250 | 4.250 | 4.250 | 4.250 |
| 机械 | 电动单筒慢速卷扬机　10kN | 台班 | 203.56 | 0.120 | 0.120 | 0.120 | 0.120 |

工作内容：运料、下料、开口、安装、捆扎、修理找平。 计量单位：m³

| 定 额 编 号 | | | A11-4-69 | A11-4-70 | A11-4-71 | A11-4-72 |
|---|---|---|---|---|---|---|
| 项 目 名 称 | | | 管道DN125以下（厚度） | | | |
| | | | 40mm | 60mm | 80mm | 100mm |
| 基 价（元） | | | 173.94 | 136.98 | 109.26 | 88.68 |
| 其中 | 人 工 费（元） | | 139.16 | 102.20 | 74.48 | 53.90 |
| | 材 料 费（元） | | 10.35 | 10.35 | 10.35 | 10.35 |
| | 机 械 费（元） | | 24.43 | 24.43 | 24.43 | 24.43 |
| 名 称 | 单位 | 单价（元） | 消 耗 量 | | | |
| 人工 | 综合工日 | 工日 | 140.00 | 0.994 | 0.730 | 0.532 | 0.385 |
| 材料 | 岩棉管壳 | m³ | — | (1.030) | (1.030) | (1.030) | (1.030) |
| | 镀锌铁丝 φ2.5～1.4 | kg | 3.57 | 2.900 | 2.900 | 2.900 | 2.900 |
| 机械 | 电动单筒慢速卷扬机 10kN | 台班 | 203.56 | 0.120 | 0.120 | 0.120 | 0.120 |

工作内容：运料、下料、开口、安装、捆扎、修理找平。 计量单位：m³

| 定 额 编 号 | | | | A11-4-73 | A11-4-74 | A11-4-75 | A11-4-76 |
|---|---|---|---|---|---|---|---|
| 项 目 名 称 | | | | 管道DN300以下(厚度) | | | |
| | | | | 40mm | 60mm | 80mm | 100mm |
| 基 价（元） | | | | 157.81 | 125.89 | 101.53 | 83.05 |
| 其中 | 人 工 费（元） | | | 122.92 | 91.00 | 66.64 | 48.16 |
| | 材 料 费（元） | | | 10.46 | 10.46 | 10.46 | 10.46 |
| | 机 械 费（元） | | | 24.43 | 24.43 | 24.43 | 24.43 |
| 名 称 | | 单位 | 单价（元） | 消 耗 量 | | | |
| 人工 | 综合工日 | 工日 | 140.00 | 0.878 | 0.650 | 0.476 | 0.344 |
| 材料 | 岩棉管壳 | m³ | — | (1.030) | (1.030) | (1.030) | (1.030) |
| | 镀锌铁丝 φ2.5～1.4 | kg | 3.57 | 2.930 | 2.930 | 2.930 | 2.930 |
| 机械 | 电动单筒慢速卷扬机 10kN | 台班 | 203.56 | 0.120 | 0.120 | 0.120 | 0.120 |

工作内容：运料、下料、开口、安装、捆扎、修理找平。 计量单位：m³

| 定 额 编 号 | | | A11-4-77 | A11-4-78 | A11-4-79 | A11-4-80 |
|---|---|---|---|---|---|---|
| 项 目 名 称 | | | 管道DN500以下（厚度） | | | |
| | | | 40mm | 60mm | 80mm | 100mm |
| 基 价（元） | | | 146.83 | 117.85 | 96.01 | 79.77 |
| 其中 | 人 工 费（元） | | 111.30 | 82.32 | 60.48 | 44.24 |
| | 材 料 费（元） | | 11.10 | 11.10 | 11.10 | 11.10 |
| | 机 械 费（元） | | 24.43 | 24.43 | 24.43 | 24.43 |
| 名 称 | 单位 | 单价（元） | 消 耗 量 | | | |
| 人工 | 综合工日 | 工日 | 140.00 | 0.795 | 0.588 | 0.432 | 0.316 |
| 材料 | 岩棉管壳 | m³ | — | (1.030) | (1.030) | (1.030) | (1.030) |
| | 镀锌铁丝 φ2.5～1.4 | kg | 3.57 | 3.110 | 3.110 | 3.110 | 3.110 |
| 机械 | 电动单筒慢速卷扬机 10kN | 台班 | 203.56 | 0.120 | 0.120 | 0.120 | 0.120 |

工作内容：运料、下料、开口、安装、捆扎、修理找平。 计量单位：m³

| 定 额 编 号 | | | | A11-4-81 | A11-4-82 | A11-4-83 | A11-4-84 |
|---|---|---|---|---|---|---|---|
| 项 目 名 称 | | | | 管道DN700以下(厚度) | | | |
| | | | | 40mm | 60mm | 80mm | 100mm |
| 基 价（元） | | | | 137.08 | 111.18 | 92.00 | 77.02 |
| 其中 | 人 工 费（元） | | | 101.08 | 75.18 | 56.00 | 41.02 |
| | 材 料 费（元） | | | 11.57 | 11.57 | 11.57 | 11.57 |
| | 机 械 费（元） | | | 24.43 | 24.43 | 24.43 | 24.43 |
| 名 称 | | 单位 | 单价（元） | 消 耗 量 | | | |
| 人工 | 综合工日 | 工日 | 140.00 | 0.722 | 0.537 | 0.400 | 0.293 |
| 材料 | 岩棉管壳 | m³ | — | (1.030) | (1.030) | (1.030) | (1.030) |
| | 镀锌铁丝 φ2.5～1.4 | kg | 3.57 | 3.240 | 3.240 | 3.240 | 3.240 |
| 机械 | 电动单筒慢速卷扬机 10kN | 台班 | 203.56 | 0.120 | 0.120 | 0.120 | 0.120 |

工作内容：运料、下料、开口、安装、捆扎、修理找平。 计量单位：m³

| 定 额 编 号 | | | | A11-4-85 | A11-4-86 | A11-4-87 |
|---|---|---|---|---|---|---|
| 项 目 名 称 | | | | 立式设备(厚度) | | |
| | | | | 25mm | 40mm | 60mm |
| 基 价（元） | | | | 827.48 | 730.46 | 689.02 |
| 其中 | 人 工 费（元） | | | 258.72 | 161.70 | 120.26 |
| | 材 料 费（元） | | | 544.33 | 544.33 | 544.33 |
| | 机 械 费（元） | | | 24.43 | 24.43 | 24.43 |
| 名 称 | | 单位 | 单价(元) | 消 耗 量 | | |
| 人工 | 综合工日 | 工日 | 140.00 | 1.848 | 1.155 | 0.859 |
| 材料 | 镀锌铁丝 Φ2.5～1.4 | kg | 3.57 | 11.100 | 11.100 | 11.100 |
| | 岩棉板 | m³ | 490.00 | 1.030 | 1.030 | 1.030 |
| 机械 | 电动单筒慢速卷扬机 10kN | 台班 | 203.56 | 0.120 | 0.120 | 0.120 |

工作内容：运料、下料、开口、安装、捆扎、修理找平。 计量单位：m³

| 定 额 编 号 | | | | A11-4-88 | A11-4-89 |
|---|---|---|---|---|---|
| 项 目 名 称 | | | | 立式设备(厚度) | |
| | | | | 80mm | 100mm |
| 基 价（元） | | | | 663.82 | 646.88 |
| 其中 | 人 工 费（元） | | | 95.06 | 78.12 |
| | 材 料 费（元） | | | 544.33 | 544.33 |
| | 机 械 费（元） | | | 24.43 | 24.43 |
| 名 称 | | 单位 | 单价(元) | 消 耗 量 | |
| 人工 | 综合工日 | 工日 | 140.00 | 0.679 | 0.558 |
| 材料 | 镀锌铁丝 φ2.5～1.4 | kg | 3.57 | 11.100 | 11.100 |
| | 岩棉板 | m³ | 490.00 | 1.030 | 1.030 |
| 机械 | 电动单筒慢速卷扬机 10kN | 台班 | 203.56 | 0.120 | 0.120 |

工作内容：运料、下料、开口、安装、捆扎、修理找平。 计量单位：m³

| 定 额 编 号 | | | | A11-4-90 | A11-4-91 | A11-4-92 |
|---|---|---|---|---|---|---|
| 项 目 名 称 | | | | 卧式设备(厚度) | | |
| | | | | 25mm | 40mm | 60mm |
| 基 价（元） | | | | 892.37 | 771.13 | 719.33 |
| 其中 | 人 工 费（元） | | | 323.40 | 202.16 | 150.36 |
| | 材 料 费（元） | | | 544.54 | 544.54 | 544.54 |
| | 机 械 费（元） | | | 24.43 | 24.43 | 24.43 |
| 名 称 | | 单位 | 单价（元） | 消 耗 量 | | |
| 人工 | 综合工日 | 工日 | 140.00 | 2.310 | 1.444 | 1.074 |
| 材料 | 镀锌铁丝 φ2.5～1.4 | kg | 3.57 | 11.160 | 11.160 | 11.160 |
| | 岩棉板 | m³ | 490.00 | 1.030 | 1.030 | 1.030 |
| 机械 | 电动单筒慢速卷扬机 10kN | 台班 | 203.56 | 0.120 | 0.120 | 0.120 |

工作内容：运料、下料、开口、安装、捆扎、修理找平。 计量单位：m³

| 定　额　编　号 | | | | | A11-4-93 | A11-4-94 |
|---|---|---|---|---|---|---|
| 项　目　名　称 | | | | | 卧式设备(厚度) | |
| | | | | | 80mm | 100mm |
| 基　　　　价（元） | | | | | 687.83 | 666.69 |
| 其中 | 人　工　费（元） | | | | 118.86 | 97.72 |
| | 材　料　费（元） | | | | 544.54 | 544.54 |
| | 机　械　费（元） | | | | 24.43 | 24.43 |
| 名　　　称 | | 单位 | 单价（元） | | 消　耗　量 | |
| 人工 | 综合工日 | 工日 | 140.00 | | 0.849 | 0.698 |
| 材料 | 镀锌铁丝 φ2.5～1.4 | kg | 3.57 | | 11.160 | 11.160 |
| | 岩棉板 | m³ | 490.00 | | 1.030 | 1.030 |
| 机械 | 电动单筒慢速卷扬机 10kN | 台班 | 203.56 | | 0.120 | 0.120 |

工作内容：运料、下料、开口、安装、捆扎、修理找平。　　　　　　　　　　　　　　　　计量单位：m³

| 定 额 编 号 | | | A11-4-95 | A11-4-96 | A11-4-97 | A11-4-98 |
|---|---|---|---|---|---|---|
| 项 目 名 称 | | | 球形设备(厚度) | | | |
| | | | 40mm | 60mm | 80mm | 100mm |
| 基 价（元） | | | 858.68 | 794.00 | 754.66 | 728.34 |
| 其中 | 人 工 费（元） | | 252.56 | 187.88 | 148.54 | 122.22 |
| | 材 料 费（元） | | 581.69 | 581.69 | 581.69 | 581.69 |
| | 机 械 费（元） | | 24.43 | 24.43 | 24.43 | 24.43 |
| 名 称 | 单位 | 单价(元) | 消 耗 量 | | | |
| 人工 | 综合工日 | 工日 | 140.00 | 1.804 | 1.342 | 1.061 | 0.873 |
| 材料 | 镀锌铁丝 Φ2.5~1.4 | kg | 3.57 | 18.820 | 18.820 | 18.820 | 18.820 |
| | 岩棉板 | m³ | 490.00 | 1.050 | 1.050 | 1.050 | 1.050 |
| 机械 | 电动单筒慢速卷扬机 10kN | 台班 | 203.56 | 0.120 | 0.120 | 0.120 | 0.120 |

| 定 额 编 号 | | | A11-4-99 | A11-4-100 | A11-4-101 |
|---|---|---|---|---|---|
| 项 目 名 称 | | | 矩形管道 | | |
| | | | 30mm | 50mm | 60mm |
| 基 价（元） | | | 695.23 | 665.27 | 657.99 |
| 其中 | 人 工 费（元） | | 127.26 | 97.30 | 90.02 |
| | 材 料 费（元） | | 543.54 | 543.54 | 543.54 |
| | 机 械 费（元） | | 24.43 | 24.43 | 24.43 |
| 名 称 | 单位 | 单价（元） | 消 耗 量 | | |
| 人工 | 综合工日 | 工日 | 140.00 | 0.909 | 0.695 | 0.643 |
| 材料 | 热轧薄钢板 δ0.5～1.0 | kg | 3.93 | 4.000 | 4.000 | 4.000 |
| | 铁皮箍 | kg | 4.44 | 3.000 | 3.000 | 3.000 |
| | 岩棉板 | m³ | 490.00 | 1.050 | 1.050 | 1.050 |
| 机械 | 电动单筒慢速卷扬机 10kN | 台班 | 203.56 | 0.120 | 0.120 | 0.120 |

工作内容：运料、下料、开口、安装、捆扎、修理找平。 计量单位：m³

| 定 额 编 号 | | | | A11-4-102 | A11-4-103 |
|---|---|---|---|---|---|
| 项 目 名 称 | | | | 矩形管道 | |
| | | | | 80mm | 100mm |
| 基 价 （元） | | | | 632.79 | 610.53 |
| 其中 | 人 工 费（元） | | | 64.82 | 42.56 |
| | 材 料 费（元） | | | 543.54 | 543.54 |
| | 机 械 费（元） | | | 24.43 | 24.43 |
| 名 称 | | 单位 | 单价(元) | 消 耗 量 | |
| 人工 | 综合工日 | 工日 | 140.00 | 0.463 | 0.304 |
| 材料 | 热轧薄钢板 δ0.5～1.0 | kg | 3.93 | 4.000 | 4.000 |
| | 铁皮箍 | kg | 4.44 | 3.000 | 3.000 |
| | 岩棉板 | m³ | 490.00 | 1.050 | 1.050 |
| 机械 | 电动单筒慢速卷扬机 10kN | 台班 | 203.56 | 0.120 | 0.120 |

# 四、泡沫塑料瓦块安装

工作内容：运料、下料、安装、粘接、捆扎、修理找平。　　　　　　　　　　　　　　计量单位：m³

| 定　额　编　号 | | | A11-4-104 | A11-4-105 |
|---|---|---|---|---|
| 项　目　名　称 | | | 管道DN50以下(厚度) | |
| | | | 40mm | 60mm |
| 基　　　价（元） | | | 1176.15 | 1020.05 |
| 其中 | 人　工　费（元） | | 430.08 | 312.90 |
| | 材　料　费（元） | | 721.64 | 682.72 |
| | 机　械　费（元） | | 24.43 | 24.43 |
| 名　　称 | | 单位 | 单价（元） | 消　耗　量 |
| 人工 | 综合工日 | 工日 | 140.00 | 3.072 | 2.235 |
| 材料 | 镀锌铁丝 φ2.5～1.4 | kg | 3.57 | 4.300 | 4.300 |
| | 胶粘剂 | kg | 2.20 | 45.280 | 27.590 |
| | 泡沫塑料瓦块 | m³ | 589.00 | 1.030 | 1.030 |
| 机械 | 电动单筒慢速卷扬机 10kN | 台班 | 203.56 | 0.120 | 0.120 |

工作内容：运料、下料、安装、粘接、捆扎、修理找平。

计量单位：m³

| 定　额　编　号 | | | A11-4-106 | A11-4-107 |
|---|---|---|---|---|
| 项　目　名　称 | | | 管道DN50以下（厚度） | |
| | | | 80mm | 100mm |
| 基　　　　价（元） | | | 911.49 | 860.48 |
| 其中 | 人　工　费（元） | | 219.10 | 177.24 |
| | 材　料　费（元） | | 667.96 | 658.81 |
| | 机　械　费（元） | | 24.43 | 24.43 |
| 名　　　称 | 单位 | 单价(元) | 消　　耗　　量 | |
| 人工 | 综合工日 | 工日 | 140.00 | 1.565 | 1.266 |
| 材料 | 镀锌铁丝　φ2.5～1.4 | kg | 3.57 | 4.300 | 4.300 |
| | 胶粘剂 | kg | 2.20 | 20.880 | 16.720 |
| | 泡沫塑料瓦块 | m³ | 589.00 | 1.030 | 1.030 |
| 机械 | 电动单筒慢速卷扬机　10kN | 台班 | 203.56 | 0.120 | 0.120 |

工作内容：运料、下料、安装、粘接、捆扎、修理找平。 计量单位：m³

| 定　额　编　号 | | | | A11-4-108 | A11-4-109 |
|---|---|---|---|---|---|
| 项　目　名　称 | | | | 管道DN125以下（厚度） | |
| | | | | 40mm | 60mm |
| 基　　　　　价（元） | | | | 1019.48 | 908.69 |
| 其中 | 人　工　费（元） | | | 287.98 | 209.16 |
| | 材　料　费（元） | | | 707.07 | 675.10 |
| | 机　械　费（元） | | | 24.43 | 24.43 |
| 名　　　称 | | 单位 | 单价（元） | 消　　耗　　量 | |
| 人工 | 综合工日 | 工日 | 140.00 | 2.057 | 1.494 |
| 材料 | 镀锌铁丝 φ2.5～1.4 | kg | 3.57 | 2.930 | 2.930 |
| | 胶粘剂 | kg | 2.20 | 40.880 | 26.350 |
| | 泡沫塑料瓦块 | m³ | 589.00 | 1.030 | 1.030 |
| 机械 | 电动单筒慢速卷扬机 10kN | 台班 | 203.56 | 0.120 | 0.120 |

工作内容：运料、下料、安装、粘接、捆扎、修理找平。                                         计量单位：m³

| 定　额　编　号 | | | | | A11-4-110 | A11-4-111 |
|---|---|---|---|---|---|---|
| 项　目　名　称 | | | | | 管道DN125以下(厚度) | |
| | | | | | 80mm | 100mm |
| 基　　　　价（元） | | | | | 836.15 | 783.94 |
| 其中 | 人　工　费（元） | | | | 151.34 | 107.66 |
| | 材　料　费（元） | | | | 660.38 | 651.85 |
| | 机　械　费（元） | | | | 24.43 | 24.43 |
| 名　　　　称 | | 单位 | 单价(元) | | 消　耗　量 | |
| 人工 | 综合工日 | 工日 | 140.00 | | 1.081 | 0.769 |
| 材料 | 镀锌铁丝　φ2.5～1.4 | kg | 3.57 | | 2.930 | 2.930 |
| | 胶粘剂 | kg | 2.20 | | 19.660 | 15.780 |
| | 泡沫塑料瓦块 | m³ | 589.00 | | 1.030 | 1.030 |
| 机械 | 电动单筒慢速卷扬机　10kN | 台班 | 203.56 | | 0.120 | 0.120 |

工作内容：运料、下料、安装、粘接、捆扎、修理找平。 计量单位：m³

| 定 额 编 号 | | | | | A11-4-112 | A11-4-113 |
|---|---|---|---|---|---|---|
| 项 目 名 称 | | | | | 管道DN300以下(厚度) | |
| | | | | | 40mm | 60mm |
| 基 价（元） | | | | | 983.60 | 883.27 |
| 其中 | 人 工 费（元） | | | | 253.82 | 185.08 |
| | 材 料 费（元） | | | | 705.35 | 673.76 |
| | 机 械 费（元） | | | | 24.43 | 24.43 |
| 名 称 | | 单位 | 单价（元） | | 消 耗 量 | |
| 人工 | 综合工日 | 工日 | 140.00 | | 1.813 | 1.322 |
| 材料 | 镀锌铁丝 φ2.5～1.4 | kg | 3.57 | | 3.110 | 3.110 |
| | 胶粘剂 | kg | 2.20 | | 39.810 | 25.450 |
| | 泡沫塑料瓦块 | m³ | 589.00 | | 1.030 | 1.030 |
| 机械 | 电动单筒慢速卷扬机 10kN | 台班 | 203.56 | | 0.120 | 0.120 |

工作内容：运料、下料、安装、粘接、捆扎、修理找平。 计量单位：m³

| 定 额 编 号 | | | | A11-4-114 | A11-4-115 |
|---|---|---|---|---|---|
| 项 目 名 称 | | | | 管道DN300以下（厚度） | |
| | | | | 80mm | 100mm |
| 基 价（元） | | | | 817.86 | 770.18 |
| 其中 | 人 工 费（元） | | | 134.12 | 94.78 |
| | 材 料 费（元） | | | 659.31 | 650.97 |
| | 机 械 费（元） | | | 24.43 | 24.43 |
| 名 称 | | 单位 | 单价（元） | 消 耗 量 | |
| 人工 | 综合工日 | 工日 | 140.00 | 0.958 | 0.677 |
| 材料 | 镀锌铁丝 φ2.5～1.4 | kg | 3.57 | 3.110 | 3.110 |
| | 胶粘剂 | kg | 2.20 | 18.880 | 15.090 |
| | 泡沫塑料瓦块 | m³ | 589.00 | 1.030 | 1.030 |
| 机械 | 电动单筒慢速卷扬机 10kN | 台班 | 203.56 | 0.120 | 0.120 |

338

工作内容：运料、下料、安装、粘接、捆扎、修理找平。　　　　　　　　　　　　　　　　　计量单位：m³

| 定　额　编　号 | | | | A11-4-116 | A11-4-117 |
|---|---|---|---|---|---|
| 项　目　名　称 | | | | 管道DN500以下(厚度) | |
| | | | | 40mm | 60mm |
| 基　　　价（元） | | | | 958.31 | 864.81 |
| 其中 | 人　工　费（元） | | | 229.32 | 167.30 |
| | 材　料　费（元） | | | 704.56 | 673.08 |
| | 机　械　费（元） | | | 24.43 | 24.43 |
| 名　　称 | | 单位 | 单价(元) | 消　　耗　　量 | |
| 人工 | 综合工日 | 工日 | 140.00 | 1.638 | 1.195 |
| 材料 | 镀锌铁丝 φ2.5～1.4 | kg | 3.57 | 3.240 | 3.240 |
| | 胶粘剂 | kg | 2.20 | 39.240 | 24.930 |
| | 泡沫塑料瓦块 | m³ | 589.00 | 1.030 | 1.030 |
| 机械 | 电动单筒慢速卷扬机 10kN | 台班 | 203.56 | 0.120 | 0.120 |

339

工作内容：运料、下料、安装、粘接、捆扎、修理找平。 计量单位：m³

| 定 额 编 号 | | | | A11-4-118 | A11-4-119 |
|---|---|---|---|---|---|
| 项 目 名 称 | | | | 管道DN500以下(厚度) | |
| | | | | 80mm | 100mm |
| 基 价 （元） | | | | 812.34 | 760.58 |
| 其中 | 人 工 费（元） | | | 129.22 | 85.68 |
| | 材 料 费（元） | | | 658.69 | 650.47 |
| | 机 械 费（元） | | | 24.43 | 24.43 |
| 名 称 | | 单位 | 单价（元） | 消 耗 量 | |
| 人工 | 综合工日 | 工日 | 140.00 | 0.923 | 0.612 |
| 材料 | 镀锌铁丝 φ2.5～1.4 | kg | 3.57 | 3.240 | 3.240 |
| | 胶粘剂 | kg | 2.20 | 18.390 | 14.650 |
| | 泡沫塑料瓦块 | m³ | 589.00 | 1.030 | 1.030 |
| 机械 | 电动单筒慢速卷扬机 10kN | 台班 | 203.56 | 0.120 | 0.120 |

工作内容：运料、下料、安装、粘接、捆扎、修理找平。

计量单位：m³

| 定　额　编　号 | | | | | A11-4-120 | A11-4-121 |
|---|---|---|---|---|---|---|
| 项　目　名　称 | | | | | 管道DN700以下(厚度) | |
| | | | | | 40mm | 60mm |
| 基　　　价（元） | | | | | 883.77 | 811.14 |
| 其中 | 人　工　费（元） | | | | 155.54 | 113.82 |
| | 材　料　费（元） | | | | 703.80 | 672.89 |
| | 机　械　费（元） | | | | 24.43 | 24.43 |
| 名　　　称 | | 单位 | 单价（元） | | 消　　耗　　量 | |
| 人工 | 综合工日 | 工日 | 140.00 | | 1.111 | 0.813 |
| 材料 | 镀锌铁丝 φ4.0~2.8 | kg | 3.57 | | 3.600 | 3.600 |
| | 胶粘剂 | kg | 2.20 | | 38.310 | 24.260 |
| | 泡沫塑料瓦块 | m³ | 589.00 | | 1.030 | 1.030 |
| 机械 | 电动单筒慢速卷扬机 10kN | 台班 | 203.56 | | 0.120 | 0.120 |

工作内容：运料、下料、安装、粘接、捆扎、修理找平。 计量单位：m³

| 定 额 编 号 | | | | A11-4-122 | A11-4-123 |
|---|---|---|---|---|---|
| 项 目 名 称 | | | | 管道DN700以下(厚度) | |
| | | | | 80mm | 100mm |
| 基 价 （元） | | | | 765.84 | 737.17 |
| 其中 | 人 工 费 （元） | | | 82.60 | 62.02 |
| | 材 料 费 （元） | | | 658.81 | 650.72 |
| | 机 械 费 （元） | | | 24.43 | 24.43 |
| 名 称 | | 单位 | 单价(元) | 消 耗 量 | |
| 人工 | 综合工日 | 工日 | 140.00 | 0.590 | 0.443 |
| 材料 | 镀锌铁丝 φ4.0～2.8 | kg | 3.57 | 3.600 | 3.600 |
| | 胶粘剂 | kg | 2.20 | 17.860 | 14.180 |
| | 泡沫塑料瓦块 | m³ | 589.00 | 1.030 | 1.030 |
| 机械 | 电动单筒慢速卷扬机 10kN | 台班 | 203.56 | 0.120 | 0.120 |

工作内容：运料、下料、安装、粘接、捆扎、修理找平。计量单位：m³

| 定 额 编 号 | | | | | A11-4-124 | A11-4-125 |
|---|---|---|---|---|---|---|
| 项 目 名 称 | | | | | 立式设备(厚度) | |
| | | | | | 40mm | 60mm |
| 基 价（元） | | | | | 958.23 | 894.81 |
| 其中 | 人 工 费（元） | | | | 248.92 | 185.50 |
| | 材 料 费（元） | | | | 684.88 | 684.88 |
| | 机 械 费（元） | | | | 24.43 | 24.43 |
| 名 称 | | 单位 | 单价（元） | | 消 耗 量 | |
| 人工 | 综合工日 | 工日 | 140.00 | | 1.778 | 1.325 |
| 材料 | 镀锌铁丝 φ4.0～2.8 | kg | 3.57 | | 6.500 | 6.500 |
| | 胶粘剂 | kg | 2.20 | | 25.000 | 25.000 |
| | 泡沫塑料瓦块 | m³ | 589.00 | | 1.030 | 1.030 |
| 机械 | 电动单筒慢速卷扬机 10kN | 台班 | 203.56 | | 0.120 | 0.120 |

工作内容：运料、下料、安装、粘接、捆扎、修理找平。 计量单位：m³

| 定 额 编 号 | | | | | A11-4-126 | A11-4-127 |
|---|---|---|---|---|---|---|
| 项 目 名 称 | | | | | 立式设备(厚度) | |
| | | | | | 80mm | 100mm |
| 基 价 （元） | | | | | 852.53 | 829.71 |
| 其中 | 人 工 费 （元） | | | | 143.22 | 120.40 |
| | 材 料 费 （元） | | | | 684.88 | 684.88 |
| | 机 械 费 （元） | | | | 24.43 | 24.43 |
| | 名 称 | 单位 | 单价（元） | | 消 耗 量 | |
| 人工 | 综合工日 | 工日 | 140.00 | | 1.023 | 0.860 |
| 材料 | 镀锌铁丝 φ4.0~2.8 | kg | 3.57 | | 6.500 | 6.500 |
| | 胶粘剂 | kg | 2.20 | | 25.000 | 25.000 |
| | 泡沫塑料瓦块 | m³ | 589.00 | | 1.030 | 1.030 |
| 机械 | 电动单筒慢速卷扬机 10kN | 台班 | 203.56 | | 0.120 | 0.120 |

工作内容：运料、下料、安装、粘接、捆扎、修理找平。 计量单位：m³

| 定　额　编　号 | | | | | A11-4-128 | A11-4-129 |
|---|---|---|---|---|---|---|
| 项　目　名　称 | | | | | 卧式设备(厚度) | |
| | | | | | 40mm | 60mm |
| 基　　　　　价（元） | | | | | 1021.62 | 941.54 |
| 其中 | 人　工　费（元） | | | | 311.92 | 231.84 |
| | 材　料　费（元） | | | | 685.27 | 685.27 |
| | 机　械　费（元） | | | | 24.43 | 24.43 |
| 名　　　称 | | 单位 | 单价（元） | | 消　　耗　　量 | |
| 人工 | 综合工日 | 工日 | 140.00 | | 2.228 | 1.656 |
| 材料 | 镀锌铁丝　φ4.0～2.8 | kg | 3.57 | | 6.610 | 6.610 |
| | 胶粘剂 | kg | 2.20 | | 25.000 | 25.000 |
| | 泡沫塑料瓦块 | m³ | 589.00 | | 1.030 | 1.030 |
| 机械 | 电动单筒慢速卷扬机 10kN | 台班 | 203.56 | | 0.120 | 0.120 |

345

工作内容：运料、下料、安装、粘接、捆扎、修理找平。 计量单位：m³

| 定　额　编　号 | | | | A11-4-130 | A11-4-131 |
|---|---|---|---|---|---|
| 项　目　名　称 | | | | 卧式设备(厚度) | |
| | | | | 80mm | 100mm |
| 基　　　价（元） | | | | 888.48 | 859.78 |
| 其中 | 人　工　费（元） | | | 178.78 | 150.08 |
| | 材　料　费（元） | | | 685.27 | 685.27 |
| | 机　械　费（元） | | | 24.43 | 24.43 |
| 名　　　称 | | 单位 | 单价（元） | 消　耗　量 | |
| 人工 | 综合工日 | 工日 | 140.00 | 1.277 | 1.072 |
| 材料 | 镀锌铁丝 φ4.0～2.8 | kg | 3.57 | 6.610 | 6.610 |
| | 胶粘剂 | kg | 2.20 | 25.000 | 25.000 |
| | 泡沫塑料瓦块 | m³ | 589.00 | 1.030 | 1.030 |
| 机械 | 电动单筒慢速卷扬机 10kN | 台班 | 203.56 | 0.120 | 0.120 |

工作内容：运料、下料、安装、粘接、捆扎、修理找平。 计量单位：m³

| 定 额 编 号 | | | | A11-4-132 | A11-4-133 |
|---|---|---|---|---|---|
| 项 目 名 称 | | | | 球形设备(厚度) | |
| | | | | 40mm | 60mm |
| 基 价 （元） | | | | 1102.33 | 1001.25 |
| 其中 | 人 工 费（元） | | | 390.46 | 289.38 |
| | 材 料 费（元） | | | 687.44 | 687.44 |
| | 机 械 费（元） | | | 24.43 | 24.43 |
| 名 称 | | 单位 | 单价(元) | 消 耗 量 | |
| 人工 | 综合工日 | 工日 | 140.00 | 2.789 | 2.067 |
| 材料 | 镀锌铁丝 φ4.0～2.8 | kg | 3.57 | 6.610 | 6.610 |
| | 胶粘剂 | kg | 2.20 | 30.000 | 30.000 |
| | 泡沫塑料板 | m³ | 564.00 | 1.060 | 1.060 |
| 机械 | 电动单筒慢速卷扬机 10kN | 台班 | 203.56 | 0.120 | 0.120 |

工作内容：运料、下料、安装、粘接、捆扎、修理找平。 计量单位：m³

| 定 额 编 号 | | | | | A11-4-134 | A11-4-135 |
|---|---|---|---|---|---|---|
| 项 目 名 称 | | | | | 球形设备(厚度) | |
| | | | | | 80mm | 100mm |
| 基 价（元） | | | | | 948.89 | 896.25 |
| 其中 | 人 工 费（元） | | | | 237.02 | 184.38 |
| | 材 料 费（元） | | | | 687.44 | 687.44 |
| | 机 械 费（元） | | | | 24.43 | 24.43 |
| 名 称 | | 单位 | 单价(元) | | 消 耗 量 | |
| 人工 | 综合工日 | 工日 | 140.00 | | 1.693 | 1.317 |
| 材料 | 镀锌铁丝 φ4.0～2.8 | kg | 3.57 | | 6.610 | 6.610 |
| | 胶粘剂 | kg | 2.20 | | 30.000 | 30.000 |
| | 泡沫塑料板 | m³ | 564.00 | | 1.060 | 1.060 |
| 机械 | 电动单筒慢速卷扬机 10kN | 台班 | 203.56 | | 0.120 | 0.120 |

工作内容：运料、下料、安装、粘接、捆扎、修理找平。 计量单位：m³

| 定 额 编 号 | | | | A11-4-136 | A11-4-137 | A11-4-138 |
|---|---|---|---|---|---|---|
| 项 目 名 称 | | | | 矩形管道 | | |
| | | | | 30mm | 50mm | 60mm |
| 基 价（元） | | | | 897.27 | 852.33 | 841.27 |
| 其中 | 人 工 费（元） | | | 190.96 | 146.02 | 134.96 |
| | 材 料 费（元） | | | 681.88 | 681.88 | 681.88 |
| | 机 械 费（元） | | | 24.43 | 24.43 | 24.43 |
| 名 称 | | 单位 | 单价（元） | 消 耗 量 | | |
| 人工 | 综合工日 | 工日 | 140.00 | 1.364 | 1.043 | 0.964 |
| 材料 | 胶粘剂 | kg | 2.20 | 25.000 | 25.000 | 25.000 |
| | 泡沫塑料板 | m³ | 564.00 | 1.060 | 1.060 | 1.060 |
| | 热轧薄钢板 δ0.5～1.0 | kg | 3.93 | 4.000 | 4.000 | 4.000 |
| | 铁皮箍 | kg | 4.44 | 3.000 | 3.000 | 3.000 |
| 机械 | 电动单筒慢速卷扬机 10kN | 台班 | 203.56 | 0.120 | 0.120 | 0.120 |

工作内容：运料、下料、安装、粘接、捆扎、修理找平。 计量单位：m³

| 定　额　编　号 | | | | A11-4-139 | A11-4-140 |
|---|---|---|---|---|---|
| 项　目　名　称 | | | | 矩形管道 | |
| | | | | 80mm | 100mm |
| 基　　价（元） | | | | 803.47 | 770.29 |
| 其中 | 人　工　费（元） | | | 97.16 | 63.98 |
| | 材　料　费（元） | | | 681.88 | 681.88 |
| | 机　械　费（元） | | | 24.43 | 24.43 |
| 名　　称 | | 单位 | 单价（元） | 消　耗　量 | |
| 人工 | 综合工日 | 工日 | 140.00 | 0.694 | 0.457 |
| 材料 | 胶粘剂 | kg | 2.20 | 25.000 | 25.000 |
| | 泡沫塑料板 | m³ | 564.00 | 1.060 | 1.060 |
| | 热轧薄钢板 δ0.5～1.0 | kg | 3.93 | 4.000 | 4.000 |
| | 铁皮箍 | kg | 4.44 | 3.000 | 3.000 |
| 机械 | 电动单筒慢速卷扬机 10kN | 台班 | 203.56 | 0.120 | 0.120 |

# 五、毡类制品安装

工作内容：运料、下料、安装、捆扎、修理找平。

计量单位：m³

| 定　额　编　号 | | | A11-4-141 | A11-4-142 |
|---|---|---|---|---|
| 项　目　名　称 | | | 管道DN50以下(厚度) | |
| | | | 40mm | 60mm |
| 基　　　　价（元） | | | 329.25 | 244.41 |
| 其中 | 人　工　费（元） | | 292.04 | 207.20 |
| | 材　料　费（元） | | 12.78 | 12.78 |
| | 机　械　费（元） | | 24.43 | 24.43 |
| 名　　　称 | 单位 | 单价（元） | 消　　耗　　量 | |
| 人工 | 综合工日 | 工日 | 140.00 | 2.086 | 1.480 |
| 材料 | 毡类制品 | m³ | — | (1.030) | (1.030) |
| | 镀锌铁丝 φ2.5～1.4 | kg | 3.57 | 3.580 | 3.580 |
| 机械 | 电动单筒慢速卷扬机 10kN | 台班 | 203.56 | 0.120 | 0.120 |

工作内容：运料、下料、安装、捆扎、修理找平。  计量单位：m³

| 定　额　编　号 | | | | | A11-4-143 | A11-4-144 |
|---|---|---|---|---|---|---|
| 项　目　名　称 | | | | | 管道DN50以下（厚度） | |
| | | | | | 80mm | 100mm |
| 基　　　　价（元） | | | | | 191.63 | 144.31 |
| 其中 | 人　工　费（元） | | | | 154.42 | 107.10 |
| | 材　料　费（元） | | | | 12.78 | 12.78 |
| | 机　械　费（元） | | | | 24.43 | 24.43 |
| 名　　　称 | | 单位 | 单价(元) | | 消　耗　　量 | |
| 人工 | 综合工日 | 工日 | 140.00 | | 1.103 | 0.765 |
| 材料 | 毡类制品 | m³ | — | | (1.030) | (1.030) |
| | 镀锌铁丝 φ2.5～1.4 | kg | 3.57 | | 3.580 | 3.580 |
| 机械 | 电动单筒慢速卷扬机 10kN | 台班 | 203.56 | | 0.120 | 0.120 |

工作内容：运料、下料、安装、捆扎、修理找平。计量单位：m³

| 定 额 编 号 | | | A11-4-145 | A11-4-146 |
|---|---|---|---|---|
| 项 目 名 称 | | | 管道DN125以下(厚度) | |
| | | | 40mm | 60mm |
| 基 价（元） | | | 180.26 | 145.26 |
| 其中 | 人 工 费（元） | | 144.76 | 109.76 |
| | 材 料 费（元） | | 11.07 | 11.07 |
| | 机 械 费（元） | | 24.43 | 24.43 |
| 名 称 | 单位 | 单价(元) | 消 耗 量 | |
| 人工 | 综合工日 | 工日 | 140.00 | 1.034 | 0.784 |
| 材料 | 毡类制品 | m³ | — | (1.030) | (1.030) |
| | 镀锌铁丝 φ2.5～1.4 | kg | 3.57 | 3.100 | 3.100 |
| 机械 | 电动单筒慢速卷扬机 10kN | 台班 | 203.56 | 0.120 | 0.120 |

工作内容：运料、下料、安装、捆扎、修理找平。 计量单位：m³

| 定 额 编 号 | | | | A11-4-147 | A11-4-148 |
|---|---|---|---|---|---|
| 项 目 名 称 | | | | 管道DN125以下(厚度) | |
| | | | | 80mm | 100mm |
| 基 价（元） | | | | 115.30 | 95.42 |
| 其中 | 人 工 费（元） | | | 79.80 | 59.92 |
| | 材 料 费（元） | | | 11.07 | 11.07 |
| | 机 械 费（元） | | | 24.43 | 24.43 |
| 名 称 | | 单位 | 单价(元) | 消 耗 量 | |
| 人工 | 综合工日 | 工日 | 140.00 | 0.570 | 0.428 |
| 材料 | 毡类制品 | m³ | — | (1.030) | (1.030) |
| | 镀锌铁丝 φ2.5～1.4 | kg | 3.57 | 3.100 | 3.100 |
| 机械 | 电动单筒慢速卷扬机 10kN | 台班 | 203.56 | 0.120 | 0.120 |

354

工作内容：运料、下料、安装、捆扎、修理找平。

计量单位：m³

| 定 额 编 号 | | | | | A11-4-149 | A11-4-150 |
|---|---|---|---|---|---|---|
| 项 目 名 称 | | | | | 管道DN300以下（厚度） | |
| | | | | | 40mm | 60mm |
| 基 价（元） | | | | | 162.48 | 130.98 |
| 其中 | 人 工 费（元） | | | | 126.98 | 95.48 |
| | 材 料 费（元） | | | | 11.07 | 11.07 |
| | 机 械 费（元） | | | | 24.43 | 24.43 |
| 名 称 | | 单位 | 单价（元） | 消 耗 量 | | |
| 人工 | 综合工日 | 工日 | 140.00 | 0.907 | | 0.682 |
| 材料 | 毡类制品 | m³ | — | (1.030) | | (1.030) |
| | 镀锌铁丝 φ2.5～1.4 | kg | 3.57 | 3.100 | | 3.100 |
| 机械 | 电动单筒慢速卷扬机 10kN | 台班 | 203.56 | 0.120 | | 0.120 |

工作内容：运料、下料、安装、捆扎、修理找平。 计量单位：m³

| 定　额　编　号 | | | | A11-4-151 | A11-4-152 |
|---|---|---|---|---|---|
| 项　目　名　称 | | | | 管道DN300以下(厚度) | |
| | | | | 80mm | 100mm |
| 基　　　　价（元） | | | | 106.62 | 88.98 |
| 其中 | 人　工　费（元） | | | 71.12 | 53.48 |
| | 材　料　费（元） | | | 11.07 | 11.07 |
| | 机　械　费（元） | | | 24.43 | 24.43 |
| 名　　　称 | | 单位 | 单价（元） | 消　　耗　　量 | |
| 人工 | 综合工日 | 工日 | 140.00 | 0.508 | 0.382 |
| 材料 | 毡类制品 | m³ | — | (1.030) | (1.030) |
| | 镀锌铁丝 φ2.5～1.4 | kg | 3.57 | 3.100 | 3.100 |
| 机械 | 电动单筒慢速卷扬机 10kN | 台班 | 203.56 | 0.120 | 0.120 |

工作内容：运料、下料、安装、捆扎、修理找平。 计量单位：m³

| 定 额 编 号 | | | | A11-4-153 | A11-4-154 |
|---|---|---|---|---|---|
| 项 目 名 称 | | | | 管道DN500以下(厚度) | |
| | | | | 40mm | 60mm |
| 基 价（元） | | | | 154.27 | 125.15 |
| 其中 | 人 工 费（元） | | | 115.92 | 86.80 |
| | 材 料 费（元） | | | 13.92 | 13.92 |
| | 机 械 费（元） | | | 24.43 | 24.43 |
| 名 称 | | 单位 | 单价（元） | 消 耗 量 | |
| 人工 | 综合工日 | 工日 | 140.00 | 0.828 | 0.620 |
| 材料 | 毡类制品 | m³ | — | (1.030) | (1.030) |
| | 镀锌铁丝 φ2.5～1.4 | kg | 3.57 | 3.900 | 3.900 |
| 机械 | 电动单筒慢速卷扬机 10kN | 台班 | 203.56 | 0.120 | 0.120 |

357

工作内容：运料、下料、安装、捆扎、修理找平。 计量单位：m³

| 定 额 编 号 | | | | A11-4-155 | A11-4-156 |
|---|---|---|---|---|---|
| 项 目 名 称 | | | | 管道DN500以下(厚度) | |
| | | | | 80mm | 100mm |
| 基 价 （元） | | | | 103.17 | 87.07 |
| 其中 | 人 工 费（元） | | | 64.82 | 48.72 |
| | 材 料 费（元） | | | 13.92 | 13.92 |
| | 机 械 费（元） | | | 24.43 | 24.43 |
| 名 称 | | 单位 | 单价(元) | 消 耗 量 | |
| 人工 | 综合工日 | 工日 | 140.00 | 0.463 | 0.348 |
| 材料 | 毡类制品 | m³ | — | (1.030) | (1.030) |
| | 镀锌铁丝 φ2.5～1.4 | kg | 3.57 | 3.900 | 3.900 |
| 机械 | 电动单筒慢速卷扬机 10kN | 台班 | 203.56 | 0.120 | 0.120 |

工作内容：运料、下料、安装、捆扎、修理找平。 计量单位：m³

| 定 额 编 号 | | | | | A11-4-157 | A11-4-158 |
|---|---|---|---|---|---|---|
| 项 目 名 称 | | | | | 管道DN700以下（厚度） | |
| | | | | | 40mm | 60mm |
| 基 价（元） | | | | | 144.05 | 118.15 |
| 其中 | 人 工 费（元） | | | | 105.70 | 79.80 |
| | 材 料 费（元） | | | | 13.92 | 13.92 |
| | 机 械 费（元） | | | | 24.43 | 24.43 |
| 名 称 | | 单位 | 单价（元） | | 消 耗 量 | |
| 人工 | 综合工日 | 工日 | 140.00 | | 0.755 | 0.570 |
| 材料 | 毡类制品 | m³ | — | | (1.030) | (1.030) |
| | 镀锌铁丝 φ2.5～1.4 | kg | 3.57 | | 3.900 | 3.900 |
| 机械 | 电动单筒慢速卷扬机 10kN | 台班 | 203.56 | | 0.120 | 0.120 |

工作内容：运料、下料、安装、捆扎、修理找平。

计量单位：m³

| 定 额 编 号 | | | | A11-4-159 | A11-4-160 |
|---|---|---|---|---|---|
| 项 目 名 称 | | | | 管道DN700以下(厚度) | |
| | | | | 80mm | 100mm |
| 基 价 （元） | | | | 98.83 | 83.57 |
| 其中 | 人 工 费（元） | | | 60.48 | 45.22 |
| | 材 料 费（元） | | | 13.92 | 13.92 |
| | 机 械 费（元） | | | 24.43 | 24.43 |
| 名 称 | | 单位 | 单价（元） | 消 耗 量 | |
| 人工 | 综合工日 | 工日 | 140.00 | 0.432 | 0.323 |
| 材料 | 毡类制品 | m³ | — | (1.030) | (1.030) |
| | 镀锌铁丝 φ2.5～1.4 | kg | 3.57 | 3.900 | 3.900 |
| 机械 | 电动单筒慢速卷扬机 10kN | 台班 | 203.56 | 0.120 | 0.120 |

工作内容：运料、下料、安装、捆扎、修理找平。

计量单位：m³

| 定 额 编 号 | | | | A11-4-161 | A11-4-162 |
|---|---|---|---|---|---|
| 项 目 名 称 | | | | 立式设备(厚度) | |
| | | | | 40mm | 60mm |
| 基 价（元） | | | | 165.55 | 139.09 |
| 其中 | 人 工 费（元） | | | 101.64 | 75.18 |
| | 材 料 费（元） | | | 39.48 | 39.48 |
| | 机 械 费（元） | | | 24.43 | 24.43 |
| 名 称 | | 单位 | 单价（元） | 消 耗 量 | |
| 人工 | 综合工日 | 工日 | 140.00 | 0.726 | 0.537 |
| 材料 | 毡类制品 | m³ | — | (1.030) | (1.030) |
| | 镀锌铁丝 φ4.0～2.8 | kg | 3.57 | 11.060 | 11.060 |
| 机械 | 电动单筒慢速卷扬机 10kN | 台班 | 203.56 | 0.120 | 0.120 |

工作内容：运料、下料、安装、捆扎、修理找平。 计量单位：m³

| 定 额 编 号 | | | A11-4-163 | A11-4-164 |
|---|---|---|---|---|
| 项 目 名 称 | | | 立式设备(厚度) | |
| | | | 80mm | 100mm |
| 基 价 （元） | | | 120.75 | 107.03 |
| 其中 | 人 工 费 （元） | | 56.84 | 43.12 |
| | 材 料 费 （元） | | 39.48 | 39.48 |
| | 机 械 费 （元） | | 24.43 | 24.43 |
| 名 称 | | 单位 | 单价(元) | 消 耗 量 |
| 人工 | 综合工日 | 工日 | 140.00 | 0.406 | 0.308 |
| 材料 | 毡类制品 | m³ | — | (1.030) | (1.030) |
| | 镀锌铁丝 Φ4.0～2.8 | kg | 3.57 | 11.060 | 11.060 |
| 机械 | 电动单筒慢速卷扬机 10kN | 台班 | 203.56 | 0.120 | 0.120 |

362

工作内容：运料、下料、安装、捆扎、修理找平。 计量单位：m³

| 定　额　编　号 | | | A11-4-165 | A11-4-166 |
|---|---|---|---|---|
| 项　目　名　称 | | | 卧式设备(厚度) | |
| | | | 40mm | 60mm |
| 基　　　　　价（元） | | | 172.69 | 143.99 |
| 其中 | 人　工　费（元） | | 108.78 | 80.08 |
| | 材　料　费（元） | | 39.48 | 39.48 |
| | 机　械　费（元） | | 24.43 | 24.43 |
| 名　　　称 | 单位 | 单价（元） | 消　　耗　　量 | |
| 人工 | 综合工日 | 工日 | 140.00 | 0.777 | 0.572 |
| 材料 | 毡类制品 | m³ | — | (1.030) | (1.030) |
| | 镀锌铁丝 φ4.0～2.8 | kg | 3.57 | 11.060 | 11.060 |
| 机械 | 电动单筒慢速卷扬机 10kN | 台班 | 203.56 | 0.120 | 0.120 |

| 定 额 编 号 | | | A11-4-167 | A11-4-168 |
|---|---|---|---|---|
| 项 目 名 称 | | | 卧式设备(厚度) | |
| | | | 80mm | 100mm |
| 基 价 （元） | | | 124.95 | 110.25 |
| 其中 | 人 工 费（元） | | 61.04 | 46.34 |
| | 材 料 费（元） | | 39.48 | 39.48 |
| | 机 械 费（元） | | 24.43 | 24.43 |
| 名 称 | 单位 | 单价（元） | 消 耗 量 | |
| 人工 | 综合工日 | 工日 | 140.00 | 0.436 | 0.331 |
| 材料 | 毡类制品 | m³ | — | (1.030) | (1.030) |
| | 镀锌铁丝 φ4.0～2.8 | kg | 3.57 | 11.060 | 11.060 |
| 机械 | 电动单筒慢速卷扬机 10kN | 台班 | 203.56 | 0.120 | 0.120 |

工作内容：运料、下料、安装、捆扎、修理找平。　　　　　　　　　　　　　　　　　　　　　　计量单位：m³

| 定　额　编　号 | | | A11-4-169 | A11-4-170 |
|---|---|---|---|---|
| 项　目　名　称 | | | 球形设备(厚度) | |
| | | | 40mm | 60mm |
| 基　　价（元） | | | 209.78 | 178.98 |
| 其中 | 人　工　费（元） | | 118.16 | 87.36 |
| | 材　料　费（元） | | 67.19 | 67.19 |
| | 机　械　费（元） | | 24.43 | 24.43 |
| 名　　称 | 单位 | 单价（元） | 消　耗　量 | |
| 人工 | 综合工日 | 工日 | 140.00 | 0.844 | 0.624 |
| 材料 | 毡类制品 | m³ | — | (1.030) | (1.030) |
| | 镀锌铁丝 φ4.0～2.8 | kg | 3.57 | 18.820 | 18.820 |
| 机械 | 电动单筒慢速卷扬机 10kN | 台班 | 203.56 | 0.120 | 0.120 |

365

工作内容：运料、下料、安装、捆扎、修理找平。

计量单位：m³

| 定 额 编 号 | | | | A11-4-171 | A11-4-172 |
|---|---|---|---|---|---|
| 项 目 名 称 | | | | 球形设备(厚度) | |
| | | | | 80mm | 100mm |
| 基 价（元） | | | | 157.70 | 141.88 |
| 其中 | 人 工 费（元） | | | 66.08 | 50.26 |
| | 材 料 费（元） | | | 67.19 | 67.19 |
| | 机 械 费（元） | | | 24.43 | 24.43 |
| 名 称 | | 单位 | 单价(元) | 消 耗 量 | |
| 人工 | 综合工日 | 工日 | 140.00 | 0.472 | 0.359 |
| 材料 | 毡类制品 | m³ | — | (1.030) | (1.030) |
| | 镀锌铁丝 φ4.0～2.8 | kg | 3.57 | 18.820 | 18.820 |
| 机械 | 电动单筒慢速卷扬机 10kN | 台班 | 203.56 | 0.120 | 0.120 |

366

# 六、棉席(被)类制品安装

工作内容：运料、下料、安装、捆扎、修理找平。　　　　　　　　　　　　　计量单位：m³

| 定　额　编　号 | | | A11-4-173 | A11-4-174 |
|---|---|---|---|---|
| 项　目　名　称 | | | 立式设备(厚度) | |
| | | | 40mm | 60mm |
| 基　　　　价（元） | | | 330.41 | 242.49 |
| 其中 | 人　工　费（元） | | 266.14 | 178.22 |
| | 材　料　费（元） | | 39.84 | 39.84 |
| | 机　械　费（元） | | 24.43 | 24.43 |
| 名　　　称 | 单位 | 单价(元) | 消　耗　量 | |
| 人工 综合工日 | 工日 | 140.00 | 1.901 | 1.273 |
| 材料 棉席被类制品 | m³ | — | (1.020) | (1.020) |
| 镀锌铁丝 φ4.0～2.8 | kg | 3.57 | 11.160 | 11.160 |
| 机械 电动单筒慢速卷扬机 10kN | 台班 | 203.56 | 0.120 | 0.120 |

工作内容：运料、下料、安装、捆扎、修理找平。

计量单位：m³

| 定　额　编　号 | | | | A11-4-175 | A11-4-176 |
|---|---|---|---|---|---|
| 项　目　名　称 | | | | 立式设备(厚度) | |
| | | | | 80mm | 100mm |
| 基　　价（元） | | | | 200.35 | 174.31 |
| 其中 | 人　工　费（元） | | | 136.08 | 110.04 |
| | 材　料　费（元） | | | 39.84 | 39.84 |
| | 机　械　费（元） | | | 24.43 | 24.43 |
| 名　　称 | | 单位 | 单价(元) | 消　耗　量 | |
| 人工 | 综合工日 | 工日 | 140.00 | 0.972 | 0.786 |
| 材料 | 棉席被类制品 | m³ | — | (1.020) | (1.020) |
| | 镀锌铁丝 φ4.0～2.8 | kg | 3.57 | 11.160 | 11.160 |
| 机械 | 电动单筒慢速卷扬机 10kN | 台班 | 203.56 | 0.120 | 0.120 |

工作内容：运料、下料、安装、捆扎、修理找平。

计量单位：m³

| 定　额　编　号 | | | | A11-4-177 | A11-4-178 |
|---|---|---|---|---|---|
| 项　目　名　称 | | | | 卧式设备(厚度) | |
| | | | | 40mm | 60mm |
| 基　　　　价（元） | | | | 359.25 | 268.95 |
| 其中 | 人　工　费（元） | | | 294.98 | 204.68 |
| | 材　料　费（元） | | | 39.84 | 39.84 |
| | 机　械　费（元） | | | 24.43 | 24.43 |
| 名　　称 | | 单位 | 单价(元) | 消　耗　量 | |
| 人工 | 综合工日 | 工日 | 140.00 | 2.107 | 1.462 |
| 材料 | 棉席被类制品 | m³ | — | (1.020) | (1.020) |
| | 镀锌铁丝 φ4.0～2.8 | kg | 3.57 | 11.160 | 11.160 |
| 机械 | 电动单筒慢速卷扬机 10kN | 台班 | 203.56 | 0.120 | 0.120 |

工作内容：运料、下料、安装、捆扎、修理找平。                                  计量单位：m³

| 定　额　编　号 | | | | A11-4-179 | A11-4-180 |
|---|---|---|---|---|---|
| 项　目　名　称 | | | | 卧式设备(厚度) | |
| | | | | 80mm | 100mm |
| 基　　价（元） | | | | 219.81 | 189.29 |
| 其中 | 人　工　费（元） | | | 155.54 | 125.02 |
| | 材　料　费（元） | | | 39.84 | 39.84 |
| | 机　械　费（元） | | | 24.43 | 24.43 |
| 名　　称 | | 单位 | 单价(元) | 消　　耗　　量 | |
| 人工 | 综合工日 | 工日 | 140.00 | 1.111 | 0.893 |
| 材料 | 棉席被类制品 | m³ | — | (1.020) | (1.020) |
| | 镀锌铁丝 φ4.0～2.8 | kg | 3.57 | 11.160 | 11.160 |
| 机械 | 电动单筒慢速卷扬机 10kN | 台班 | 203.56 | 0.120 | 0.120 |

工作内容：运料、下料、安装、捆扎、修理找平。　　　　　　　　　　　　　　　　　　　　　　　计量单位：m³

| 定 额 编 号 | | | | A11-4-181 | A11-4-182 |
|---|---|---|---|---|---|
| 项 目 名 称 | | | | 球形设备（厚度） | |
| | | | | 40mm | 60mm |
| 基 价（元） | | | | 420.20 | 326.12 |
| 其中 | 人 工 费（元） | | | 328.58 | 234.50 |
| | 材 料 费（元） | | | 67.19 | 67.19 |
| | 机 械 费（元） | | | 24.43 | 24.43 |
| 名 称 | | 单位 | 单价（元） | 消 耗 量 | |
| 人工 | 综合工日 | 工日 | 140.00 | 2.347 | 1.675 |
| 材料 | 棉席被类制品 | m³ | — | (1.020) | (1.020) |
| | 镀锌铁丝 φ4.0～2.8 | kg | 3.57 | 18.820 | 18.820 |
| 机械 | 电动单筒慢速卷扬机 10kN | 台班 | 203.56 | 0.120 | 0.120 |

工作内容：运料、下料、安装、捆扎、修理找平。 计量单位：m³

| 定 额 编 号 | | | | A11-4-183 | A11-4-184 |
|---|---|---|---|---|---|
| 项 目 名 称 | | | | 球形设备(厚度) | |
| | | | | 80mm | 100mm |
| 基 价（元） | | | | 271.94 | 238.34 |
| 其中 | 人 工 费（元） | | | 180.32 | 146.72 |
| | 材 料 费（元） | | | 67.19 | 67.19 |
| | 机 械 费（元） | | | 24.43 | 24.43 |
| 名 称 | | 单位 | 单价(元) | 消 耗 量 | |
| 人工 | 综合工日 | 工日 | 140.00 | 1.288 | 1.048 |
| 材料 | 棉席被类制品 | m³ | — | (1.020) | (1.020) |
| | 镀锌铁丝 φ4.0～2.8 | kg | 3.57 | 18.820 | 18.820 |
| 机械 | 电动单筒慢速卷扬机 10kN | 台班 | 203.56 | 0.120 | 0.120 |

工作内容：运料、下料、安装、捆扎、修理找平。

计量单位：m³

| 定 额 编 号 | | | | A11-4-185 | A11-4-186 | A11-4-187 |
|---|---|---|---|---|---|---|
| 项 目 名 称 | | | | 阀门DN300以下(厚度) | | |
| | | | | 50mm | 80mm | 100mm |
| 基 价（元） | | | | 1075.52 | 950.64 | 835.98 |
| 其中 | 人 工 费（元） | | | 1020.74 | 895.86 | 781.20 |
| | 材 料 费（元） | | | 30.35 | 30.35 | 30.35 |
| | 机 械 费（元） | | | 24.43 | 24.43 | 24.43 |
| 名 称 | | 单位 | 单价(元) | 消 耗 量 | | |
| 人工 | 综合工日 | 工日 | 140.00 | 7.291 | 6.399 | 5.580 |
| 材料 | 棉席被类制品 | m³ | — | (1.050) | (1.050) | (1.050) |
| | 镀锌铁丝 φ2.5～1.4 | kg | 3.57 | 8.500 | 8.500 | 8.500 |
| 机械 | 电动单筒慢速卷扬机 10kN | 台班 | 203.56 | 0.120 | 0.120 | 0.120 |

工作内容：运料、下料、安装、捆扎、修理找平。　　　　　　　　　　　　　　　　计量单位：m³

| 定　额　编　号 | | | A11-4-188 | A11-4-189 | A11-4-190 |
|---|---|---|---|---|---|
| 项　目　名　称 | | | 阀门DN500以下（厚度） | | |
| | | | 50mm | 80mm | 100mm |
| 基　　　　　价（元） | | | 1080.87 | 959.49 | 843.85 |
| 其中 | 人　工　费（元） | | 1020.74 | 899.36 | 783.72 |
| | 材　料　费（元） | | 35.70 | 35.70 | 35.70 |
| | 机　械　费（元） | | 24.43 | 24.43 | 24.43 |
| 名　　　称 | 单位 | 单价（元） | 消　　耗　　量 | | |
| 人工 | 综合工日 | 工日 | 140.00 | 7.291 | 6.424 | 5.598 |
| 材料 | 棉席被类制品 | m³ | — | (1.050) | (1.050) | (1.050) |
| | 镀锌铁丝 Φ2.5~1.4 | kg | 3.57 | 10.000 | 10.000 | 10.000 |
| 机械 | 电动单筒慢速卷扬机 10kN | 台班 | 203.56 | 0.120 | 0.120 | 0.120 |

374

工作内容：运料、下料、安装、捆扎、修理找平。

计量单位：m³

| 定　额　编　号 | | | | A11-4-191 | A11-4-192 | A11-4-193 |
|---|---|---|---|---|---|---|
| 项　目　名　称 | | | | 阀门DN700以下（厚度） | | |
| | | | | 50mm | 80mm | 100mm |
| 基　　　　价（元） | | | | 963.95 | 856.85 | 754.09 |
| 其中 | 人　工　费（元） | | | 901.46 | 794.36 | 691.60 |
| | 材　料　费（元） | | | 38.06 | 38.06 | 38.06 |
| | 机　械　费（元） | | | 24.43 | 24.43 | 24.43 |
| 名　　称 | | 单位 | 单价（元） | 消　　耗　　量 | | |
| 人工 | 综合工日 | 工日 | 140.00 | 6.439 | 5.674 | 4.940 |
| 材料 | 棉席被类制品 | m³ | — | (1.050) | (1.050) | (1.050) |
| | 镀锌铁丝 φ2.5～1.4 | kg | 3.57 | 10.660 | 10.660 | 10.660 |
| 机械 | 电动单筒慢速卷扬机 10kN | 台班 | 203.56 | 0.120 | 0.120 | 0.120 |

工作内容：运料、下料、安装、捆扎、修理找平。

计量单位：m³

| 定　额　编　号 | | | A11-4-194 | A11-4-195 | A11-4-196 |
|---|---|---|---|---|---|
| 项　目　名　称 | | | 阀门DN1000以下（厚度） | | |
| | | | 50mm | 80mm | 100mm |
| 基　　　　价（元） | | | 875.37 | 778.21 | 686.23 |
| 其中 | 人　工　费（元） | | 810.60 | 713.44 | 621.46 |
| | 材　料　费（元） | | 40.34 | 40.34 | 40.34 |
| | 机　械　费（元） | | 24.43 | 24.43 | 24.43 |
| 名　　称 | | 单位 | 单价（元） | 消　　耗　　量 | | |
| 人工 | 综合工日 | 工日 | 140.00 | 5.790 | 5.096 | 4.439 |
| 材料 | 棉席被类制品 | m³ | — | (1.050) | (1.050) | (1.050) |
| | 镀锌铁丝　Φ2.5～1.4 | kg | 3.57 | 11.300 | 11.300 | 11.300 |
| 机械 | 电动单筒慢速卷扬机　10kN | 台班 | 203.56 | 0.120 | 0.120 | 0.120 |

工作内容：运料、下料、安装、捆扎、修理找平。 计量单位：m³

| 定 额 编 号 | | | | A11-4-197 | A11-4-198 | A11-4-199 |
|---|---|---|---|---|---|---|
| 项 目 名 称 | | | | 法兰DN300以下(厚度) | | |
| | | | | 50mm | 80mm | 100mm |
| 基 价（元） | | | | 1311.07 | 1161.83 | 1019.59 |
| 其中 | 人 工 费（元） | | | 1248.80 | 1099.56 | 957.32 |
| | 材 料 费（元） | | | 37.84 | 37.84 | 37.84 |
| | 机 械 费（元） | | | 24.43 | 24.43 | 24.43 |
| 名 称 | | 单位 | 单价（元） | 消 耗 量 | | |
| 人工 | 综合工日 | 工日 | 140.00 | 8.920 | 7.854 | 6.838 |
| 材料 | 棉席被类制品 | m³ | — | (1.050) | (1.050) | (1.050) |
| | 镀锌铁丝 φ2.5～1.4 | kg | 3.57 | 10.600 | 10.600 | 10.600 |
| 机械 | 电动单筒慢速卷扬机 10kN | 台班 | 203.56 | 0.120 | 0.120 | 0.120 |

工作内容：运料、下料、安装、捆扎、修理找平。 计量单位：m³

| 定 额 编 号 | | | | A11-4-200 | A11-4-201 | A11-4-202 |
|---|---|---|---|---|---|---|
| 项 目 名 称 | | | | 法兰DN500以下(厚度) | | |
| | | | | 50mm | 80mm | 100mm |
| 基 价（元） | | | | 1051.09 | 933.21 | 821.49 |
| 其中 | 人 工 费（元） | | | 988.82 | 870.94 | 759.22 |
| | 材 料 费（元） | | | 37.84 | 37.84 | 37.84 |
| | 机 械 费（元） | | | 24.43 | 24.43 | 24.43 |
| 名 称 | | 单位 | 单价(元) | 消 耗 量 | | |
| 人工 | 综合工日 | 工日 | 140.00 | 7.063 | 6.221 | 5.423 |
| 材料 | 棉席被类制品 | m³ | — | (1.050) | (1.050) | (1.050) |
| | 镀锌铁丝 φ2.5～1.4 | kg | 3.57 | 10.600 | 10.600 | 10.600 |
| 机械 | 电动单筒慢速卷扬机 10kN | 台班 | 203.56 | 0.120 | 0.120 | 0.120 |

工作内容：运料、下料、安装、捆扎、修理找平。 计量单位：m³

| 定 额 编 号 | | | | A11-4-203 | A11-4-204 | A11-4-205 |
|---|---|---|---|---|---|---|
| 项 目 名 称 | | | | 法兰DN700以下（厚度） | | |
| | | | | 50mm | 80mm | 100mm |
| 基 价（元） | | | | 1006.85 | 880.01 | 786.91 |
| 其中 | 人 工 费（元） | | | 944.58 | 817.74 | 724.64 |
| | 材 料 费（元） | | | 37.84 | 37.84 | 37.84 |
| | 机 械 费（元） | | | 24.43 | 24.43 | 24.43 |
| 名 称 | 单位 | 单价（元） | | 消 耗 量 | | |
| 人工 | 综合工日 | 工日 | 140.00 | 6.747 | 5.841 | 5.176 |
| 材料 | 棉席被类制品 | m³ | — | (1.030) | (1.030) | (1.030) |
| | 镀锌铁丝 φ2.5～1.4 | kg | 3.57 | 10.600 | 10.600 | 10.600 |
| 机械 | 电动单筒慢速卷扬机 10kN | 台班 | 203.56 | 0.120 | 0.120 | 0.120 |

工作内容：运料、下料、安装、捆扎、修理找平。 计量单位：m³

| 定 额 编 号 | | | | A11-4-206 | A11-4-207 | A11-4-208 |
|---|---|---|---|---|---|---|
| 项 目 名 称 | | | | 法兰DN1000以下(厚度) | | |
| | | | | 50mm | 80mm | 100mm |
| 基 价（元） | | | | 959.89 | 853.07 | 751.15 |
| 其中 | 人 工 费（元） | | | 897.40 | 790.58 | 688.66 |
| | 材 料 费（元） | | | 38.06 | 38.06 | 38.06 |
| | 机 械 费（元） | | | 24.43 | 24.43 | 24.43 |
| 名 称 | | 单位 | 单价（元） | 消 耗 量 | | |
| 人工 | 综合工日 | 工日 | 140.00 | 6.410 | 5.647 | 4.919 |
| 材料 | 棉席被类制品 | m³ | — | (1.030) | (1.030) | (1.030) |
| | 镀锌铁丝 φ2.5～1.4 | kg | 3.57 | 10.660 | 10.660 | 10.660 |
| 机械 | 电动单筒慢速卷扬机 10kN | 台班 | 203.56 | 0.120 | 0.120 | 0.120 |

# 七、纤维类散状材料安装

工作内容：运料、拆包、铺絮、安装、捆扎、修理找平。　　　　　　　　计量单位：m³

| 定　额　编　号 | | | A11-4-209 | A11-4-210 | A11-4-211 |
|---|---|---|---|---|---|
| 项　目　名　称 | | | 管道直径(mm以下) | | |
| | | | DN50 | DN125 | DN300 |
| 基　　　　　价（元） | | | 210.95 | 145.99 | 141.95 |
| 其中 | 人　工　费（元） | | 173.74 | 108.78 | 103.60 |
| | 材　料　费（元） | | 12.78 | 12.78 | 13.92 |
| | 机　械　费（元） | | 24.43 | 24.43 | 24.43 |
| 名　　　　称 | 单位 | 单价（元） | 消　　耗　　量 | | |
| 人工 | 综合工日 | 工日 | 140.00 | 1.241 | 0.777 | 0.740 |
| 材料 | 纤维类散状材料 | m³ | — | (1.030) | (1.030) | (1.030) |
| | 镀锌铁丝 Φ2.5～1.4 | kg | 3.57 | 3.580 | 3.580 | 3.900 |
| 机械 | 电动单筒慢速卷扬机 10kN | 台班 | 203.56 | 0.120 | 0.120 | 0.120 |

工作内容：运料、拆包、铺絮、安装、捆扎、修理找平。

计量单位：m³

| 定 额 编 号 | | | | A11-4-212 | A11-4-213 |
|---|---|---|---|---|---|
| 项 目 名 称 | | | | 管道直径(mm以下) | |
| | | | | DN500 | DN700 |
| 基 价（元） | | | | 137.47 | 140.71 |
| 其中 | 人 工 费（元） | | | 99.12 | 94.50 |
| | 材 料 费（元） | | | 13.92 | 21.78 |
| | 机 械 费（元） | | | 24.43 | 24.43 |
| 名 称 | 单位 | 单价（元） | | 消 耗 量 | |
| 人工 | 综合工日 | 工日 | 140.00 | 0.708 | 0.675 |
| 材料 | 纤维类散状材料 | m³ | — | (1.030) | (1.030) |
| | 镀锌铁丝 φ2.5～1.4 | kg | 3.57 | 3.900 | — |
| | 镀锌铁丝 φ4.0～2.8 | kg | 3.57 | — | 6.100 |
| 机械 | 电动单筒慢速卷扬机 10kN | 台班 | 203.56 | 0.120 | 0.120 |

| 定　额　编　号 | | | A11-4-214 | A11-4-215 | A11-4-216 |
|---|---|---|---|---|---|
| 项　目　名　称 | | | 设备 | | |
| | | | 立式 | 卧式 | 球形 |
| 基　　　　价（元） | | | 164.65 | 199.89 | 236.40 |
| 其中 | 人　工　费（元） | | 89.88 | 123.34 | 134.68 |
| | 材　料　费（元） | | 50.34 | 52.12 | 77.29 |
| | 机　械　费（元） | | 24.43 | 24.43 | 24.43 |
| 名　　称 | 单位 | 单价（元） | 消　　耗　　量 | | |
| 人工 | 综合工日 | 工日 | 140.00 | 0.642 | 0.881 | 0.962 |
| 材料 | 纤维类散状材料 | m³ | — | (1.030) | (1.030) | (1.030) |
| | 镀锌铁丝 φ4.0～2.8 | kg | 3.57 | 14.100 | 14.600 | 21.650 |
| 机械 | 电动单筒慢速卷扬机 10kN | 台班 | 203.56 | 0.120 | 0.120 | 0.120 |

工作内容：运料、拆包、铺絮、安装、捆扎、修理找平。 计量单位：m³

| 定　额　编　号 | | | A11-4-217 | A11-4-218 | A11-4-219 |
|---|---|---|---|---|---|
| 项　目　名　称 | | | 阀门DN300以下(厚度) | | |
| | | | 50mm | 80mm | 100mm |
| 基　　　价（元） | | | 972.81 | 864.17 | 759.87 |
| 其中 | 人　工　费（元） | | 915.18 | 806.54 | 702.24 |
| | 材　料　费（元） | | 33.20 | 33.20 | 33.20 |
| | 机　械　费（元） | | 24.43 | 24.43 | 24.43 |
| 名　　称 | 单位 | 单价(元) | 消　　耗　　量 | | |
| 人工 | 综合工日 | 工日 | 140.00 | 6.537 | 5.761 | 5.016 |
| 材料 | 纤维类散状材料 | m³ | — | (1.030) | (1.030) | (1.030) |
| | 镀锌铁丝 φ2.5～1.4 | kg | 3.57 | 9.300 | 9.300 | 9.300 |
| 机械 | 电动单筒慢速卷扬机 10kN | 台班 | 203.56 | 0.120 | 0.120 | 0.120 |

384

工作内容：运料、拆包、铺絮、安装、捆扎、修理找平。 计量单位：m³

| 定 额 编 号 | | | A11-4-220 | A11-4-221 | A11-4-222 |
|---|---|---|---|---|---|
| 项 目 名 称 | | | 阀门DN500以下（厚度） | | |
| | | | 50mm | 80mm | 100mm |
| 基 价（元） | | | 979.37 | 870.17 | 765.59 |
| 其中 | 人 工 费（元） | | 919.24 | 810.04 | 705.46 |
| | 材 料 费（元） | | 35.70 | 35.70 | 35.70 |
| | 机 械 费（元） | | 24.43 | 24.43 | 24.43 |
| 名 称 | 单位 | 单价（元） | 消 耗 量 | | |
| 人工 | 综合工日 | 工日 | 140.00 | 6.566 | 5.786 | 5.039 |
| 材料 | 纤维类散状材料 | m³ | — | (1.030) | (1.030) | (1.030) |
| | 镀锌铁丝 φ2.5～1.4 | kg | 3.57 | 10.000 | 10.000 | 10.000 |
| 机械 | 电动单筒慢速卷扬机 10kN | 台班 | 203.56 | 0.120 | 0.120 | 0.120 |

工作内容：运料、拆包、铺絮、安装、捆扎、修理找平。 计量单位：m³

| 定　额　编　号 | | | | A11-4-223 | A11-4-224 | A11-4-225 |
|---|---|---|---|---|---|---|
| 项　目　名　称 | | | | 阀门DN700以下(厚度) | | |
| | | | | 50mm | 80mm | 100mm |
| 基　　　价　（元） | | | | 878.20 | 781.74 | 689.20 |
| 其中 | 人　工　费（元） | | | 812.14 | 715.68 | 623.14 |
| | 材　料　费（元） | | | 41.63 | 41.63 | 41.63 |
| | 机　械　费（元） | | | 24.43 | 24.43 | 24.43 |
| 名　　称 | | 单位 | 单价（元） | 消　　耗　　量 | | |
| 人工 | 综合工日 | 工日 | 140.00 | 5.801 | 5.112 | 4.451 |
| 材料 | 纤维类散状材料 | m³ | — | (1.030) | (1.030) | (1.030) |
| | 镀锌铁丝 φ2.5～1.4 | kg | 3.57 | 11.660 | 11.660 | 11.660 |
| 机械 | 电动单筒慢速卷扬机 10kN | 台班 | 203.56 | 0.120 | 0.120 | 0.120 |

工作内容：运料、拆包、铺絮、安装、捆扎、修理找平。

计量单位：m³

| 定 额 编 号 | | | | A11-4-226 | A11-4-227 | A11-4-228 |
|---|---|---|---|---|---|---|
| 项 目 名 称 | | | | 阀门DN1000以下(厚度) | | |
| | | | | 50mm | 80mm | 100mm |
| 基 价（元） | | | | 952.26 | 850.06 | 749.12 |
| 其中 | 人 工 费（元） | | | 886.20 | 784.00 | 683.06 |
| | 材 料 费（元） | | | 41.63 | 41.63 | 41.63 |
| | 机 械 费（元） | | | 24.43 | 24.43 | 24.43 |
| 名 称 | | 单位 | 单价(元) | 消 耗 量 | | |
| 人工 | 综合工日 | 工日 | 140.00 | 6.330 | 5.600 | 4.879 |
| 材料 | 纤维类散状材料 | m³ | — | (1.030) | (1.030) | (1.030) |
| | 镀锌铁丝 φ2.5～1.4 | kg | 3.57 | 11.660 | 11.660 | 11.660 |
| 机械 | 电动单筒慢速卷扬机 10kN | 台班 | 203.56 | 0.120 | 0.120 | 0.120 |

| 定　额　编　号 | | | | A11-4-229 | A11-4-230 | A11-4-231 |
|---|---|---|---|---|---|---|
| 项　目　名　称 | | | | 法兰DN300以下(厚度) | | |
| | | | | 50mm | 80mm | 100mm |
| 基　　　　　价（元） | | | | 1243.59 | 1107.51 | 972.27 |
| 其中 | 人　工　费（元） | | | 1181.32 | 1045.24 | 910.00 |
| | 材　料　费（元） | | | 37.84 | 37.84 | 37.84 |
| | 机　械　费（元） | | | 24.43 | 24.43 | 24.43 |
| 名　　称 | | 单位 | 单价(元) | 消　　耗　　量 | | |
| 人工 | 综合工日 | 工日 | 140.00 | 8.438 | 7.466 | 6.500 |
| 材料 | 纤维类散状材料 | m³ | — | (1.030) | (1.030) | (1.030) |
| | 镀锌铁丝 φ2.5～1.4 | kg | 3.57 | 10.600 | 10.600 | 10.600 |
| 机械 | 电动单筒慢速卷扬机 10kN | 台班 | 203.56 | 0.120 | 0.120 | 0.120 |

工作内容：运料、拆包、铺絮、安装、捆扎、修理找平。 计量单位：m³

| 定　额　编　号 | | | A11-4-232 | A11-4-233 | A11-4-234 |
|---|---|---|---|---|---|
| 项　目　名　称 | | | 法兰DN500以下(厚度) | | |
| | | | 50mm | 80mm | 100mm |
| 基　　价（元） | | | 1001.95 | 890.09 | 782.99 |
| 其中 | 人　工　费（元） | | 939.68 | 827.82 | 720.72 |
| | 材　料　费（元） | | 37.84 | 37.84 | 37.84 |
| | 机　械　费（元） | | 24.43 | 24.43 | 24.43 |
| 名　　称 | 单位 | 单价(元) | 消　　耗　　量 | | |
| 人工 | 综合工日 | 工日 | 140.00 | 6.712 | 5.913 | 5.148 |
| 材料 | 纤维类散状材料 | m³ | — | (1.030) | (1.030) | (1.030) |
| | 镀锌铁丝　φ2.5～1.4 | kg | 3.57 | 10.600 | 10.600 | 10.600 |
| 机械 | 电动单筒慢速卷扬机 10kN | 台班 | 203.56 | 0.120 | 0.120 | 0.120 |

工作内容：运料、拆包、铺絮、安装、捆扎、修理找平。 　　　　　　　　　　计量单位：m³

| 定 额 编 号 | | | | A11-4-235 | A11-4-236 | A11-4-237 |
|---|---|---|---|---|---|---|
| 项 目 名 称 | | | | 法兰DN700以下（厚度） | | |
| | | | | 50mm | 80mm | 100mm |
| 基 价（元） | | | | 960.87 | 853.77 | 751.57 |
| 其中 | 人 工 费（元） | | | 898.38 | 791.28 | 689.08 |
| | 材 料 费（元） | | | 38.06 | 38.06 | 38.06 |
| | 机 械 费（元） | | | 24.43 | 24.43 | 24.43 |
| 名 称 | | 单位 | 单价（元） | 消 耗 量 | | |
| 人工 | 综合工日 | 工日 | 140.00 | 6.417 | 5.652 | 4.922 |
| 材料 | 纤维类散状材料 | m³ | — | (1.030) | (1.030) | (1.030) |
| | 镀锌铁丝 φ2.5～1.4 | kg | 3.57 | 10.660 | 10.660 | 10.660 |
| 机械 | 电动单筒慢速卷扬机 10kN | 台班 | 203.56 | 0.120 | 0.120 | 0.120 |

工作内容：运料、拆包、铺絮、安装、捆扎、修理找平。 计量单位：㎥

| 定　额　编　号 | | | | A11-4-238 | A11-4-239 | A11-4-240 |
|---|---|---|---|---|---|---|
| 项　目　名　称 | | | | 法兰DN1000以下(厚度) | | |
| | | | | 50mm | 80mm | 100mm |
| 基　　价（元） | | | | 915.23 | 813.45 | 717.13 |
| 其中 | 人　工　费（元） | | | 852.74 | 750.96 | 654.64 |
| | 材　料　费（元） | | | 38.06 | 38.06 | 38.06 |
| | 机　械　费（元） | | | 24.43 | 24.43 | 24.43 |
| 名　　称 | | 单位 | 单价（元） | 消　　耗　　量 | | |
| 人工 | 综合工日 | 工日 | 140.00 | 6.091 | 5.364 | 4.676 |
| 材料 | 纤维类散状材料 | ㎥ | — | (1.030) | (1.030) | (1.030) |
| | 镀锌铁丝 φ2.5～1.4 | kg | 3.57 | 10.660 | 10.660 | 10.660 |
| 机械 | 电动单筒慢速卷扬机 10kN | 台班 | 203.56 | 0.120 | 0.120 | 0.120 |

# 八、聚氨酯泡沫喷涂发泡安装

工作内容：运料、现场施工准备、配料、喷涂、修理找平、设备机具修理。 计量单位：m³

| 定 额 编 号 | | | | A11-4-241 | A11-4-242 | A11-4-243 |
|---|---|---|---|---|---|---|
| 项 目 名 称 | | | | 立式设备(厚度mm) | | |
| | | | | 50以下 | 100以下 | 100以上 |
| 基 价（元） | | | | 1144.49 | 1136.79 | 1120.13 |
| 其中 | 人 工 费（元） | | | 194.60 | 186.90 | 170.24 |
| | 材 料 费（元） | | | 872.37 | 872.37 | 872.37 |
| | 机 械 费（元） | | | 77.52 | 77.52 | 77.52 |
| 名 称 | | 单位 | 单价(元) | 消 耗 量 | | |
| 人工 | 综合工日 | 工日 | 140.00 | 1.390 | 1.335 | 1.216 |
| 材料 | 丙酮 | kg | 7.51 | 5.000 | 5.000 | 5.000 |
| | 可发性聚氨酯泡沫塑料 | kg | 13.25 | 62.500 | 62.500 | 62.500 |
| | 其他材料费 | 元 | 1.00 | 6.695 | 6.695 | 6.695 |
| 机械 | 电动空气压缩机 3m³/min | 台班 | 118.19 | 0.400 | 0.400 | 0.400 |
| | 喷涂机 | 台班 | 75.61 | 0.400 | 0.400 | 0.400 |

392

工作内容：运料、现场施工准备、配料、喷涂、修理找平、设备机具修理。 计量单位：m³

| 定 额 编 号 | | | A11-4-244 | A11-4-245 | A11-4-246 |
|---|---|---|---|---|---|
| 项 目 名 称 | | | 卧式设备(厚度mm) | | |
| | | | 50以下 | 100以下 | 100以上 |
| 基 价（元） | | | 1171.37 | 1152.47 | 1134.83 |
| 其中 | 人 工 费（元） | | 221.48 | 202.58 | 184.94 |
| | 材 料 费（元） | | 872.37 | 872.37 | 872.37 |
| | 机 械 费（元） | | 77.52 | 77.52 | 77.52 |
| 名 称 | 单位 | 单价（元） | 消 耗 量 | | |
| 人工 | 综合工日 | 工日 | 140.00 | 1.582 | 1.447 | 1.321 |
| 材料 | 丙酮 | kg | 7.51 | 5.000 | 5.000 | 5.000 |
| | 可发性聚氨酯泡沫塑料 | kg | 13.25 | 62.500 | 62.500 | 62.500 |
| | 其他材料费 | 元 | 1.00 | 6.695 | 6.695 | 6.695 |
| 机械 | 电动空气压缩机 3m³/min | 台班 | 118.19 | 0.400 | 0.400 | 0.400 |
| | 喷涂机 | 台班 | 75.61 | 0.400 | 0.400 | 0.400 |

工作内容：运料、现场施工准备、配料、喷涂、修理找平、设备机具修理。 计量单位：m³

| 定 额 编 号 | | | A11-4-247 | A11-4-248 | A11-4-249 |
|---|---|---|---|---|---|
| 项 目 名 称 | | | 球形设备（厚度mm） | | |
| | | | 50以下 | 100以下 | 100以上 |
| 基 价（元） | | | 1171.37 | 1152.47 | 1134.83 |
| 其中 | 人 工 费（元） | | 221.48 | 202.58 | 184.94 |
| | 材 料 费（元） | | 872.37 | 872.37 | 872.37 |
| | 机 械 费（元） | | 77.52 | 77.52 | 77.52 |
| 名 称 | | 单位 | 单价（元） | 消 耗 量 | |
| 人工 | 综合工日 | 工日 | 140.00 | 1.582 | 1.447 | 1.321 |
| 材料 | 丙酮 | kg | 7.51 | 5.000 | 5.000 | 5.000 |
| | 可发性聚氨酯泡沫塑料 | kg | 13.25 | 62.500 | 62.500 | 62.500 |
| | 其他材料费 | 元 | 1.00 | 6.695 | 6.695 | 6.695 |
| 机械 | 电动空气压缩机 3m³/min | 台班 | 118.19 | 0.400 | 0.400 | 0.400 |
| | 喷涂机 | 台班 | 75.61 | 0.400 | 0.400 | 0.400 |

工作内容：运料、现场施工准备、配料、喷涂、修理找平、设备机具修理。 计量单位：m³

| 定 额 编 号 | | | | A11-4-250 | A11-4-251 | A11-4-252 |
|---|---|---|---|---|---|---|
| 项 目 名 称 | | | | 管道(厚度mm) | | |
| | | | | DN50mm | | |
| | | | | 40mm | 60mm | 80mm |
| 基 价（元） | | | | 1538.46 | 1468.18 | 1533.56 |
| 其中 | 人 工 费（元） | | | 438.62 | 368.34 | 433.72 |
| | 材 料 费（元） | | | 1018.44 | 1018.44 | 1018.44 |
| | 机 械 费（元） | | | 81.40 | 81.40 | 81.40 |
| 名 称 | | 单位 | 单价（元） | 消 耗 量 | | |
| 人工 | 综合工日 | 工日 | 140.00 | 3.133 | 2.631 | 3.098 |
| 材料 | 高密度聚乙烯管壳 δ3 | kg | — | (110.290) | (78.010) | (51.690) |
| | 丙酮 | kg | 7.51 | 5.000 | 5.000 | 5.000 |
| | 热轧薄钢板 δ0.5～1.0 | kg | 3.93 | 3.500 | 3.500 | 3.500 |
| | 异氰酸酯 | kg | 16.00 | 32.636 | 32.636 | 32.636 |
| | 组合聚醚 | kg | 15.00 | 29.664 | 29.664 | 29.664 |
| 机械 | 电动空气压缩机 3m³/min | 台班 | 118.19 | 0.420 | 0.420 | 0.420 |
| | 喷涂机 | 台班 | 75.61 | 0.420 | 0.420 | 0.420 |

工作内容：运料、现场施工准备、配料、喷涂、修理找平、设备机具修理。　　　　　　　　　　　计量单位：m³

| 定 额 编 号 | | | A11-4-253 | A11-4-254 | A11-4-255 |
|---|---|---|---|---|---|
| 项 目 名 称 | | | 管道(厚度mm) | | |
| | | | DN125mm | | |
| | | | 40mm | 60mm | 80mm |
| 基 价（元） | | | 1439.11 | 1341.67 | 1411.25 |
| 其中 | 人 工 费（元） | | 341.18 | 243.74 | 313.32 |
| | 材 料 费（元） | | 1020.41 | 1020.41 | 1020.41 |
| | 机 械 费（元） | | 77.52 | 77.52 | 77.52 |
| 名 称 | 单位 | 单价(元) | 消 耗 量 | | |
| 人工 综合工日 | 工日 | 140.00 | 2.437 | 1.741 | 2.238 |
| 材料 高密度聚乙烯管壳 δ3 | kg | — | (94.700) | (66.930) | (44.470) |
| 丙酮 | kg | 7.51 | 5.000 | 5.000 | 5.000 |
| 热轧薄钢板 δ0.5～1.0 | kg | 3.93 | 4.000 | 4.000 | 4.000 |
| 异氰酸酯 | kg | 16.00 | 32.636 | 32.636 | 32.636 |
| 组合聚醚 | kg | 15.00 | 29.664 | 29.664 | 29.664 |
| 机械 电动空气压缩机 3m³/min | 台班 | 118.19 | 0.400 | 0.400 | 0.400 |
| 喷涂机 | 台班 | 75.61 | 0.400 | 0.400 | 0.400 |

工作内容：运料、现场施工准备、配料、喷涂、修理找平、设备机具修理。　　　　　　　　　　计量单位：m³

| 定　额　编　号 | | | | A11-4-256 | A11-4-257 | A11-4-258 |
|---|---|---|---|---|---|---|
| 项　目　名　称 | | | | 管道(厚度mm) | | |
| | | | | DN300mm | | |
| | | | | 40mm | 60mm | 80mm |
| 基　　　　价（元） | | | | 1260.78 | 1212.06 | 1179.58 |
| 其中 | 人　工　费（元） | | | 157.08 | 108.36 | 75.88 |
| | 材　料　费（元） | | | 1030.06 | 1030.06 | 1030.06 |
| | 机　械　费（元） | | | 73.64 | 73.64 | 73.64 |
| 名　　称 | | 单位 | 单价（元） | 消　　耗　　量 | | |
| 人工 | 综合工日 | 工日 | 140.00 | 1.122 | 0.774 | 0.542 |
| 材料 | 高密度聚乙烯管壳 δ3 | kg | — | (141.770) | (98.240) | (63.300) |
| | 丙酮 | kg | 7.51 | 5.500 | 5.500 | 5.500 |
| | 热轧薄钢板 δ0.5～1.0 | kg | 3.93 | 5.500 | 5.500 | 5.500 |
| | 异氰酸酯 | kg | 16.00 | 32.636 | 32.636 | 32.636 |
| | 组合聚醚 | kg | 15.00 | 29.664 | 29.664 | 29.664 |
| 机械 | 电动空气压缩机 3m³/min | 台班 | 118.19 | 0.380 | 0.380 | 0.380 |
| | 喷涂机 | 台班 | 75.61 | 0.380 | 0.380 | 0.380 |

工作内容：运料、现场施工准备、配料、喷涂、修理找平、设备机具修理。　　　　　　　　　　计量单位：m³

| 定　额　编　号 | | | A11-4-259 | A11-4-260 | A11-4-261 |
|---|---|---|---|---|---|
| 项　目　名　称 | | | 管道(厚度mm) | | |
| | | | DN500mm | | |
| | | | 40mm | 60mm | 80mm |
| 基　　　　价（元） | | | 1220.79 | 1188.45 | 1166.61 |
| 其中 | 人　工　费（元） | | 119.00 | 86.66 | 64.82 |
| | 材　料　费（元） | | 1032.02 | 1032.02 | 1032.02 |
| | 机　械　费（元） | | 69.77 | 69.77 | 69.77 |
| 名　称 | | 单位 | 单价（元） | 消　　耗　　量 | |
| 人工 | 综合工日 | 工日 | 140.00 | 0.850 | 0.619 | 0.463 |
| 材料 | 高密度聚乙烯管壳 δ3 | kg | — | (135.640) | (93.000) | (58.820) |
| | 丙酮 | kg | 7.51 | 5.500 | 5.500 | 5.500 |
| | 热轧薄钢板 δ0.5~1.0 | kg | 3.93 | 6.000 | 6.000 | 6.000 |
| | 异氰酸酯 | kg | 16.00 | 32.636 | 32.636 | 32.636 |
| | 组合聚醚 | kg | 15.00 | 29.664 | 29.664 | 29.664 |
| 机械 | 电动空气压缩机 3m³/min | 台班 | 118.19 | 0.360 | 0.360 | 0.360 |
| | 喷涂机 | 台班 | 75.61 | 0.360 | 0.360 | 0.360 |

工作内容：运料、现场施工准备、配料、喷涂、修理找平、设备机具修理。　　　　　　　　　计量单位：m³

| 定　额　编　号 | | | A11-4-262 | A11-4-263 | A11-4-264 |
|---|---|---|---|---|---|
| 项　目　名　称 | | | 管道(厚度mm) | | |
| | | | DN700mm | | |
| | | | 40mm | 60mm | 80mm |
| 基　　价（元） | | | 1211.72 | 1162.86 | 1119.74 |
| 其中 | 人　工　费（元） | | 113.68 | 64.82 | 21.70 |
| | 材　料　费（元） | | 1028.27 | 1028.27 | 1028.27 |
| | 机　械　费（元） | | 69.77 | 69.77 | 69.77 |
| 名　　称 | 单位 | 单价(元) | 消　　耗　　量 | | |
| 人工 综合工日 | 工日 | 140.00 | 0.812 | 0.463 | 0.155 |
| 材料 高密度聚乙烯管壳 δ3 | kg | — | (132.890) | (90.580) | (56.700) |
| 丙酮 | kg | 7.51 | 5.000 | 5.000 | 5.000 |
| 热轧薄钢板 δ0.5~1.0 | kg | 3.93 | 6.000 | 6.000 | 6.000 |
| 异氰酸酯 | kg | 16.00 | 32.636 | 32.636 | 32.636 |
| 组合聚醚 | kg | 15.00 | 29.664 | 29.664 | 29.664 |
| 机械 电动空气压缩机 3m³/min | 台班 | 118.19 | 0.360 | 0.360 | 0.360 |
| 喷涂机 | 台班 | 75.61 | 0.360 | 0.360 | 0.360 |

# 九、聚氨酯泡沫喷涂发泡补口安装

工作内容：运料、现场施工准备、配料、喷涂、修理找平、设备机具修理。　　　　　计量单位：个口

| 定　额　编　号 | | | A11-4-265 | A11-4-266 | A11-4-267 |
|---|---|---|---|---|---|
| 项　目　名　称 | | | 管道(厚度mm) | | |
| | | | DN50mm | | |
| | | | 40mm | 60mm | 80mm |
| 基　　　　　价（元） | | | 16.92 | 19.00 | 21.08 |
| 其中 | 人　工　费（元） | | 13.86 | 14.42 | 14.98 |
| | 材　料　费（元） | | 3.06 | 4.58 | 6.10 |
| | 机　械　费（元） | | — | — | — |
| 名　　　称 | 单位 | 单价（元） | 消　　耗　　量 | | |
| 人工 | 综合工日 | 工日 | 140.00 | 0.099 | 0.103 | 0.107 |
| 材料 | 高密度聚乙烯管壳 δ3 | kg | — | (0.343) | (0.515) | (0.686) |
| | 丙酮 | kg | 7.51 | 0.014 | 0.021 | 0.029 |
| | 热轧薄钢板 δ0.5～1.0 | kg | 3.93 | 0.010 | 0.015 | 0.020 |
| | 异氰酸酯 | kg | 16.00 | 0.098 | 0.147 | 0.196 |
| | 组合聚醚 | kg | 15.00 | 0.090 | 0.134 | 0.178 |

工作内容：运料、现场施工准备、配料、喷涂、修理找平、设备机具修理。 　　　　　计量单位：个口

| 定　额　编　号 | | | A11-4-268 | A11-4-269 | A11-4-270 |
|---|---|---|---|---|---|
| 项　目　名　称 | | | 管道(厚度mm) | | |
| | | | DN125mm | | |
| | | | 40mm | 60mm | 80mm |
| 基　　　　　价（元） | | | 21.54 | 25.68 | 29.80 |
| 其中 | 人　工　费（元） | | 14.42 | 14.98 | 15.54 |
| | 材　料　费（元） | | 7.12 | 10.70 | 14.26 |
| | 机　械　费（元） | | — | — | — |
| 名　　称 | 单位 | 单价(元) | 消 | 耗 | 量 |
| 人工 | 综合工日 | 工日 | 140.00 | 0.103 | 0.107 | 0.111 |
| 材料 | 高密度聚乙烯管壳 δ3 | kg | — | (0.800) | (1.201) | (1.601) |
| | 丙酮 | kg | 7.51 | 0.033 | 0.050 | 0.067 |
| | 热轧薄钢板 δ0.5～1.0 | kg | 3.93 | 0.023 | 0.035 | 0.047 |
| | 异氰酸酯 | kg | 16.00 | 0.229 | 0.344 | 0.458 |
| | 组合聚醚 | kg | 15.00 | 0.208 | 0.312 | 0.416 |

工作内容：运料、现场施工准备、配料、喷涂、修理找平、设备机具修理。 计量单位：个口

| 定 额 编 号 | | | A11-4-271 | A11-4-272 | A11-4-273 |
|---|---|---|---|---|---|
| 项 目 名 称 | | | 管道(厚度mm) | | |
| | | | DN300mm | | |
| | | | 40mm | 60mm | 80mm |
| 基 价（元） | | | 34.09 | 43.51 | 52.78 |
| 其中 | 人 工 费（元） | | 16.66 | 17.36 | 17.92 |
| | 材 料 费（元） | | 17.43 | 26.15 | 34.86 |
| | 机 械 费（元） | | — | — | — |
| 名 称 | 单位 | 单价(元) | 消 耗 量 | | |
| 人工 | 综合工日 | 工日 | 140.00 | 0.119 | 0.124 | 0.128 |
| 材料 | 高密度聚乙烯管壳 δ3 | kg | — | (1.956) | (2.934) | (3.912) |
| | 丙酮 | kg | 7.51 | 0.082 | 0.123 | 0.163 |
| | 热轧薄钢板 δ0.5～1.0 | kg | 3.93 | 0.057 | 0.086 | 0.114 |
| | 异氰酸酯 | kg | 16.00 | 0.560 | 0.840 | 1.120 |
| | 组合聚醚 | kg | 15.00 | 0.509 | 0.763 | 1.018 |

工作内容：运料、现场施工准备、配料、喷涂、修理找平、设备机具修理。 计量单位：个口

| 定 额 编 号 | | | | A11-4-274 | A11-4-275 | A11-4-276 |
|---|---|---|---|---|---|---|
| 项 目 名 称 | | | | 管道(厚度mm) | | |
| | | | | DN500mm | | |
| | | | | 40mm | 60mm | 80mm |
| 基 价（元） | | | | 59.85 | 81.87 | 103.74 |
| 其中 | 人 工 费（元） | | | 17.22 | 17.92 | 18.48 |
| | 材 料 费（元） | | | 42.63 | 63.95 | 85.26 |
| | 机 械 费（元） | | | — | — | — |
| 名 称 | | 单位 | 单价（元） | 消 耗 量 | | |
| 人工 | 综合工日 | 工日 | 140.00 | 0.123 | 0.128 | 0.132 |
| 材料 | 高密度聚乙烯管壳 δ3 | kg | — | (4.784) | (7.177) | (9.569) |
| | 丙酮 | kg | 7.51 | 0.200 | 0.300 | 0.400 |
| | 热轧薄钢板 δ0.5～1.0 | kg | 3.93 | 0.140 | 0.210 | 0.280 |
| | 异氰酸酯 | kg | 16.00 | 1.369 | 2.054 | 2.739 |
| | 组合聚醚 | kg | 15.00 | 1.245 | 1.867 | 2.489 |

403

工作内容：运料、现场施工准备、配料、喷涂、修理找平、设备机具修理。　　　　计量单位：个口

| 定 额 编 号 | | | | A11-4-277 | A11-4-278 | A11-4-279 |
|---|---|---|---|---|---|---|
| 项 目 名 称 | | | | 管道(厚度mm) | | |
| | | | | DN700mm | | |
| | | | | 40mm | 60mm | 80mm |
| 基 价（元） | | | | 76.67 | 106.46 | 136.12 |
| 其中 | 人 工 费（元） | | | 18.76 | 19.60 | 20.30 |
| | 材 料 费（元） | | | 57.91 | 86.86 | 115.82 |
| | 机 械 费（元） | | | — | — | — |
| 名 称 | | 单位 | 单价(元) | 消 耗 量 | | |
| 人工 | 综合工日 | 工日 | 140.00 | 0.134 | 0.140 | 0.145 |
| 材料 | 高密度聚乙烯管壳 δ3 | kg | — | (6.500) | (9.749) | (12.999) |
| | 丙酮 | kg | 7.51 | 0.271 | 0.407 | 0.543 |
| | 热轧薄钢板 δ0.5~1.0 | kg | 3.93 | 0.190 | 0.285 | 0.380 |
| | 异氰酸酯 | kg | 16.00 | 1.860 | 2.790 | 3.720 |
| | 组合聚醚 | kg | 15.00 | 1.691 | 2.536 | 3.382 |

404

# 十、硅酸盐类涂抹材料安装

工作内容：运料、搅拌均匀、涂抹安装、找平压光。　　　　　　　　　　　　计量单位：10m²

| 定　额　编　号 | | | | A11-4-280 | A11-4-281 |
|---|---|---|---|---|---|
| 项　目　名　称 | | | | 管道(厚度) | |
| | | | | 20mm | 40mm |
| 基　　　价（元） | | | | 213.94 | 239.33 |
| 其中 | 人　工　费（元） | | | 171.64 | 195.44 |
| | 材　料　费（元） | | | 1.59 | 3.18 |
| | 机　械　费（元） | | | 40.71 | 40.71 |
| 名　　　称 | | 单位 | 单价（元） | 消　　耗　　量 | |
| 人工 | 综合工日 | 工日 | 140.00 | 1.226 | 1.396 |
| 材料 | 硅酸盐涂抹料 | m³ | — | (0.203) | (0.406) |
| | 水 | t | 7.96 | 0.200 | 0.400 |
| 机械 | 电动单筒慢速卷扬机 10kN | 台班 | 203.56 | 0.200 | 0.200 |

工作内容：运料、搅拌均匀、涂抹安装、找平压光。 计量单位：10㎡

| 定 额 编 号 | | | A11-4-282 | A11-4-283 |
|---|---|---|---|---|
| 项 目 名 称 | | | 管道(厚度) | |
| | | | 60mm | 80mm |
| 基 价 （元） | | | 279.57 | 283.26 |
| 其中 | 人 工 费（元） | | 234.08 | 236.18 |
| | 材 料 费（元） | | 4.78 | 6.37 |
| | 机 械 费（元） | | 40.71 | 40.71 |
| 名 称 | 单位 | 单价（元） | 消 耗 量 | |
| 人工 | 综合工日 | 工日 | 140.00 | 1.672 | 1.687 |
| 材料 | 硅酸盐涂抹料 | m³ | — | (0.609) | (0.816) |
| | 水 | t | 7.96 | 0.600 | 0.800 |
| 机械 | 电动单筒慢速卷扬机 10kN | 台班 | 203.56 | 0.200 | 0.200 |

工作内容：运料、搅拌均匀、涂抹安装、找平压光。

计量单位：10m²

| 定 额 编 号 | | | A11-4-284 | A11-4-285 |
|---|---|---|---|---|
| 项 目 名 称 | | | 设备(厚度) | |
| | | | 20mm | 40mm |
| 基 价（元） | | | 197.28 | 220.71 |
| 其中 | 人 工 费（元） | | 154.98 | 176.82 |
| | 材 料 费（元） | | 1.59 | 3.18 |
| | 机 械 费（元） | | 40.71 | 40.71 |
| 名 称 | 单位 | 单价(元) | 消 耗 量 | |
| 人工 | 综合工日 | 工日 | 140.00 | 1.107 | 1.263 |
| 材料 | 硅酸盐涂抹料 | m³ | — | (0.203) | (0.406) |
| | 水 | t | 7.96 | 0.200 | 0.400 |
| 机械 | 电动单筒慢速卷扬机 10kN | 台班 | 203.56 | 0.200 | 0.200 |

工作内容：运料、搅拌均匀、涂抹安装、找平压光。 计量单位：10m²

| 定 额 编 号 | | | A11-4-286 | A11-4-287 |
|---|---|---|---|---|
| 项 目 名 称 | | | 设备(厚度) | |
| | | | 60mm | 80mm |
| 基 价（元） | | | 256.75 | 260.44 |
| 其中 | 人 工 费（元） | | 211.26 | 213.36 |
| | 材 料 费（元） | | 4.78 | 6.37 |
| | 机 械 费（元） | | 40.71 | 40.71 |
| 名 称 | 单位 | 单价(元) | 消 耗 量 | |
| 人工 | 综合工日 | 工日 | 140.00 | 1.509 | 1.524 |
| 材料 | 硅酸盐涂抹料 | m³ | — | (0.609) | (0.816) |
| | 水 | t | 7.96 | 0.600 | 0.800 |
| 机械 | 电动单筒慢速卷扬机 10kN | 台班 | 203.56 | 0.200 | 0.200 |

工作内容：运料、搅拌均匀、涂抹安装、找平压光。 计量单位：10m²

| 定 额 编 号 | | | | | A11-4-288 | A11-4-289 |
|---|---|---|---|---|---|---|
| 项 目 名 称 | | | | | 阀门(厚度) | |
| | | | | | 20mm | 40mm |
| 基 价（元） | | | | | 428.28 | 486.71 |
| 其中 | 人 工 费（元） | | | | 385.98 | 442.82 |
| | 材 料 费（元） | | | | 1.59 | 3.18 |
| | 机 械 费（元） | | | | 40.71 | 40.71 |
| 名 称 | | 单位 | 单价（元） | 消 耗 量 | | |
| 人工 | 综合工日 | 工日 | 140.00 | 2.757 | | 3.163 |
| 材料 | 硅酸盐涂抹料 | m³ | — | (0.203) | | (0.406) |
| | 水 | t | 7.96 | 0.200 | | 0.400 |
| 机械 | 电动单筒慢速卷扬机 10kN | 台班 | 203.56 | 0.200 | | 0.200 |

工作内容：运料、搅拌均匀、涂抹安装、找平压光。 计量单位：10m²

| 定 额 编 号 | | | | | A11-4-290 | A11-4-291 |
|---|---|---|---|---|---|---|
| 项 目 名 称 | | | | | 阀门（厚度） | |
| | | | | | 60mm | 80mm |
| 基 价（元） | | | | | 553.83 | 609.74 |
| 其中 | 人 工 费（元） | | | | 508.34 | 562.66 |
| | 材 料 费（元） | | | | 4.78 | 6.37 |
| | 机 械 费（元） | | | | 40.71 | 40.71 |
| 名 称 | | 单位 | 单价（元） | | 消 耗 量 | |
| 人工 | 综合工日 | 工日 | 140.00 | | 3.631 | 4.019 |
| 材料 | 硅酸盐涂抹料 | m³ | — | | (0.609) | (0.816) |
| | 水 | t | 7.96 | | 0.600 | 0.800 |
| 机械 | 电动单筒慢速卷扬机 10kN | 台班 | 203.56 | | 0.200 | 0.200 |

410

工作内容：运料、搅拌均匀、涂抹安装、找平压光。　　　　　　　　　　　　　　　计量单位：10m²

| 定　额　编　号 | | | | A11-4-292 | A11-4-293 |
|---|---|---|---|---|---|
| 项　目　名　称 | | | | 法兰(厚度) | |
| | | | | 20mm | 40mm |
| 基　　　　价（元） | | | | **288.56** | **329.21** |
| 其中 | 人　工　费（元） | | | 246.26 | 285.32 |
| | 材　料　费（元） | | | 1.59 | 3.18 |
| | 机　械　费（元） | | | 40.71 | 40.71 |
| 名　　　称 | | 单位 | 单价（元） | 消　　耗　　量 | |
| 人工 | 综合工日 | 工日 | 140.00 | 1.759 | 2.038 |
| 材料 | 硅酸盐涂抹料 | m³ | — | (0.203) | (0.406) |
| | 水 | t | 7.96 | 0.200 | 0.400 |
| 机械 | 电动单筒慢速卷扬机 10kN | 台班 | 203.56 | 0.200 | 0.200 |

411

工作内容：运料、搅拌均匀、涂抹安装、找平压光。 计量单位：10㎡

| 定 额 编 号 | | | | | A11-4-294 | A11-4-295 |
|---|---|---|---|---|---|---|
| 项 目 名 称 | | | | | 法兰(厚度) | |
| | | | | | 60mm | 80mm |
| 基 价 （元） | | | | | 376.59 | 424.94 |
| 其中 | 人 工 费（元） | | | | 331.10 | 377.86 |
| | 材 料 费（元） | | | | 4.78 | 6.37 |
| | 机 械 费（元） | | | | 40.71 | 40.71 |
| | 名 称 | 单位 | 单价(元) | | 消 耗 量 | |
| 人工 | 综合工日 | 工日 | 140.00 | | 2.365 | 2.699 |
| 材料 | 硅酸盐涂抹料 | m³ | — | | (0.609) | (0.816) |
| | 水 | t | 7.96 | | 0.600 | 0.800 |
| 机械 | 电动单筒慢速卷扬机 10kN | 台班 | 203.56 | | 0.200 | 0.200 |

# 十一、带铝箔离心玻璃棉安装

工作内容：运料、拆包、裁料、安装、贴缝、修理找平。　　　　　　　　　　　　　　　　计量单位：m³

| 定　额　编　号 | | | A11-4-296 | A11-4-297 |
|---|---|---|---|---|
| 项　目　名　称 | | | 管道(厚度mm) | |
| | | | DN50mm以下 | |
| | | | 40mm | 60mm |
| 基　　　价（元） | | | 308.57 | 227.23 |
| 其中 | 人　工　费（元） | | 282.94 | 201.60 |
| | 材　料　费（元） | | 1.20 | 1.20 |
| | 机　械　费（元） | | 24.43 | 24.43 |
| 名　　　称 | 单位 | 单价（元） | 消　　耗　　量 | |
| 人工 | 综合工日 | 工日 | 140.00 | 2.021 | 1.440 |
| 材料 | 带铝箔离心玻璃棉管壳 | m³ | — | (1.030) | (1.030) |
| | 铝箔胶带(45mm卷) | 卷 | — | (3.960) | (2.430) |
| | 其他材料费 | 元 | 1.00 | 1.200 | 1.200 |
| 机械 | 电动单筒慢速卷扬机 10kN | 台班 | 203.56 | 0.120 | 0.120 |

413

工作内容：运料、拆包、裁料、安装、贴缝、修理找平。 计量单位：m³

| 定 额 编 号 | | | | A11-4-298 | A11-4-299 |
|---|---|---|---|---|---|
| 项 目 名 称 | | | | 管道(厚度mm) | |
| | | | | DN50mm以下 | |
| | | | | 80mm | 100mm |
| 基 价 （元） | | | | 168.85 | 128.25 |
| 其中 | 人 工 费 （元） | | | 143.22 | 102.62 |
| | 材 料 费 （元） | | | 1.20 | 1.20 |
| | 机 械 费 （元） | | | 24.43 | 24.43 |
| 名 称 | | 单位 | 单价(元) | 消 耗 量 | |
| 人工 | 综合工日 | 工日 | 140.00 | 1.023 | 0.733 |
| 材料 | 带铝箔离心玻璃棉管壳 | m³ | — | (1.030) | (1.030) |
| | 铝箔胶带(45mm卷) | 卷 | — | (1.710) | (1.330) |
| | 其他材料费 | 元 | 1.00 | 1.200 | 1.200 |
| 机械 | 电动单筒慢速卷扬机 10kN | 台班 | 203.56 | 0.120 | 0.120 |

工作内容：运料、拆包、裁料、安装、贴缝、修理找平。

计量单位：m³

| 定　额　编　号 | | | | A11-4-300 | A11-4-301 |
|---|---|---|---|---|---|
| 项　目　名　称 | | | | 管道(厚度mm) | |
| | | | | DN125mm以下 | |
| | | | | 40mm | 60mm |
| 基　　　　价（元） | | | | 195.87 | 152.61 |
| 其中 | 人　工　费（元） | | | 170.24 | 126.98 |
| | 材　料　费（元） | | | 1.20 | 1.20 |
| | 机　械　费（元） | | | 24.43 | 24.43 |
| 名　　称 | | 单位 | 单价（元） | 消　耗　量 | |
| 人工 | 综合工日 | 工日 | 140.00 | 1.216 | 0.907 |
| 材料 | 带铝箔离心玻璃棉管壳 | m³ | — | (1.030) | (1.030) |
| | 铝箔胶带(45mm卷) | 卷 | — | (2.730) | (1.810) |
| | 其他材料费 | 元 | 1.00 | 1.200 | 1.200 |
| 机械 | 电动单筒慢速卷扬机 10kN | 台班 | 203.56 | 0.120 | 0.120 |

工作内容：运料、拆包、裁料、安装、贴缝、修理找平。 计量单位：m³

| 定　额　编　号 | | | | A11-4-302 | A11-4-303 |
|---|---|---|---|---|---|
| 项　目　名　称 | | | | 管道(厚度mm) | |
| | | | | DN125mm以下 | |
| | | | | 80mm | 100mm |
| 基　　　　价（元） | | | | 112.99 | 90.17 |
| 其中 | 人　工　费（元） | | | 87.36 | 64.54 |
| | 材　料　费（元） | | | 1.20 | 1.20 |
| | 机　械　费（元） | | | 24.43 | 24.43 |
| 名　　　称 | | 单位 | 单价(元) | 消　耗　量 | |
| 人工 | 综合工日 | 工日 | 140.00 | 0.624 | 0.461 |
| 材料 | 带铝箔离心玻璃棉管壳 | m³ | — | (1.030) | (1.030) |
| | 铝箔胶带(45mm卷) | 卷 | — | (1.360) | (1.110) |
| | 其他材料费 | 元 | 1.00 | 1.200 | 1.200 |
| 机械 | 电动单筒慢速卷扬机 10kN | 台班 | 203.56 | 0.120 | 0.120 |

工作内容：运料、拆包、裁料、安装、贴缝、修理找平。 计量单位：m³

| 定 额 编 号 | | | | | A11-4-304 | A11-4-305 |
|---|---|---|---|---|---|---|
| 项 目 名 称 | | | | | 管道（厚度mm） | |
| | | | | | DN300mm以下 | |
| | | | | | 40mm | 60mm |
| 基 价（元） | | | | | 150.09 | 118.59 |
| 其中 | 人 工 费（元） | | | | 124.46 | 92.96 |
| | 材 料 费（元） | | | | 1.20 | 1.20 |
| | 机 械 费（元） | | | | 24.43 | 24.43 |
| 名 称 | | 单位 | 单价（元） | | 消 耗 量 | |
| 人工 | 综合工日 | 工日 | 140.00 | | 0.889 | 0.664 |
| 材料 | 带铝箔离心玻璃棉管壳 | m³ | — | | (1.030) | (1.030) |
| | 铝箔胶带(45mm卷) | 卷 | — | | (2.040) | (1.430) |
| | 其他材料费 | 元 | 1.00 | | 1.200 | 1.200 |
| 机械 | 电动单筒慢速卷扬机 10kN | 台班 | 203.56 | | 0.120 | 0.120 |

工作内容：运料、拆包、裁料、安装、贴缝、修理找平。 计量单位：m³

| 定　额　编　号 | | | | A11-4-306 | A11-4-307 |
|---|---|---|---|---|---|
| 项　目　名　称 | | | | 管道(厚度mm) | |
| | | | | DN300mm以下 | |
| | | | | 80mm | 100mm |
| 基　　　　价（元） | | | | 90.45 | 72.81 |
| 其中 | 人　工　费（元） | | | 64.82 | 47.18 |
| | 材　料　费（元） | | | 1.20 | 1.20 |
| | 机　械　费（元） | | | 24.43 | 24.43 |
| 名　　称 | | 单位 | 单价(元) | 消　耗　量 | |
| 人工 | 综合工日 | 工日 | 140.00 | 0.463 | 0.337 |
| 材料 | 带铝箔离心玻璃棉管壳 | m³ | — | (1.030) | (1.030) |
| | 铝箔胶带(45mm卷) | 卷 | — | (1.110) | (0.920) |
| | 其他材料费 | 元 | 1.00 | 1.200 | 1.200 |
| 机械 | 电动单筒慢速卷扬机 10kN | 台班 | 203.56 | 0.120 | 0.120 |

工作内容：运料、拆包、裁料、安装、贴缝、修理找平。 计量单位：m³

| 定 额 编 号 | | | | A11-4-308 | A11-4-309 |
|---|---|---|---|---|---|
| 项 目 名 称 | | | | 管道(厚度mm) | |
| | | | | DN500mm以下 | |
| | | | | 40mm | 60mm |
| 基 价 （元） | | | | 137.35 | 107.95 |
| 其中 | 人 工 费（元） | | | 111.72 | 82.32 |
| | 材 料 费（元） | | | 1.20 | 1.20 |
| | 机 械 费（元） | | | 24.43 | 24.43 |
| 名 称 | | 单位 | 单价(元) | 消 耗 量 | |
| 人工 | 综合工日 | 工日 | 140.00 | 0.798 | 0.588 |
| 材料 | 带铝箔离心玻璃棉管壳 | m³ | — | (1.030) | (1.030) |
| | 铝箔胶带(45mm卷) | 卷 | — | (1.970) | (1.370) |
| | 其他材料费 | 元 | 1.00 | 1.200 | 1.200 |
| 机械 | 电动单筒慢速卷扬机 10kN | 台班 | 203.56 | 0.120 | 0.120 |

工作内容：运料、拆包、裁料、安装、贴缝、修理找平。 计量单位：m³

| 定 额 编 号 | | | | A11-4-310 | A11-4-311 |
|---|---|---|---|---|---|
| 项 目 名 称 | | | | 管道(厚度mm) | |
| | | | | DN500mm以下 | |
| | | | | 80mm | 100mm |
| 基 价 （元） | | | | 88.21 | 70.85 |
| 其中 | 人 工 费（元） | | | 62.58 | 45.22 |
| | 材 料 费（元） | | | 1.20 | 1.20 |
| | 机 械 费（元） | | | 24.43 | 24.43 |
| 名 称 | | 单位 | 单价（元） | 消 耗 量 | |
| 人工 | 综合工日 | 工日 | 140.00 | 0.447 | 0.323 |
| 材料 | 带铝箔离心玻璃棉管壳 | m³ | — | (1.030) | (1.030) |
| | 铝箔胶带(45mm卷) | 卷 | — | (1.070) | (0.890) |
| | 其他材料费 | 元 | 1.00 | 1.200 | 1.200 |
| 机械 | 电动单筒慢速卷扬机 10kN | 台班 | 203.56 | 0.120 | 0.120 |

工作内容：运料、拆包、裁料、安装、贴缝、修理找平。　　　　　　　　　　　　　　　　　　　　　　计量单位：m³

| 定　额　编　号 | | | | | A11-4-312 | A11-4-313 |
|---|---|---|---|---|---|---|
| 项　目　名　称 | | | | | 管道(厚度mm) | |
| | | | | | DN700mm以下 | |
| | | | | | 40mm | 60mm |
| 基　　　　价（元） | | | | | 117.47 | 94.23 |
| 其中 | 人　工　费（元） | | | | 91.84 | 68.60 |
| | 材　料　费（元） | | | | 1.20 | 1.20 |
| | 机　械　费（元） | | | | 24.43 | 24.43 |
| | 名　　称 | 单位 | 单价（元） | 消　　耗　　量 | | |
| 人工 | 综合工日 | 工日 | 140.00 | 0.656 | | 0.490 |
| 材料 | 带铝箔离心玻璃棉管壳 | m³ | — | (1.030) | | (1.030) |
| | 铝箔胶带(45mm卷) | 卷 | — | (2.040) | | (1.420) |
| | 其他材料费 | 元 | 1.00 | 1.200 | | 1.200 |
| 机械 | 电动单筒慢速卷扬机 10kN | 台班 | 203.56 | 0.120 | | 0.120 |

工作内容：运料、拆包、裁料、安装、贴缝、修理找平。 计量单位：m³

| 定　额　编　号 | | | | | A11-4-314 | A11-4-315 |
|---|---|---|---|---|---|---|
| 项　目　名　称 | | | | | 管道(厚度mm) | |
| | | | | | DN700mm以下 | |
| | | | | | 80mm | 100mm |
| 基　　　　　价（元） | | | | | 77.01 | 64.69 |
| 其中 | 人　工　费（元） | | | | 51.38 | 39.06 |
| | 材　料　费（元） | | | | 1.20 | 1.20 |
| | 机　械　费（元） | | | | 24.43 | 24.43 |
| | 名　　称 | 单位 | 单价(元) | | 消　耗　　量 | |
| 人工 | 综合工日 | 工日 | 140.00 | | 0.367 | 0.279 |
| 材料 | 带铝箔离心玻璃棉管壳 | m³ | — | | (1.030) | (1.030) |
| | 铝箔胶带(45mm卷) | 卷 | — | | (1.110) | (0.920) |
| | 其他材料费 | 元 | 1.00 | | 1.200 | 1.200 |
| 机械 | 电动单筒慢速卷扬机 10kN | 台班 | 203.56 | | 0.120 | 0.120 |

工作内容：运料、拆包、裁料、安装、贴缝、修理找平。

计量单位：m³

| 定　额　编　号 | | | A11-4-316 | A11-4-317 |
|---|---|---|---|---|
| 项　目　名　称 | | | 立式设备(厚度mm) | |
| | | | 40mm | 60mm |
| 基　　价（元） | | | 346.30 | 258.38 |
| 其中 | 人　工　费（元） | | 281.40 | 193.48 |
| | 材　料　费（元） | | 40.47 | 40.47 |
| | 机　械　费（元） | | 24.43 | 24.43 |
| 名　　称 | | 单位 | 单价(元) | 消　耗　量 | |
| 人工 | 综合工日 | 工日 | 140.00 | 2.010 | 1.382 |
| 材料 | 带铝箔离心玻璃棉管壳 | m³ | — | (1.030) | (1.030) |
| | 铝箔胶带(45mm卷) | 卷 | — | (4.070) | (2.720) |
| | 镀锌铁丝 φ2.5~1.4 | kg | 3.57 | 11.000 | 11.000 |
| | 其他材料费 | 元 | 1.00 | 1.200 | 1.200 |
| 机械 | 电动单筒慢速卷扬机 10kN | 台班 | 203.56 | 0.120 | 0.120 |

工作内容：运料、拆包、裁料、安装、贴缝、修理找平。 计量单位：m³

| 定 额 编 号 | | | | A11-4-318 | A11-4-319 |
|---|---|---|---|---|---|
| 项 目 名 称 | | | | 立式设备(厚度mm) | |
| | | | | 80mm | 100mm |
| 基 价 （元） | | | | 211.06 | 185.86 |
| 其中 | 人 工 费（元） | | | 146.16 | 120.96 |
| | 材 料 费（元） | | | 40.47 | 40.47 |
| | 机 械 费（元） | | | 24.43 | 24.43 |
| 名 称 | | 单位 | 单价(元) | 消 耗 量 | |
| 人工 | 综合工日 | 工日 | 140.00 | 1.044 | 0.864 |
| 材 料 | 带铝箔离心玻璃棉管壳 | m³ | — | (1.030) | (1.030) |
| | 铝箔胶带(45mm卷) | 卷 | — | (2.040) | (1.620) |
| | 镀锌铁丝 φ2.5～1.4 | kg | 3.57 | 11.000 | 11.000 |
| | 其他材料费 | 元 | 1.00 | 1.200 | 1.200 |
| 机械 | 电动单筒慢速卷扬机 10kN | 台班 | 203.56 | 0.120 | 0.120 |

工作内容：运料、拆包、裁料、安装、贴缝、修理找平。 计量单位：m³

| 定 额 编 号 | | | A11-4-320 | A11-4-321 |
|---|---|---|---|---|
| 项 目 名 称 | | | 卧式设备(厚度mm) | |
| | | | 40mm | 60mm |
| 基 价 （元） | | | 374.72 | 284.28 |
| 其中 | 人 工 费（元） | | 309.82 | 219.38 |
| | 材 料 费（元） | | 40.47 | 40.47 |
| | 机 械 费（元） | | 24.43 | 24.43 |
| 名 称 | 单位 | 单价(元) | 消 耗 量 | |
| 人工 | 综合工日 | 工日 | 140.00 | 2.213 | 1.567 |
| 材料 | 带铝箔离心玻璃棉管壳 | m³ | — | (1.030) | (1.030) |
| | 铝箔胶带(45mm卷) | 卷 | — | (4.070) | (2.720) |
| | 镀锌铁丝 Φ2.5~1.4 | kg | 3.57 | 11.000 | 11.000 |
| | 其他材料费 | 元 | 1.00 | 1.200 | 1.200 |
| 机械 | 电动单筒慢速卷扬机 10kN | 台班 | 203.56 | 0.120 | 0.120 |

工作内容：运料、拆包、裁料、安装、贴缝、修理找平。

计量单位：m³

| 定　额　编　号 | | | | A11-4-322 | A11-4-323 |
|---|---|---|---|---|---|
| 项　目　名　称 | | | | 卧式设备(厚度mm) | |
| | | | | 80mm | 100mm |
| 基　　　　价（元） | | | | 235.14 | 204.62 |
| 其中 | 人　工　费（元） | | | 170.24 | 139.72 |
| | 材　料　费（元） | | | 40.47 | 40.47 |
| | 机　械　费（元） | | | 24.43 | 24.43 |
| 名　　称 | | 单位 | 单价(元) | 消　　耗　　量 | |
| 人工 | 综合工日 | 工日 | 140.00 | 1.216 | 0.998 |
| 材料 | 带铝箔离心玻璃棉管壳 | m³ | — | (1.030) | (1.030) |
| | 铝箔胶带(45mm卷) | 卷 | — | (2.040) | (1.620) |
| | 镀锌铁丝 φ2.5～1.4 | kg | 3.57 | 11.000 | 11.000 |
| | 其他材料费 | 元 | 1.00 | 1.200 | 1.200 |
| 机械 | 电动单筒慢速卷扬机 10kN | 台班 | 203.56 | 0.120 | 0.120 |

工作内容：运料、拆包、裁料、安装、贴缝、修理找平。 计量单位：m³

| 定 额 编 号 | | | | A11-4-324 | A11-4-325 |
|---|---|---|---|---|---|
| 项 目 名 称 | | | | 球式设备(厚度mm) | |
| | | | | 40mm | 60mm |
| 基 价（元） | | | | 411.26 | 317.32 |
| 其中 | 人 工 费（元） | | | 346.36 | 252.42 |
| | 材 料 费（元） | | | 40.47 | 40.47 |
| | 机 械 费（元） | | | 24.43 | 24.43 |
| 名 称 | | 单位 | 单价(元) | 消 耗 量 | |
| 人工 | 综合工日 | 工日 | 140.00 | 2.474 | 1.803 |
| 材料 | 带铝箔离心玻璃棉管壳 | m³ | — | (1.050) | (1.050) |
| | 铝箔胶带(45mm卷) | 卷 | — | (4.450) | (2.990) |
| | 镀锌铁丝 φ2.5～1.4 | kg | 3.57 | 11.000 | 11.000 |
| | 其他材料费 | 元 | 1.00 | 1.200 | 1.200 |
| 机械 | 电动单筒慢速卷扬机 10kN | 台班 | 203.56 | 0.120 | 0.120 |

计量单位：m³

| 定 额 编 号 | | | | A11-4-326 | A11-4-327 |
|---|---|---|---|---|---|
| 项 目 名 称 | | | | 球式设备(厚度mm) | |
| | | | | 80mm | 100mm |
| 基 价（元） | | | | 263.00 | 229.54 |
| 其中 | 人 工 费（元） | | | 198.10 | 164.64 |
| | 材 料 费（元） | | | 40.47 | 40.47 |
| | 机 械 费（元） | | | 24.43 | 24.43 |
| 名 称 | | 单位 | 单价(元) | 消 耗 量 | |
| 人工 | 综合工日 | 工日 | 140.00 | 1.415 | 1.176 |
| 材料 | 带铝箔离心玻璃棉管壳 | m³ | — | (1.050) | (1.050) |
| | 铝箔胶带(45mm卷) | 卷 | — | (2.240) | (1.780) |
| | 镀锌铁丝 φ2.5～1.4 | kg | 3.57 | 11.000 | 11.000 |
| | 其他材料费 | 元 | 1.00 | 1.200 | 1.200 |
| 机械 | 电动单筒慢速卷扬机 10kN | 台班 | 203.56 | 0.120 | 0.120 |

工作内容：运料、拆包、裁料、安装、贴缝、修理找平。 计量单位：10个

| 定　额　编　号 | | | | A11-4-328 | A11-4-329 | A11-4-330 |
|---|---|---|---|---|---|---|
| 项　目　名　称 | | | | 阀门 | | |
| | | | | DN50mm以下 | DN125mm以下 | DN200mm以下 |
| 基　　　价（元） | | | | 67.79 | 145.03 | 392.97 |
| 其中 | 人　工　费（元） | | | 64.54 | 140.70 | 386.40 |
| | 材　料　费（元） | | | 1.21 | 2.29 | 4.53 |
| | 机　械　费（元） | | | 2.04 | 2.04 | 2.04 |
| 名　　称 | | 单位 | 单价（元） | 消　　耗　　量 | | |
| 人工 | 综合工日 | 工日 | 140.00 | 0.461 | 1.005 | 2.760 |
| 材料 | 铝箔胶带(45mm卷) | 卷 | — | (0.430) | (0.540) | (0.600) |
| | 铝箔离心玻璃棉板 | m³ | — | (0.030) | (0.110) | (0.320) |
| | 镀锌铁丝 φ2.5～1.4 | kg | 3.57 | 0.200 | 0.500 | 1.130 |
| | 其他材料费 | 元 | 1.00 | 0.500 | 0.500 | 0.500 |
| 机械 | 电动单筒慢速卷扬机 10kN | 台班 | 203.56 | 0.010 | 0.010 | 0.010 |

工作内容：运料、拆包、裁料、安装、贴缝、修理找平。

计量单位：10个

| 定 额 编 号 | | | A11-4-331 | A11-4-332 |
|---|---|---|---|---|
| 项 目 名 称 | | | 阀门 | |
| | | | DN400mm以下 | DN400mm以上 |
| 基 价（元） | | | 805.62 | 1028.77 |
| 其中 | 人 工 费（元） | | 792.26 | 994.28 |
| | 材 料 费（元） | | 11.32 | 32.45 |
| | 机 械 费（元） | | 2.04 | 2.04 |
| 名 称 | 单位 | 单价（元） | 消 耗 量 | |
| 人工 | 综合工日 | 工日 | 140.00 | 5.659 | 7.102 |
| 材料 | 铝箔胶带(45mm卷) | 卷 | — | (0.750) | (1.550) |
| | 铝箔离心玻璃棉板 | m³ | — | (0.910) | (2.520) |
| | 镀锌铁丝 Φ2.5～1.4 | kg | 3.57 | 3.030 | 8.950 |
| | 其他材料费 | 元 | 1.00 | 0.500 | 0.500 |
| 机械 | 电动单筒慢速卷扬机 10kN | 台班 | 203.56 | 0.010 | 0.010 |

工作内容：运料、拆包、裁料、安装、贴缝、修理找平。  计量单位：10个

| 定　额　编　号 | | | A11-4-333 | A11-4-334 | A11-4-335 |
|---|---|---|---|---|---|
| 项　目　名　称 | | | 法兰 | | |
| | | | DN50mm以下 | DN125mm以下 | DN200mm以下 |
| 基　　　　价（元） | | | 35.46 | 147.91 | 159.79 |
| 其中 | 人　工　费（元） | | 31.92 | 142.80 | 153.86 |
| | 材　料　费（元） | | 1.50 | 3.07 | 3.89 |
| | 机　械　费（元） | | 2.04 | 2.04 | 2.04 |
| 名　　　称 | 单位 | 单价(元) | 消　　耗　　量 | | |
| 人工 | 综合工日 | 工日 | 140.00 | 0.228 | 1.020 | 1.099 |
| 材料 | 铝箔胶带(45mm卷) | 卷 | — | (0.400) | (0.480) | (0.530) |
| | 铝箔离心玻璃棉板 | m³ | — | (0.020) | (0.080) | (0.160) |
| | 镀锌铁丝 φ2.5～1.4 | kg | 3.57 | 0.280 | 0.720 | 0.950 |
| | 其他材料费 | 元 | 1.00 | 0.500 | 0.500 | 0.500 |
| 机械 | 电动单筒慢速卷扬机 10kN | 台班 | 203.56 | 0.010 | 0.010 | 0.010 |

工作内容：运料、拆包、裁料、安装、贴缝、修理找平。

计量单位：10个

| 定 额 编 号 | | | | A11-4-336 | A11-4-337 |
|---|---|---|---|---|---|
| 项 目 名 称 | | | | 法兰 | |
| | | | | DN400mm以下 | DN400mm以上 |
| 基 价（元） | | | | 263.68 | 350.31 |
| 其中 | 人 工 费（元） | | | 255.36 | 329.56 |
| | 材 料 费（元） | | | 6.28 | 18.71 |
| | 机 械 费（元） | | | 2.04 | 2.04 |
| 名 称 | | 单位 | 单价(元) | 消 耗 量 | |
| 人工 | 综合工日 | 工日 | 140.00 | 1.824 | 2.354 |
| 材料 | 铝箔胶带(45mm卷) | 卷 | — | (0.690) | (1.380) |
| | 铝箔离心玻璃棉板 | m³ | — | (0.410) | (1.440) |
| | 镀锌铁丝 φ2.5～1.4 | kg | 3.57 | 1.620 | 5.100 |
| | 其他材料费 | 元 | 1.00 | 0.500 | 0.500 |
| 机械 | 电动单筒慢速卷扬机 10kN | 台班 | 203.56 | 0.010 | 0.010 |

工作内容：运料、拆包、裁料、安装、贴缝、修理找平。　　　　　　　　　　　　　计量单位：m³

| 定　额　编　号 | | | A11-4-338 | A11-4-339 | A11-4-340 |
|---|---|---|---|---|---|
| 项　目　名　称 | | | 通风管道(厚度mm) | | |
| | | | 30mm | 40mm | 50mm |
| 基　　　价（元） | | | 358.37 | 281.23 | 231.25 |
| 其中 | 人　工　费（元） | | 175.14 | 137.20 | 110.74 |
| | 材　料　费（元） | | 158.80 | 119.60 | 96.08 |
| | 机　械　费（元） | | 24.43 | 24.43 | 24.43 |
| 名　　　称 | 单位 | 单价（元） | 消　　耗　　量 | | |
| 人工 | 综合工日 | 工日 | 140.00 | 1.251 | 0.980 | 0.791 |
| 材料 | 铝箔胶带(45mm卷) | 卷 | — | (3.480) | (2.610) | (2.090) |
| | 铝箔离心玻璃棉板 | m³ | — | (1.030) | (1.030) | (1.030) |
| | 氯丁胶 XY401、88号胶 | kg | — | (0.530) | (0.400) | (0.320) |
| | 塑料保温钉 | 套 | 0.28 | 560.000 | 420.000 | 336.000 |
| | 其他材料费 | 元 | 1.00 | 2.000 | 2.000 | 2.000 |
| 机械 | 电动单筒慢速卷扬机 10kN | 台班 | 203.56 | 0.120 | 0.120 | 0.120 |

# 十二、橡塑管壳安装(管道)

工作内容：运料、下料、安装、贴缝、修理找平。 计量单位：m³

| 定 额 编 号 | | | A11-4-341 | A11-4-342 | A11-4-343 |
|---|---|---|---|---|---|
| 项 目 名 称 | | | 管道 | | |
| | | | DN50mm以下 | DN80mm以下 | DN125mm以下 |
| 基 价（元） | | | 419.01 | 308.65 | 260.15 |
| 其中 | | 人 工 费（元） | 373.80 | 273.70 | 236.18 |
| | | 材 料 费（元） | 45.21 | 34.95 | 23.97 |
| | | 机 械 费（元） | — | — | — |
| 名 称 | 单位 | 单价（元） | 消 耗 量 | | |
| 人工 | 综合工日 | 工日 | 140.00 | 2.670 | 1.955 | 1.687 |
| 材料 | 铝箔胶带(45mm卷) | 卷 | — | (6.050) | (3.850) | (2.920) |
| | 橡塑管壳 | m³ | — | (1.030) | (1.030) | (1.030) |
| | 贴缝胶带 9m | 卷 | 10.26 | 4.250 | 3.250 | 2.180 |
| | 其他材料费 | 元 | 1.00 | 1.600 | 1.600 | 1.600 |

# 十三、橡塑板安装(管道、风管)

工作内容：运料、下料、安装、涂胶、贴缝、修理找平。 计量单位：m³

| 定　额　编　号 | | | A11-4-344 | A11-4-345 | A11-4-346 |
|---|---|---|---|---|---|
| 项　目　名　称 | | | 管道 | | |
| | | | DN125mm以内 | DN200mm以内 | DN300mm以内 |
| 基　　　　价（元） | | | 363.08 | 310.50 | 257.78 |
| 其中 | 人　工　费（元） | | 273.28 | 236.18 | 199.64 |
| | 材　料　费（元） | | 89.80 | 74.32 | 58.14 |
| | 机　械　费（元） | | — | — | — |
| 名　　　称 | 单位 | 单价（元） | 消　　耗　　量 | | |
| 人工 | 综合工日 | 工日 | 140.00 | 1.952 | 1.687 | 1.426 |
| 材料 | 橡塑板 | m³ | — | (1.030) | (1.030) | (1.030) |
| | 胶粘剂 | kg | 2.20 | 6.280 | 6.100 | 5.880 |
| | 贴缝胶带 9m | 卷 | 10.26 | 7.250 | 5.780 | 4.250 |
| | 其他材料费 | 元 | 1.00 | 1.600 | 1.600 | 1.600 |

工作内容：运料、下料、安装、涂胶、贴缝、修理找平。 计量单位：m³

| 定 额 编 号 | | | | | A11-4-347 | A11-4-348 |
|---|---|---|---|---|---|---|
| 项 目 名 称 | | | | | 管道 | |
| | | | | | DN400mm以内 | DN500mm以内 |
| 基 价（元） | | | | | 226.36 | 184.25 |
| 其中 | 人 工 费（元） | | | | 173.74 | 137.20 |
| | 材 料 费（元） | | | | 52.62 | 47.05 |
| | 机 械 费（元） | | | | — | — |
| 名 称 | | 单位 | 单价（元） | | 消 耗 量 | |
| 人工 | 综合工日 | 工日 | 140.00 | | 1.241 | 0.980 |
| 材料 | 橡塑板 | m³ | — | | (1.030) | (1.030) |
| | 胶粘剂 | kg | 2.20 | | 5.700 | 5.500 |
| | 贴缝胶带 9m | 卷 | 10.26 | | 3.750 | 3.250 |
| | 其他材料费 | 元 | 1.00 | | 1.600 | 1.600 |

工作内容：运料、下料、安装、涂胶、贴缝、修理找平。　　　　　　　　　　　　计量单位：m³

| 定　额　编　号 | | | A11-4-349 | A11-4-350 | A11-4-351 |
|---|---|---|---|---|---|
| 项　目　名　称 | | | 风管(厚度mm) | | |
| | | | 10mm | 15mm | 20mm |
| 基　　　　价（元） | | | 778.72 | 517.99 | 447.80 |
| 其中 | 人　工　费（元） | | 684.60 | 455.56 | 399.70 |
| | 材　料　费（元） | | 94.12 | 62.43 | 48.10 |
| | 机　械　费（元） | | — | — | — |
| 名　　　称 | 单位 | 单价(元) | 消　　耗　　量 | | |
| 人工 | 综合工日 | 工日 | 140.00 | 4.890 | 3.254 | 2.855 |
| 材料 | 橡塑板 | m³ | — | (1.080) | (1.080) | (1.080) |
| | 胶粘剂 | kg | 2.20 | 17.580 | 11.760 | 8.650 |
| | 贴缝胶带 9m | 卷 | 10.26 | 5.150 | 3.310 | 2.580 |
| | 其他材料费 | 元 | 1.00 | 2.600 | 2.600 | 2.600 |

工作内容：运料、下料、安装、涂胶、贴缝、修理找平。 计量单位：m³

| 定 额 编 号 | | | | A11-4-352 | A11-4-353 | A11-4-354 |
|---|---|---|---|---|---|---|
| 项 目 名 称 | | | | 风管(厚度mm) | | |
| | | | | 25mm | 32mm | 40mm |
| 基 价（元） | | | | 388.97 | 319.46 | 245.27 |
| 其中 | 人 工 费（元） | | | 350.42 | 289.52 | 220.92 |
| | 材 料 费（元） | | | 38.55 | 29.94 | 24.35 |
| | 机 械 费（元） | | | — | — | — |
| 名 称 | | 单位 | 单价（元） | 消 耗 量 | | |
| 人工 | 综合工日 | 工日 | 140.00 | 2.503 | 2.068 | 1.578 |
| 材料 | 橡塑板 | m³ | — | (1.080) | (1.080) | (1.080) |
| | 胶粘剂 | kg | 2.20 | 6.780 | 5.290 | 4.150 |
| | 贴缝胶带 9m | 卷 | 10.26 | 2.050 | 1.530 | 1.230 |
| | 其他材料费 | 元 | 1.00 | 2.600 | 2.600 | 2.600 |

438

# 十四、橡塑板安装(阀门、法兰)

工作内容：运料、下料、安装、涂胶、贴缝、修理找平。　　　　　　　　计量单位：10个

| 定　额　编　号 | | | A11-4-355 | A11-4-356 | A11-4-357 |
|---|---|---|---|---|---|
| 项　目　名　称 | | | 阀门 | | |
| | | | DN50mm以下 | DN125mm以下 | DN200mm以下 |
| 基　　　　价（元） | | | 67.92 | 144.35 | 368.89 |
| 其中 | 人　工　费（元） | | 61.04 | 132.86 | 350.42 |
| | 材　料　费（元） | | 6.88 | 11.49 | 18.47 |
| | 机　械　费（元） | | — | — | — |
| 名　　称 | 单位 | 单价（元） | 消　耗　量 | | |
| 人工 | 综合工日 | 工日 | 140.00 | 0.436 | 0.949 | 2.503 |
| 材料 | 橡塑板 | m³ | — | (0.030) | (0.110) | (0.350) |
| | 胶粘剂 | kg | 2.20 | 0.380 | 1.080 | 2.850 |
| | 贴缝胶带 9m | 卷 | 10.26 | 0.540 | 0.840 | 1.140 |
| | 其他材料费 | 元 | 1.00 | 0.500 | 0.500 | 0.500 |

工作内容：运料、下料、安装、涂胶、贴缝、修理找平。 计量单位：10个

| 定 额 编 号 | | | A11-4-358 | A11-4-359 |
|---|---|---|---|---|
| 项 目 名 称 | | | 阀门 | |
| | | | DN300mm以下 | DN400mm以下 |
| 基 价（元） | | | 574.97 | 753.35 |
| 其中 | 人 工 费（元） | | 548.52 | 722.82 |
| | 材 料 费（元） | | 26.45 | 30.53 |
| | 机 械 费（元） | | — | — |
| 名 称 | 单位 | 单价（元） | 消 耗 量 | |
| 人工 | 综合工日 | 工日 | 140.00 | 3.918 | 5.163 |
| 材料 | 橡塑板 | m³ | — | (0.640) | (0.760) |
| | 胶粘剂 | kg | 2.20 | 5.220 | 6.190 |
| | 贴缝胶带 9m | 卷 | 10.26 | 1.410 | 1.600 |
| | 其他材料费 | 元 | 1.00 | 0.500 | 0.500 |

工作内容：运料、下料、安装、涂胶、贴缝、修理找平。 计量单位：10个

| 定　额　编　号 | | | | A11-4-360 | A11-4-361 | A11-4-362 |
|---|---|---|---|---|---|---|
| 项　目　名　称 | | | | 法兰 | | |
| | | | | DN50mm以下 | DN125mm以下 | DN200mm以下 |
| 基　　　　价（元） | | | | 28.09 | 140.74 | 158.91 |
| 其中 | 人　工　费（元） | | | 22.96 | 132.16 | 147.28 |
| | 材　料　费（元） | | | 5.13 | 8.58 | 11.63 |
| | 机　械　费（元） | | | — | — | — |
| 名　　　称 | | 单位 | 单价（元） | 消　　耗　　量 | | |
| 人工 | 综合工日 | 工日 | 140.00 | 0.164 | 0.944 | 1.052 |
| 材料 | 橡塑板 | m³ | — | (0.020) | (0.080) | (0.140) |
| | 胶粘剂 | kg | 2.20 | 0.240 | 0.780 | 1.140 |
| | 贴缝胶带 9m | 卷 | 10.26 | 0.400 | 0.620 | 0.840 |
| | 其他材料费 | 元 | 1.00 | 0.500 | 0.500 | 0.500 |

工作内容：运料、下料、安装、涂胶、贴缝、修理找平。計量单位：10个

| 定 额 编 号 | | | | A11-4-363 | A11-4-364 |
|---|---|---|---|---|---|
| 项 目 名 称 | | | | 法兰 | |
| | | | | DN300mm以下 | DN400mm以下 |
| 基 价（元） | | | | 199.76 | 262.76 |
| 其中 | 人 工 费（元） | | | 183.82 | 243.88 |
| | 材 料 费（元） | | | 15.94 | 18.88 |
| | 机 械 费（元） | | | — | — |
| 名 称 | | 单位 | 单价（元） | 消 耗 量 | |
| 人工 | 综合工日 | 工日 | 140.00 | 1.313 | 1.742 |
| 材料 | 橡塑板 | m³ | — | (0.260) | (0.350) |
| | 胶粘剂 | kg | 2.20 | 2.120 | 2.850 |
| | 贴缝胶带 9m | 卷 | 10.26 | 1.050 | 1.180 |
| | 其他材料费 | 元 | 1.00 | 0.500 | 0.500 |

# 十五、复合保温膏安装

工作内容：运料、搅拌均匀、涂抹安装、找平压光。

计量单位：m³

| 定　额　编　号 | | | | A11-4-365 | A11-4-366 |
|---|---|---|---|---|---|
| 项　目　名　称 | | | | 管道(管径mm) | |
| | | | | DN50mm以内 | DN125mm以内 |
| | | | | 40mm | |
| 基　　　价（元） | | | | 1197.89 | 742.05 |
| 其中 | 人　工　费（元） | | | 1187.90 | 732.06 |
| | 材　料　费（元） | | | 0.30 | 0.30 |
| | 机　械　费（元） | | | 9.69 | 9.69 |
| 名　　称 | | 单位 | 单价（元） | 消　耗　量 | |
| 人工 | 综合工日 | 工日 | 140.00 | 8.485 | 5.229 |
| 材料 | 保温膏 | m³ | — | (1.040) | (1.040) |
| | 其他材料费 | 元 | 1.00 | 0.300 | 0.300 |
| 机械 | 灰浆搅拌机 200L | 台班 | 215.26 | 0.045 | 0.045 |

工作内容：运料、搅拌均匀、涂抹安装、找平压光。 计量单位：m³

| 定 额 编 号 | | | | A11-4-367 | A11-4-368 |
|---|---|---|---|---|---|
| 项 目 名 称 | | | | 管道(管径mm) | |
| | | | | DN400mm以内 | DN400mm以外 |
| | | | | 40mm | |
| 基 价 （元） | | | | 434.33 | 293.49 |
| 其中 | 人 工 费（元） | | | 424.34 | 283.50 |
| | 材 料 费（元） | | | 0.30 | 0.30 |
| | 机 械 费（元） | | | 9.69 | 9.69 |
| 名 称 | | 单位 | 单价（元） | 消 耗 量 | |
| 人工 | 综合工日 | 工日 | 140.00 | 3.031 | 2.025 |
| 材料 | 保温膏 | m³ | — | (1.040) | (1.040) |
| | 其他材料费 | 元 | 1.00 | 0.300 | 0.300 |
| 机械 | 灰浆搅拌机 200L | 台班 | 215.26 | 0.045 | 0.045 |

444

工作内容：运料、搅拌均匀、涂抹安装、找平压光。　　　　　　　　　　　　计量单位：m³

| 定　额　编　号 | | | | | A11-4-369 | A11-4-370 |
|---|---|---|---|---|---|---|
| 项　目　名　称 | | | | | 管道(管径mm) | |
| | | | | | DN50mm以内 | DN125mm以内 |
| | | | | | 50mm以上 | |
| 基　　　价（元） | | | | | 929.79 | 577.13 |
| 其中 | 人　工　费（元） | | | | 919.80 | 567.14 |
| | 材　料　费（元） | | | | 0.30 | 0.30 |
| | 机　械　费（元） | | | | 9.69 | 9.69 |
| 名　　称 | | 单位 | 单价（元） | 消　　耗　　量 | | |
| 人工 | 综合工日 | 工日 | 140.00 | 6.570 | | 4.051 |
| 材料 | 保温膏 | m³ | — | (1.040) | | (1.040) |
| | 其他材料费 | 元 | 1.00 | 0.300 | | 0.300 |
| 机械 | 灰浆搅拌机 200L | 台班 | 215.26 | 0.045 | | 0.045 |

工作内容：运料、搅拌均匀、涂抹安装、找平压光。　　　　　　　　　　　　　计量单位：m³

| 定　额　编　号 | | | | A11-4-371 | A11-4-372 |
|---|---|---|---|---|---|
| 项　目　名　称 | | | | 管道(管径mm) | |
| | | | | DN400mm以内 | DN400mm以外 |
| | | | | 50mm以上 | |
| 基　　　　价（元） | | | | 338.71 | 225.31 |
| 其中 | 人　工　费（元） | | | 328.72 | 215.32 |
| | 材　料　费（元） | | | 0.30 | 0.30 |
| | 机　械　费（元） | | | 9.69 | 9.69 |
| 名　　　称 | | 单位 | 单价（元） | 消　　耗　　量 | |
| 人工 | 综合工日 | 工日 | 140.00 | 2.348 | 1.538 |
| 材料 | 保温膏 | m³ | — | (1.040) | (1.040) |
| | 其他材料费 | 元 | 1.00 | 0.300 | 0.300 |
| 机械 | 灰浆搅拌机 200L | 台班 | 215.26 | 0.045 | 0.045 |

446

工作内容：运料、搅拌均匀、涂抹安装、找平压光。　　　　　　　　　　　　　　　　　　　　　计量单位：m³

| 定　额　编　号 | | | | | A11-4-373 | A11-4-374 |
|---|---|---|---|---|---|---|
| 项　目　名　称 | | | | | 设备 | |
| | | | | | 30mm以内 | 40mm以内 |
| 基　　　价（元） | | | | | 217.20 | 190.18 |
| 其中 | 人　工　费（元） | | | | 207.48 | 180.46 |
| | 材　料　费（元） | | | | 0.03 | 0.03 |
| | 机　械　费（元） | | | | 9.69 | 9.69 |
| 名　　　称 | | 单位 | 单价（元） | | 消　　耗　　量 | |
| 人工 | 综合工日 | 工日 | 140.00 | | 1.482 | 1.289 |
| 材料 | 保温膏 | m³ | — | | (1.040) | (1.040) |
| | 其他材料费 | 元 | 1.00 | | 0.030 | 0.030 |
| 机械 | 灰浆搅拌机 200L | 台班 | 215.26 | | 0.045 | 0.045 |

工作内容：运料、搅拌均匀、涂抹安装、找平压光。 计量单位：m³

| 定　额　编　号 | | | | A11-4-375 | A11-4-376 |
|---|---|---|---|---|---|
| 项　目　名　称 | | | | 设备 | |
| | | | | 50mm以内 | 50mm以外 |
| 基　　　　价（元） | | | | 186.82 | 161.34 |
| 其中 | 人　工　费（元）<br>材　料　费（元）<br>机　械　费（元） | | | 177.10<br>0.03<br>9.69 | 151.62<br>0.03<br>9.69 |
| 名　　称 | | 单位 | 单价（元） | 消　耗　量 | |
| 人工 | 综合工日 | 工日 | 140.00 | 1.265 | 1.083 |
| 材料 | 保温膏 | m³ | — | (1.040) | (1.040) |
| | 其他材料费 | 元 | 1.00 | 0.030 | 0.030 |
| 机械 | 灰浆搅拌机 200L | 台班 | 215.26 | 0.045 | 0.045 |

# 十六、硬质聚苯乙烯泡沫板(风管)

工作内容：运料、裁料、安装、捆扎、抹缝、修理找平。
计量单位：m³

| 定　额　编　号 | | | | A11-4-377 |
|---|---|---|---|---|
| 项　目　名　称 | | | | 通风管道 |
| | | | | 方、矩形 |
| 基　　　价（元） | | | | 392.05 |
| 其中 | 人　工　费（元） | | | 321.86 |
| | 材　料　费（元） | | | 70.19 |
| | 机　械　费（元） | | | — |
| 名　　　称 | 单位 | 单价（元） | 消　耗　量 | |
| **人工** 综合工日 | 工日 | 140.00 | 2.299 | |
| **材料** 醋酸酊酯 | kg | — | (0.500) | |
| 聚苯乙烯泡沫板 1000×150×50 mm | m³ | — | (1.200) | |
| 白漆 | kg | 5.47 | 3.000 | |
| 电 | kW·h | 0.68 | 35.000 | |
| 电阻丝 | 根 | 0.20 | 0.100 | |
| 钢板 | kg | 3.17 | 4.000 | |
| 石膏粉特制 | kg | 0.66 | 6.000 | |
| 铁皮箍 | kg | 4.44 | 3.000 | |

# 十七、复合硅酸铝绳安装

工作内容：1.运料、缠绕安装、捆扎铁线、修理整平；2.运料、涂抹、检查。 计量单位：m³

| 定　额　编　号 | | | | | A11-4-378 | A11-4-379 |
|---|---|---|---|---|---|---|
| 项　目　名　称 | | | | | DN50mm以下 | |
| | | | | | 复合硅酸铝绳安装 | 涂抹A884耐磨粘接剂 |
| 基　　　价（元） | | | | | 299.34 | 134.64 |
| 其中 | 人　工　费（元） | | | | 266.70 | 115.92 |
| | 材　料　费（元） | | | | 8.21 | 18.72 |
| | 机　械　费（元） | | | | 24.43 | — |
| 名　　称 | | 单位 | 单价（元） | | 消　耗　量 | |
| 人工 | 综合工日 | 工日 | 140.00 | | 1.905 | 0.828 |
| 材料 | 复合硅酸铝绳 | m³ | — | | (1.060) | — |
| | 镀锌铁丝 φ1.6～1.2 | kg | 3.57 | | 2.300 | — |
| | 粘结剂 | kg | 2.88 | | — | 6.500 |
| 机械 | 电动单筒慢速卷扬机 10kN | 台班 | 203.56 | | 0.120 | — |

450

# 十八、防潮层、保护层安装

工作内容：卷布、缠布安装、绑扎铁线。

计量单位：10m²

| 定 额 编 号 | | | | A11-4-380 | A11-4-381 |
|---|---|---|---|---|---|
| 项 目 名 称 | | | | 玻璃丝布 | |
| | | | | 管道 | 设备 |
| 基 价（元） | | | | 58.63 | 55.69 |
| 其中 | 人 工 费（元） | | | 23.80 | 20.86 |
| | 材 料 费（元） | | | 34.83 | 34.83 |
| | 机 械 费（元） | | | — | — |
| 名 称 | 单位 | 单价（元） | | 消 耗 量 | |
| 人工 | 综合工日 | 工日 | 140.00 | 0.170 | 0.149 |
| 材料 | 玻璃丝布 | m² | 2.48 | 14.000 | 14.000 |
| | 镀锌铁丝 φ1.6～1.2 | kg | 3.57 | 0.030 | 0.030 |

工作内容：卷布、缠布安装、绑扎铁线。

计量单位：10m²

| 定　额　编　号 | | | A11-4-382 | A11-4-383 |
|---|---|---|---|---|
| 项　目　名　称 | | | 麻袋布 | |
| | | | 管道 | 设备 |
| 基　　　价（元） | | | 61.15 | 58.21 |
| 其中 | 人　工　费（元） | | 23.80 | 20.86 |
| | 材　料　费（元） | | 37.35 | 37.35 |
| | 机　械　费（元） | | — | — |
| 名　　　称 | 单位 | 单价（元） | 消　耗　量 | |
| 人工 | 综合工日 | 工日 | 140.00 | 0.170 | 0.149 |
| 材料 | 镀锌铁丝 φ1.6～1.2 | kg | 3.57 | 0.030 | 0.030 |
| | 麻袋布 | m² | 2.66 | 14.000 | 14.000 |

452

工作内容：卷布、缠布安装、绑扎铁线、裁油毡纸、包油毡纸、熬热沥青、粘结、绑扎铁线。

计量单位：10m²

| 定　额　编　号 | | | | A11-4-384 | A11-4-385 |
|---|---|---|---|---|---|
| 项　目　名　称 | | | | 塑料布 | |
| | | | | 管道 | 设备 |
| 基　　　　　价（元） | | | | 51.49 | 48.55 |
| 其中 | 人　工　费（元） | | | 23.80 | 20.86 |
| | 材　料　费（元） | | | 27.69 | 27.69 |
| | 机　械　费（元） | | | — | — |
| 名　　　　称 | | 单位 | 单价（元） | 消　耗　量 | |
| 人工 | 综合工日 | 工日 | 140.00 | 0.170 | 0.149 |
| 材料 | 镀锌铁丝 φ1.6～1.2 | kg | 3.57 | 0.030 | 0.030 |
| | 塑料布 | m² | 1.97 | 14.000 | 14.000 |

453

工作内容：卷布、缠布安装、绑扎铁线、裁油毡纸、包油毡纸、熬热沥青、粘结、绑扎铁线。

计量单位：10m²

| 定 额 编 号 | | | A11-4-386 | A11-4-387 |
|---|---|---|---|---|
| 项 目 名 称 | | | 油毡纸 | |
| | | | 管道 | 设备 |
| 基 价（元） | | | 72.10 | 70.75 |
| 其中 | 人 工 费（元） | | 24.36 | 24.36 |
| | 材 料 费（元） | | 47.74 | 46.39 |
| | 机 械 费（元） | | — | — |
| 名 称 | 单位 | 单价（元） | 消 耗 量 | |
| 人工 综合工日 | 工日 | 140.00 | 0.174 | 0.174 |
| 材料 镀锌铁丝 φ1.6～1.2 | kg | 3.57 | 0.420 | 0.420 |
| 木柴 | kg | 0.18 | 1.500 | 1.500 |
| 破布 | kg | 6.32 | 0.500 | 0.500 |
| 石油沥青 10号 | kg | 2.74 | 1.830 | 1.830 |
| 石油沥青油毡 350号 | m² | 2.70 | 14.000 | 13.500 |

454

　　　　　　　　　　　　　　　　计量单位：10m²

| 定　额　编　号 | | | A11-4-388 | A11-4-389 |
|---|---|---|---|---|
| 项　目　名　称 | | | 铁丝网 | |
| | | | 管道 | 设备 |
| 基　　　价（元） | | | 192.53 | 172.49 |
| 其中 | 人　工　费（元） | | 62.58 | 47.88 |
| | 材　料　费（元） | | 129.95 | 124.61 |
| | 机　械　费（元） | | — | — |
| 名　　称 | 单位 | 单价（元） | 消　耗　量 | |
| 人工 | 综合工日 | 工日 | 140.00 | 0.447 | 0.342 |
| 材料 | 镀锌铁丝 φ2.5～1.4 | kg | 3.57 | 0.500 | 0.500 |
| | 镀锌铁丝网 | m² | 10.68 | 12.000 | 11.500 |

工作内容：运料、下料、安装、上螺钉、粘缝。

计量单位：10㎡

| 定　额　编　号 | | | | A11-4-390 | A11-4-391 | A11-4-392 |
|---|---|---|---|---|---|---|
| 项　目　名　称 | | | | 铝箔—复合玻璃钢 | | 铝箔 |
| | | | | 管道 | 设备 | 管道 |
| 基　　　价（元） | | | | 174.48 | 156.46 | 265.83 |
| 其中 | 人　工　费（元） | | | 115.92 | 105.70 | 71.68 |
| | 材　料　费（元） | | | 58.56 | 50.76 | 194.15 |
| | 机　械　费（元） | | | — | — | — |
| 名　　称 | | 单位 | 单价（元） | 消　　耗　　量 | | |
| 人工 | 综合工日 | 工日 | 140.00 | 0.828 | 0.755 | 0.512 |
| 材料 | 铝箔复合玻璃钢 | ㎡ | — | (12.000) | (12.000) | — |
| | 镀锌铁丝 φ2.5～1.4 | kg | 3.57 | — | — | 0.030 |
| | 镀锌自攻螺钉ST 4～6×20～35 | 10个 | 2.60 | 21.000 | 18.000 | — |
| | 胶粘剂 | kg | 2.20 | 1.800 | 1.800 | — |
| | 铝箔 | ㎡ | 13.86 | — | — | 14.000 |

工作内容：运料、和灰、抹灰、压光。 计量单位：10m²

| 定　额　编　号 | | | | A11-4-393 | A11-4-394 | A11-4-395 |
|---|---|---|---|---|---|---|
| 项　目　名　称 | | | | 抹面保护层管道(厚度) | | |
| | | | | 10mm | 20mm | 30mm |
| 基　　　　　价（元） | | | | 75.85 | 144.82 | 188.33 |
| 其中 | 人　工　费（元） | | | 71.68 | 136.50 | 175.84 |
| | 材　料　费（元） | | | 0.80 | 1.59 | 2.39 |
| | 机　械　费（元） | | | 3.37 | 6.73 | 10.10 |
| 名　　　称 | | 单位 | 单价(元) | 消　　耗　　量 | | |
| 人工 | 综合工日 | 工日 | 140.00 | 0.512 | 0.975 | 1.256 |
| 材料 | 抹面材料 | m³ | — | (0.110) | (0.220) | (0.320) |
| | 水 | t | 7.96 | 0.100 | 0.200 | 0.300 |
| 机械 | 涡浆式混凝土搅拌机 500L | 台班 | 336.68 | 0.010 | 0.020 | 0.030 |

工作内容：运料、和灰、抹灰、压光。 计量单位：10㎡

| 定 额 编 号 | | | | A11-4-396 | A11-4-397 |
|---|---|---|---|---|---|
| 项 目 名 称 | | | | 抹面保护层管道(厚度) | |
| | | | | 40mm | 50mm |
| 基 价 （元） | | | | 259.97 | 291.57 |
| 其中 | 人 工 费（元） | | | 243.32 | 270.76 |
| | 材 料 费（元） | | | 3.18 | 3.98 |
| | 机 械 费（元） | | | 13.47 | 16.83 |
| 名 称 | | 单位 | 单价(元) | 消 耗 量 | |
| 人工 | 综合工日 | 工日 | 140.00 | 1.738 | 1.934 |
| 材料 | 抹面材料 | m³ | — | (0.430) | (0.540) |
| | 水 | t | 7.96 | 0.400 | 0.500 |
| 机械 | 涡浆式混凝土搅拌机 500L | 台班 | 336.68 | 0.040 | 0.050 |

458

工作内容：运料、和灰、抹灰、压光。

计量单位：10m²

| 定　额　编　号 | | | | A11-4-398 | A11-4-399 | A11-4-400 |
|---|---|---|---|---|---|---|
| 项　目　名　称 | | | | 抹面保护层设备（厚度） | | |
| | | | | 10mm | 20mm | 30mm |
| 基　　　　　价（元） | | | | 50.93 | 75.38 | 103.49 |
| 其中 | 人　工　费（元） | | | 46.76 | 67.06 | 91.00 |
| | 材　料　费（元） | | | 0.80 | 1.59 | 2.39 |
| | 机　械　费（元） | | | 3.37 | 6.73 | 10.10 |
| 名　　称 | | 单位 | 单价（元） | 消　　耗　　量 | | |
| 人工 | 综合工日 | 工日 | 140.00 | 0.334 | 0.479 | 0.650 |
| 材料 | 抹面材料 | m³ | — | (0.110) | (0.220) | (0.320) |
| | 水 | t | 7.96 | 0.100 | 0.200 | 0.300 |
| 机械 | 涡浆式混凝土搅拌机 500L | 台班 | 336.68 | 0.010 | 0.020 | 0.030 |

工作内容：运料、和灰、抹灰、压光。 计量单位：10m²

| 定 额 编 号 | | | | A11-4-401 | A11-4-402 |
|---|---|---|---|---|---|
| 项 目 名 称 | | | | 抹面保护层设备(厚度) | |
| | | | | 40mm | 50mm |
| 基 价（元） | | | | 141.11 | 169.07 |
| 其中 | 人 工 费（元） | | | 124.46 | 148.26 |
| | 材 料 费（元） | | | 3.18 | 3.98 |
| | 机 械 费（元） | | | 13.47 | 16.83 |
| 名 称 | | 单位 | 单价（元） | 消 耗 量 | |
| 人工 | 综合工日 | 工日 | 140.00 | 0.889 | 1.059 |
| 材料 | 抹面材料 | m³ | — | (0.430) | (0.540) |
| | 水 | t | 7.96 | 0.400 | 0.500 |
| 机械 | 涡浆式混凝土搅拌机 500L | 台班 | 336.68 | 0.040 | 0.050 |

工作内容：运料、搅拌、刮涂、找平。 计量单位：10m²

| 定 额 编 号 | | | | A11-4-403 | A11-4-404 | A11-4-405 |
|---|---|---|---|---|---|---|
| 项 目 名 称 | | | | 沥青玛 脂5mm以内 | | |
| | | | | 玻璃布面 | 金属网面 | 保冷层面 |
| 基 价 （元） | | | | 290.19 | 285.29 | 274.93 |
| 其中 | 人 工 费（元） | | | 162.54 | 157.64 | 147.28 |
| | 材 料 费（元） | | | 127.65 | 127.65 | 127.65 |
| | 机 械 费（元） | | | — | — | — |
| 名 称 | 单位 | 单价（元） | | 消 耗 量 | | |
| 人工 | 综合工日 | 工日 | 140.00 | 1.161 | 1.126 | 1.052 |
| 材料 | 石油沥青玛琋脂 | kg | 1.84 | 62.040 | 62.040 | 62.040 |
| | 橡胶手套 | 副 | 13.50 | 1.000 | 1.000 | 1.000 |

工作内容：运料、搅拌、刮涂、找平。

计量单位：10m²

| 定 额 编 号 | | | A11-4-406 | A11-4-407 | A11-4-408 |
|---|---|---|---|---|---|
| 项 目 名 称 | | | 沥青玛 脂8mm以内 | | |
| | | | 玻璃布面 | 金属网面 | 保冷层面 |
| 基 价（元） | | | 381.67 | 376.07 | 371.87 |
| 其中 | 人 工 费（元） | | 178.78 | 173.18 | 168.98 |
| | 材 料 费（元） | | 202.89 | 202.89 | 202.89 |
| | 机 械 费（元） | | — | — | — |
| 名 称 | 单位 | 单价(元) | 消 耗 量 | | |
| 人工 | 综合工日 | 工日 | 140.00 | 1.277 | 1.237 | 1.207 |
| 材料 | 石油沥青玛琋脂 | kg | 1.84 | 99.260 | 99.260 | 99.260 |
| | 橡胶手套 | 副 | 13.50 | 1.500 | 1.500 | 1.500 |

工作内容：运料、搅拌、刮涂、找平。  计量单位：10m²

| 定 额 编 号 | | | | A11-4-409 | A11-4-410 | A11-4-411 |
|---|---|---|---|---|---|---|
| 项 目 名 称 | | | | 沥青玛 脂10mm以内 | | |
| | | | | 玻璃布面 | 金属网面 | 保冷层面 |
| 基 价（元） | | | | 438.29 | 427.51 | 432.55 |
| 其中 | 人 工 费（元） | | | 182.98 | 172.20 | 177.24 |
| | 材 料 费（元） | | | 255.31 | 255.31 | 255.31 |
| | 机 械 费（元） | | | — | — | — |
| 名 称 | 单位 | 单价（元） | | 消 耗 量 | | |
| 人工 | 综合工日 | 工日 | 140.00 | 1.307 | 1.230 | 1.266 |
| 材料 | 石油沥青玛瑞脂 | kg | 1.84 | 124.080 | 124.080 | 124.080 |
| | 橡胶手套 | 副 | 13.50 | 2.000 | 2.000 | 2.000 |

工作内容：运料、填料干燥、配料、缠绕玻璃丝布、刷涂TO树脂。　　　　　　　　　计量单位：10㎡

| 定　额　编　号 | | | | A11-4-412 | A11-4-413 | A11-4-414 |
|---|---|---|---|---|---|---|
| 项　目　名　称 | | | | TO树脂玻璃钢管道 | | |
| | | | | 一布二油 | 两布二油 | 两布三油 |
| 基　　　　　价（元） | | | | 516.90 | 597.45 | 652.23 |
| 其中 | 人　工　费（元） | | | 416.50 | 458.08 | 487.48 |
| | 材　料　费（元） | | | 83.57 | 119.17 | 141.18 |
| | 机　械　费（元） | | | 16.83 | 20.20 | 23.57 |
| 名　　称 | | 单位 | 单价（元） | 消　　耗　　量 | | |
| 人工 | 综合工日 | 工日 | 140.00 | 2.975 | 3.272 | 3.482 |
| 材料 | TO树脂漆 | kg | — | (10.500) | (11.000) | (15.750) |
| | TO固化剂 | kg | 23.93 | 1.050 | 1.100 | 1.580 |
| | 玻璃丝布 | ㎡ | 2.48 | 14.000 | 27.000 | 27.000 |
| | 动力苯 | kg | 2.74 | 1.580 | 1.650 | 2.360 |
| | 轻质碳酸钙 | kg | 3.68 | 3.680 | 3.850 | 5.510 |
| | 氧化铁红 | kg | 4.38 | 1.050 | 1.100 | 1.580 |
| | 其他材料费 | 元 | 1.00 | 1.250 | 2.379 | 2.748 |
| 机械 | 涡浆式混凝土搅拌机 500L | 台班 | 336.68 | 0.050 | 0.060 | 0.070 |

工作内容：运料、填料干燥、配料、缠绕玻璃丝布、刷涂TO树脂。　　　　　　　　计量单位：10m²

| 定　额　编　号 | | | | | A11-4-415 | A11-4-416 |
|---|---|---|---|---|---|---|
| 项　目　名　称 | | | | | \multicolumn{2}{c}{TO树脂玻璃钢管道} | |
| | | | | | 三布四油 | 四布五油 |
| 基　　　价（元） | | | | | **748.93** | **912.38** |
| 其中 | | 人　工　费（元） | | | 522.06 | 619.50 |
| | | 材　料　费（元） | | | 199.94 | 259.21 |
| | | 机　械　费（元） | | | 26.93 | 33.67 |
| | 名　　　称 | | 单位 | 单价（元） | \multicolumn{2}{c}{消　　耗　　量} | |
| 人工 | 综合工日 | | 工日 | 140.00 | 3.729 | 4.425 |
| 材料 | TO树脂漆 | | kg | — | (21.000) | (26.250) |
| | TO固化剂 | | kg | 23.93 | 2.100 | 2.630 |
| | 玻璃丝布 | | m² | 2.48 | 40.500 | 54.000 |
| | 动力苯 | | kg | 2.74 | 3.150 | 3.940 |
| | 轻质碳酸钙 | | kg | 3.68 | 7.350 | 9.190 |
| | 氧化铁红 | | kg | 4.38 | 2.100 | 2.630 |
| | 其他材料费 | | 元 | 1.00 | 4.373 | 6.215 |
| 机械 | 涡浆式混凝土搅拌机　500L | | 台班 | 336.68 | 0.080 | 0.100 |

工作内容：运料、剪切、卷板、起鼓、安装、上螺钉。 计量单位：10m²

| 定 额 编 号 | | | | A11-4-417 | A11-4-418 | A11-4-419 |
|---|---|---|---|---|---|---|
| 项 目 名 称 | | | | 金属薄板钉口安装 | | |
| | | | | 管道 | 一般设备 | 球形设备 |
| 基 价（元） | | | | 248.19 | 237.50 | 371.35 |
| 其中 | 人 工 费（元） | | | 125.02 | 121.52 | 283.50 |
| | 材 料 费（元） | | | 47.54 | 47.02 | 34.02 |
| | 机 械 费（元） | | | 75.63 | 68.96 | 53.83 |
| 名 称 | | 单位 | 单价（元） | 消 耗 量 | | |
| 人工 | 综合工日 | 工日 | 140.00 | 0.893 | 0.868 | 2.025 |
| 材料 | 镀锌薄钢板 δ0.5 | m² | — | (12.000) | (12.000) | (13.500) |
| | 镀锌自攻螺钉ST 4～6×20～35 | 10个 | 2.60 | 17.400 | 17.200 | 12.200 |
| | 钻头 φ3 | 个 | 1.15 | 2.000 | 2.000 | 2.000 |
| 机械 | 电动单筒慢速卷扬机 10kN | 台班 | 203.56 | 0.170 | 0.170 | 0.170 |
| | 剪板机 20×2500mm | 台班 | 333.30 | 0.120 | 0.100 | 0.050 |
| | 压鼓机 | 台班 | 25.60 | 0.040 | 0.040 | 0.100 |

工作内容：运料、剪切、卷板、起鼓、安装、上螺钉。 计量单位：10m²

| 定　额　编　号 | | | | A11-4-420 | A11-4-421 | A11-4-422 |
|---|---|---|---|---|---|---|
| 项　目　名　称 | | | | 金属薄板挂口安装 | | |
| | | | | 管道 | 一般设备 | 球形设备 |
| 基　　　　价（元） | | | | 362.09 | 350.56 | 396.89 |
| 其中 | 人　工　费（元） | | | 269.22 | 258.02 | 319.62 |
| | 材　料　费（元） | | | 15.83 | 15.83 | 0.23 |
| | 机　械　费（元） | | | 77.04 | 76.71 | 77.04 |
| 名　　称 | | 单位 | 单价（元） | 消　　耗　　量 | | |
| 人工 | 综合工日 | 工日 | 140.00 | 1.923 | 1.843 | 2.283 |
| 材料 | 镀锌薄钢板 δ0.5 | m² | — | (12.500) | (12.500) | (13.500) |
| | 镀锌自攻螺钉ST 4~6×20~35 | 10个 | 2.60 | 6.000 | 6.000 | — |
| | 钻头 φ3 | 个 | 1.15 | 0.200 | 0.200 | 0.200 |
| 机械 | 电动单筒慢速卷扬机 10kN | 台班 | 203.56 | 0.170 | 0.170 | 0.170 |
| | 剪板机 20×2500mm | 台班 | 333.30 | 0.120 | 0.120 | 0.120 |
| | 咬口机 1.5mm | 台班 | 16.25 | 0.150 | 0.130 | 0.150 |

工作内容：1.运料、涂抹；2.运料、钻孔、锚固；3.运料、下料、上带、打包、紧箍。　计量单位：10m²

| 定　额　编　号 | | | A11-4-423 | A11-4-424 | A11-4-425 |
|---|---|---|---|---|---|
| 项　目　名　称 | | | 铁皮保护层 | | |
| | | | 涂抹密封胶 | 铆钉固定 | 钢带安装 |
| 基　　　价（元） | | | 46.51 | 23.62 | 90.47 |
| 其中 | 人　工　费（元） | | 33.60 | 20.30 | 73.64 |
| | 材　料　费（元） | | 12.91 | 3.32 | 16.83 |
| | 机　械　费（元） | | — | — | — |
| 名　　　称 | 单位 | 单价（元） | 消　　耗　　量 | | |
| 人工 | 综合工日 | 工日 | 140.00 | 0.240 | 0.145 | 0.526 |
| 材料 | 钢带 20×0.5 | m | 0.43 | — | — | 38.000 |
| | 铆钉 | 10个 | 0.60 | — | 5.500 | — |
| | 密封胶 | kg | 19.66 | 0.650 | — | — |
| | 其他材料费 | 元 | 1.00 | 0.127 | 0.017 | 0.490 |

# 十九、防火涂料

## 1.管道

工作内容：运料、搅拌均匀、喷涂、清理。

计量单位：10m²

| 定　额　编　号 | | | A11-4-426 | A11-4-427 | A11-4-428 |
|---|---|---|---|---|---|
| 项　目　名　称 | | | 厚型防火涂料 | | |
| | | | 10mm以内 | 15mm以内 | 20mm以内 |
| 基　　　价（元） | | | 151.53 | 211.07 | 281.69 |
| 其中 | 人　工　费（元） | | 72.80 | 101.36 | 134.96 |
| | 材　料　费（元） | | 1.98 | 3.22 | 4.67 |
| | 机　械　费（元） | | 76.75 | 106.49 | 142.06 |
| 名　　称 | 单位 | 单价（元） | 消　　耗　　量 | | |
| 人工 | 综合工日 | 工日 | 140.00 | 0.520 | 0.724 | 0.964 |
| 材料 | 厚型防火涂料 | kg | — | (64.241) | (87.578) | (116.761) |
| | 电 | kW·h | 0.68 | 1.250 | 1.426 | 1.904 |
| | 其他材料费 | 元 | 1.00 | 1.125 | 2.250 | 3.375 |
| 机械 | 电动空气压缩机 3m³/min | 台班 | 118.19 | 0.628 | 0.856 | 1.142 |
| | 涡浆式混凝土搅拌机 250L | 台班 | 253.07 | 0.010 | 0.021 | 0.028 |

工作内容：运料、搅拌均匀、喷涂、清理。

计量单位：10m²

| 定 额 编 号 | | | | A11-4-429 | A11-4-430 |
|---|---|---|---|---|---|
| 项 目 名 称 | | | | 厚型防火涂料 | |
| | | | | 25mm以内 | 30mm以内 |
| 基 价 （元） | | | | 351.44 | 421.57 |
| 其中 | 人 工 费 （元） | | | 168.70 | 202.30 |
| | 材 料 费 （元） | | | 6.12 | 7.57 |
| | 机 械 费 （元） | | | 176.62 | 211.70 |
| 名 称 | | 单位 | 单价（元） | 消 耗 量 | |
| 人工 | 综合工日 | 工日 | 140.00 | 1.205 | 1.445 |
| 材料 | 厚型防火涂料 | kg | — | (145.933) | (175.105) |
| | 电 | kW·h | 0.68 | 2.380 | 2.854 |
| | 其他材料费 | 元 | 1.00 | 4.500 | 5.625 |
| 机械 | 电动空气压缩机 3m³/min | 台班 | 118.19 | 1.428 | 1.712 |
| | 涡浆式混凝土搅拌机 250L | 台班 | 253.07 | 0.031 | 0.037 |

470

## 2.设备

工作内容：运料、搅拌均匀、喷涂、清理。

计量单位：10m²

| 定 额 编 号 | | | | A11-4-431 | A11-4-432 | A11-4-433 |
|---|---|---|---|---|---|---|
| 项 目 名 称 | | | | 厚型防火涂料 | | |
| | | | | 10mm以内 | 15mm以内 | 20mm以内 |
| 基 价（元） | | | | 144.61 | 199.36 | 266.24 |
| 其中 | 人 工 费（元） | | | 68.74 | 93.66 | 125.02 |
| | 材 料 费（元） | | | 1.95 | 3.37 | 4.87 |
| | 机 械 费（元） | | | 73.92 | 102.33 | 136.35 |
| 名 称 | | 单位 | 单价(元) | 消 耗 量 | | |
| 人工 | 综合工日 | 工日 | 140.00 | 0.491 | 0.669 | 0.893 |
| 材料 | 厚型防火涂料 | kg | — | (61.770) | (84.210) | (112.270) |
| | 电 | kW·h | 0.68 | 1.208 | 1.646 | 2.196 |
| | 其他材料费 | 元 | 1.00 | 1.125 | 2.250 | 3.375 |
| 机械 | 电动空气压缩机 3m³/min | 台班 | 118.19 | 0.604 | 0.823 | 1.098 |
| | 涡浆式混凝土搅拌机 250L | 台班 | 253.07 | 0.010 | 0.020 | 0.026 |

工作内容：运料、搅拌均匀、喷涂、清理。

计量单位：10㎡

| 定　额　编　号 | | | | A11-4-434 | A11-4-435 |
|---|---|---|---|---|---|
| 项　目　名　称 | | | | 厚型防火涂料 | |
| | | | | 25mm以内 | 30mm以内 |
| 基　　　价（元） | | | | 332.62 | 398.47 |
| 其中 | 人　工　费（元） | | | 156.38 | 187.46 |
| | 材　料　费（元） | | | 6.37 | 7.86 |
| | 机　械　费（元） | | | 169.87 | 203.15 |
| 名　　　称 | | 单位 | 单价（元） | 消　耗　量 | |
| 人工 | 综合工日 | 工日 | 140.00 | 1.117 | 1.339 |
| 材料 | 厚型防火涂料 | kg | — | (140.320) | (168.370) |
| | 电 | kW·h | 0.68 | 2.746 | 3.292 |
| | 其他材料费 | 元 | 1.00 | 4.500 | 5.625 |
| 机械 | 电动空气压缩机 3㎥/min | 台班 | 118.19 | 1.373 | 1.646 |
| | 涡浆式混凝土搅拌机 250L | 台班 | 253.07 | 0.030 | 0.034 |

## 3.一般钢结构

工作内容：运料、搅拌均匀、（刷）喷涂、清理。

计量单位：10m²

| 定　额　编　号 | | | | A11-4-436 | A11-4-437 | A11-4-438 |
|---|---|---|---|---|---|---|
| 项　目　名　称 | | | | 超薄型防火涂料 | | |
| | | | | 0.5mm以内 | 1.0mm以内 | 1.5mm以内 |
| 基　　　　价（元） | | | | 32.07 | 42.00 | 69.24 |
| 其中 | 人　工　费（元） | | | 28.56 | 34.86 | 59.78 |
| | 材　料　费（元） | | | 0.91 | 1.82 | 2.72 |
| | 机　械　费（元） | | | 2.60 | 5.32 | 6.74 |
| 名　　　称 | | 单位 | 单价（元） | 消　　耗　　量 | | |
| 人工 | 综合工日 | 工日 | 140.00 | 0.204 | 0.249 | 0.427 |
| 材料 | 厚型防火涂料 | kg | — | (5.890) | (11.575) | (17.299) |
| | 电 | kW·h | 0.68 | 0.044 | 0.090 | 0.114 |
| | 其他材料费 | 元 | 1.00 | 0.880 | 1.760 | 2.640 |
| 机械 | 电动空气压缩机 3m³/min | 台班 | 118.19 | 0.022 | 0.045 | 0.057 |

工作内容：运料、搅拌均匀、(刷)喷涂、清理。 计量单位：10㎡

| 定 额 编 号 | | | | | A11-4-439 | A11-4-440 |
|---|---|---|---|---|---|---|
| 项 目 名 称 | | | | | 超薄型防火涂料 | |
| | | | | | 2.0mm以内 | 2.5mm以内 |
| 基 价 （元） | | | | | 88.34 | 108.51 |
| 其中 | 人 工 费 （元） | | | | 75.18 | 90.72 |
| | 材 料 费 （元） | | | | 2.64 | 4.55 |
| | 机 械 费 （元） | | | | 10.52 | 13.24 |
| 名 称 | | 单位 | 单价(元) | | 消 耗 量 | |
| 人工 | 综合工日 | 工日 | 140.00 | | 0.537 | 0.648 |
| 材料 | 厚型防火涂料 | kg | — | | (23.036) | (28.759) |
| | 电 | kW·h | 0.68 | | 0.178 | 0.224 |
| | 其他材料费 | 元 | 1.00 | | 2.520 | 4.400 |
| 机械 | 电动空气压缩机 3m³/min | 台班 | 118.19 | | 0.089 | 0.112 |

工作内容：运料、搅拌均匀、(刷)喷涂、清理。 计量单位：10m²

| 定 额 编 号 | | | | A11-4-441 | A11-4-442 | A11-4-443 |
|---|---|---|---|---|---|---|
| 项 目 名 称 | | | | 薄型防火涂料 | | |
| | | | | 3mm以内 | 5mm以内 | 7mm以内 |
| 基 价 （元） | | | | 57.98 | 93.32 | 128.59 |
| 其中 | 人 工 费（元） | | | 36.40 | 57.40 | 78.68 |
| | 材 料 费（元） | | | 1.84 | 3.06 | 4.05 |
| | 机 械 费（元） | | | 19.74 | 32.86 | 45.86 |
| 名 称 | | 单位 | 单价（元） | 消 耗 量 | | |
| 人工 | 综合工日 | 工日 | 140.00 | 0.260 | 0.410 | 0.562 |
| 材料 | 厚型防火涂料 | kg | — | (28.310) | (47.134) | (65.945) |
| | 电 | kW·h | 0.68 | 0.334 | 0.618 | 0.778 |
| | 其他材料费 | 元 | 1.00 | 1.610 | 2.640 | 3.520 |
| 机械 | 电动空气压缩机 3m³/min | 台班 | 118.19 | 0.167 | 0.278 | 0.388 |

## 4.管廊钢结构

工作内容：运料、搅拌均匀、(刷)喷涂、清理。

计量单位：10㎡

| 定 额 编 号 | | | A11-4-444 | A11-4-445 | A11-4-446 |
|---|---|---|---|---|---|
| 项 目 名 称 | | | 超薄型防火涂料 | | |
| | | | 0.5mm以内 | 1.0mm以内 | 1.5mm以内 |
| 基 价（元） | | | 30.07 | 47.62 | 65.22 |
| 其中 | 人 工 费（元） | | 27.02 | 41.58 | 56.28 |
| | 材 料 费（元） | | 0.92 | 1.79 | 2.68 |
| | 机 械 费（元） | | 2.13 | 4.25 | 6.26 |
| 名 称 | 单位 | 单价(元) | 消 耗 量 | | |
| 人工 | 综合工日 | 工日 | 140.00 | 0.193 | 0.297 | 0.402 |
| 材料 | 厚型防火涂料 | kg | — | (5.419) | (10.725) | (16.027) |
| | 电 | kW·h | 0.68 | 0.036 | 0.072 | 0.106 |
| | 其他材料费 | 元 | 1.00 | 0.897 | 1.740 | 2.610 |
| 机械 | 电动空气压缩机 3㎥/min | 台班 | 118.19 | 0.018 | 0.036 | 0.053 |

476

工作内容：运料、搅拌均匀、(刷)喷涂、清理。 计量单位：10m²

| 定 额 编 号 | | | | | A11-4-447 | A11-4-448 |
|---|---|---|---|---|---|---|
| 项 目 名 称 | | | | | 超薄型防火涂料 | |
| | | | | | 2.0mm以内 | 2.5mm以内 |
| 基 价（元） | | | | | 82.81 | 100.67 |
| 其中 | 人 工 费（元） | | | | 70.84 | 85.68 |
| | 材 料 费（元） | | | | 3.58 | 4.47 |
| | 机 械 费（元） | | | | 8.39 | 10.52 |
| 名 称 | | 单位 | 单价（元） | | 消 耗 量 | |
| 人工 | 综合工日 | 工日 | 140.00 | | 0.506 | 0.612 |
| 材料 | 厚型防火涂料 | kg | — | | (21.343) | (26.464) |
| | 电 | kW·h | 0.68 | | 0.142 | 0.178 |
| | 其他材料费 | 元 | 1.00 | | 3.480 | 4.350 |
| 机械 | 电动空气压缩机 3m³/min | 台班 | 118.19 | | 0.071 | 0.089 |

工作内容：运料、搅拌均匀、(刷)喷涂、清理。 计量单位：10㎡

| 定 额 编 号 | | | | A11-4-449 | A11-4-450 | A11-4-451 |
|---|---|---|---|---|---|---|
| 项 目 名 称 | | | | 薄型防火涂料 | | |
| | | | | 3mm以内 | 5mm以内 | 7mm以内 |
| 基 价（元） | | | | 51.56 | 82.74 | 114.14 |
| 其中 | 人 工 费（元） | | | 34.16 | 54.18 | 74.20 |
| | 材 料 费（元） | | | 1.92 | 2.91 | 3.89 |
| | 机 械 费（元） | | | 15.48 | 25.65 | 36.05 |
| 名 称 | | 单位 | 单价（元） | 消 耗 量 | | |
| 人工 | 综合工日 | 工日 | 140.00 | 0.244 | 0.387 | 0.530 |
| 材料 | 厚型防火涂料 | kg | — | (26.230) | (43.669) | (61.098) |
| | 电 | kW·h | 0.68 | 0.262 | 0.434 | 0.610 |
| | 其他材料费 | 元 | 1.00 | 1.740 | 2.610 | 3.480 |
| 机械 | 电动空气压缩机 3m³/min | 台班 | 118.19 | 0.131 | 0.217 | 0.305 |

工作内容：运料、搅拌均匀、(刷)喷涂、清理。

计量单位：10m²

| 定 额 编 号 | | | | A11-4-452 | A11-4-453 | A11-4-454 |
|---|---|---|---|---|---|---|
| 项 目 名 称 | | | | 厚型防火涂料 | | |
| | | | | 10mm以内 | 15mm以内 | 20mm以内 |
| 基 价（元） | | | | 169.82 | 234.60 | 312.78 |
| 其中 | 人 工 费（元） | | | 80.92 | 110.60 | 147.42 |
| | 材 料 费（元） | | | 1.85 | 3.05 | 4.34 |
| | 机 械 费（元） | | | 87.05 | 120.95 | 161.02 |
| 名 称 | | 单位 | 单价（元） | 消 耗 量 | | |
| 人工 | 综合工日 | 工日 | 140.00 | 0.578 | 0.790 | 1.053 |
| 材料 | 厚型防火涂料 | kg | — | (72.881) | (99.360) | (132.467) |
| | 电 | kW·h | 0.68 | 1.440 | 1.920 | 2.540 |
| | 其他材料费 | 元 | 1.00 | 0.870 | 1.740 | 2.610 |
| 机械 | 电动空气压缩机 3m³/min | 台班 | 118.19 | 0.713 | 0.972 | 1.296 |
| | 涡浆式混凝土搅拌机 250L | 台班 | 253.07 | 0.011 | 0.024 | 0.031 |

工作内容：运料、搅拌均匀、(刷)喷涂、清理。
计量单位：10㎡

| 定　额　编　号 | | | | A11-4-455 | A11-4-456 |
|---|---|---|---|---|---|
| 项　目　名　称 | | | | 厚型防火涂料 | |
| | | | | 25mm以内 | 30mm以内 |
| 基　　　　　价（元） | | | | 390.38 | 467.83 |
| 其中 | 人　工　费（元） | | | 184.38 | 221.06 |
| | 材　料　费（元） | | | 5.67 | 7.14 |
| | 机　械　费（元） | | | 200.33 | 239.63 |
| 名　　　称 | | 单位 | 单价(元) | 消　　耗　　量 | |
| 人工 | 综合工日 | 工日 | 140.00 | 1.317 | 1.579 |
| 材料 | 厚型防火涂料 | kg | — | (165.564) | (198.661) |
| | 电 | kW·h | 0.68 | 3.220 | 4.100 |
| | 其他材料费 | 元 | 1.00 | 3.480 | 4.350 |
| 机械 | 电动空气压缩机 3m³/min | 台班 | 118.19 | 1.620 | 1.944 |
| | 涡浆式混凝土搅拌机 250L | 台班 | 253.07 | 0.035 | 0.039 |

## 5. 大型型钢钢结构

工作内容：运料、搅拌均匀、(刷)喷涂、清理。 计量单位：10㎡

| 定 额 编 号 | | | A11-4-457 | A11-4-458 | A11-4-459 |
|---|---|---|---|---|---|
| 项 目 名 称 | | | 超薄型防火涂料 | | |
| | | | 0.5mm以内 | 1.0mm以内 | 1.5mm以内 |
| 基 价（元） | | | 27.10 | 43.00 | 59.16 |
| 其中 | 人 工 费（元） | | 24.08 | 36.96 | 49.98 |
| | 材 料 费（元） | | 0.77 | 1.55 | 2.32 |
| | 机 械 费（元） | | 2.25 | 4.49 | 6.86 |
| 名 称 | | 单位 | 单价（元） | 消 耗 量 | |
| 人工 | 综合工日 | 工日 | 140.00 | 0.172 | 0.264 | 0.357 |
| 材料 | 厚型防火涂料 | kg | — | (4.915) | (9.725) | (14.530) |
| | 电 | kW•h | 0.68 | 0.036 | 0.072 | 0.106 |
| | 其他材料费 | 元 | 1.00 | 0.750 | 1.500 | 2.250 |
| 机械 | 电动空气压缩机 3m³/min | 台班 | 118.19 | 0.019 | 0.038 | 0.058 |

工作内容：运料、搅拌均匀、(刷)喷涂、清理。

计量单位：10m²

| 定　额　编　号 | | | | A11-4-460 | A11-4-461 |
|---|---|---|---|---|---|
| 项　目　名　称 | | | | 超薄型防火涂料 | |
| | | | | 2.0mm以内 | 2.5mm以内 |
| 基　　　　价（元） | | | | 75.34 | 91.28 |
| 其中 | 人　工　费（元） | | | 63.14 | 76.30 |
| | 材　料　费（元） | | | 3.10 | 3.87 |
| | 机　械　费（元） | | | 9.10 | 11.11 |
| 名　　　称 | | 单位 | 单价（元） | 消　耗　　量 | |
| 人工 | 综合工日 | 工日 | 140.00 | 0.451 | 0.545 |
| 材料 | 厚型防火涂料 | kg | — | (19.350) | (24.160) |
| | 电 | kW·h | 0.68 | 0.142 | 0.178 |
| | 其他材料费 | 元 | 1.00 | 3.000 | 3.750 |
| 机械 | 电动空气压缩机 3m³/min | 台班 | 118.19 | 0.077 | 0.094 |

482

工作内容：运料、搅拌均匀、(刷)喷涂、清理。 计量单位：10㎡

| 定 额 编 号 | | | | A11-4-462 | A11-4-463 | A11-4-464 |
|---|---|---|---|---|---|---|
| 项 目 名 称 | | | | 薄型防火涂料 | | |
| | | | | 3mm以内 | 5mm以内 | 7mm以内 |
| 基 价（元） | | | | 46.01 | 73.23 | 101.36 |
| 其中 | 人 工 费（元） | | | 30.52 | 48.02 | 66.08 |
| | 材 料 费（元） | | | 1.66 | 2.52 | 3.37 |
| | 机 械 费（元） | | | 13.83 | 22.69 | 31.91 |
| 名 称 | | 单位 | 单价（元） | 消 耗 量 | | |
| 人工 | 综合工日 | 工日 | 140.00 | 0.218 | 0.343 | 0.472 |
| 材料 | 厚型防火涂料 | kg | — | (23.309) | (38.803) | (54.292) |
| | 电 | kW•h | 0.68 | 0.234 | 0.394 | 0.540 |
| | 其他材料费 | 元 | 1.00 | 1.500 | 2.250 | 3.000 |
| 机械 | 电动空气压缩机 3m³/min | 台班 | 118.19 | 0.117 | 0.192 | 0.270 |

工作内容：运料、搅拌均匀、(刷)喷涂、清理。 计量单位：10m²

| 定 额 编 号 | | | | A11-4-465 | A11-4-466 | A11-4-467 |
|---|---|---|---|---|---|---|
| 项 目 名 称 | | | | 厚型防火涂料 | | |
| | | | | 10mm以内 | 15mm以内 | 20mm以内 |
| 基 价（元） | | | | 138.86 | 191.53 | 314.42 |
| 其中 | 人 工 费（元） | | | 71.96 | 98.56 | 131.18 |
| | 材 料 费（元） | | | 1.73 | 2.81 | 3.98 |
| | 机 械 费（元） | | | 65.17 | 90.16 | 179.26 |
| 名 称 | | 单位 | 单价（元） | 消 耗 量 | | |
| 人工 | 综合工日 | 工日 | 140.00 | 0.514 | 0.704 | 0.937 |
| 材料 | 厚型防火涂料 | kg | — | (64.860) | (88.420) | (117.885) |
| | 电 | kW·h | 0.68 | 1.440 | 1.920 | 2.540 |
| | 其他材料费 | 元 | 1.00 | 0.750 | 1.500 | 2.250 |
| 机械 | 电动空气压缩机 3m³/min | 台班 | 118.19 | 0.530 | 0.720 | 0.960 |
| | 涡浆式混凝土搅拌机 250L | 台班 | 253.07 | 0.010 | 0.020 | 0.260 |

工作内容：运料、搅拌均匀、(刷)喷涂、清理。 计量单位：10m²

| 定 额 编 号 | | | | A11-4-468 | A11-4-469 | A11-4-470 |
|---|---|---|---|---|---|---|
| 项 目 名 称 | | | | 厚型防火涂料 | | 防火涂料 |
| | | | | 25mm以内 | 30mm以内 | 防水剂两遍 |
| 基 价（元） | | | | 318.69 | 459.48 | 113.12 |
| 其中 | 人 工 费（元） | | | 164.08 | 196.70 | 107.94 |
| | 材 料 费（元） | | | 5.19 | 6.54 | 5.18 |
| | 机 械 费（元） | | | 149.42 | 256.24 | — |
| 名 称 | | 单位 | 单价(元) | 消 耗 量 | | |
| 人工 | 综合工日 | 工日 | 140.00 | 1.172 | 1.405 | 0.771 |
| 材料 | 厚型防火涂料 | kg | — | (147.335) | (176.790) | — |
| | 电 | kW·h | 0.68 | 3.220 | 4.100 | — |
| | 防水剂 | kg | 1.62 | — | — | 3.200 |
| | 其他材料费 | 元 | 1.00 | 3.000 | 3.750 | — |
| 机械 | 电动空气压缩机 3m³/min | 台班 | 118.19 | 1.200 | 1.440 | — |
| | 涡浆式混凝土搅拌机 250L | 台班 | 253.07 | 0.030 | 0.340 | — |

## 6.防火土

工作内容：运料、拌料、和灰、涂抹、找平、压光。

计量单位：10m²

| 定　额　编　号 | | | A11-4-471 | A11-4-472 | A11-4-473 |
|---|---|---|---|---|---|
| 项　目　名　称 | | | 涂抹防火土(厚度) | | |
| | | | 10mm | 15mm | 20mm |
| 基　　　　价（元） | | | 122.00 | 172.08 | 240.85 |
| 其中 | 人　工　费（元） | | 60.48 | 78.12 | 120.40 |
| | 材　料　费（元） | | 58.15 | 87.23 | 113.72 |
| | 机　械　费（元） | | 3.37 | 6.73 | 6.73 |
| 名　　称 | 单位 | 单价(元) | 消　　耗　　量 | | |
| 人工 | 综合工日 | 工日 | 140.00 | 0.432 | 0.558 | 0.860 |
| 材料 | 石棉灰 4级 | kg | 0.43 | 88.400 | 132.600 | 170.800 |
| | 石棉绒 | kg | 0.85 | 13.000 | 19.500 | 26.000 |
| | 水 | t | 7.96 | 0.100 | 0.150 | 0.200 |
| | 水泥 32.5级 | kg | 0.29 | 28.600 | 42.900 | 57.200 |
| 机械 | 涡浆式混凝土搅拌机 500L | 台班 | 336.68 | 0.010 | 0.020 | 0.020 |

486

工作内容：运料、拌料、和灰、涂抹、找平、压光。　　　　　　　　　　　　　　计量单位：10㎡

| 定　额　编　号 | | | A11-4-474 | A11-4-475 | A11-4-476 |
|---|---|---|---|---|---|
| 项　目　名　称 | | | 涂抹防火土(厚度) | | |
| | | | 30mm | 40mm | 50mm |
| 基　　　　价（元） | | | 363.90 | 483.37 | 562.95 |
| 其中 | 人　工　费（元） | | 179.34 | 237.72 | 255.36 |
| | 材　料　费（元） | | 174.46 | 232.18 | 290.76 |
| | 机　械　费（元） | | 10.10 | 13.47 | 16.83 |
| 名　　　　称 | 单位 | 单价（元） | 消　　耗　　量 | | |
| 人工 综合工日 | 工日 | 140.00 | 1.281 | 1.698 | 1.824 |
| 材料 石棉灰 4级 | kg | 0.43 | 265.200 | 352.600 | 442.000 |
| 石棉绒 | kg | 0.85 | 39.000 | 52.000 | 65.000 |
| 水 | t | 7.96 | 0.300 | 0.400 | 0.500 |
| 水泥 32.5级 | kg | 0.29 | 85.800 | 114.400 | 143.000 |
| 机械 涡浆式混凝土搅拌机 500L | 台班 | 336.68 | 0.030 | 0.040 | 0.050 |

## 二十、金属保温盒、托盘、钢钉制作安装，瓦楞板、冷粘胶带保护

工作内容：运料、下料、制作、安装。

计量单位：10m²

| 定　额　编　号 | | | A11-4-477 | A11-4-478 |
|---|---|---|---|---|
| 项　目　名　称 | | | 托盘制作安装 | 钩钉制作安装 |
| | | | 100kg | |
| 基　　　价（元） | | | 347.56 | 2313.98 |
| 其中 | 人　工　费（元） | | 277.34 | 1336.72 |
| | 材　料　费（元） | | 32.37 | 447.46 |
| | 机　械　费（元） | | 37.85 | 529.80 |
| 名　称 | 单位 | 单价（元） | 消　耗　量 | |
| 人工 | 综合工日 | 工日 | 140.00 | 1.981 | 9.548 |
| 材料 | 热轧薄钢板 δ1.0~1.5 | kg | — | (115.000) | — |
| | 低碳钢焊条 | kg | 6.84 | 1.000 | 14.300 |
| | 镀锌圆钢 φ5.5~9 | kg | 3.33 | — | 105.000 |
| | 氧气 | m³ | 3.63 | 3.550 | — |
| | 乙炔气 | kg | 10.45 | 1.210 | — |
| 机械 | 钢筋切断机 40mm | 台班 | 41.21 | — | 2.850 |
| | 交流弧焊机 21kV·A | 台班 | 57.35 | 0.660 | 7.190 |

工作内容：运料、下料、制作、安装。 计量单位：10m²

| 定 额 编 号 | | | | | A11-4-479 | A11-4-480 |
|---|---|---|---|---|---|---|
| 项 目 名 称 | | | | | 普通钢板盒制作安装 | |
| | | | | | 阀门 | 人孔 |
| 基 价（元） | | | | | 820.59 | 788.25 |
| 其中 | 人 工 费（元） | | | | 767.48 | 732.20 |
| | 材 料 费（元） | | | | 52.70 | 52.70 |
| | 机 械 费（元） | | | | 0.41 | 3.35 |
| 名 称 | | 单位 | 单价（元） | | 消 耗 量 | |
| 人工 | 综合工日 | 工日 | 140.00 | | 5.482 | 5.230 |
| 材料 | 热轧薄钢板 δ1.0～1.5 | kg | — | | (94.200) | (90.130) |
| | 扁钢 | kg | 3.40 | | 11.000 | 11.000 |
| | 镀锌圆钢 φ5.5～9 | kg | 3.33 | | 2.500 | 2.500 |
| | 氧气 | m³ | 3.63 | | 1.000 | 1.000 |
| | 乙炔气 | kg | 10.45 | | 0.320 | 0.320 |
| 机械 | 钢筋切断机 40mm | 台班 | 41.21 | | 0.010 | — |
| | 压鼓机 | 台班 | 25.60 | | — | 0.080 |
| | 咬口机 1.5mm | 台班 | 16.25 | | — | 0.080 |

工作内容：运料、下料、制作、安装。 计量单位：10m²

| 定 额 编 号 | | | | A11-4-481 | A11-4-482 | A11-4-483 |
|---|---|---|---|---|---|---|
| 项 目 名 称 | | | | 镀锌铁皮盒制作安装 | | |
| | | | | 阀门 | 人孔 | 法兰 |
| 基 价 （元） | | | | 494.89 | 426.59 | 466.98 |
| 其中 | 人 工 费（元） | | | 491.54 | 401.10 | 447.86 |
| | 材 料 费（元） | | | — | — | — |
| | 机 械 费（元） | | | 3.35 | 25.49 | 19.12 |
| 名 称 | | 单位 | 单价(元) | 消 耗 量 | | |
| 人工 | 综合工日 | 工日 | 140.00 | 3.511 | 2.865 | 3.199 |
| 材料 | 镀锌薄钢板 δ0.5 | m² | — | (13.600) | (13.500) | (13.500) |
| 机械 | 卷板机 20×2500mm | 台班 | 276.83 | — | 0.080 | 0.060 |
| | 压鼓机 | 台班 | 25.60 | 0.080 | 0.080 | 0.060 |
| | 咬口机 1.5mm | 台班 | 16.25 | 0.080 | 0.080 | 0.060 |

490

工作内容：运料、下料、制作、安装。 计量单位：10m²

| 定　额　编　号 | | | A11-4-484 | A11-4-485 | A11-4-486 |
|---|---|---|---|---|---|
| 项　目　名　称 | | | 压制金属 | 瓦楞板（大型储罐） | |
| | | | 铁皮瓦楞板 | 轻型 | 重型 |
| 基　　　价（元） | | | 31.06 | 493.09 | 719.25 |
| 其中 | 人　工　费（元） | | 13.30 | 311.92 | 382.90 |
| | 材　料　费（元） | | — | 168.71 | 317.50 |
| | 机　械　费（元） | | 17.76 | 12.46 | 18.85 |
| 名　　　称 | 单位 | 单价（元） | 消　　耗　　量 | | |
| 人工 | 综合工日 | 工日 | 140.00 | 0.095 | 2.228 | 2.735 |

| | 名　　　称 | 单位 | 单价（元） | | | |
|---|---|---|---|---|---|---|
| 材料 | 镀锌薄钢板 δ0.5 | m² | — | (11.200) | — | — |
| | 镀锌薄钢板波纹瓦 2000×920×0.5 | 块 | — | — | (12.000) | (12.000) |
| | 扁钢 | kg | 3.40 | — | 39.000 | 27.000 |
| | 槽钢 | kg | 3.20 | — | — | 10.000 |
| | 低碳钢焊条 | kg | 6.84 | — | 1.300 | 2.000 |
| | 镀锌六角螺栓带螺母 2垫圈 M10×14～75 | 10套 | 6.50 | — | — | 5.000 |
| | 镀锌六角螺栓带螺母 2垫圈 M6×14～75 | 10套 | 2.99 | — | 4.000 | 5.000 |
| | 镀锌铆钉 M4 | kg | 4.70 | — | 0.040 | 0.062 |
| | 防水密封胶 | 支 | 8.55 | — | — | 0.300 |
| | 钢板 δ4.5～8 | kg | 3.18 | — | — | 24.000 |
| | 合金钢钻头 φ6～13 | 个 | 3.25 | — | 2.000 | 5.000 |
| | 六角螺栓带螺母 M10×260 | 10套 | 30.77 | — | — | 0.600 |
| | 溶剂汽油 200号 | kg | 5.64 | — | 0.500 | 1.000 |
| | 铁铆钉 | kg | 4.70 | — | 0.010 | — |
| | 无缝钢管 φ32×3.5 | kg | 4.44 | — | — | 0.500 |
| | 氧气 | m³ | 3.63 | — | 0.750 | 1.200 |
| | 乙炔气 | kg | 10.45 | — | 0.285 | 0.456 |
| | 圆钢 φ10～14 | kg | 3.40 | — | — | 0.500 |
| 机械 | 电动空气压缩机 10m³/min | 台班 | 355.21 | 0.050 | — | — |
| | 交流弧焊机 21kV·A | 台班 | 57.35 | — | 0.200 | 0.300 |
| | 立式钻床 25mm | 台班 | 6.58 | — | 0.150 | 0.250 |

491

工作内容：运料、下料、制作、安装。

计量单位：10m²

| 定 额 编 号 | A11-4-487 |
|---|---|
| 项 目 名 称 | 冷缠胶带 |
| | 保护层 |
| 基　　　　价（元） | 136.36 |

| 其中 | 人 工 费（元） | 58.52 |
|---|---|---|
| | 材 料 费（元） | 77.84 |
| | 机 械 费（元） | — |

| | 名　　　称 | 单位 | 单价(元) | 消　　耗　　量 |
|---|---|---|---|---|
| 人工 | 综合工日 | 工日 | 140.00 | 0.418 |
| 材料 | 冷缠胶带 | m² | 5.56 | 14.000 |

# 第五章 手工糊衬玻璃钢工程

# 说　　明

一、本章内容包括碳钢设备手工糊衬玻璃钢和塑料管道玻璃钢增强工程。

二、施工工序：材料运输、填料干燥过筛、设备表面清洗、塑料管道表面打毛、清洗、胶液配制、刷涂、腻子配制、刮涂、玻璃丝布脱脂、下料、贴衬。

三、本章不包括金属表面除锈。

四、有关说明：

1. 如设计要求或施工条件不同，所用胶液配合比、材料品种与定额不同时，以各种胶液中树脂用量为基数进行换算。

2. 塑料管道玻璃钢增强用玻璃布，是按幅宽 200～250mm、厚度 0.2～0.5mm 考虑的。

3. 玻璃钢聚合是按间接聚合法考虑的，如因需要采用其他方法聚合，按施工方案另行计算。

4. 环氧酚醛玻璃钢、环氧呋喃玻璃钢、酚醛树脂玻璃钢，环氧煤焦油玻璃钢、酚醛呋喃玻璃钢、YJ 型呋喃树脂玻璃钢、聚酯树脂玻璃钢，以上碳钢设备底漆一遍和刮涂腻子子目，执行第一节环氧树脂玻璃钢中相应子目。

# 一、环氧树脂玻璃钢

工作内容：填料干燥过筛，玻璃丝布脱脂、下料、贴衬。　　　　　　　　计量单位：10m²

| 定　额　编　号 | | | | A11-5-1 | A11-5-2 | A11-5-3 | A11-5-4 |
|---|---|---|---|---|---|---|---|
| 项　目　名　称 | | | | 碳钢设备 | | | |
| | | | | 底漆一遍 | 刮涂腻子 | 衬布一层 | 面漆一遍 |
| 基　　　　　价（元） | | | | 104.19 | 33.00 | 185.60 | 77.77 |
| 其中 | 人　工　费（元） | | | 31.08 | 11.20 | 57.12 | 22.40 |
| | 材　料　费（元） | | | 55.04 | 13.77 | 78.69 | 43.73 |
| | 机　械　费（元） | | | 18.07 | 8.03 | 49.79 | 11.64 |
| 名　　称 | | 单位 | 单价（元） | 消　　耗　　量 | | | |
| 人工 | 综合工日 | 工日 | 140.00 | 0.222 | 0.080 | 0.408 | 0.160 |
| 材料 | 丙酮 | kg | 7.51 | 0.530 | 0.300 | 0.700 | 0.530 |
| | 玻璃布 | m² | 1.03 | — | — | 11.500 | — |
| | 环氧树脂 | kg | 32.08 | 1.170 | 0.230 | 1.760 | 1.170 |
| | 酒精 | kg | 6.40 | 1.500 | — | — | — |
| | 邻苯二甲酸二丁酯 | kg | 6.84 | 0.180 | 0.040 | 0.180 | 0.120 |
| | 破布 | kg | 6.32 | 0.200 | — | — | — |
| | 石英粉 | kg | 0.35 | 0.230 | 0.460 | 0.260 | 0.120 |
| | 铁砂布 | 张 | 0.85 | — | 4.000 | 2.000 | — |
| | 乙二胺 | kg | 15.00 | 0.090 | 0.020 | 0.140 | 0.090 |
| 机械 | 轴流通风机 7.5kW | 台班 | 40.15 | 0.450 | 0.200 | 1.240 | 0.290 |

工作内容：填料干燥过筛，玻璃丝布脱脂、下料、贴衬。 计量单位：10㎡

| 定 额 编 号 | | | A11-5-5 | A11-5-6 | A11-5-7 | A11-5-8 |
|---|---|---|---|---|---|---|
| 项 目 名 称 | | | 塑料管道增强 | | | |
| | | | 底漆一遍 | 缠布一层 | 缠布两层 | 面漆一遍 |
| 基 价（元） | | | 169.80 | 385.06 | 596.97 | 74.28 |
| 其中 | 人 工 费（元） | | 120.96 | 303.80 | 468.72 | 31.08 |
| | 材 料 费（元） | | 48.84 | 81.26 | 128.25 | 43.20 |
| | 机 械 费（元） | | — | — | — | — |
| 名 称 | 单位 | 单价（元） | 消 耗 量 | | | |
| 人工 | 综合工日 | 工日 | 140.00 | 0.864 | 2.170 | 3.348 | 0.222 |
| 材料 | 丙酮 | kg | 7.51 | 0.530 | 0.700 | 1.050 | 0.460 |
| | 玻璃布 | ㎡ | 1.03 | — | 14.000 | 28.000 | — |
| | 环氧树脂 | kg | 32.08 | 1.170 | 1.760 | 2.640 | 1.170 |
| | 邻苯二甲酸二丁酯 | kg | 6.84 | 0.180 | 0.180 | 0.270 | 0.120 |
| | 破布 | kg | 6.32 | 0.200 | — | — | — |
| | 石英粉 | kg | 0.35 | 0.230 | 0.260 | 0.390 | 0.120 |
| | 铁砂布 | 张 | 0.85 | 4.000 | 2.000 | 2.000 | — |
| | 乙二胺 | kg | 15.00 | 0.090 | 0.140 | 0.210 | 0.090 |

498

## 二、环氧酚醛玻璃钢

工作内容：填料干燥过筛，玻璃丝布脱脂、下料、贴衬。　　　　　　　　　　　　计量单位：10m²

| 定　额　编　号 | | | A11-5-9 | A11-5-10 |
|---|---|---|---|---|
| 项　目　名　称 | | | 碳钢设备 | |
| | | | 衬布一层 | 面漆一遍 |
| 基　　　价（元） | | | 440.93 | 71.59 |
| 其中 | 人　工　费（元） | | 321.16 | 22.40 |
| | 材　料　费（元） | | 69.98 | 37.55 |
| | 机　械　费（元） | | 49.79 | 11.64 |
| 名　　称 | 单位 | 单价（元） | 消　耗　　量 | |
| 人工 | 综合工日 | 工日 | 140.00 | 2.294 | 0.160 |
| 材料 | 丙酮 | kg | 7.51 | 0.790 | 0.530 |
| | 玻璃布 | m² | 1.03 | 11.500 | — |
| | 酚醛树脂 | kg | 16.00 | 0.530 | 0.350 |
| | 环氧树脂 | kg | 32.08 | 1.230 | 0.820 |
| | 邻苯二甲酸二丁酯 | kg | 6.84 | 0.120 | 0.080 |
| | 石英粉 | kg | 0.35 | 0.260 | 0.180 |
| | 铁砂布 | 张 | 0.85 | 2.000 | — |
| | 乙二胺 | kg | 15.00 | 0.110 | 0.070 |
| 机械 | 轴流通风机 7.5kW | 台班 | 40.15 | 1.240 | 0.290 |

工作内容：填料干燥过筛，玻璃丝布脱脂、下料、贴衬。计量单位：10m²

| 定 额 编 号 | | | | A11-5-11 | A11-5-12 | A11-5-13 | A11-5-14 |
|---|---|---|---|---|---|---|---|
| 项 目 名 称 | | | | 塑料管道增强 | | | |
| | | | | 底漆一遍 | 缠布一层 | 缠布两层 | 面漆一遍 |
| 基 价（元） | | | | 169.80 | 376.35 | 584.26 | 68.63 |
| 其中 | 人 工 费（元） | | | 120.96 | 303.80 | 468.72 | 31.08 |
| | 材 料 费（元） | | | 48.84 | 72.55 | 115.54 | 37.55 |
| | 机 械 费（元） | | | — | — | — | — |
| 名 称 | 单位 | 单价（元） | | 消 耗 量 | | | |
| 人工 | 综合工日 | 工日 | 140.00 | 0.864 | 2.170 | 3.348 | 0.222 |
| 材料 | 丙酮 | kg | 7.51 | 0.530 | 0.790 | 1.190 | 0.530 |
| | 玻璃布 | m² | 1.03 | — | 14.000 | 28.000 | — |
| | 酚醛树脂 | kg | 16.00 | — | 0.530 | 0.800 | 0.350 |
| | 环氧树脂 | kg | 32.08 | 1.170 | 1.230 | 1.850 | 0.820 |
| | 邻苯二甲酸二丁酯 | kg | 6.84 | 0.180 | 0.120 | 0.180 | 0.080 |
| | 破布 | kg | 6.32 | 0.200 | — | — | — |
| | 石英粉 | kg | 0.35 | 0.230 | 0.260 | 0.390 | 0.180 |
| | 铁砂布 | 张 | 0.85 | 4.000 | 2.000 | 2.000 | — |
| | 乙二胺 | kg | 15.00 | 0.090 | 0.110 | 0.170 | 0.070 |

# 三、环氧呋喃玻璃钢

工作内容：填料干燥过筛，玻璃丝布脱脂、下料、贴衬。　　　　　　　　计量单位：10m²

| 定　额　编　号 | | | A11-5-15 | A11-5-16 |
|---|---|---|---|---|
| 项　目　名　称 | | | 碳钢设备 | |
| | | | 衬布一层 | 面漆一遍 |
| 基　　价（元） | | | 432.45 | 65.99 |
| 其中 | 人　工　费（元） | | 321.16 | 22.40 |
| | 材　料　费（元） | | 61.50 | 31.95 |
| | 机　械　费（元） | | 49.79 | 11.64 |
| 名　　称 | 单位 | 单价（元） | 消　耗　量 | |
| 人工 综合工日 | 工日 | 140.00 | 2.294 | 0.160 |
| 材料 糠醇树脂 | kg | — | (0.530) | (0.350) |
| 丙酮 | kg | 7.51 | 0.790 | 0.530 |
| 玻璃布 | m² | 1.03 | 11.500 | — |
| 环氧树脂 | kg | 32.08 | 1.230 | 0.820 |
| 邻苯二甲酸二丁酯 | kg | 6.84 | 0.120 | 0.080 |
| 石英粉 | kg | 0.35 | 0.260 | 0.180 |
| 铁砂布 | 张 | 0.85 | 2.000 | — |
| 乙二胺 | kg | 15.00 | 0.110 | 0.070 |
| 机械 轴流通风机 7.5kW | 台班 | 40.15 | 1.240 | 0.290 |

工作内容：填料干燥过筛，玻璃丝布脱脂、下料、贴衬。　　　　　　　　　　　　　　　　计量单位：10m²

| 定　额　编　号 | | | | A11-5-17 | A11-5-18 | A11-5-19 | A11-5-20 |
|---|---|---|---|---|---|---|---|
| 项　目　名　称 | | | | 塑料管道增强 | | | |
| | | | | 底漆一遍 | 缠布一层 | 缠布两层 | 面漆一遍 |
| 基　　　　价（元） | | | | 169.80 | 367.87 | 571.46 | 63.03 |
| 其中 | 人　工　费（元） | | | 120.96 | 303.80 | 468.72 | 31.08 |
| | 材　料　费（元） | | | 48.84 | 64.07 | 102.74 | 31.95 |
| | 机　械　费（元） | | | — | — | — | — |
| 名　　　称 | | 单位 | 单价（元） | 消　　耗　　量 | | | |
| 人工 | 综合工日 | 工日 | 140.00 | 0.864 | 2.170 | 3.348 | 0.222 |
| 材料 | 糠醇树脂 | kg | — | — | (0.530) | (0.800) | (0.350) |
| | 丙酮 | kg | 7.51 | 0.530 | 0.790 | 1.190 | 0.530 |
| | 玻璃布 | m² | 1.03 | — | 14.000 | 28.000 | — |
| | 环氧树脂 | kg | 32.08 | 1.170 | 1.230 | 1.850 | 0.820 |
| | 邻苯二甲酸二丁酯 | kg | 6.84 | 0.180 | 0.120 | 0.180 | 0.080 |
| | 破布 | kg | 6.32 | 0.200 | — | — | — |
| | 石英粉 | kg | 0.35 | 0.230 | 0.260 | 0.390 | 0.180 |
| | 铁砂布 | 张 | 0.85 | 4.000 | 2.000 | 2.000 | — |
| | 乙二胺 | kg | 15.00 | 0.090 | 0.110 | 0.170 | 0.070 |

# 四、酚醛树脂玻璃钢

工作内容：填料干燥过筛，玻璃丝布脱脂、下料、贴衬。 计量单位：10m²

| 定 额 编 号 | | | | A11-5-21 | A11-5-22 |
|---|---|---|---|---|---|
| 项 目 名 称 | | | | 碳钢设备 | |
| | | | | 衬布一层 | 面漆一遍 |
| 基 价（元） | | | | 425.22 | 61.27 |
| 其中 | 人 工 费（元） | | | 321.16 | 22.40 |
| | 材 料 费（元） | | | 54.27 | 27.23 |
| | 机 械 费（元） | | | 49.79 | 11.64 |
| 名 称 | | 单位 | 单价（元） | 消 耗 量 | |
| 人工 | 综合工日 | 工日 | 140.00 | 2.294 | 0.160 |
| 材料 | 苯磺酰氯 | kg | 10.51 | 0.180 | 0.120 |
| | 玻璃布 | m² | 1.03 | 11.500 | — |
| | 瓷粉 | kg | 17.35 | 0.260 | 0.180 |
| | 酚醛树脂 | kg | 16.00 | 1.760 | 1.170 |
| | 酒精 | kg | 6.40 | 0.790 | 0.530 |
| | 铁砂布 | 张 | 0.85 | 2.000 | — |
| | 桐油钙松香 | kg | 6.14 | 0.180 | 0.120 |
| 机械 | 轴流通风机 7.5kW | 台班 | 40.15 | 1.240 | 0.290 |

503

工作内容：填料干燥过筛，玻璃丝布脱脂、下料、贴衬。 计量单位：10㎡

| 定　额　编　号 | | | | A11-5-23 | A11-5-24 | A11-5-25 | A11-5-26 |
|---|---|---|---|---|---|---|---|
| 项　目　名　称 | | | | 塑料管道增强 | | | |
| | | | | 底漆一遍 | 缠布一层 | 缠布两层 | 面漆一遍 |
| 基　　　　　价（元） | | | | 169.80 | 360.64 | 564.67 | 58.31 |
| 其中 | 人　工　费（元） | | | 120.96 | 303.80 | 468.72 | 31.08 |
| | 材　料　费（元） | | | 48.84 | 56.84 | 95.95 | 27.23 |
| | 机　械　费（元） | | | — | — | — | — |
| 名　　　称 | | 单位 | 单价（元） | 消　　耗　　量 | | | |
| 人工 | 综合工日 | 工日 | 140.00 | 0.864 | 2.170 | 3.348 | 0.222 |
| 材料 | 苯磺酰氯 | kg | 10.51 | — | 0.180 | 0.270 | 0.120 |
| | 丙酮 | kg | 7.51 | 0.530 | — | — | — |
| | 玻璃布 | ㎡ | 1.03 | — | 14.000 | 28.000 | — |
| | 瓷粉 | kg | 17.35 | — | 0.260 | 0.390 | 0.180 |
| | 酚醛树脂 | kg | 16.00 | — | 1.760 | 2.640 | 1.170 |
| | 环氧树脂 | kg | 32.08 | 1.170 | — | — | — |
| | 酒精 | kg | 6.40 | — | 0.790 | 1.860 | 0.530 |
| | 邻苯二甲酸二丁酯 | kg | 6.84 | 0.180 | — | — | — |
| | 破布 | kg | 6.32 | 0.200 | — | — | — |
| | 石英粉 | kg | 0.35 | 0.230 | — | — | — |
| | 铁砂布 | 张 | 0.85 | 4.000 | 2.000 | 2.000 | — |
| | 桐油钙松香 | kg | 6.14 | — | 0.180 | 0.270 | 0.120 |
| | 乙二胺 | kg | 15.00 | 0.090 | — | — | — |

# 五、环氧煤焦油玻璃钢

工作内容：填料干燥过筛，玻璃丝布脱脂、下料、贴衬。  计量单位：10㎡

| 定　额　编　号 | | | | A11-5-27 | A11-5-28 |
|---|---|---|---|---|---|
| 项　目　名　称 | | | | 碳钢设备 | |
| | | | | 衬布一层 | 面漆一遍 |
| 基　　　价（元） | | | | 415.51 | 54.69 |
| 其中 | 人　工　费（元） | | | 321.16 | 22.40 |
| | 材　料　费（元） | | | 44.56 | 20.65 |
| | 机　械　费（元） | | | 49.79 | 11.64 |
| | 名　　　称 | 单位 | 单价（元） | 消　耗　量 | |
| 人工 | 综合工日 | 工日 | 140.00 | 2.294 | 0.160 |
| 材料 | 玻璃布 | ㎡ | 1.03 | 11.500 | — |
| | 环氧树脂 | kg | 32.08 | 0.880 | 0.590 |
| | 甲苯 | kg | 3.07 | 0.260 | 0.120 |
| | 煤焦油 | kg | 0.96 | 0.880 | 0.590 |
| | 石英粉 | kg | 0.35 | 0.260 | 0.120 |
| | 铁砂布 | 张 | 0.85 | 2.000 | — |
| | 乙二胺 | kg | 15.00 | 0.070 | 0.050 |
| 机械 | 轴流通风机 7.5kW | 台班 | 40.15 | 1.240 | 0.290 |

工作内容：填料干燥过筛，玻璃丝布脱脂、下料、贴衬。

计量单位：10m²

| 定 额 编 号 | | | | A11-5-29 | A11-5-30 | A11-5-31 | A11-5-32 |
|---|---|---|---|---|---|---|---|
| 项 目 名 称 | | | | 塑料管道增强 | | | |
| | | | | 底漆一遍 | 缠布一层 | 缠布两层 | 面漆一遍 |
| 基 价（元） | | | | 169.80 | 350.09 | 544.59 | 51.19 |
| 其中 | 人 工 费（元） | | | 120.96 | 303.80 | 468.72 | 31.08 |
| | 材 料 费（元） | | | 48.84 | 46.29 | 75.87 | 20.11 |
| | 机 械 费（元） | | | — | — | — | — |
| 名 称 | | 单位 | 单价（元） | 消 耗 量 | | | |
| 人工 | 综合工日 | 工日 | 140.00 | 0.864 | 2.170 | 3.348 | 0.222 |
| 材料 | 糠醇树脂 | kg | — | — | (0.880) | (1.320) | (0.590) |
| | 丙酮 | kg | 7.51 | 0.530 | — | — | — |
| | 玻璃布 | m² | 1.03 | — | 14.000 | 28.000 | — |
| | 环氧树脂 | kg | 32.08 | 1.170 | 0.880 | 1.320 | 0.590 |
| | 甲苯 | kg | 3.07 | — | 0.260 | 0.390 | 0.120 |
| | 邻苯二甲酸二丁酯 | kg | 6.84 | 0.180 | — | — | — |
| | 破布 | kg | 6.32 | 0.200 | — | — | — |
| | 石英粉 | kg | 0.35 | 0.230 | 0.260 | 0.390 | 0.180 |
| | 铁砂布 | 张 | 0.85 | 4.000 | 2.000 | 2.000 | — |
| | 乙二胺 | kg | 15.00 | 0.090 | 0.070 | 0.110 | 0.050 |

# 六、酚醛呋喃玻璃钢

工作内容：填料干燥过筛，玻璃丝布脱脂、下料、贴衬。　　　　　　　计量单位：10㎡

| 定　额　编　号 | | | A11-5-33 | A11-5-34 |
|---|---|---|---|---|
| 项　目　名　称 | | | 碳钢设备 | |
| | | | 衬布一层 | 面漆一遍 |
| 基　　　　价（元） | | | 400.71 | 45.32 |
| 其中 | 人　工　费（元） | | 321.16 | 22.40 |
| | 材　料　费（元） | | 29.76 | 11.28 |
| | 机　械　费（元） | | 49.79 | 11.64 |
| 名　　称 | 单位 | 单价（元） | 消　耗　量 | |
| 人工 | 综合工日 | 工日 | 140.00 | 2.294 | 0.160 |
| 材料 | 糠醇树脂 | kg | — | (1.230) | (0.820) |
| | 苯磺酰氯 | kg | 10.51 | 0.110 | 0.080 |
| | 丙酮 | kg | 7.51 | 0.700 | 0.530 |
| | 玻璃布 | ㎡ | 1.03 | 11.500 | — |
| | 酚醛树脂 | kg | 16.00 | 0.530 | 0.350 |
| | 邻苯二甲酸二丁酯 | kg | 6.84 | 0.180 | 0.120 |
| | 石英粉 | kg | 0.35 | 0.260 | 0.120 |
| | 铁砂布 | 张 | 0.85 | 2.000 | — |
| 机械 | 轴流通风机 7.5kW | 台班 | 40.15 | 1.240 | 0.290 |

工作内容：填料干燥过筛，玻璃丝布脱脂、下料、贴衬。 计量单位：10㎡

| 定 额 编 号 | | | A11-5-35 | A11-5-36 | A11-5-37 | A11-5-38 |
|---|---|---|---|---|---|---|
| 项 目 名 称 | | | 塑料管道增强 | | | |
| | | | 底漆一遍 | 缠布一层 | 缠布两层 | 面漆一遍 |
| 基 价 （元） | | | 169.80 | 336.14 | 534.13 | 41.95 |
| 其中 | 人 工 费 （元） | | 120.96 | 303.80 | 468.72 | 31.08 |
| | 材 料 费 （元） | | 48.84 | 32.34 | 65.41 | 10.87 |
| | 机 械 费 （元） | | — | — | — | — |
| 名 称 | 单位 | 单价（元） | 消 耗 量 | | | |
| 人工 | 综合工日 | 工日 | 140.00 | 0.864 | 2.170 | 3.348 | 0.222 |

| 名 称 | 单位 | 单价（元） | 消 耗 量 | | | |
|---|---|---|---|---|---|---|
| 人工 综合工日 | 工日 | 140.00 | 0.864 | 2.170 | 3.348 | 0.222 |
| 材料 糠醇树脂 | kg | — | — | (1.230) | (1.850) | (0.820) |
| 苯磺酰氯 | kg | 10.51 | — | 0.110 | 1.170 | 0.080 |
| 丙酮 | kg | 7.51 | 0.530 | 0.700 | 1.050 | 0.470 |
| 玻璃布 | ㎡ | 1.03 | — | 14.000 | 28.000 | — |
| 酚醛树脂 | kg | 16.00 | — | 0.530 | 0.790 | 0.350 |
| 环氧树脂 | kg | 32.08 | 1.170 | — | — | — |
| 邻苯二甲酸二丁酯 | kg | 6.84 | 0.180 | 0.180 | 0.280 | 0.120 |
| 破布 | kg | 6.32 | 0.200 | — | — | — |
| 石英粉 | kg | 0.35 | 0.230 | 0.260 | 0.390 | 0.230 |
| 铁砂布 | 张 | 0.85 | 4.000 | 2.000 | 2.000 | — |
| 乙二胺 | kg | 15.00 | 0.090 | — | — | — |

508

# 七、YJ型呋喃树脂玻璃钢

工作内容：填料干燥过筛，玻璃丝布脱脂、下料、贴衬。

计量单位：10m²

| 定 额 编 号 | | | | A11-5-39 | A11-5-40 |
|---|---|---|---|---|---|
| 项 目 名 称 | | | | 碳钢设备 | |
| | | | | 衬布一层 | 面漆一遍 |
| 基 价（元） | | | | 429.50 | 61.04 |
| 其中 | 人 工 费（元） | | | 321.16 | 22.40 |
| | 材 料 费（元） | | | 58.55 | 27.00 |
| | 机 械 费（元） | | | 49.79 | 11.64 |
| 名 称 | 单位 | 单价（元） | | 消 耗 量 | |
| 人工 | 综合工日 | 工日 | 140.00 | 2.294 | 0.160 |
| 材料 | YJ型呋喃粉 | kg | — | (1.300) | (0.700) |
| | 玻璃布 | m² | 1.03 | 11.500 | — |
| | 呋喃树脂 | kg | 18.00 | 2.500 | 1.500 |
| | 铁砂布 | 张 | 0.85 | 2.000 | — |
| 机械 | 轴流通风机 7.5kW | 台班 | 40.15 | 1.240 | 0.290 |

509

工作内容：填料干燥过筛，玻璃丝布脱脂、下料、贴衬。 计量单位：10㎡

| 定 额 编 号 | | | | A11-5-41 | A11-5-42 | A11-5-43 | A11-5-44 |
|---|---|---|---|---|---|---|---|
| 项 目 名 称 | | | | 塑料管道增强 | | | |
| | | | | 底漆一遍 | 缠布一层 | 缠布两层 | 面漆一遍 |
| 基 价 （元） | | | | 169.80 | 364.92 | 566.76 | 58.08 |
| 其中 | 人 工 费 （元） | | | 120.96 | 303.80 | 468.72 | 31.08 |
| | 材 料 费 （元） | | | 48.84 | 61.12 | 98.04 | 27.00 |
| | 机 械 费 （元） | | | — | — | — | — |
| 名 称 | | 单位 | 单价（元） | 消 耗 量 | | | |
| 人工 | 综合工日 | 工日 | 140.00 | 0.864 | 2.170 | 3.348 | 0.222 |
| 材料 | YJ型呋喃粉 | kg | — | — | (1.300) | (1.950) | (0.700) |
| | 丙酮 | kg | 7.51 | 0.530 | — | — | — |
| | 玻璃布 | ㎡ | 1.03 | — | 14.000 | 28.000 | — |
| | 呋喃树脂 | kg | 18.00 | — | 2.500 | 3.750 | 1.500 |
| | 环氧树脂 | kg | 32.08 | 1.170 | — | — | — |
| | 邻苯二甲酸二丁酯 | kg | 6.84 | 0.180 | — | — | — |
| | 破布 | kg | 6.32 | 0.200 | — | — | — |
| | 石英粉 | kg | 0.35 | 0.230 | — | — | — |
| | 铁砂布 | 张 | 0.85 | 4.000 | 2.000 | 2.000 | — |
| | 乙二胺 | kg | 15.00 | 0.090 | — | — | — |

510

# 八、聚酯树脂玻璃钢

工作内容：填料干燥过筛，玻璃丝布脱脂、下料、贴衬。　　　　　　　　　　计量单位：10m²

| 定　额　编　号 | | | A11-5-45 | A11-5-46 |
|---|---|---|---|---|
| 项　目　名　称 | | | 碳钢设备 | |
| | | | 衬布一层 | 面漆一遍 |
| 基　　　　价（元） | | | 386.74 | 35.56 |
| 其中 | 人　工　费（元） | | 321.16 | 22.40 |
| | 材　料　费（元） | | 15.79 | 1.52 |
| | 机　械　费（元） | | 49.79 | 11.64 |
| 名　　称 | 单位 | 单价（元） | 消　　耗　　量 | |
| 人工 综合工日 | 工日 | 140.00 | 2.294 | 0.160 |
| 材料 双酚不饱和聚酯树脂 A型 | kg | — | (1.760) | (1.170) |
| 玻璃布 | m² | 1.03 | 11.500 | — |
| 过氧化环乙酮糊液 50%固化剂（密封膏） | kg | 26.57 | 0.070 | 0.050 |
| 环烷酸钴苯乙烯溶液 | kg | 7.29 | 0.040 | 0.020 |
| 石英粉 | kg | 0.35 | 0.260 | 0.120 |
| 铁砂布 | 张 | 0.85 | 2.000 | — |
| 机械 轴流通风机 7.5kW | 台班 | 40.15 | 1.240 | 0.290 |

工作内容：填料干燥过筛，玻璃丝布脱脂、下料、贴衬。 计量单位：10m²

| 定 额 编 号 | | | A11-5-47 | A11-5-48 | A11-5-49 | A11-5-50 |
|---|---|---|---|---|---|---|
| 项 目 名 称 | | | 塑料管道增强 | | | |
| | | | 底漆一遍 | 缠布一层 | 缠布两层 | 面漆一遍 |
| 基 价（元） | | | 169.80 | 322.16 | 502.76 | 32.60 |
| 其中 | 人 工 费（元） | | 120.96 | 303.80 | 468.72 | 31.08 |
| | 材 料 费（元） | | 48.84 | 18.36 | 34.04 | 1.52 |
| | 机 械 费（元） | | — | — | — | — |
| 名 称 | 单位 | 单价(元) | 消 耗 量 | | | |
| 人工 综合工日 | 工日 | 140.00 | 0.864 | 2.170 | 3.348 | 0.222 |
| 双酚不饱和聚酯树脂 A型 | kg | — | — | (1.760) | (2.640) | (1.170) |
| 丙酮 | kg | 7.51 | 0.530 | — | — | — |
| 玻璃布 | m² | 1.03 | — | 14.000 | 28.000 | — |
| 过氧化环乙酮糊液 50%固化剂(密封膏) | kg | 26.57 | — | 0.070 | 0.110 | 0.050 |
| 环烷酸钴苯乙烯溶液 | kg | 7.29 | — | 0.040 | 0.060 | 0.020 |
| 环氧树脂 | kg | 32.08 | 1.170 | — | — | — |
| 邻苯二甲酸二丁酯 | kg | 6.84 | 0.180 | — | — | — |
| 破布 | kg | 6.32 | 0.200 | — | — | — |
| 石英粉 | kg | 0.35 | 0.230 | 0.260 | 0.390 | 0.120 |
| 铁砂布 | 张 | 0.85 | 4.000 | 2.000 | 2.000 | — |
| 乙二胺 | kg | 15.00 | 0.090 | — | — | — |

512

# 九、漆酚树脂玻璃钢

工作内容：填料干燥过筛，玻璃丝布脱脂、下料、贴衬。　　　　　　　　计量单位：10㎡

| 定　额　编　号 | | | | A11-5-51 | A11-5-52 | A11-5-53 |
|---|---|---|---|---|---|---|
| 项　目　名　称 | | | | 碳钢设备 | | |
| | | | | 底漆一遍 | 刮涂腻子 | 衬布一层 |
| 基　　　价（元） | | | | 86.43 | 33.32 | 463.26 |
| 其中 | 人　工　费（元） | | | 35.42 | 11.76 | 328.58 |
| | 材　料　费（元） | | | 32.94 | 13.53 | 84.89 |
| | 机　械　费（元） | | | 18.07 | 8.03 | 49.79 |
| 名　　称 | | 单位 | 单价（元） | 消　　耗　　量 | | |
| 人工 | 综合工日 | 工日 | 140.00 | 0.253 | 0.084 | 2.347 |
| 材料 | 漆酚树脂漆 | kg | — | (1.180) | (0.240) | (1.770) |
| | 白布 | m | 6.14 | — | — | 11.500 |
| | 瓷粉 | kg | 17.35 | 0.590 | 0.480 | 0.530 |
| | 酒精 | kg | 6.40 | 1.500 | — | — |
| | 破布 | kg | 6.32 | 0.200 | — | — |
| | 溶剂汽油 200号 | kg | 5.64 | 2.100 | 0.320 | 0.600 |
| | 铁砂布 | 张 | 0.85 | — | 4.000 | 2.000 |
| 机械 | 轴流通风机 7.5kW | 台班 | 40.15 | 0.450 | 0.200 | 1.240 |

工作内容：填料干燥过筛，玻璃丝布脱脂、下料、贴衬。 计量单位：10m²

| 定 额 编 号 | | | | A11-5-54 | A11-5-55 |
|---|---|---|---|---|---|
| 项 目 名 称 | | | | 碳钢设备 | |
| | | | | 面漆一遍 | 面漆增一遍 |
| 基 价（元） | | | | 38.85 | 37.77 |
| 其中 | 人 工 费（元） | | | 24.78 | 24.22 |
| | 材 料 费（元） | | | 2.43 | 2.31 |
| | 机 械 费（元） | | | 11.64 | 11.24 |
| 名 称 | | 单位 | 单价(元) | 消 耗 量 | |
| 人工 | 综合工日 | 工日 | 140.00 | 0.177 | 0.173 |
| 材料 | 漆酚树脂漆 | kg | — | (1.180) | (1.160) |
| | 溶剂汽油 200号 | kg | 5.64 | 0.430 | 0.410 |
| 机械 | 轴流通风机 7.5kW | 台班 | 40.15 | 0.290 | 0.280 |

514

# 十、TO树脂玻璃钢

工作内容：玻璃布脱脂、下料、衬贴。

计量单位：10m²

| 定　额　编　号 | | | | A11-5-56 | A11-5-57 | A11-5-58 |
|---|---|---|---|---|---|---|
| 项　目　名　称 | | | | 碳钢设备 | | |
| | | | | 底漆一遍 | 底漆每增一边 | 刮涂腻子 |
| 基　　　价（元） | | | | 43.65 | 80.62 | 13.92 |
| 其中 | 人　工　费（元） | | | 21.84 | 21.00 | 8.54 |
| | 材　料　费（元） | | | 3.74 | 41.55 | 5.38 |
| | 机　械　费（元） | | | 18.07 | 18.07 | — |
| 名　　　称 | | 单位 | 单价(元) | 消　　耗　　量 | | |
| 人工 | 综合工日 | 工日 | 140.00 | 0.156 | 0.150 | 0.061 |
| 材料 | TO树脂漆 | kg | — | (1.700) | (0.320) | (0.230) |
| | TO固化剂 | kg | 23.93 | 0.100 | 1.680 | 0.200 |
| | TO树脂增韧剂、稀释剂、混合剂 | kg | 14.96 | 0.090 | 0.090 | 0.040 |
| 机械 | 轴流通风机 7.5kW | 台班 | 40.15 | 0.450 | 0.450 | — |

工作内容：玻璃布脱脂、下料、衬贴。                                                    计量单位：10m²

| 定　额　编　号 | | | | | A11-5-59 | A11-5-60 |
|---|---|---|---|---|---|---|
| 项　目　名　称 | | | | | 碳钢设备 | |
| | | | | | 衬布一层 | 面漆一遍 |
| 基　　　价（元） | | | | | 387.06 | 49.10 |
| 其中 | 人　工　费（元） | | | | 264.18 | 17.92 |
| | 材　料　费（元） | | | | 73.09 | 19.54 |
| | 机　械　费（元） | | | | 49.79 | 11.64 |
| | 名　　称 | 单位 | 单价（元） | | 消　耗　量 | |
| 人工 | 综合工日 | 工日 | 140.00 | | 1.887 | 0.128 |
| 材料 | TO树脂漆 | kg | — | | (1.230) | (0.270) |
| | TO固化剂 | kg | 23.93 | | 0.040 | 0.750 |
| | TO树脂增韧剂、稀释剂、混合剂 | kg | 14.96 | | 4.030 | 0.070 |
| | 玻璃布 | m² | 1.03 | | 11.500 | 0.530 |
| 机械 | 轴流通风机 7.5kW | 台班 | 40.15 | | 1.240 | 0.290 |

工作内容：玻璃布脱脂、下料、衬贴。 计量单位：10m²

| 定　额　编　号 | | | A11-5-61 | A11-5-62 | A11-5-63 |
|---|---|---|---|---|---|
| 项　目　名　称 | | | 塑料管加强 | | |
| | | | 底漆一遍 | 底漆每增一遍 | 刮腻子 |
| 基　　　价（元） | | | 96.19 | 94.69 | 10.42 |
| 其中 | 人　工　费（元） | | 93.80 | 92.54 | 9.94 |
| | 材　料　费（元） | | 2.39 | 2.15 | 0.48 |
| | 机　械　费（元） | | — | — | — |
| 名　　　称 | 单位 | 单价(元) | 消　　耗　　量 | | |
| 人工 | 综合工日 | 工日 | 140.00 | 0.670 | 0.661 | 0.071 |
| 材料 | TO树脂漆 | kg | — | (1.700) | (1.680) | (0.230) |
| | TO固化剂 | kg | 23.93 | 0.100 | 0.090 | 0.020 |

工作内容：玻璃布脱脂、下料、衬贴。
计量单位：10m²

| 定　额　编　号 | | | | A11-5-64 | A11-5-65 | A11-5-66 |
|---|---|---|---|---|---|---|
| 项　目　名　称 | | | | 塑料管加强 | | |
| | | | | 缠布两层 | 一层 | 面漆 |
| 基　　　价（元） | | | | 550.23 | 335.93 | 34.66 |
| 其中 | 人　工　费（元） | | | 399.56 | 260.26 | 25.06 |
| | 材　料　费（元） | | | 150.67 | 75.67 | 9.60 |
| | 机　械　费（元） | | | — | — | — |
| 名　　　称 | | 单位 | 单价（元） | 消　　耗　　量 | | |
| 人工 | 综合工日 | 工日 | 140.00 | 2.854 | 1.859 | 0.179 |
| 材料 | T0树脂漆 | kg | — | (2.450) | (1.230) | (0.750) |
| | T0固化剂 | kg | 23.93 | 0.090 | 0.040 | 0.070 |
| | T0树脂增韧剂、稀释剂、混合剂 | kg | 14.96 | 8.000 | 4.030 | 0.530 |
| | 玻璃布 | m² | 1.03 | 28.000 | 14.000 | — |

# 十一、乙烯基酯树脂玻璃钢

工作内容：填料干燥过筛，玻璃丝布脱脂、下料、贴衬。

计量单位：10m²

| 定 额 编 号 | | | A11-5-67 | A11-5-68 |
|---|---|---|---|---|
| 项 目 名 称 | | | 设备 | |
| | | | 底漆一遍 | 刮涂腻子 |
| 基 价（元） | | | **70.42** | **23.56** |
| 其中 | 人 工 费（元） | | 40.32 | 11.76 |
| | 材 料 费（元） | | 12.03 | 3.77 |
| | 机 械 费（元） | | 18.07 | 8.03 |
| 名 称 | 单位 | 单价（元） | 消 耗 量 | |
| 人工 综合工日 | 工日 | 140.00 | 0.288 | 0.084 |
| 材料 MFE-2乙烯基酯树脂 | kg | — | (1.500) | (0.250) |
| 固化剂 | kg | 23.93 | 0.450 | 0.008 |
| 破布 | kg | 6.32 | 0.200 | — |
| 石英粉 | kg | 0.35 | — | 0.500 |
| 铁砂布 | 张 | 0.85 | — | 4.000 |
| 机械 轴流通风机 7.5kW | 台班 | 40.15 | 0.450 | 0.200 |

工作内容：填料干燥过筛，玻璃丝布脱脂、下料、贴衬。　　　　　　　　　　　　计量单位：10m²

| 定　额　编　号 | | | | A11-5-69 | A11-5-70 |
|---|---|---|---|---|---|
| 项　目　名　称 | | | | 设备 | |
| | | | | 衬布(0.22mm) | 衬布(0.4mm) |
| | | | | 一层 | |
| 基　　　　　价（元） | | | | 385.93 | 583.53 |
| 其中 | 人　工　费（元） | | | 321.16 | 481.88 |
| | 材　料　费（元） | | | 14.98 | 5.29 |
| | 机　械　费（元） | | | 49.79 | 96.36 |
| 名　　称 | | 单位 | 单价(元) | 消　耗　量 | |
| 人工 | 综合工日 | 工日 | 140.00 | 2.294 | 3.442 |
| 材料 | MFE-2乙烯基酯树脂 | kg | — | (2.000) | (5.000) |
| | 玻璃布　δ0.5 | m² | — | — | (11.500) |
| | 玻璃布 | m² | 1.03 | 11.500 | — |
| | 固化剂 | kg | 23.93 | 0.060 | 0.150 |
| | 铁砂布 | 张 | 0.85 | 2.000 | 2.000 |
| 机械 | 轴流通风机 7.5kW | 台班 | 40.15 | 1.240 | 2.400 |

工作内容：填料干燥过筛,玻璃丝布脱脂、下料、贴衬。

计量单位：10m²

| 定 额 编 号 | | | | A11-5-71 | A11-5-72 |
|---|---|---|---|---|---|
| 项 目 名 称 | | | | 设备 | |
| | | | | 衬300g | 衬50g |
| | | | | 短切毡一层 | 表面毡一层 |
| 基 价（元） | | | | 699.62 | 374.09 |
| 其中 | 人 工 费（元） | | | 591.08 | 321.16 |
| | 材 料 费（元） | | | 8.16 | 3.14 |
| | 机 械 费（元） | | | 100.38 | 49.79 |
| 名 称 | | 单位 | 单价（元） | 消　耗　量 | |
| 人工 | 综合工日 | 工日 | 140.00 | 4.222 | 2.294 |
| 材料 | 300g短切毡 | m² | — | (11.500) | — |
| | 50g表面毡 | m² | — | — | (11.500) |
| | MFE-2乙烯基酯树脂 | kg | — | (9.000) | (2.000) |
| | 固化剂 | kg | 23.93 | 0.270 | 0.060 |
| | 铁砂布 | 张 | 0.85 | 2.000 | 2.000 |
| 机械 | 轴流通风机 7.5kW | 台班 | 40.15 | 2.500 | 1.240 |

工作内容：填料干燥过筛,玻璃丝布脱脂、下料、贴衬。 计量单位：10m²

| 定 额 编 号 | | | | A11-5-73 | A11-5-74 |
|---|---|---|---|---|---|
| 项 目 名 称 | | | | 设备 | 各种玻璃钢 |
| | | | | 面漆一道 | 聚合一次 |
| 基 价（元） | | | | **37.01** | **3907.62** |
| 其中 | 人 工 费（元） | | | 24.22 | 542.08 |
| | 材 料 费（元） | | | 1.15 | 3365.54 |
| | 机 械 费（元） | | | 11.64 | — |
| 名 称 | | 单位 | 单价(元) | 消 耗 量 | |
| 人工 | 综合工日 | 工日 | 140.00 | 0.173 | 3.872 |
| 材料 | MFE-2乙烯基酯树脂 | kg | — | (1.600) | — |
| | 固化剂 | kg | 23.93 | 0.048 | — |
| | 蒸汽 | t | 182.91 | — | 18.400 |
| 机械 | 轴流通风机 7.5kW | 台班 | 40.15 | 0.290 | — |

# 第六章 橡胶板及塑料板衬里工程

# 说　　明

一、本章内容包括金属管道、管件、阀门、多孔板、设备的橡胶板衬里和金属表面的软聚氯乙烯塑料板衬里工程。

二、本章橡胶板及塑料板用量包括：

1. 有效面积需用量（不扣除人孔）。

2. 搭接面积需用量。

3. 法兰翻边及下料时的合理损耗量。

三、本章不包括除锈工作内容。

四、关于下列各项费用的规定。

1. 热硫化橡胶板的硫化方法，按间接硫化处理考虑，需要直接硫化处理时，其人工乘以系数 1.25，所需材料、机械费用按施工方案另行计算。

2. 带有超过总面积 15%衬里零件的贮槽、塔类设备，其人工乘以系数 1.4。

3. 本章塑料板衬里工程，搭接缝均按胶接考虑，若采用焊接，其人工乘以系数 1.8，胶浆用量乘以系数 0.5，聚氯乙烯塑料焊条用量 5.19kg/10 ㎡。

# 一、热硫化硬橡胶衬里

工作内容：运料、配浆、下料削边、表面清洗、刷浆贴衬、火花检查、硫化、硬度检查。

计量单位：10m²

| 定　额　编　号 | | | | A11-6-1 | A11-6-2 | A11-6-3 | A11-6-4 |
|---|---|---|---|---|---|---|---|
| 项　目　名　称 | | | | 设备 | | 多孔板 | |
| | | | | 一层 | 两层 | 一层 | 两层 |
| 基　　　价（元） | | | | 1276.13 | 1770.04 | 4103.99 | 6569.10 |
| 其中 | 人　工　费（元） | | | 700.70 | 1105.58 | 3516.66 | 5885.60 |
| | 材　料　费（元） | | | 463.17 | 523.43 | 474.30 | 541.25 |
| | 机　械　费（元） | | | 112.26 | 141.03 | 113.03 | 142.25 |
| 名　　称 | | 单位 | 单价（元） | 消　　耗　　量 | | | |
| 人工 | 综合工日 | 工日 | 140.00 | 5.005 | 7.897 | 25.119 | 42.040 |
| 材料 | 胶料 S1002 | kg | — | (1.990) | (3.580) | (2.000) | (3.600) |
| | 硬橡胶板 | m² | — | (11.220) | (22.440) | (11.780) | (23.560) |
| | 白布 | m | 6.14 | 0.300 | 0.300 | 0.300 | 0.300 |
| | 电 | kW·h | 0.68 | 2.450 | 4.900 | 2.450 | 4.900 |
| | 丝绸绝缘布 | m² | 15.38 | 0.500 | 0.500 | 0.500 | 0.500 |
| | 橡胶溶解剂油 | kg | 3.84 | 19.100 | 34.360 | 22.000 | 39.000 |
| | 蒸汽 | t | 182.91 | 2.070 | 2.070 | 2.070 | 2.070 |
| 机械 | 电动空气压缩机 10m³/min | 台班 | 355.21 | 0.130 | 0.130 | 0.130 | 0.130 |
| | 电火花检测仪 | 台班 | 11.08 | 0.130 | 0.190 | 0.200 | 0.300 |
| | 轴流通风机 7.5kW | 台班 | 40.15 | 1.610 | 2.310 | 1.610 | 2.310 |

工作内容：运料、配浆、下料削边、表面清洗、刷浆贴衬、火花检查、硫化、硬度检查。

计量单位：10m²

| 定 额 编 号 | | | A11-6-5 | A11-6-6 | A11-6-7 | A11-6-8 |
|---|---|---|---|---|---|---|
| 项 目 名 称 | | | 管道DN100以下 | | 管道DN400以下 | |
| | | | 一层 | 两层 | 一层 | 两层 |
| 基 价（元） | | | 1398.23 | 2263.74 | 1093.73 | 1602.66 |
| 其中 | 人 工 费（元） | | 992.88 | 1754.34 | 688.38 | 1093.26 |
| | 材 料 费（元） | | 291.76 | 367.15 | 291.76 | 367.15 |
| | 机 械 费（元） | | 113.59 | 142.25 | 113.59 | 142.25 |
| 名 称 | 单位 | 单价（元） | 消 耗 量 | | | |
| 人工 | 综合工日 | 工日 | 140.00 | 7.092 | 12.531 | 4.917 | 7.809 |

| | 名 称 | 单位 | 单价（元） | | | | |
|---|---|---|---|---|---|---|---|
| 材料 | 胶料 S1002 | kg | — | (2.000) | (3.600) | (2.000) | (3.600) |
| | 硬橡胶板 | m² | — | (11.640) | (22.960) | (11.280) | (22.560) |
| | 白布 | m | 6.14 | 0.300 | 0.300 | 0.300 | 0.300 |
| | 电 | kW·h | 0.68 | 2.450 | 4.900 | 2.450 | 4.900 |
| | 丝绸绝缘布 | m² | 15.38 | 0.500 | 0.500 | 0.500 | 0.500 |
| | 橡胶溶解剂油 | kg | 3.84 | 24.000 | 43.200 | 24.000 | 43.200 |
| | 蒸汽 | t | 182.91 | 1.030 | 1.030 | 1.030 | 1.030 |
| 机械 | 电动空气压缩机 10m³/min | 台班 | 355.21 | 0.130 | 0.130 | 0.130 | 0.130 |
| | 电火花检测仪 | 台班 | 11.08 | 0.250 | 0.300 | 0.250 | 0.300 |
| | 轴流通风机 7.5kW | 台班 | 40.15 | 1.610 | 2.310 | 1.610 | 2.310 |

工作内容：运料、配浆、下料削边、表面清洗、刷浆贴衬、火花检查、硫化、硬度检查。

计量单位：10m²

| 定　额　编　号 | | | | A11-6-9 | A11-6-10 | A11-6-11 | A11-6-12 |
|---|---|---|---|---|---|---|---|
| 项　目　名　称 | | | | 阀门DN65以下 | | 阀门DN125以下 | |
| | | | | 一层 | 两层 | 一层 | 两层 |
| 基　　　　　价（元） | | | | 1427.76 | 2015.50 | 1335.45 | 1808.37 |
| 其中 | 人　工　费（元） | | | 1021.86 | 1504.44 | 966.14 | 1350.02 |
| | 材　料　费（元） | | | 291.76 | 367.15 | 255.17 | 314.44 |
| | 机　械　费（元） | | | 114.14 | 143.91 | 114.14 | 143.91 |
| 名　　　称 | | 单位 | 单价（元） | 消　　耗　　量 | | | |
| 人工 | 综合工日 | 工日 | 140.00 | 7.299 | 10.746 | 6.901 | 9.643 |
| 材料 | 胶料 S1002 | kg | — | (2.000) | (3.600) | (2.000) | (3.600) |
| | 硬橡胶板 | m² | — | (10.830) | (21.640) | (11.220) | (22.440) |
| | 白布 | m | 6.14 | 0.300 | 0.300 | 0.300 | 0.300 |
| | 电 | kW·h | 0.68 | 2.450 | 4.900 | 2.450 | 4.900 |
| | 丝绸绝缘布 | m² | 15.38 | 0.500 | 0.500 | 0.500 | 0.500 |
| | 橡胶溶解剂油 | kg | 3.84 | 24.000 | 43.200 | 24.000 | 39.000 |
| | 蒸汽 | t | 182.91 | 1.030 | 1.030 | 0.830 | 0.830 |
| 机械 | 电动空气压缩机 10m³/min | 台班 | 355.21 | 0.130 | 0.130 | 0.130 | 0.130 |
| | 电火花检测仪 | 台班 | 11.08 | 0.300 | 0.450 | 0.300 | 0.450 |
| | 轴流通风机 7.5kW | 台班 | 40.15 | 1.610 | 2.310 | 1.610 | 2.310 |

工作内容：运料、配浆、下料削边、表面清洗、刷浆贴衬、火花检查、硫化、硬度检查。

计量单位：10m²

| 定 额 编 号 | | | | A11-6-13 | A11-6-14 | A11-6-15 | A11-6-16 |
|---|---|---|---|---|---|---|---|
| 项 目 名 称 | | | | 弯头DN125以下 | | 弯头DN400以下 | |
| | | | | 一层 | 两层 | 一层 | 两层 |
| 基 价（元） | | | | 1350.29 | 1826.32 | 1078.13 | 1538.62 |
| 其中 | 人 工 费（元） | | | 980.98 | 1351.84 | 708.82 | 1064.14 |
| | 材 料 费（元） | | | 255.17 | 330.57 | 255.17 | 330.57 |
| | 机 械 费（元） | | | 114.14 | 143.91 | 114.14 | 143.91 |
| 名 称 | | 单位 | 单价（元） | 消 耗 量 | | | |
| 人工 | 综合工日 | 工日 | 140.00 | 7.007 | 9.656 | 5.063 | 7.601 |
| 材 料 | 胶料 S1002 | kg | — | (2.200) | (3.960) | (2.000) | (3.960) |
| | 硬橡胶板 | m² | — | (13.270) | (26.540) | (12.430) | (24.860) |
| | 白布 | m | 6.14 | 0.300 | 0.300 | 0.300 | 0.300 |
| | 电 | kW·h | 0.68 | 2.450 | 4.900 | 2.450 | 4.900 |
| | 丝绸绝缘布 | m² | 15.38 | 0.500 | 0.500 | 0.500 | 0.500 |
| | 橡胶溶解剂油 | kg | 3.84 | 24.000 | 43.200 | 24.000 | 43.200 |
| | 蒸汽 | t | 182.91 | 0.830 | 0.830 | 0.830 | 0.830 |
| 机 械 | 电动空气压缩机 10m³/min | 台班 | 355.21 | 0.130 | 0.130 | 0.130 | 0.130 |
| | 电火花检测仪 | 台班 | 11.08 | 0.300 | 0.450 | 0.300 | 0.450 |
| | 轴流通风机 7.5kW | 台班 | 40.15 | 1.610 | 2.310 | 1.610 | 2.310 |

530

工作内容：运料、配浆、下料削边、表面清洗、刷浆贴衬、火花检查、硫化、硬度检查。

计量单位：10m²

| 定　额　编　号 | | | | A11-6-17 | A11-6-18 | A11-6-19 | A11-6-20 |
|---|---|---|---|---|---|---|---|
| 项　目　名　称 | | | | 管件DN100以下 | | 管件DN400以下 | |
| | | | | 一层 | 两层 | 一层 | 两层 |
| 基　　　　　价（元） | | | | 1204.55 | 1645.86 | 1040.89 | 1452.52 |
| 其中 | 人　工　费（元） | | | 835.24 | 1171.38 | 671.58 | 978.04 |
| | 材　料　费（元） | | | 255.17 | 330.57 | 255.17 | 330.57 |
| | 机　械　费（元） | | | 114.14 | 143.91 | 114.14 | 143.91 |
| 名　　　称 | | 单位 | 单价（元） | 消　耗　量 | | | |
| 人工 | 综合工日 | 工日 | 140.00 | 5.966 | 8.367 | 4.797 | 6.986 |
| 材料 | 胶料 S1002 | kg | — | (2.000) | (3.600) | (2.000) | (3.600) |
| | 硬橡胶板 | m² | — | (12.090) | (24.180) | (11.270) | (22.540) |
| | 白布 | m | 6.14 | 0.300 | 0.300 | 0.300 | 0.300 |
| | 电 | kW·h | 0.68 | 2.450 | 4.900 | 2.450 | 4.900 |
| | 丝绸绝缘布 | m² | 15.38 | 0.500 | 0.500 | 0.500 | 0.500 |
| | 橡胶溶解剂油 | kg | 3.84 | 24.000 | 43.200 | 24.000 | 43.200 |
| | 蒸汽 | t | 182.91 | 0.830 | 0.830 | 0.830 | 0.830 |
| 机械 | 电动空气压缩机 10m³/min | 台班 | 355.21 | 0.130 | 0.130 | 0.130 | 0.130 |
| | 电火花检测仪 | 台班 | 11.08 | 0.300 | 0.450 | 0.300 | 0.450 |
| | 轴流通风机 7.5kW | 台班 | 40.15 | 1.610 | 2.310 | 1.610 | 2.310 |

531

# 二、热硫化软橡胶衬里

工作内容：运料、配浆、下料削边、表面清洗、刷浆贴衬、火花检查、硫化、硬度检查。

计量单位：10m²

| 定 额 编 号 | | | A11-6-21 | A11-6-22 | A11-6-23 | A11-6-24 |
|---|---|---|---|---|---|---|
| 项 目 名 称 | | | 设备 | | 多孔板 | |
| | | | 一层 | 两层 | 一层 | 两层 |
| 基 价（元） | | | 1324.43 | 1856.52 | 4141.16 | 6637.76 |
| 其中 | 人 工 费（元） | | 700.70 | 1105.58 | 3516.66 | 5885.60 |
| | 材 料 费（元） | | 511.47 | 609.91 | 511.47 | 609.91 |
| | 机 械 费（元） | | 112.26 | 141.03 | 113.03 | 142.25 |
| 名 称 | 单位 | 单价（元） | 消 耗 量 | | | |
| 人工 | 综合工日 | 工日 | 140.00 | 5.005 | 7.897 | 25.119 | 42.040 |
| 材料 | 胶料 4508号 | kg | — | (1.320) | (2.370) | (1.320) | (2.370) |
| | 软橡胶板 | m² | — | (11.210) | (22.540) | (11.210) | (22.420) |
| | 白布 | m | 6.14 | 0.300 | 0.300 | 0.300 | 0.300 |
| | 电 | kW•h | 0.68 | 2.450 | 4.900 | 2.450 | 4.900 |
| | 丝绸绝缘布 | m² | 15.38 | 0.500 | 0.500 | 0.500 | 0.500 |
| | 橡胶溶解剂油 | kg | 3.84 | 31.680 | 56.880 | 31.680 | 56.880 |
| | 蒸汽 | t | 182.91 | 2.070 | 2.070 | 2.070 | 2.070 |
| 机械 | 电动空气压缩机 10m³/min | 台班 | 355.21 | 0.130 | 0.130 | 0.130 | 0.130 |
| | 电火花检测仪 | 台班 | 11.08 | 0.130 | 0.190 | 0.200 | 0.300 |
| | 轴流通风机 7.5kW | 台班 | 40.15 | 1.610 | 2.310 | 1.610 | 2.310 |

# 三、热硫化、硬胶板复合衬里

工作内容：运料、配浆、下料削边、表面清洗、刷浆贴衬、火花检查、硫化、硬度检查。

计量单位：10m²

| 定 额 编 号 | | | A11-6-25 | A11-6-26 |
|---|---|---|---|---|
| 项 目 名 称 | | | 设备 | 多孔板 |
| | | | 两层 | |
| 基 价（元） | | | 1999.96 | 6790.77 |
| 其中 | 人 工 费（元） | | 1105.58 | 5885.60 |
| | 材 料 费（元） | | 753.35 | 762.92 |
| | 机 械 费（元） | | 141.03 | 142.25 |
| 名 称 | 单位 | 单价（元） | 消 耗 量 | |
| **人工** 综合工日 | 工日 | 140.00 | 7.897 | 42.040 |
| **材料** 胶料 4508号 | kg | — | (1.040) | (1.040) |
| 胶料 S1002 | kg | — | (2.000) | (2.000) |
| 硬橡胶板 | m² | — | (11.220) | (11.780) |
| 白布 | m | 6.14 | 0.300 | 0.300 |
| 电 | kW·h | 0.68 | 4.900 | 4.900 |
| 软橡胶板 | m² | 17.09 | 11.220 | 11.780 |
| 丝绸绝缘布 | m² | 15.38 | 0.500 | 0.500 |
| 橡胶溶解剂油 | kg | 3.84 | 44.300 | 44.300 |
| 蒸汽 | t | 182.91 | 2.070 | 2.070 |
| **机械** 电动空气压缩机 10m³/min | 台班 | 355.21 | 0.130 | 0.130 |
| 电火花检测仪 | 台班 | 11.08 | 0.190 | 0.300 |
| 轴流通风机 7.5kW | 台班 | 40.15 | 2.310 | 2.310 |

# 四、预硫化橡胶衬里

工作内容：运料、配浆、下料削边、表面清洗、胶板打毛、刷浆贴衬、粘贴盖胶板。　　　　计量单位：10m²

| 定　额　编　号 | | | A11-6-27 | A11-6-28 |
|---|---|---|---|---|
| 项　目　名　称 | | | 设备 | |
| | | | 一层 | 两层 |
| 基　　　　价（元） | | | 1410.81 | 2168.72 |
| 其中 | 人　工　费（元） | | 1000.30 | 1427.58 |
| | 材　料　费（元） | | 301.83 | 561.98 |
| | 机　械　费（元） | | 108.68 | 179.16 |
| 名　　称 | 单位 | 单价（元） | 消　　耗　　量 | |
| 人工　综合工日 | 工日 | 140.00 | 7.145 | 10.197 |
| 材料　盖胶板 | m² | — | (0.700) | (0.700) |
| 预硫化橡胶板 | m² | — | (11.500) | (23.000) |
| 底涂料 | kg | 7.69 | 4.400 | 4.400 |
| 固化剂 | kg | 23.93 | 1.400 | 2.800 |
| 胶接剂 JHF | kg | 14.53 | 14.000 | 28.000 |
| 酒精 | kg | 6.40 | 0.800 | 1.600 |
| 溶剂 | kg | 2.17 | 1.360 | 2.700 |
| 三氯乙烯 | kg | 7.11 | 2.000 | 4.000 |
| 丝绸绝缘布 | m² | 15.38 | 0.500 | 0.500 |
| 其他材料费 | 元 | 1.00 | 1.090 | 2.070 |
| 机械　电动单筒慢速卷扬机 10kN | 台班 | 203.56 | 0.200 | 0.400 |
| 电火花检测仪 | 台班 | 11.08 | 0.300 | 0.450 |
| 轴流通风机 7.5kW | 台班 | 40.15 | 1.610 | 2.310 |

# 五、自然硫化橡胶衬里

工作内容：配浆、下料、削边、清洗刷浆、贴衬、火花和硬度检查。　　　　　　计量单位：10m²

| 定　额　编　号 | | | | A11-6-29 |
|---|---|---|---|---|
| 项　目　名　称 | | | | 设备一层 |
| 基　　　价（元） | | | | 918.01 |
| 其中 | 人　工　费（元） | | | 745.36 |
| | 材　料　费（元） | | | 63.97 |
| | 机　械　费（元） | | | 108.68 |
| 名　　　称 | 单位 | 单价（元） | 消　　耗　　量 | |
| 人工 | 综合工日 | 工日 | 140.00 | 5.324 |
| 材料 | 自然硫化橡胶板 | m² | — | (12.000) |
| | 白布 | m | 6.14 | 0.300 |
| | 底涂料 | kg | 7.69 | 3.200 |
| | 电 | kW·h | 0.68 | 2.450 |
| | 甲苯 | kg | 3.07 | 4.000 |
| | 胶粘剂 | kg | 2.20 | 7.000 |
| | 丝绸绝缘布 | m² | 15.38 | 0.500 |
| | 其他材料费 | 元 | 1.00 | 0.480 |
| 机械 | 电动单筒慢速卷扬机 10kN | 台班 | 203.56 | 0.200 |
| | 电火花检测仪 | 台班 | 11.08 | 0.300 |
| | 轴流通风机 7.5kW | 台班 | 40.15 | 1.610 |

# 六、五米长管段热硫化橡胶衬里

工作内容：运料、配浆、下料削边、表面清洗、卷筒、刷浆贴衬、法兰翻边。 计量单位：10m²

| 定 额 编 号 | | | A11-6-30 | A11-6-31 |
|---|---|---|---|---|
| 项 目 名 称 | | | DN100以下 | DN400以下 |
| | | | 一层 | |
| 基 价（元） | | | 1719.10 | 1376.18 |
| 其中 | 人 工 费（元） | | 1141.70 | 792.54 |
| | 材 料 费（元） | | 491.67 | 491.67 |
| | 机 械 费（元） | | 85.73 | 91.97 |
| 名 称 | | 单位 | 单价（元） | 消 耗 量 |
| 人工 | 综合工日 | 工日 | 140.00 | 8.155 | 5.661 |
| 材料 | 胶料 S1002 | kg | — | (2.000) | (2.000) |
| | 硬橡胶板 | m² | — | (11.640) | (11.280) |
| | 电 | kW·h | 0.68 | 2.450 | 2.450 |
| | 丝绸绝缘布 | m² | 15.38 | 1.250 | 1.250 |
| | 橡胶溶解剂油 | kg | 3.84 | 24.000 | 24.000 |
| | 蒸汽 | t | 182.91 | 2.070 | 2.070 |
| 机械 | 电动空气压缩机 10m³/min | 台班 | 355.21 | 0.130 | 0.040 |
| | 电火花检测仪 | 台班 | 11.08 | 0.200 | 0.200 |
| | 汽车式起重机 8t | 台班 | 763.67 | — | 0.080 |
| | 轴流通风机 7.5kW | 台班 | 40.15 | 0.930 | 0.360 |

# 七、软聚氯乙烯板衬里

工作内容：运料、配料、下料刨边、表面清洗、刷胶贴衬、火花检查。

计量单位：10m²

| 定 额 编 号 | | | A11-6-32 | A11-6-33 |
|---|---|---|---|---|
| 项 目 名 称 | | | 金属表面 | |
| | | | 一层 | 两层 |
| 基 价（元） | | | 709.84 | 1371.69 |
| 其中 | 人 工 费（元） | | 574.84 | 1097.60 |
| | 材 料 费（元） | | 114.92 | 233.94 |
| | 机 械 费（元） | | 20.08 | 40.15 |
| 名 称 | 单位 | 单价（元） | 消 耗 量 | |
| 人工 综合工日 | 工日 | 140.00 | 4.106 | 7.840 |
| 材料 软聚氯乙烯板 δ2~8 | m² | — | (11.100) | (22.200) |
| 白布 | m | 6.14 | 0.300 | 0.300 |
| 丙酮 | kg | 7.51 | 1.000 | 2.000 |
| 二氯乙烷 | kg | 4.14 | 20.010 | 40.020 |
| 过氯乙烯树脂 | kg | 5.61 | 2.990 | 5.980 |
| 铁砂布 | 张 | 0.85 | 7.000 | 21.000 |
| 机械 轴流通风机 7.5kW | 台班 | 40.15 | 0.500 | 1.000 |

# 第七章 衬铅及搪铅工程

# 说　　明

一、本章内容包括金属设备、型钢等表面衬铅、搪铅工程。

二、铅板焊接采用氢＋氧焰；搪铅采用氧＋乙炔焰。

三、本章不包括金属表面除锈工作。

四、关于下列各项费用的规定。

1. 设备衬铅不分直径大小，均按卧放在滚动器上施工，对已经安装好的设备进行挂衬铅板施工时，其人工乘以系数 1.39，材料、机械消耗量不得调整。

2. 设备、型钢表面衬铅，铅板厚度按 3mm 考虑，若铅板厚度大于 3mm，其人工乘以系数 1.29，材料按实际进行计算。

# 一、衬铅

工作内容：搪钉法:运料、化制焊条、除锈搪钉、衬铅、氨气检查；压板法:运料、清洗、化制焊条、下料、钻孔、铺铅板、把螺栓、包衬铅板、氨气检查；螺栓固定法:运料、焊接螺栓、化制焊条、铺铅板、焊接及板、包焊螺栓、氨气检查。

计量单位：10m²

| 定　额　编　号 | | | A11-7-1 | A11-7-2 | A11-7-3 | A11-7-4 |
|---|---|---|---|---|---|---|
| 项　目　名　称 | | | 设备 | | | 型钢及支架包铅 |
| | | | 压板法 | 螺栓固定法 | 搪钉法 | |
| 基　　　价（元） | | | 17317.97 | 16527.29 | 23780.87 | 17203.75 |
| 其中 | 人　工　费（元） | | 1342.60 | 1203.58 | 2132.62 | 2843.96 |
| | 材　料　费（元） | | 14880.22 | 14261.24 | 20641.60 | 13832.49 |
| | 机　械　费（元） | | 1095.15 | 1062.47 | 1006.65 | 527.30 |
| 名　　　称 | 单位 | 单价（元） | 消　　耗　　量 | | | |
| 人工 综合工日 | 工日 | 140.00 | 9.590 | 8.597 | 15.233 | 20.314 |
| 材料 氨气 | m³ | 2.93 | 1.600 | 1.600 | 1.600 | 1.060 |
| 冲击钻头 φ12 | 个 | 6.75 | 0.100 | — | — | — |
| 低碳钢焊条 | kg | 6.84 | — | 1.600 | — | — |
| 电 | kW·h | 0.68 | 0.800 | 0.080 | 0.800 | 0.800 |
| 垫圈 M10～20 | 10个 | 1.28 | 13.000 | 6.000 | — | — |
| 酚酞 | kg | 109.00 | 0.020 | 0.020 | 0.020 | 0.020 |
| 钢板 δ10 | kg | 3.18 | 187.200 | — | — | — |
| 焦炭 | kg | 1.42 | 6.400 | 6.400 | 42.800 | 6.400 |
| 酒精 | kg | 6.40 | 0.300 | 0.300 | 0.300 | 0.300 |
| 木柴 | kg | 0.18 | 1.600 | 1.600 | 10.700 | 1.600 |
| 平头螺钉带螺母 M10×14 | 个 | 0.31 | 120.000 | 60.000 | — | — |
| 铅板 δ2.6～3 | kg | 31.12 | 436.370 | 436.370 | 436.370 | 436.370 |
| 铅焊条 φ3～5 | kg | 36.86 | 16.000 | 16.000 | 107.000 | 5.500 |
| 氢气 | m³ | 6.97 | 3.400 | 3.400 | 3.400 | 3.000 |
| 砂轮片 φ150 | 片 | 2.82 | 0.100 | 0.100 | 0.100 | 0.100 |
| 水 | t | 7.96 | 0.100 | 0.100 | 0.200 | 0.100 |
| 碳酸钠(纯碱) | kg | 1.30 | — | — | 0.800 | — |
| 锡 | kg | 127.65 | — | — | 22.200 | — |
| 锌 | kg | 23.93 | — | — | 0.800 | — |
| 盐酸 | kg | 12.41 | — | — | 1.100 | — |
| 氧气 | m³ | 3.63 | 3.000 | 3.000 | 19.720 | 2.650 |
| 乙炔气 | kg | 10.45 | — | — | 7.270 | — |
| 其他材料费 | 元 | 1.00 | 6.440 | 0.540 | 4.920 | 1.190 |
| 机械 磁力电钻 | 台班 | 35.40 | 2.500 | — | — | — |
| 电动空气压缩机 3m³/min | 台班 | 118.19 | 0.100 | 0.100 | 0.100 | 0.100 |
| 汽车式起重机 16t | 台班 | 958.70 | 1.000 | 1.000 | 1.000 | 0.500 |
| 直流弧焊机 40kV·A | 台班 | 93.03 | — | 0.600 | — | — |
| 轴流通风机 7.5kW | 台班 | 40.15 | 0.900 | 0.900 | 0.900 | 0.900 |

## 二、搪铅

工作内容：运料、化制焊条、配焊药、焊铅、质量检查。

计量单位：10㎡

| 定 额 编 号 | | | A11-7-5 | A11-7-6 |
|---|---|---|---|---|
| 项 目 名 称 | | | 设备封头、底 | 搅拌叶轮、轴类 |
| | | | 搪层 δ=4 | |
| 基 价 （元） | | | 40708.60 | 43476.90 |
| 其中 | 人 工 费（元） | | 4495.82 | 7526.40 |
| | 材 料 费（元） | | 35598.48 | 35600.71 |
| | 机 械 费（元） | | 614.30 | 349.79 |
| 名 称 | 单位 | 单价（元） | 消 耗 量 | |
| 人工 | 综合工日 | 工日 | 140.00 | 32.113 | 53.760 |
| 材料 | 电 | kW•h | 0.68 | 0.800 | 0.800 |
| | 焦炭 | kg | 1.42 | 273.220 | 273.220 |
| | 硫酸 38% | kg | 1.62 | 5.000 | 5.000 |
| | 铝焊条(综合) | kg | 50.00 | 683.050 | 683.050 |
| | 氯化锡 | kg | 8.32 | 2.800 | 2.800 |
| | 氯化锌 | kg | 5.96 | 5.600 | 5.600 |
| | 木柴 | kg | 0.18 | 68.310 | 68.310 |
| | 砂轮片 φ150 | 片 | 2.82 | 0.100 | 0.100 |
| | 石棉保温板 | kg | 4.47 | 0.500 | 1.000 |
| | 水 | t | 7.96 | 2.540 | 2.540 |
| | 氧气 | m³ | 3.63 | 117.000 | 117.000 |
| | 乙炔气 | kg | 10.45 | 51.000 | 51.000 |
| 机械 | 汽车式起重机 16t | 台班 | 958.70 | — | 0.310 |
| | 轴流通风机 7.5kW | 台班 | 40.15 | 15.300 | 1.310 |

# 第八章　喷镀（涂）工程

# 说　　明

一、本章内容包括金属管道、设备、型钢等表面气喷镀工程及塑料和水泥砂浆的喷涂工程。

二、本章不包括除锈工作内容。

三、施工工具：喷镀采用国产 SQP-1（高速、中速）气喷枪；喷塑采用塑料粉末喷枪。

四、喷镀和喷塑采用氧乙炔焰。

# 一、喷铝

工作内容：运料、铝丝和钢丝脱脂、喷镀、质量检查。　　　　　　　　　　　　计量单位：10m²

| 定　额　编　号 | | | A11-8-1 | A11-8-2 | A11-8-3 | A11-8-4 |
|---|---|---|---|---|---|---|
| 项　目　名　称 | | | 喷铝 | | | |
| | | | 设备 | | 管道 | |
| | | | 0.3mm | 0.15mm | 0.3mm | 0.15mm |
| 基　　　价（元） | | | **959.99** | **717.20** | **1012.28** | **798.23** |
| 其中 | 人　工　费（元） | | 456.96 | 372.12 | 490.56 | 405.58 |
| | 材　料　费（元） | | 86.21 | 58.91 | 86.21 | 58.91 |
| | 机　械　费（元） | | 416.82 | 286.17 | 435.51 | 333.74 |
| 名　　　称 | 单位 | 单价（元） | 消　　耗　　量 | | | |
| 人工 | 综合工日 | 工日 | 140.00 | 3.264 | 2.658 | 3.504 | 2.897 |
| 材料 | 铝丝 φ2 | kg | — | (9.700) | (5.000) | (9.700) | (5.000) |
| | 氧气 | m³ | 3.63 | 6.800 | 3.600 | 6.800 | 3.600 |
| | 氧气胶管 φ8 | m | 2.05 | 1.000 | 1.000 | 1.000 | 1.000 |
| | 乙炔气 | kg | 10.45 | 5.040 | 3.570 | 5.040 | 3.570 |
| | 其他材料费 | 元 | 1.00 | 6.810 | 6.490 | 6.810 | 6.490 |
| 机械 | 电动空气压缩机 10m³/min | 台班 | 355.21 | 0.970 | 0.670 | 1.000 | 0.770 |
| | 轴流通风机 7.5kW | 台班 | 40.15 | 1.800 | 1.200 | 2.000 | 1.500 |

工作内容：运料、铝丝和钢丝脱脂、喷镀、质量检查。 计量单位：10㎡

| 定　额　编　号 | | | | A11-8-5 |
|---|---|---|---|---|
| 项　目　名　称 | | | | 喷铝 |
| | | | | 型钢(100kg) |
| | | | | 0.3mm |
| 基　　　价（元） | | | | 550.44 |
| 其中 | 人　工　费（元） | | | 285.88 |
| | 材　料　费（元） | | | 55.11 |
| | 机　械　费（元） | | | 209.45 |
| 名　　称 | | 单位 | 单价（元） | 消　耗　量 |
| 人工 | 综合工日 | 工日 | 140.00 | 2.042 |
| 材料 | 铝丝 φ2 | kg | — | (5.630) |
| | 带锈底漆 | kg | 12.82 | 2.920 |
| | 氧气 | m³ | 3.63 | 3.280 |
| | 氧气胶管 φ8 | m | 2.05 | 0.580 |
| | 其他材料费 | 元 | 1.00 | 4.580 |
| 机械 | 电动空气压缩机 10m³/min | 台班 | 355.21 | 0.480 |
| | 轴流通风机 7.5kW | 台班 | 40.15 | 0.970 |

## 二、喷钢

工作内容：运料、铝丝和钢丝脱脂、喷镀、质量检查。　　　　　　　　　　计量单位：10m²

| 定　额　编　号 | | | | A11-8-6 | A11-8-7 | A11-8-8 |
|---|---|---|---|---|---|---|
| 项　目　名　称 | | | | 喷钢 | | |
| | | | | 设备 | | 零部件(100kg) |
| | | | | 0.1mm | 0.05mm | 0.1mm |
| 基　　　　　价（元） | | | | 1306.33 | 1028.89 | 967.16 |
| 其中 | 人　工　费（元） | | | 798.70 | 640.08 | 464.52 |
| | 材　料　费（元） | | | 115.67 | 75.24 | 67.13 |
| | 机　械　费（元） | | | 391.96 | 313.57 | 435.51 |
| 名　　称 | | 单位 | 单价（元） | 消　　耗　　量 | | |
| 人工 | 综合工日 | 工日 | 140.00 | 5.705 | 4.572 | 3.318 |
| 材料 | 钢丝 φ2.0 | kg | — | (10.000) | (6.000) | (5.800) |
| | 带锈底漆 | kg | 12.82 | 6.220 | 3.970 | 3.610 |
| | 氧气 | m³ | 3.63 | 7.000 | 4.000 | 4.060 |
| | 氧气胶管 φ8 | m | 2.05 | 1.000 | 1.000 | 0.580 |
| | 其他材料费 | 元 | 1.00 | 8.470 | 7.770 | 4.920 |
| 机械 | 电动空气压缩机 10m³/min | 台班 | 355.21 | 0.900 | 0.720 | 1.000 |
| | 轴流通风机 7.5kW | 台班 | 40.15 | 1.800 | 1.440 | 2.000 |

# 三、喷锌

工作内容：运料、锌丝脱脂、喷镀、质量检查。

计量单位：10m²

| 定 额 编 号 | | | | A11-8-9 | A11-8-10 | A11-8-11 |
|---|---|---|---|---|---|---|
| 项 目 名 称 | | | | 喷锌 | | |
| | | | | 设备 | | |
| | | | | 0.15mm | 0.2mm | 0.3mm |
| 基 价（元） | | | | 694.66 | 822.16 | 928.72 |
| 其中 | 人 工 费（元） | | | 362.18 | 419.16 | 448.42 |
| | 材 料 费（元） | | | 42.29 | 54.59 | 80.31 |
| | 机 械 费（元） | | | 290.19 | 348.41 | 399.99 |
| 名 称 | | 单位 | 单价（元） | 消 耗 量 | | |
| 人工 | 综合工日 | 工日 | 140.00 | 2.587 | 2.994 | 3.203 |
| 材料 | 锌丝 φ2 | kg | — | (13.200) | (17.100) | (25.600) |
| | 氧气 | m³ | 3.63 | 3.400 | 4.500 | 6.700 |
| | 氧气胶管 φ8 | m | 2.05 | 1.000 | 1.000 | 1.000 |
| | 乙炔气 | kg | 10.45 | 2.500 | 3.300 | 5.000 |
| | 其他材料费 | 元 | 1.00 | 1.770 | 1.720 | 1.690 |
| 机械 | 电动空气压缩机 10m³/min | 台班 | 355.21 | 0.670 | 0.800 | 0.900 |
| | 轴流通风机 7.5kW | 台班 | 40.15 | 1.300 | 1.600 | 2.000 |

工作内容：运料、锌丝脱脂、喷镀、质量检查。 计量单位：10m²

| 定 额 编 号 | | | | A11-8-12 | A11-8-13 | A11-8-14 |
|---|---|---|---|---|---|---|
| 项 目 名 称 | | | | 喷锌 | | |
| | | | | 管道 | | |
| | | | | 0.15mm | 0.2mm | 0.3mm |
| 基 价（元） | | | | 728.12 | 863.89 | 1011.69 |
| 其中 | 人 工 费（元） | | | 395.64 | 452.76 | 483.70 |
| | 材 料 费（元） | | | 42.29 | 62.72 | 92.48 |
| | 机 械 费（元） | | | 290.19 | 348.41 | 435.51 |
| 名 称 | 单位 | 单价（元） | | 消 耗 量 | | |
| 人工 | 综合工日 | 工日 | 140.00 | 2.826 | 3.234 | 3.455 |
| 材料 | 锌丝 φ2 | kg | — | (13.200) | (17.100) | (25.600) |
| | 带锈底漆 | kg | 12.82 | — | 3.300 | 5.000 |
| | 氧气 | m³ | 3.63 | 3.400 | 4.500 | 6.700 |
| | 氧气胶管 φ8 | m | 2.05 | 1.000 | 1.000 | 1.000 |
| | 乙炔气 | kg | 10.45 | 2.500 | — | — |
| | 其他材料费 | 元 | 1.00 | 1.770 | 2.030 | 2.010 |
| 机械 | 电动空气压缩机 10m³/min | 台班 | 355.21 | 0.670 | 0.800 | 1.000 |
| | 轴流通风机 7.5kW | 台班 | 40.15 | 1.300 | 1.600 | 2.000 |

工作内容：运料、锌丝脱脂、喷镀、质量检查。 计量单位：10m²

| 定 额 编 号 | | | | A11-8-15 | A11-8-16 | A11-8-17 |
|---|---|---|---|---|---|---|
| 项 目 名 称 | | | | 喷锌 | | |
| | | | | 型钢(100kg) | | |
| | | | | 0.15mm | 0.2mm | 0.3mm |
| 基 价 （元） | | | | 355.50 | 420.61 | 490.02 |
| 其中 | 人 工 费 （元） | | | 192.22 | 220.08 | 234.50 |
| | 材 料 费 （元） | | | 24.32 | 31.08 | 46.07 |
| | 机 械 费 （元） | | | 138.96 | 169.45 | 209.45 |
| 名 称 | | 单位 | 单价(元) | 消 耗 量 | | |
| 人工 | 综合工日 | 工日 | 140.00 | 1.373 | 1.572 | 1.675 |
| 材料 | 锌丝 φ2 | kg | — | (6.440) | (8.310) | (12.410) |
| | 带锈底漆 | kg | 12.82 | 1.260 | 1.640 | 2.510 |
| | 氧气 | m³ | 3.63 | 1.690 | 2.220 | 3.280 |
| | 氧气胶管 φ8 | m | 2.05 | 0.480 | 0.480 | 0.480 |
| | 其他材料费 | 元 | 1.00 | 1.050 | 1.010 | 1.000 |
| 机械 | 电动空气压缩机 10m³/min | 台班 | 355.21 | 0.320 | 0.390 | 0.480 |
| | 轴流通风机 7.5kW | 台班 | 40.15 | 0.630 | 0.770 | 0.970 |

# 四、喷铜

工作内容：运料、铜丝脱脂、喷镀、质量检查。

计量单位：10㎡

| 定　额　编　号 | | | | A11-8-18 | A11-8-19 | A11-8-20 | A11-8-21 |
|---|---|---|---|---|---|---|---|
| 项　目　名　称 | | | | 喷铜 | | | |
| | | | | 设备 | | | |
| | | | | 0.05mm | 0.1mm | 0.15mm | 0.2mm |
| 基　　　价（元） | | | | 1013.71 | 1251.02 | 1549.93 | 1890.14 |
| 其中 | 人　工　费（元） | | | 632.52 | 789.46 | 946.82 | 1097.04 |
| | 材　料　费（元） | | | 36.80 | 69.60 | 96.56 | 124.39 |
| | 机　械　费（元） | | | 344.39 | 391.96 | 506.55 | 668.71 |
| 名　　称 | | 单位 | 单价（元） | 消　　耗　　量 | | | |
| 人工 | 综合工日 | 工日 | 140.00 | 4.518 | 5.639 | 6.763 | 7.836 |
| 材料 | 铜丝 φ2~3 | kg | — | (6.800) | (11.350) | (17.500) | (22.700) |
| | 氧气 | ㎥ | 3.63 | 3.000 | 6.000 | 8.500 | 11.000 |
| | 氧气胶管 φ8 | m | 2.05 | 1.000 | 1.000 | 1.000 | 1.000 |
| | 乙炔气 | kg | 10.45 | 2.100 | 4.200 | 5.900 | 7.700 |
| | 其他材料费 | 元 | 1.00 | 1.910 | 1.880 | 2.000 | 1.940 |
| 机械 | 电动空气压缩机 10m³/min | 台班 | 355.21 | 0.800 | 0.900 | 1.200 | 1.600 |
| | 轴流通风机 7.5kW | 台班 | 40.15 | 1.500 | 1.800 | 2.000 | 2.500 |

工作内容：运料、铜丝脱脂、喷镀、质量检查。 计量单位：100kg

| 定　额　编　号 | | | | A11-8-22 | A11-8-23 | A11-8-24 | A11-8-25 |
|---|---|---|---|---|---|---|---|
| 项　目　名　称 | | | | 喷铜 | | | |
| | | | | 型钢 | | | |
| | | | | 0.05mm | 0.1mm | 0.15mm | 0.2mm |
| 基　　　价（元） | | | | 557.46 | 711.64 | 803.53 | 973.97 |
| 其中 | 人　工　费（元） | | | 369.74 | 445.20 | 504.70 | 582.82 |
| | 材　料　费（元） | | | 20.28 | 38.62 | 53.86 | 69.06 |
| | 机　械　费（元） | | | 167.44 | 227.82 | 244.97 | 322.09 |
| 名　　称 | | 单位 | 单价（元） | 消　　耗　　量 | | | |
| 人工 | 综合工日 | 工日 | 140.00 | 2.641 | 3.180 | 3.605 | 4.163 |
| 材料 | 铜丝 φ2～3 | kg | — | (3.280) | (5.480) | (8.450) | (10.960) |
| | 带锈底漆 | kg | 12.82 | 1.010 | 2.030 | 2.870 | 3.720 |
| | 氧气 | m³ | 3.63 | 1.450 | 2.900 | 4.110 | 5.310 |
| | 氧气胶管 φ8 | m | 2.05 | 0.480 | 0.480 | 0.480 | 0.480 |
| | 其他材料费 | 元 | 1.00 | 1.080 | 1.080 | 1.160 | 1.110 |
| 机械 | 电动空气压缩机 10m³/min | 台班 | 355.21 | 0.390 | 0.430 | 0.580 | 0.770 |
| | 轴流通风机 7.5kW | 台班 | 40.15 | 0.720 | 1.870 | 0.970 | 1.210 |

556

# 五、喷塑

工作内容：运料、粉料烘干、预热、喷涂。

计量单位：10m²

| 定　额　编　号 | | | | A11-8-26 | A11-8-27 | A11-8-28 |
|---|---|---|---|---|---|---|
| 项　目　名　称 | | | | 喷塑 | | |
| | | | | 设备 | 管道 | 一般钢结构 (100kg) |
| 基　　　　价（元） | | | | 179.85 | 196.50 | 105.74 |
| 其中 | 人　工　费（元） | | | 93.10 | 101.08 | 55.16 |
| | 材　料　费（元） | | | 4.50 | 4.94 | 2.60 |
| | 机　械　费（元） | | | 82.25 | 90.48 | 47.98 |
| 名　　称 | | 单位 | 单价（元） | 消　　耗　　量 | | |
| 人工 | 综合工日 | 工日 | 140.00 | 0.665 | 0.722 | 0.394 |
| 材料 | 粉料 100-250目 | kg | — | (2.500) | (2.750) | (1.450) |
| | 氧气 | m³ | 3.63 | 0.300 | 0.330 | 0.170 |
| | 乙炔气 | kg | 10.45 | 0.310 | 0.340 | 0.180 |
| | 其他材料费 | 元 | 1.00 | 0.170 | 0.190 | 0.100 |
| 机械 | 电动空气压缩机 3m³/min | 台班 | 118.19 | 0.600 | 0.660 | 0.350 |
| | 塑料粉末喷枪 | 台班 | 18.90 | 0.600 | 0.660 | 0.350 |

# 六、水泥砂浆内喷涂

工作内容：水泥砂子筛选、搅拌水泥砂浆、运输砂浆、喷涂、养护。

计量单位：10m²

| 定 额 编 号 | | | | A11-8-29 |
|---|---|---|---|---|
| 项 目 名 称 | | | | 管道DN700-800 |
| 基 价（元） | | | | 295.96 |
| 其中 | 人 工 费（元） | | | 95.20 |
| | 材 料 费（元） | | | 97.22 |
| | 机 械 费（元） | | | 103.54 |
| | 名 称 | 单位 | 单价（元） | 消 耗 量 |
| 人工 | 综合工日 | 工日 | 140.00 | 0.680 |
| 材料 | U型膨胀剂 | kg | 1.88 | 1.060 |
| | 草袋 | 条 | 0.85 | 16.000 |
| | 镀锌铁丝 φ2.5～1.4 | kg | 3.57 | 0.120 |
| | 水 | t | 7.96 | 2.700 |
| | 水泥 42.5级 | kg | 0.33 | 100.060 |
| | 塑料布 | kg | 16.09 | 0.280 |
| | 中(粗)砂 | t | 87.00 | 0.255 |
| 机械 | 内涂机 TCL-I型 | 台班 | 203.64 | 0.140 |
| | 喷射清洗机 PX-40A ⅩⅣ | 台班 | 22.67 | 0.180 |
| | 汽车式起重机 8t | 台班 | 763.67 | 0.040 |
| | 涡浆式混凝土搅拌机 500L | 台班 | 336.68 | 0.120 |

558

# 第九章 块材衬里工程

# 说　　明

一、本章内容包括各种金属设备的耐酸砖、板衬里工程。

二、本章不包括金属设备表面除锈工作。

三、有关说明：

1. 块材包括耐酸瓷砖、板、耐酸耐温砖、耐酸碳砖、浸渍石墨板等。

2. 树脂胶泥包括环氧树脂、酚醛树酯、呋喃树脂、环氧呋喃树脂、环氧酚醛树脂等胶泥。

3. 聚酯树脂胶泥包括乙烯基酯树脂胶泥等。

4. 调制胶泥不分机械和手工操作，均执行本定额。

5. 衬砌砖、板按规范进行自然养护考虑，若采用其他方法养护，其工程量应按施工方案另行计算。

6. 立式设备人孔等部位发生旋拱施工时，每 10 ㎡应增加木材 0.01 ㎥、铁钉 0.20kg。

# 一、硅质泥砌块材

## 1. 耐酸砖230mm(230×113×65)

工作内容：运料、选砖板、洗砖板、调制胶泥、刷底胶浆、衬砌、养生、酸洗。　　　　　计量单位：10㎡

| 定　额　编　号 | | | A11-9-1 | A11-9-2 | A11-9-3 |
|---|---|---|---|---|---|
| 项　目　名　称 | | | 圆形 | 矩形 | 锥(塔)形 |
| 基　　　价（元） | | | 4789.49 | 4558.21 | 5150.97 |
| 其中 | 人　工　费（元） | | 2098.04 | 1866.76 | 2459.52 |
| | 材　料　费（元） | | 2296.53 | 2296.53 | 2296.53 |
| | 机　械　费（元） | | 394.92 | 394.92 | 394.92 |
| 名　　　称 | 单位 | 单价（元） | 消　　耗　　量 | | |
| 人工 综合工日 | 工日 | 140.00 | 14.986 | 13.334 | 17.568 |
| 材料 硅质耐酸胶泥 | m³ | — | (0.300) | (0.300) | (0.300) |
| 电 | kW·h | 0.68 | 1.000 | 1.000 | 1.000 |
| 硫酸 38% | kg | 1.62 | 2.000 | 2.000 | 2.000 |
| 耐酸瓷砖 230×113×65 | 块 | 1.71 | 1333.000 | 1333.000 | 1333.000 |
| 砂轮片 φ150 | 片 | 2.82 | 0.100 | 0.100 | 0.100 |
| 水 | t | 7.96 | 1.620 | 1.620 | 1.620 |
| 机械 电动单筒慢速卷扬机 30kN | 台班 | 210.22 | 0.500 | 0.500 | 0.500 |
| 涡浆式混凝土搅拌机 250L | 台班 | 253.07 | 1.050 | 1.050 | 1.050 |
| 轴流通风机 7.5kW | 台班 | 40.15 | 0.600 | 0.600 | 0.600 |

## 2. 耐酸砖113mm(230×113×65)

工作内容：运料、选砖板、洗砖板、调制胶泥、刷底胶浆、衬砌、养生、酸洗。　　　　　　计量单位：10m²

| 定　额　编　号 | | | | A11-9-4 | A11-9-5 | A11-9-6 |
|---|---|---|---|---|---|---|
| 项　目　名　称 | | | | 圆形 | 矩形 | 锥(塔)形 |
| 基　　　价（元） | | | | 2675.25 | 2510.61 | 2787.81 |
| 其中 | 人　工　费（元） | | | 1246.56 | 1081.92 | 1359.12 |
| | 材　料　费（元） | | | 1147.65 | 1147.65 | 1147.65 |
| | 机　械　费（元） | | | 281.04 | 281.04 | 281.04 |
| | 名　　称 | 单位 | 单价（元） | 消　　耗　　量 | | |
| 人工 | 综合工日 | 工日 | 140.00 | 8.904 | 7.728 | 9.708 |
| 材料 | 硅质耐酸胶泥 | m³ | — | (0.166) | (0.166) | (0.166) |
| | 电 | kW·h | 0.68 | 0.900 | 0.900 | 0.900 |
| | 硫酸 38% | kg | 1.62 | 2.000 | 2.000 | 2.000 |
| | 耐酸瓷砖 230×113×65 | 块 | 1.71 | 665.000 | 665.000 | 665.000 |
| | 砂轮片 φ150 | 片 | 2.82 | 0.100 | 0.100 | 0.100 |
| | 水 | t | 7.96 | 0.800 | 0.800 | 0.800 |
| 机械 | 电动单筒慢速卷扬机 30kN | 台班 | 210.22 | 0.500 | 0.500 | 0.500 |
| | 涡浆式混凝土搅拌机 250L | 台班 | 253.07 | 0.600 | 0.600 | 0.600 |
| | 轴流通风机 7.5kW | 台班 | 40.15 | 0.600 | 0.600 | 0.600 |

### 3. 耐酸砖65mm(230×113×65)

工作内容：运料、选砖板、洗砖板、调制胶泥、刷底胶浆、衬砌、养生、酸洗。　　　　　计量单位：10m²

| 定　额　编　号 | | | A11-9-7 | A11-9-8 | A11-9-9 |
|---|---|---|---|---|---|
| 项　目　名　称 | | | 圆形 | 矩形 | 锥(塔)形 |
| 基　　　　价（元） | | | 1736.92 | 1645.64 | 1797.12 |
| 其中 | 人　工　费（元） | | 807.94 | 716.66 | 868.14 |
| | 材　料　费（元） | | 673.24 | 673.24 | 673.24 |
| | 机　械　费（元） | | 255.74 | 255.74 | 255.74 |
| 名　　　称 | | 单位 | 单价（元） | 消　　耗　　量 | |
| 人工 | 综合工日 | 工日 | 140.00 | 5.771 | 5.119 | 6.201 |
| 材料 | 硅质耐酸胶泥 | m³ | — | (0.110) | (0.110) | (0.110) |
| | 电 | kW·h | 0.68 | 0.800 | 0.800 | 0.800 |
| | 硫酸 38% | kg | 1.62 | 2.000 | 2.000 | 2.000 |
| | 耐酸瓷砖 230×113×65 | 块 | 1.71 | 389.000 | 389.000 | 389.000 |
| | 砂轮片 φ150 | 片 | 2.82 | 0.100 | 0.100 | 0.100 |
| | 水 | t | 7.96 | 0.500 | 0.500 | 0.500 |
| 机械 | 电动单筒慢速卷扬机 30kN | 台班 | 210.22 | 0.500 | 0.500 | 0.500 |
| | 涡浆式混凝土搅拌机 250L | 台班 | 253.07 | 0.500 | 0.500 | 0.500 |
| | 轴流通风机 7.5kW | 台班 | 40.15 | 0.600 | 0.600 | 0.600 |

## 4. 耐酸板10mm(100×50×10)

工作内容：运料、选砖板、洗砖板、调制胶泥、刷底胶浆、衬砌、养生、酸洗。　　　　计量单位：10m²

| 定　额　编　号 | | | A11-9-10 | A11-9-11 | A11-9-12 |
|---|---|---|---|---|---|
| 项　目　名　称 | | | 圆形 | 矩形 | 锥(塔)形 |
| 基　　　　　价（元） | | | 1364.56 | 1175.84 | 1600.74 |
| 其中 | 人　工　费（元） | | 1099.98 | 911.26 | 1336.16 |
| | 材　料　费（元） | | 8.84 | 8.84 | 8.84 |
| | 机　械　费（元） | | 255.74 | 255.74 | 255.74 |
| 名　　称 | 单位 | 单价(元) | 消　　耗　　量 | | |
| 人工 综合工日 | 工日 | 140.00 | 7.857 | 6.509 | 9.544 |
| 材料 硅质耐酸胶泥 | m³ | — | (0.075) | (0.075) | (0.075) |
| 耐酸板 100×50×10 | 块 | — | (1972.000) | (1972.000) | (1972.000) |
| 电 | kW·h | 0.68 | 0.800 | 0.800 | 0.800 |
| 硫酸 38% | kg | 1.62 | 2.000 | 2.000 | 2.000 |
| 砂轮片 φ150 | 片 | 2.82 | 0.100 | 0.100 | 0.100 |
| 水 | t | 7.96 | 0.600 | 0.600 | 0.600 |
| 机械 电动单筒慢速卷扬机 30kN | 台班 | 210.22 | 0.500 | 0.500 | 0.500 |
| 涡浆式混凝土搅拌机 250L | 台班 | 253.07 | 0.500 | 0.500 | 0.500 |
| 轴流通风机 7.5kW | 台班 | 40.15 | 0.600 | 0.600 | 0.600 |

### 5. 耐酸板10mm(100×75×10)

工作内容：运料、选砖板、洗砖板、调制胶泥、刷底胶浆、衬砌、养生、酸洗。　　　　　　　计量单位：10m²

| 定　额　编　号 | | | | A11-9-13 | A11-9-14 | A11-9-15 |
|---|---|---|---|---|---|---|
| 项　目　名　称 | | | | 圆形 | 矩形 | 锥(塔)形 |
| 基　　　　价（元） | | | | 1358.54 | 1190.40 | 1591.50 |
| 其中 | 人　工　费（元） | | | 1093.96 | 925.82 | 1326.92 |
| | 材　料　费（元） | | | 8.84 | 8.84 | 8.84 |
| | 机　械　费（元） | | | 255.74 | 255.74 | 255.74 |
| 名　　　称 | | 单位 | 单价(元) | 消　　耗　　量 | | |
| 人工 | 综合工日 | 工日 | 140.00 | 7.814 | 6.613 | 9.478 |
| 材料 | 硅质耐酸胶泥 | m³ | — | (0.072) | (0.072) | (0.072) |
| | 耐酸砖(板) 100×75×10 | 块 | — | (1335.000) | (1335.000) | (1335.000) |
| | 电 | kW·h | 0.68 | 0.800 | 0.800 | 0.800 |
| | 硫酸 38% | kg | 1.62 | 2.000 | 2.000 | 2.000 |
| | 砂轮片 φ150 | 片 | 2.82 | 0.100 | 0.100 | 0.100 |
| | 水 | t | 7.96 | 0.600 | 0.600 | 0.600 |
| 机械 | 电动单筒慢速卷扬机 30kN | 台班 | 210.22 | 0.500 | 0.500 | 0.500 |
| | 涡浆式混凝土搅拌机 250L | 台班 | 253.07 | 0.500 | 0.500 | 0.500 |
| | 轴流通风机 7.5kW | 台班 | 40.15 | 0.600 | 0.600 | 0.600 |

## 6.耐酸板10mm(75×75×10)

工作内容：运料、选砖板、洗砖板、调制胶泥、刷底胶浆、衬砌、养生、酸洗。　　　计量单位：10m²

| 定　额　编　号 | | | A11-9-16 | A11-9-17 | A11-9-18 |
|---|---|---|---|---|---|
| 项　目　名　称 | | | 圆形 | 矩形 | 锥(塔)形 |
| 基　　价（元） | | | 1346.78 | 1182.56 | 1583.66 |
| 其中 | 人　工　费（元） | | 1082.20 | 917.98 | 1319.08 |
| | 材　料　费（元） | | 8.84 | 8.84 | 8.84 |
| | 机　械　费（元） | | 255.74 | 255.74 | 255.74 |
| 名　　称 | | 单位 | 单价(元) | 消　　耗　　量 | |
| 人工 | 综合工日 | 工日 | 140.00 | 7.730 | 6.557 | 9.422 |
| 材料 | 硅质耐酸胶泥 | m³ | — | (0.073) | (0.073) | (0.073) |
| | 耐酸板 75×75×10 | 块 | — | (1767.000) | (1767.000) | (1767.000) |
| | 电 | kW·h | 0.68 | 0.800 | 0.800 | 0.800 |
| | 硫酸 38% | kg | 1.62 | 2.000 | 2.000 | 2.000 |
| | 砂轮片 φ150 | 片 | 2.82 | 0.100 | 0.100 | 0.100 |
| | 水 | t | 7.96 | 0.600 | 0.600 | 0.600 |
| 机械 | 电动单筒慢速卷扬机 30kN | 台班 | 210.22 | 0.500 | 0.500 | 0.500 |
| | 涡浆式混凝土搅拌机 250L | 台班 | 253.07 | 0.500 | 0.500 | 0.500 |
| | 轴流通风机 7.5kW | 台班 | 40.15 | 0.600 | 0.600 | 0.600 |

# 7. 耐酸板10mm(100×100×10)

工作内容: 运料、选砖板、洗砖板、调制胶泥、刷底胶浆、衬砌、养生、酸洗。　　　　　　　　　计量单位: 10m²

| 定　额　编　号 | | | | A11-9-19 | A11-9-20 | A11-9-21 |
|---|---|---|---|---|---|---|
| 项　目　名　称 | | | | 圆形 | 矩形 | 锥(塔)形 |
| 基　　　　价（元） | | | | 1332.08 | 1166.32 | 1525.00 |
| 其中 | 人　工　费（元） | | | 1067.50 | 901.74 | 1260.42 |
| | 材　料　费（元） | | | 8.84 | 8.84 | 8.84 |
| | 机　械　费（元） | | | 255.74 | 255.74 | 255.74 |
| 名　　　称 | | 单位 | 单价（元） | 消　　耗　　量 | | |
| 人工 | 综合工日 | 工日 | 140.00 | 7.625 | 6.441 | 9.003 |
| 材料 | 硅质耐酸胶泥 | m³ | — | (0.071) | (0.071) | (0.071) |
| | 耐酸板 100×100×10 | 块 | — | (1010.000) | (1010.000) | (1010.000) |
| | 电 | kW·h | 0.68 | 0.800 | 0.800 | 0.800 |
| | 硫酸 38% | kg | 1.62 | 2.000 | 2.000 | 2.000 |
| | 砂轮片 Φ150 | 片 | 2.82 | 0.100 | 0.100 | 0.100 |
| | 水 | t | 7.96 | 0.600 | 0.600 | 0.600 |
| 机械 | 电动单筒慢速卷扬机 30kN | 台班 | 210.22 | 0.500 | 0.500 | 0.500 |
| | 涡浆式混凝土搅拌机 250L | 台班 | 253.07 | 0.500 | 0.500 | 0.500 |
| | 轴流通风机 7.5kW | 台班 | 40.15 | 0.600 | 0.600 | 0.600 |

## 8. 耐酸板10mm(150×70×10)

工作内容: 运料、选砖板、洗砖板、调制胶泥、刷底胶浆、衬砌、养生、酸洗。　　　　　　计量单位: 10m²

| 定　额　编　号 | | | | A11-9-22 | A11-9-23 | A11-9-24 |
|---|---|---|---|---|---|---|
| 项　目　名　称 | | | | 圆形 | 矩形 | 锥(塔)形 |
| 基　　　价（元） | | | | 1219.52 | 1081.34 | 1397.04 |
| 其中 | 人　工　费（元） | | | 954.94 | 816.76 | 1132.46 |
| | 材　料　费（元） | | | 8.84 | 8.84 | 8.84 |
| | 机　械　费（元） | | | 255.74 | 255.74 | 255.74 |
| 名　　　称 | | 单位 | 单价(元) | 消　　耗　　量 | | |
| 人工 | 综合工日 | 工日 | 140.00 | 6.821 | 5.834 | 8.089 |
| 材料 | 硅质耐酸胶泥 | m³ | — | (0.071) | (0.071) | (0.071) |
| | 耐酸板 150×75×10 | 块 | — | (959.000) | (959.000) | (959.000) |
| | 电 | kW·h | 0.68 | 0.800 | 0.800 | 0.800 |
| | 硫酸 38% | kg | 1.62 | 2.000 | 2.000 | 2.000 |
| | 砂轮片 φ150 | 片 | 2.82 | 0.100 | 0.100 | 0.100 |
| | 水 | t | 7.96 | 0.600 | 0.600 | 0.600 |
| 机械 | 电动单筒慢速卷扬机 30kN | 台班 | 210.22 | 0.500 | 0.500 | 0.500 |
| | 涡浆式混凝土搅拌机 250L | 台班 | 253.07 | 0.500 | 0.500 | 0.500 |
| | 轴流通风机 7.5kW | 台班 | 40.15 | 0.600 | 0.600 | 0.600 |

## 9. 耐酸板10mm（150×75×10）

工作内容：运料、选砖板、洗砖板、调制胶泥、刷底胶浆、衬砌、养生、酸洗。　　　　计量单位：10m²

| 定　额　编　号 | | | | A11-9-25 | A11-9-26 | A11-9-27 |
|---|---|---|---|---|---|---|
| 项　目　名　称 | | | | 圆形 | 矩形 | 锥(塔)形 |
| 基　　　价（元） | | | | 1194.46 | 1056.14 | 1371.98 |
| 其中 | 人　工　费（元） | | | 929.88 | 791.56 | 1107.40 |
| | 材　料　费（元） | | | 8.84 | 8.84 | 8.84 |
| | 机　械　费（元） | | | 255.74 | 255.74 | 255.74 |
| 名　　　称 | | 单位 | 单价（元） | 消　　耗　　量 | | |
| 人工 | 综合工日 | 工日 | 140.00 | 6.642 | 5.654 | 7.910 |
| 材料 | 硅质耐酸胶泥 | m³ | — | (0.071) | (0.071) | (0.071) |
| | 耐酸板 150×75×10 | 块 | — | (898.000) | (898.000) | (898.000) |
| | 电 | kW·h | 0.68 | 0.800 | 0.800 | 0.800 |
| | 硫酸 38% | kg | 1.62 | 2.000 | 2.000 | 2.000 |
| | 砂轮片 φ150 | 片 | 2.82 | 0.100 | 0.100 | 0.100 |
| | 水 | t | 7.96 | 0.600 | 0.600 | 0.600 |
| 机械 | 电动单筒慢速卷扬机 30kN | 台班 | 210.22 | 0.500 | 0.500 | 0.500 |
| | 涡浆式混凝土搅拌机 250L | 台班 | 253.07 | 0.500 | 0.500 | 0.500 |
| | 轴流通风机 7.5kW | 台班 | 40.15 | 0.600 | 0.600 | 0.600 |

## 10. 耐酸板15mm(150×75×15)

工作内容：运料、选砖板、洗砖板、调制胶泥、刷底胶浆、衬砌、养生、酸洗。　　　　　　　　计量单位：10m²

| 定　额　编　号 | | | | A11-9-28 | A11-9-29 | A11-9-30 |
|---|---|---|---|---|---|---|
| 项　目　名　称 | | | | 圆形1.5m以下 | 矩形 | 锥(塔)形 |
| 基　　价（元） | | | | 1196.00 | 1057.96 | 1373.66 |
| 其中 | 人　工　费（元） | | | 931.42 | 793.38 | 1109.08 |
| | 材　料　费（元） | | | 8.84 | 8.84 | 8.84 |
| | 机　械　费（元） | | | 255.74 | 255.74 | 255.74 |
| 名　　称 | | 单位 | 单价（元） | 消　　耗　　量 | | |
| 人工 | 综合工日 | 工日 | 140.00 | 6.653 | 5.667 | 7.922 |
| 材料 | 硅质耐酸胶泥 | m³ | — | (0.075) | (0.075) | (0.075) |
| | 耐酸板 150×75×15 | 块 | — | (898.000) | (898.000) | (898.000) |
| | 电 | kW·h | 0.68 | 0.800 | 0.800 | 0.800 |
| | 硫酸 38% | kg | 1.62 | 2.000 | 2.000 | 2.000 |
| | 砂轮片 φ150 | 片 | 2.82 | 0.100 | 0.100 | 0.100 |
| | 水 | t | 7.96 | 0.600 | 0.600 | 0.600 |
| 机械 | 电动单筒慢速卷扬机 30kN | 台班 | 210.22 | 0.500 | 0.500 | 0.500 |
| | 涡浆式混凝土搅拌机 250L | 台班 | 253.07 | 0.500 | 0.500 | 0.500 |
| | 轴流通风机 7.5kW | 台班 | 40.15 | 0.600 | 0.600 | 0.600 |

# 11.耐酸板20mm(150×75×20)

工作内容：运料、选砖板、洗砖板、调制胶泥、刷底胶浆、衬砌、养生、酸洗。　　　　　计量单位：10m²

| 定　额　编　号 | | | | A11-9-31 | A11-9-32 | A11-9-33 |
|---|---|---|---|---|---|---|
| 项　目　名　称 | | | | 圆形 | 矩形 | 锥(塔)形 |
| 基　　价（元） | | | | 1194.46 | 1062.02 | 1377.44 |
| 其中 | 人　工　费（元） | | | 929.88 | 797.44 | 1112.86 |
| | 材　料　费（元） | | | 8.84 | 8.84 | 8.84 |
| | 机　械　费（元） | | | 255.74 | 255.74 | 255.74 |
| 名　　称 | | 单位 | 单价（元） | 消　　耗　　量 | | |
| 人工 | 综合工日 | 工日 | 140.00 | 6.642 | 5.696 | 7.949 |
| 材料 | 硅质耐酸胶泥 | m³ | — | (0.078) | (0.078) | (0.078) |
| | 耐酸板 150×75×20 | 块 | — | (898.000) | (898.000) | (898.000) |
| | 电 | kW·h | 0.68 | 0.800 | 0.800 | 0.800 |
| | 硫酸 38% | kg | 1.62 | 2.000 | 2.000 | 2.000 |
| | 砂轮片 φ150 | 片 | 2.82 | 0.100 | 0.100 | 0.100 |
| | 水 | t | 7.96 | 0.600 | 0.600 | 0.600 |
| 机械 | 电动单筒慢速卷扬机 30kN | 台班 | 210.22 | 0.500 | 0.500 | 0.500 |
| | 涡浆式混凝土搅拌机 250L | 台班 | 253.07 | 0.500 | 0.500 | 0.500 |
| | 轴流通风机 7.5kW | 台班 | 40.15 | 0.600 | 0.600 | 0.600 |

## 12. 耐酸板25mm(150×75×25)

工作内容：运料、选砖板、洗砖板、调制胶泥、刷底胶浆、衬砌、养生、酸洗。　　　　计量单位：10m²

| 定　额　编　号 | | | A11-9-34 | A11-9-35 | A11-9-36 |
|---|---|---|---|---|---|
| 项　目　名　称 | | | 圆形 | 矩形 | 锥(塔)形 |
| 基　　价（元） | | | 1203.28 | 1065.10 | 1380.94 |
| 其中 | 人　工　费（元） | | 938.70 | 800.52 | 1116.36 |
| | 材　料　费（元） | | 8.84 | 8.84 | 8.84 |
| | 机　械　费（元） | | 255.74 | 255.74 | 255.74 |
| 名　　称 | 单位 | 单价（元） | 消　　耗　　量 | | |
| 人工 | 综合工日 | 工日 | 140.00 | 6.705 | 5.718 | 7.974 |
| 材料 | 硅质耐酸胶泥 | m³ | — | (0.080) | (0.080) | (0.080) |
| | 耐酸板 150×75×25 | 块 | — | (898.000) | (898.000) | (898.000) |
| | 电 | kW•h | 0.68 | 0.800 | 0.800 | 0.800 |
| | 硫酸 38% | kg | 1.62 | 2.000 | 2.000 | 2.000 |
| | 砂轮片 φ150 | 片 | 2.82 | 0.100 | 0.100 | 0.100 |
| | 水 | t | 7.96 | 0.600 | 0.600 | 0.600 |
| 机械 | 电动单筒慢速卷扬机 30kN | 台班 | 210.22 | 0.500 | 0.500 | 0.500 |
| | 涡浆式混凝土搅拌机 250L | 台班 | 253.07 | 0.500 | 0.500 | 0.500 |
| | 轴流通风机 7.5kW | 台班 | 40.15 | 0.600 | 0.600 | 0.600 |

## 13. 耐酸板20mm(180×90×20)

工作内容：运料、选砖板、洗砖板、调制胶泥、刷底胶浆、衬砌、养生、酸洗。　　　　计量单位：10m²

| 定　额　编　号 | | | | A11-9-37 | A11-9-38 | A11-9-39 |
|---|---|---|---|---|---|---|
| 项　目　名　称 | | | | 圆形 | 矩形 | 锥(塔)形 |
| 基　　　价（元） | | | | 1086.66 | 937.42 | 1250.88 |
| 其中 | 人　工　费（元） | | | 822.08 | 672.84 | 986.30 |
| | 材　料　费（元） | | | 8.84 | 8.84 | 8.84 |
| | 机　械　费（元） | | | 255.74 | 255.74 | 255.74 |
| 名　　称 | | 单位 | 单价（元） | 消　　耗　　量 | | |
| 人工 | 综合工日 | 工日 | 140.00 | 5.872 | 4.806 | 7.045 |
| 材料 | 硅质耐酸胶泥 | m³ | — | (0.075) | (0.075) | (0.075) |
| | 耐酸板 180×90×20 | 块 | — | (625.000) | (625.000) | (625.000) |
| | 电 | kW·h | 0.68 | 0.800 | 0.800 | 0.800 |
| | 硫酸 38% | kg | 1.62 | 2.000 | 2.000 | 2.000 |
| | 砂轮片 φ150 | 片 | 2.82 | 0.100 | 0.100 | 0.100 |
| | 水 | t | 7.96 | 0.600 | 0.600 | 0.600 |
| 机械 | 电动单筒慢速卷扬机 30kN | 台班 | 210.22 | 0.500 | 0.500 | 0.500 |
| | 涡浆式混凝土搅拌机 250L | 台班 | 253.07 | 0.500 | 0.500 | 0.500 |
| | 轴流通风机 7.5kW | 台班 | 40.15 | 0.600 | 0.600 | 0.600 |

## 14. 耐酸板10mm(180×110×10)

工作内容：运料、选砖板、洗砖板、调制胶泥、刷底胶浆、衬砌、养生、酸洗。　　　　计量单位：10m²

| 定　额　编　号 | | | | A11-9-40 | A11-9-41 | A11-9-42 |
|---|---|---|---|---|---|---|
| 项　目　名　称 | | | | 圆形 | 矩形 | 锥(塔)形 |
| 基　　价（元） | | | | 1096.46 | 961.22 | 1269.92 |
| 其中 | 人　工　费（元） | | | 831.88 | 696.64 | 1005.34 |
| | 材　料　费（元） | | | 8.84 | 8.84 | 8.84 |
| | 机　械　费（元） | | | 255.74 | 255.74 | 255.74 |
| 名　　称 | | 单位 | 单价（元） | 消　　耗　　量 | | |
| 人工 | 综合工日 | 工日 | 140.00 | 5.942 | 4.976 | 7.181 |
| 材料 | 硅质耐酸胶泥 | m³ | — | (0.080) | (0.080) | (0.080) |
| | 耐酸板 180×110×10 | 块 | — | (515.000) | (515.000) | (515.000) |
| | 电 | kW·h | 0.68 | 0.800 | 0.800 | 0.800 |
| | 硫酸 38% | kg | 1.62 | 2.000 | 2.000 | 2.000 |
| | 砂轮片 φ150 | 片 | 2.82 | 0.100 | 0.100 | 0.100 |
| | 水 | t | 7.96 | 0.600 | 0.600 | 0.600 |
| 机械 | 电动单筒慢速卷扬机 30kN | 台班 | 210.22 | 0.500 | 0.500 | 0.500 |
| | 涡浆式混凝土搅拌机 250L | 台班 | 253.07 | 0.500 | 0.500 | 0.500 |
| | 轴流通风机 7.5kW | 台班 | 40.15 | 0.600 | 0.600 | 0.600 |

## 15. 耐酸板15mm(180×110×15)

工作内容：运料、选砖板、洗砖板、调制胶泥、刷底胶浆、衬砌、养生、酸洗。　　　　　　计量单位：10m²

| 定 额 编 号 | | | A11-9-43 | A11-9-44 | A11-9-45 |
|---|---|---|---|---|---|
| 项 目 名 称 | | | 圆形 | 矩形 | 锥(塔)形 |
| 基 价 （元） | | | 1097.86 | 963.04 | 1271.74 |
| 其中 | 人 工 费（元） | | 833.28 | 698.46 | 1007.16 |
| | 材 料 费（元） | | 8.84 | 8.84 | 8.84 |
| | 机 械 费（元） | | 255.74 | 255.74 | 255.74 |
| 名 称 | 单位 | 单价（元） | 消 | 耗 | 量 |
| 人工 | 综合工日 | 工日 | 140.00 | 5.952 | 4.989 | 7.194 |
| 材料 | 硅质耐酸胶泥 | m³ | — | (0.073) | (0.073) | (0.073) |
| | 耐酸板 180×110×15 | 块 | — | (515.000) | (515.000) | (515.000) |
| | 电 | kW·h | 0.68 | 0.800 | 0.800 | 0.800 |
| | 硫酸 38% | kg | 1.62 | 2.000 | 2.000 | 2.000 |
| | 砂轮片 φ150 | 片 | 2.82 | 0.100 | 0.100 | 0.100 |
| | 水 | t | 7.96 | 0.600 | 0.600 | 0.600 |
| 机械 | 电动单筒慢速卷扬机 30kN | 台班 | 210.22 | 0.500 | 0.500 | 0.500 |
| | 涡浆式混凝土搅拌机 250L | 台班 | 253.07 | 0.500 | 0.500 | 0.500 |
| | 轴流通风机 7.5kW | 台班 | 40.15 | 0.600 | 0.600 | 0.600 |

## 16. 耐酸板20mm(180×110×20)

工作内容：运料、选砖板、洗砖板、调制胶泥、刷底胶浆、衬砌、养生、酸洗。　　　　　　计量单位：10m²

| 定　额　编　号 | | | | | A11-9-46 | A11-9-47 | A11-9-48 |
|---|---|---|---|---|---|---|---|
| 项　目　名　称 | | | | | 圆形 | 矩形 | 锥(塔)形 |
| 基　　　　价　（元） | | | | | 1100.24 | 964.44 | 1273.98 |
| 其中 | 人　工　费（元） | | | | 835.66 | 699.86 | 1009.40 |
| | 材　料　费（元） | | | | 8.84 | 8.84 | 8.84 |
| | 机　械　费（元） | | | | 255.74 | 255.74 | 255.74 |
| 名　　称 | | 单位 | 单价（元） | | 消　　耗　　量 | | |
| 人工 | 综合工日 | 工日 | 140.00 | | 5.969 | 4.999 | 7.210 |
| 材料 | 硅质耐酸胶泥 | m³ | — | | (0.075) | (0.075) | (0.075) |
| | 耐酸板 180×110×20 | 块 | — | | (515.000) | (515.000) | (515.000) |
| | 电 | kW·h | 0.68 | | 0.800 | 0.800 | 0.800 |
| | 硫酸 38% | kg | 1.62 | | 2.000 | 2.000 | 2.000 |
| | 砂轮片 φ150 | 片 | 2.82 | | 0.100 | 0.100 | 0.100 |
| | 水 | t | 7.96 | | 0.600 | 0.600 | 0.600 |
| 机械 | 电动单筒慢速卷扬机 30kN | 台班 | 210.22 | | 0.500 | 0.500 | 0.500 |
| | 涡浆式混凝土搅拌机 250L | 台班 | 253.07 | | 0.500 | 0.500 | 0.500 |
| | 轴流通风机 7.5kW | 台班 | 40.15 | | 0.600 | 0.600 | 0.600 |

# 17.耐酸板25mm(180×110×25)

工作内容：运料、选砖板、洗砖板、调制胶泥、刷底胶浆、衬砌、养生、酸洗。 计量单位：10㎡

| 定　额　编　号 | | | A11-9-49 | A11-9-50 | A11-9-51 |
|---|---|---|---|---|---|
| 项　目　名　称 | | | 圆形 | 矩形 | 锥(塔)形 |
| 基　　价（元） | | | 1104.30 | 968.50 | 1278.04 |
| 其中 | 人　工　费（元） | | 839.72 | 703.92 | 1013.46 |
| | 材　料　费（元） | | 8.84 | 8.84 | 8.84 |
| | 机　械　费（元） | | 255.74 | 255.74 | 255.74 |
| 名　　　称 | 单位 | 单价（元） | 消　　耗　　量 | | |
| 人工 综合工日 | 工日 | 140.00 | 5.998 | 5.028 | 7.239 |
| 材料 硅质耐酸胶泥 | m³ | — | (0.078) | (0.078) | (0.078) |
| 耐酸板 180×110×25 | 块 | — | (515.000) | (515.000) | (515.000) |
| 电 | kW·h | 0.68 | 0.800 | 0.800 | 0.800 |
| 硫酸 38% | kg | 1.62 | 2.000 | 2.000 | 2.000 |
| 砂轮片 φ150 | 片 | 2.82 | 0.100 | 0.100 | 0.100 |
| 水 | t | 7.96 | 0.600 | 0.600 | 0.600 |
| 机械 电动单筒慢速卷扬机 30kN | 台班 | 210.22 | 0.500 | 0.500 | 0.500 |
| 涡浆式混凝土搅拌机 250L | 台班 | 253.07 | 0.500 | 0.500 | 0.500 |
| 轴流通风机 7.5kW | 台班 | 40.15 | 0.600 | 0.600 | 0.600 |

### 18. 耐酸板30mm(180×110×30)

工作内容：运料、选砖板、洗砖板、调制胶泥、刷底胶浆、衬砌、养生、酸洗。　　　　　　计量单位：10m²

| 定　额　编　号 | | | | A11-9-52 | A11-9-53 | A11-9-54 |
|---|---|---|---|---|---|---|
| 项　目　名　称 | | | | 圆形 | 矩形 | 锥(塔)形 |
| 基　　　价（元） | | | | 1108.36 | 973.68 | 1282.10 |
| 其中 | 人　工　费（元） | | | 843.78 | 709.10 | 1017.52 |
| | 材　料　费（元） | | | 8.84 | 8.84 | 8.84 |
| | 机　械　费（元） | | | 255.74 | 255.74 | 255.74 |
| 名　　　称 | | 单位 | 单价(元) | 消　　耗　　量 | | |
| 人工 | 综合工日 | 工日 | 140.00 | 6.027 | 5.065 | 7.268 |
| 材料 | 硅质耐酸胶泥 | m³ | — | (0.080) | (0.080) | (0.080) |
| | 耐酸板 180×110×30 | 块 | — | (515.000) | (515.000) | (515.000) |
| | 电 | kW·h | 0.68 | 0.800 | 0.800 | 0.800 |
| | 硫酸 38% | kg | 1.62 | 2.000 | 2.000 | 2.000 |
| | 砂轮片 φ150 | 片 | 2.82 | 0.100 | 0.100 | 0.100 |
| | 水 | t | 7.96 | 0.600 | 0.600 | 0.600 |
| 机械 | 电动单筒慢速卷扬机 30kN | 台班 | 210.22 | 0.500 | 0.500 | 0.500 |
| | 涡浆式混凝土搅拌机 250L | 台班 | 253.07 | 0.500 | 0.500 | 0.500 |
| | 轴流通风机 7.5kW | 台班 | 40.15 | 0.600 | 0.600 | 0.600 |

## 19.耐酸板35mm(180×110×35)

工作内容：运料、选砖板、洗砖板、调制胶泥、刷底胶浆、衬砌、养生、酸洗。　　　　　　　计量单位：10㎡

| 定　额　编　号 | | | | A11-9-55 | A11-9-56 | A11-9-57 |
|---|---|---|---|---|---|---|
| 项　目　名　称 | | | | 圆形 | 矩形 | 锥(塔)形 |
| 基　　　价（元） | | | | 1110.74 | 975.92 | 1284.62 |
| 其中 | 人　工　费（元） | | | 846.16 | 711.34 | 1020.04 |
| | 材　料　费（元） | | | 8.84 | 8.84 | 8.84 |
| | 机　械　费（元） | | | 255.74 | 255.74 | 255.74 |
| 名　　　称 | | 单位 | 单价（元） | 消　　耗　　量 | | |
| 人工 | 综合工日 | 工日 | 140.00 | 6.044 | 5.081 | 7.286 |
| 材料 | 硅质耐酸胶泥 | ㎥ | — | (0.101) | (0.101) | (0.101) |
| | 耐酸板 180×110×35 | 块 | — | (515.000) | (515.000) | (515.000) |
| | 电 | kW·h | 0.68 | 0.800 | 0.800 | 0.800 |
| | 硫酸 38% | kg | 1.62 | 2.000 | 2.000 | 2.000 |
| | 砂轮片 φ150 | 片 | 2.82 | 0.100 | 0.100 | 0.100 |
| | 水 | t | 7.96 | 0.600 | 0.600 | 0.600 |
| 机械 | 电动单筒慢速卷扬机 30kN | 台班 | 210.22 | 0.500 | 0.500 | 0.500 |
| | 涡浆式混凝土搅拌机 250L | 台班 | 253.07 | 0.500 | 0.500 | 0.500 |
| | 轴流通风机 7.5kW | 台班 | 40.15 | 0.600 | 0.600 | 0.600 |

## 20. 耐酸板15mm(200×100×15)

工作内容：运料、选砖板、洗砖板、调制胶泥、刷底胶浆、衬砌、养生、酸洗。　　　　　　　计量单位：10m²

| 定　额　编　号 | | | | A11-9-58 | A11-9-59 | A11-9-60 |
|---|---|---|---|---|---|---|
| 项　目　名　称 | | | | 圆形 | 矩形 | 锥(塔)形 |
| 基　　　价（元） | | | | 1096.74 | 961.22 | 1270.90 |
| 其中 | 人　工　费（元） | | | 832.16 | 696.64 | 1006.32 |
| | 材　料　费（元） | | | 8.84 | 8.84 | 8.84 |
| | 机　械　费（元） | | | 255.74 | 255.74 | 255.74 |
| 名　　　称 | | 单位 | 单价（元） | 消　　耗　　量 | | |
| 人工 | 综合工日 | 工日 | 140.00 | 5.944 | 4.976 | 7.188 |
| 材料 | 硅质耐酸胶泥 | m³ | — | (0.075) | (0.075) | (0.075) |
| | 耐酸板 200×100×15 | 块 | — | (508.000) | (508.000) | (508.000) |
| | 电 | kW·h | 0.68 | 0.800 | 0.800 | 0.800 |
| | 硫酸 38% | kg | 1.62 | 2.000 | 2.000 | 2.000 |
| | 砂轮片 φ150 | 片 | 2.82 | 0.100 | 0.100 | 0.100 |
| | 水 | t | 7.96 | 0.600 | 0.600 | 0.600 |
| 机械 | 电动单筒慢速卷扬机 30kN | 台班 | 210.22 | 0.500 | 0.500 | 0.500 |
| | 涡浆式混凝土搅拌机 250L | 台班 | 253.07 | 0.500 | 0.500 | 0.500 |
| | 轴流通风机 7.5kW | 台班 | 40.15 | 0.600 | 0.600 | 0.600 |

582

# 21. 耐酸板20mm(200×100×20)

工作内容：运料、选砖板、洗砖板、调制胶泥、刷底胶浆、衬砌、养生、酸洗。　　　　　　计量单位：10㎡

| 定　额　编　号 | | | | A11-9-61 | A11-9-62 | A11-9-63 |
|---|---|---|---|---|---|---|
| 项　目　名　称 | | | | 圆形 | 矩形 | 锥(塔)形 |
| 基　　　价（元） | | | | 1099.12 | 963.74 | 1273.56 |
| 其中 | 人　工　费（元） | | | 834.54 | 699.16 | 1008.98 |
| | 材　料　费（元） | | | 8.84 | 8.84 | 8.84 |
| | 机　械　费（元） | | | 255.74 | 255.74 | 255.74 |
| 名　　　称 | | 单位 | 单价（元） | 消　　耗　　量 | | |
| 人工 | 综合工日 | 工日 | 140.00 | 5.961 | 4.994 | 7.207 |
| 材料 | 硅质耐酸胶泥 | m³ | — | (0.075) | (0.075) | (0.075) |
| | 耐酸板 200×100×20 | 块 | — | (508.000) | (508.000) | (508.000) |
| | 电 | kW・h | 0.68 | 0.800 | 0.800 | 0.800 |
| | 硫酸 38% | kg | 1.62 | 2.000 | 2.000 | 2.000 |
| | 砂轮片 φ150 | 片 | 2.82 | 0.100 | 0.100 | 0.100 |
| | 水 | t | 7.96 | 0.600 | 0.600 | 0.600 |
| 机械 | 电动单筒慢速卷扬机 30kN | 台班 | 210.22 | 0.500 | 0.500 | 0.500 |
| | 涡浆式混凝土搅拌机 250L | 台班 | 253.07 | 0.500 | 0.500 | 0.500 |
| | 轴流通风机 7.5kW | 台班 | 40.15 | 0.600 | 0.600 | 0.600 |

## 22. 耐酸板25mm(200×100×25)

工作内容：运料、选砖板、洗砖板、调制胶泥、刷底胶浆、衬砌、养生、酸洗。　　　　　计量单位：10m²

| 定　额　编　号 | | | | A11-9-64 | A11-9-65 | A11-9-66 |
|---|---|---|---|---|---|---|
| 项　目　名　称 | | | | 圆形 | 矩形 | 锥(塔)形 |
| 基　　　价（元） | | | | 1103.18 | 967.80 | 1277.62 |
| 其中 | 人　工　费（元） | | | 838.60 | 703.22 | 1013.04 |
| | 材　料　费（元） | | | 8.84 | 8.84 | 8.84 |
| | 机　械　费（元） | | | 255.74 | 255.74 | 255.74 |
| 名　　　称 | | 单位 | 单价（元） | 消　　耗　　量 | | |
| 人工 | 综合工日 | 工日 | 140.00 | 5.990 | 5.023 | 7.236 |
| 材料 | 硅质耐酸胶泥 | m³ | — | (0.076) | (0.076) | (0.076) |
| | 耐酸板 200×100×25 | 块 | — | (508.000) | (508.000) | (508.000) |
| | 电 | kW·h | 0.68 | 0.800 | 0.800 | 0.800 |
| | 硫酸 38% | kg | 1.62 | 2.000 | 2.000 | 2.000 |
| | 砂轮片 φ150 | 片 | 2.82 | 0.100 | 0.100 | 0.100 |
| | 水 | t | 7.96 | 0.600 | 0.600 | 0.600 |
| 机械 | 电动单筒慢速卷扬机 30kN | 台班 | 210.22 | 0.500 | 0.500 | 0.500 |
| | 涡浆式混凝土搅拌机 250L | 台班 | 253.07 | 0.500 | 0.500 | 0.500 |
| | 轴流通风机 7.5kW | 台班 | 40.15 | 0.600 | 0.600 | 0.600 |

## 23. 耐酸板30mm(200×100×30)

工作内容：运料、选砖板、洗砖板、调制胶泥、刷底胶浆、衬砌、养生、酸洗。　　　　计量单位：10m²

| 定 额 编 号 | | | A11-9-67 | A11-9-68 | A11-9-69 |
|---|---|---|---|---|---|
| 项 目 名 称 | | | 圆形 | 矩形 | 锥(塔)形 |
| 基 价（元） | | | 1107.24 | 971.72 | 1281.40 |
| 其中 | 人 工 费（元） | | 842.66 | 707.14 | 1016.82 |
| | 材 料 费（元） | | 8.84 | 8.84 | 8.84 |
| | 机 械 费（元） | | 255.74 | 255.74 | 255.74 |
| 名 称 | 单位 | 单价（元） | 消　　耗　　量 | | |
| 人工 | 综合工日 | 工日 | 140.00 | 6.019 | 5.051 | 7.263 |
| 材料 | 硅质耐酸胶泥 | m³ | — | (0.080) | (0.080) | (0.080) |
| | 耐酸板 200×100×30 | 块 | — | (508.000) | (508.000) | (508.000) |
| | 电 | kW·h | 0.68 | 0.800 | 0.800 | 0.800 |
| | 硫酸 38% | kg | 1.62 | 2.000 | 2.000 | 2.000 |
| | 砂轮片 φ150 | 片 | 2.82 | 0.100 | 0.100 | 0.100 |
| | 水 | t | 7.96 | 0.600 | 0.600 | 0.600 |
| 机械 | 电动单筒慢速卷扬机 30kN | 台班 | 210.22 | 0.500 | 0.500 | 0.500 |
| | 涡浆式混凝土搅拌机 250L | 台班 | 253.07 | 0.500 | 0.500 | 0.500 |
| | 轴流通风机 7.5kW | 台班 | 40.15 | 0.600 | 0.600 | 0.600 |

### 24. 耐酸板15mm(150×150×15)

工作内容：运料、选砖板、洗砖板、调制胶泥、刷底胶浆、衬砌、养生、酸洗。　　　　　　计量单位：10m²

| 定　额　编　号 | | | | A11-9-70 | A11-9-71 | A11-9-72 |
|---|---|---|---|---|---|---|
| 项　目　名　称 | | | | 圆形 | 矩形 | 锥(塔)形 |
| 基　　　价（元） | | | | 1738.15 | 1601.51 | 1919.87 |
| 其中 | 人　工　费（元） | | | 813.82 | 677.18 | 995.54 |
| | 材　料　费（元） | | | 668.59 | 668.59 | 668.59 |
| | 机　械　费（元） | | | 255.74 | 255.74 | 255.74 |
| 名　　　称 | | 单位 | 单价(元) | 消　　耗　　量 | | |
| 人工 | 综合工日 | 工日 | 140.00 | 5.813 | 4.837 | 7.111 |
| 材料 | 硅质耐酸胶泥 | m³ | — | (0.073) | (0.073) | (0.073) |
| | 电 | kW·h | 0.68 | 0.800 | 0.800 | 0.800 |
| | 硫酸 38% | kg | 1.62 | 2.000 | 2.000 | 2.000 |
| | 耐酸板 150×150×15 | 块 | 1.45 | 455.000 | 455.000 | 455.000 |
| | 砂轮片 φ150 | 片 | 2.82 | 0.100 | 0.100 | 0.100 |
| | 水 | t | 7.96 | 0.600 | 0.600 | 0.600 |
| 机械 | 电动单筒慢速卷扬机 30kN | 台班 | 210.22 | 0.500 | 0.500 | 0.500 |
| | 涡浆式混凝土搅拌机 250L | 台班 | 253.07 | 0.500 | 0.500 | 0.500 |
| | 轴流通风机 7.5kW | 台班 | 40.15 | 0.600 | 0.600 | 0.600 |

# 25.耐酸板20mm(150×150×20)

工作内容：运料、选砖板、洗砖板、调制胶泥、刷底胶浆、衬砌、养生、酸洗。　　　　　　　计量单位：10m²

| 定　额　编　号 | | | | A11-9-73 | A11-9-74 | A11-9-75 |
|---|---|---|---|---|---|---|
| 项　目　名　称 | | | | 圆形 | 矩形 | 锥(塔)形 |
| 基　　　价（元） | | | | 1082.46 | 945.82 | 1264.18 |
| 其中 | 人　工　费（元） | | | 817.88 | 681.24 | 999.60 |
| | 材　料　费（元） | | | 8.84 | 8.84 | 8.84 |
| | 机　械　费（元） | | | 255.74 | 255.74 | 255.74 |
| 名　　　称 | | 单位 | 单价(元) | 消　　耗　　量 | | |
| 人工 | 综合工日 | 工日 | 140.00 | 5.842 | 4.866 | 7.140 |
| 材料 | 硅质耐酸胶泥 | m³ | — | (0.075) | (0.075) | (0.075) |
| | 耐酸板 150×150×20 | 块 | — | (455.000) | (455.000) | (455.000) |
| | 电 | kW·h | 0.68 | 0.800 | 0.800 | 0.800 |
| | 硫酸 38% | kg | 1.62 | 2.000 | 2.000 | 2.000 |
| | 砂轮片 φ150 | 片 | 2.82 | 0.100 | 0.100 | 0.100 |
| | 水 | t | 7.96 | 0.600 | 0.600 | 0.600 |
| 机械 | 电动单筒慢速卷扬机 30kN | 台班 | 210.22 | 0.500 | 0.500 | 0.500 |
| | 涡浆式混凝土搅拌机 250L | 台班 | 253.07 | 0.500 | 0.500 | 0.500 |
| | 轴流通风机 7.5kW | 台班 | 40.15 | 0.600 | 0.600 | 0.600 |

## 26. 耐酸板25mm(150×150×25)

工作内容：运料、选砖板、洗砖板、调制胶泥、刷底胶浆、衬砌、养生、酸洗。　　　　　计量单位：10m²

| 定 额 编 号 | | | A11-9-76 | A11-9-77 | A11-9-78 |
|---|---|---|---|---|---|
| 项 目 名 称 | | | 圆形 | 矩形 | 锥(塔)形 |
| 基 价（元） | | | 1768.18 | 1601.86 | 1950.04 |
| 其中 | 人 工 费（元） | | 821.10 | 654.78 | 1002.96 |
| | 材 料 费（元） | | 691.34 | 691.34 | 691.34 |
| | 机 械 费（元） | | 255.74 | 255.74 | 255.74 |
| 名 称 | 单位 | 单价（元） | 消 | 耗 | 量 |
| 人工 | 综合工日 | 工日 | 140.00 | 5.865 | 4.677 | 7.164 |
| 材料 | 硅质耐酸胶泥 | m³ | — | (0.076) | (0.076) | (0.076) |
| | 电 | kW·h | 0.68 | 0.800 | 0.800 | 0.800 |
| | 硫酸 38% | kg | 1.62 | 2.000 | 2.000 | 2.000 |
| | 耐酸板 150×150×25 | 块 | 1.50 | 455.000 | 455.000 | 455.000 |
| | 砂轮片 φ150 | 片 | 2.82 | 0.100 | 0.100 | 0.100 |
| | 水 | t | 7.96 | 0.600 | 0.600 | 0.600 |
| 机械 | 电动单筒慢速卷扬机 30kN | 台班 | 210.22 | 0.500 | 0.500 | 0.500 |
| | 涡浆式混凝土搅拌机 250L | 台班 | 253.07 | 0.500 | 0.500 | 0.500 |
| | 轴流通风机 7.5kW | 台班 | 40.15 | 0.600 | 0.600 | 0.600 |

## 27. 耐酸板30mm(150×150×30)

工作内容：运料、选砖板、洗砖板、调制胶泥、刷底胶浆、衬砌、养生、酸洗。　　　　　　计量单位：10m²

| 定 额 编 号 | | | A11-9-79 | A11-9-80 | A11-9-81 |
|---|---|---|---|---|---|
| 项 目 名 称 | | | 圆形 | 矩形 | 锥(塔)形 |
| 基 价（元） | | | 1090.58 | 1012.32 | 1272.16 |
| 其中 | 人 工 费（元） | | 826.00 | 747.74 | 1007.58 |
| | 材 料 费（元） | | 8.84 | 8.84 | 8.84 |
| | 机 械 费（元） | | 255.74 | 255.74 | 255.74 |
| 名 称 | 单位 | 单价（元） | 消 耗 | | 量 |
| 人工 综合工日 | 工日 | 140.00 | 5.900 | 5.341 | 7.197 |
| 材料 硅质耐酸胶泥 | m³ | — | (0.080) | (0.080) | (0.080) |
| 耐酸板 150×150×30 | 块 | — | (455.000) | (455.000) | (455.000) |
| 电 | kW·h | 0.68 | 0.800 | 0.800 | 0.800 |
| 硫酸 38% | kg | 1.62 | 2.000 | 2.000 | 2.000 |
| 砂轮片 Φ150 | 片 | 2.82 | 0.100 | 0.100 | 0.100 |
| 水 | t | 7.96 | 0.600 | 0.600 | 0.600 |
| 机械 电动单筒慢速卷扬机 30kN | 台班 | 210.22 | 0.500 | 0.500 | 0.500 |
| 涡浆式混凝土搅拌机 250L | 台班 | 253.07 | 0.500 | 0.500 | 0.500 |
| 轴流通风机 7.5kW | 台班 | 40.15 | 0.600 | 0.600 | 0.600 |

589

## 28. 耐酸板35mm(150×150×35)

工作内容：运料、选砖板、洗砖板、调制胶泥、刷底胶浆、衬砌、养生、酸洗。　　　　　　计量单位：10㎡

| 定 额 编 号 | | | | A11-9-82 | A11-9-83 | A11-9-84 |
|---|---|---|---|---|---|---|
| 项 目 名 称 | | | | 圆形 | 矩形 | 锥(塔)形 |
| 基 价 （元） | | | | 1094.64 | 958.00 | 1276.36 |
| 其中 | 人 工 费 （元） | | | 830.06 | 693.42 | 1011.78 |
| | 材 料 费 （元） | | | 8.84 | 8.84 | 8.84 |
| | 机 械 费 （元） | | | 255.74 | 255.74 | 255.74 |
| 名 称 | | 单位 | 单价(元) | 消 耗 量 | | |
| 人工 | 综合工日 | 工日 | 140.00 | 5.929 | 4.953 | 7.227 |
| 材料 | 硅质耐酸胶泥 | m³ | — | (0.105) | (0.105) | (0.105) |
| | 耐酸板 150×150×35 | 块 | — | (455.000) | (455.000) | (455.000) |
| | 电 | kW·h | 0.68 | 0.800 | 0.800 | 0.800 |
| | 硫酸 38% | kg | 1.62 | 2.000 | 2.000 | 2.000 |
| | 砂轮片 φ150 | 片 | 2.82 | 0.100 | 0.100 | 0.100 |
| | 水 | t | 7.96 | 0.600 | 0.600 | 0.600 |
| 机械 | 电动单筒慢速卷扬机 30kN | 台班 | 210.22 | 0.500 | 0.500 | 0.500 |
| | 涡浆式混凝土搅拌机 250L | 台班 | 253.07 | 0.500 | 0.500 | 0.500 |
| | 轴流通风机 7.5kW | 台班 | 40.15 | 0.600 | 0.600 | 0.600 |

# 二、树脂胶泥砌块材

## 1. 耐酸砖230mm(230×113×65)

工作内容：运料、选砖板、洗砖板、调制胶泥、刷底胶浆、衬砌、养生。

计量单位：10m²

| 定　额　编　号 | | | A11-9-85 | A11-9-86 | A11-9-87 |
|---|---|---|---|---|---|
| 项　目　名　称 | | | 圆形 | 矩形 | 锥(塔)形 |
| 基　　　　价（元） | | | 4767.35 | 4536.21 | 5128.69 |
| 其中 | 人　工　费（元） | | 2079.14 | 1848.00 | 2440.48 |
| | 材　料　费（元） | | 2293.29 | 2293.29 | 2293.29 |
| | 机　械　费（元） | | 394.92 | 394.92 | 394.92 |
| 名　　称 | 单位 | 单价（元） | 消　　耗　　量 | | |
| 人工 | 综合工日 | 工日 | 140.00 | 14.851 | 13.200 | 17.432 |
| 材料 | 树脂耐酸胶泥 | m³ | — | (0.290) | (0.290) | (0.290) |
| | 电 | kW·h | 0.68 | 1.000 | 1.000 | 1.000 |
| | 耐酸瓷砖 230×113×65 | 块 | 1.71 | 1333.000 | 1333.000 | 1333.000 |
| | 砂轮片 φ150 | 片 | 2.82 | 0.100 | 0.100 | 0.100 |
| | 水 | t | 7.96 | 1.620 | 1.620 | 1.620 |
| 机械 | 电动单筒慢速卷扬机 30kN | 台班 | 210.22 | 0.500 | 0.500 | 0.500 |
| | 涡浆式混凝土搅拌机 250L | 台班 | 253.07 | 1.050 | 1.050 | 1.050 |
| | 轴流通风机 7.5kW | 台班 | 40.15 | 0.600 | 0.600 | 0.600 |

## 2.耐酸砖113mm（230×113×65）

工作内容：运料、选砖板、洗砖板、调制胶泥、刷底胶浆、衬砌、养生。

计量单位：10㎡

| 定　额　编　号 | | | | A11-9-88 | A11-9-89 | A11-9-90 |
|---|---|---|---|---|---|---|
| 项　目　名　称 | | | | 圆形 | 矩形 | 锥(塔)形 |
| 基　　　价（元） | | | | 2655.77 | 2499.53 | 2765.95 |
| 其中 | 人　工　费（元） | | | 1230.32 | 1074.08 | 1340.50 |
| | 材　料　费（元） | | | 1144.41 | 1144.41 | 1144.41 |
| | 机　械　费（元） | | | 281.04 | 281.04 | 281.04 |
| 名　　称 | | 单位 | 单价(元) | 消　　耗　　量 | | |
| 人工 | 综合工日 | 工日 | 140.00 | 8.788 | 7.672 | 9.575 |
| 材料 | 树脂耐酸胶泥 | m³ | — | (0.155) | (0.155) | (0.155) |
| | 电 | kW·h | 0.68 | 0.900 | 0.900 | 0.900 |
| | 耐酸瓷砖 230×113×65 | 块 | 1.71 | 665.000 | 665.000 | 665.000 |
| | 砂轮片 φ150 | 片 | 2.82 | 0.100 | 0.100 | 0.100 |
| | 水 | t | 7.96 | 0.800 | 0.800 | 0.800 |
| 机械 | 电动单筒慢速卷扬机 30kN | 台班 | 210.22 | 0.500 | 0.500 | 0.500 |
| | 涡浆式混凝土搅拌机 250L | 台班 | 253.07 | 0.600 | 0.600 | 0.600 |
| | 轴流通风机 7.5kW | 台班 | 40.15 | 0.600 | 0.600 | 0.600 |

### 3.耐酸砖65mm(230×113×65)

工作内容：运料、选砖板、洗砖板、调制胶泥、刷底胶浆、衬砌、养生。　　　　计量单位：10m²

| 定　额　编　号 | | | | A11-9-91 | A11-9-92 | A11-9-93 |
|---|---|---|---|---|---|---|
| 项　目　名　称 | | | | 圆形 | 矩形 | 锥(塔)形 |
| 基　　　价（元） | | | | 1719.07 | 1624.43 | 1775.49 |
| 其中 | 人　工　费（元） | | | 792.54 | 697.90 | 848.96 |
| | 材　料　费（元） | | | 670.79 | 670.79 | 670.79 |
| | 机　械　费（元） | | | 255.74 | 255.74 | 255.74 |
| 名　　称 | | 单位 | 单价(元) | 消　　耗　　量 | | |
| 人工 | 综合工日 | 工日 | 140.00 | 5.661 | 4.985 | 6.064 |
| 材料 | 树脂耐酸胶泥 | m³ | — | (0.110) | (0.110) | (0.110) |
| | 电 | kW·h | 0.68 | 0.800 | 0.800 | 0.800 |
| | 耐酸瓷砖 230×113×65 | 块 | 1.71 | 389.000 | 389.000 | 389.000 |
| | 砂轮片 φ150 | 片 | 2.82 | 0.100 | 0.100 | 0.100 |
| | 水 | t | 7.96 | 0.600 | 0.600 | 0.600 |
| 机械 | 电动单筒慢速卷扬机 30kN | 台班 | 210.22 | 0.500 | 0.500 | 0.500 |
| | 涡浆式混凝土搅拌机 250L | 台班 | 253.07 | 0.500 | 0.500 | 0.500 |
| | 轴流通风机 7.5kW | 台班 | 40.15 | 0.600 | 0.600 | 0.600 |

### 4.耐酸板10mm(100×50×10)

工作内容:运料、选砖板、洗砖板、调制胶泥、刷底胶浆、衬砌、养生。　　　　　　　　　计量单位:10m²

| 定　额　编　号 | | | A11-9-94 | A11-9-95 | A11-9-96 |
|---|---|---|---|---|---|
| 项　目　名　称 | | | 圆形 | 矩形 | 锥(塔)形 |
| 基　　　价（元） | | | 1342.56 | 1154.12 | 1557.74 |
| 其中 | 人　工　费（元） | | 1081.22 | 892.78 | 1296.40 |
| | 材　料　费（元） | | 5.60 | 5.60 | 5.60 |
| | 机　械　费（元） | | 255.74 | 255.74 | 255.74 |
| 名　　　称 | 单位 | 单价(元) | 消　　耗 | | 量 |
| 人工 综合工日 | 工日 | 140.00 | 7.723 | 6.377 | 9.260 |
| 材料 耐酸板 100×50×10 | 块 | — | (1972.000) | (1972.000) | (1972.000) |
| 树脂耐酸胶泥 | m³ | — | (0.083) | (0.083) | (0.083) |
| 电 | kW·h | 0.68 | 0.800 | 0.800 | 0.800 |
| 砂轮片 φ150 | 片 | 2.82 | 0.100 | 0.100 | 0.100 |
| 水 | t | 7.96 | 0.600 | 0.600 | 0.600 |
| 机械 电动单筒慢速卷扬机 30kN | 台班 | 210.22 | 0.500 | 0.500 | 0.500 |
| 涡浆式混凝土搅拌机 250L | 台班 | 253.07 | 0.500 | 0.500 | 0.500 |
| 轴流通风机 7.5kW | 台班 | 40.15 | 0.600 | 0.600 | 0.600 |

### 5.耐酸板10mm(100×75×10)

工作内容：运料、选砖板、洗砖板、调制胶泥、刷底胶浆、衬砌、养生。　　　　　　计量单位：10m²

| 定　额　编　号 | | | A11-9-97 | A11-9-98 | A11-9-99 |
|---|---|---|---|---|---|
| 项　目　名　称 | | | 圆形 | 矩形 | 锥(塔)形 |
| 基　　　　价（元） | | | 1250.86 | 1067.60 | 1478.08 |
| 其中 | 人　工　费（元） | | 989.52 | 806.26 | 1216.74 |
| | 材　料　费（元） | | 5.60 | 5.60 | 5.60 |
| | 机　械　费（元） | | 255.74 | 255.74 | 255.74 |
| 名　　　称 | 单位 | 单价(元) | 消　　耗　　量 | | |
| 人工 综合工日 | 工日 | 140.00 | 7.068 | 5.759 | 8.691 |
| 材料 耐酸砖(板) 100×75×10 | 块 | — | (1335.000) | (1335.000) | (1335.000) |
| 树脂耐酸胶泥 | m³ | — | (0.081) | (0.081) | (0.081) |
| 电 | kW·h | 0.68 | 0.800 | 0.800 | 0.800 |
| 砂轮片 φ150 | 片 | 2.82 | 0.100 | 0.100 | 0.100 |
| 水 | t | 7.96 | 0.600 | 0.600 | 0.600 |
| 机械 电动单筒慢速卷扬机 30kN | 台班 | 210.22 | 0.500 | 0.500 | 0.500 |
| 涡浆式混凝土搅拌机 250L | 台班 | 253.07 | 0.500 | 0.500 | 0.500 |
| 轴流通风机 7.5kW | 台班 | 40.15 | 0.600 | 0.600 | 0.600 |

## 6. 耐酸板10mm（100×100×10）

工作内容：运料、选砖板、洗砖板、调制胶泥、刷底胶浆、衬砌、养生。　　　　　　　　计量单位：10m²

| 定 额 编 号 | | | | A11-9-100 | A11-9-101 | A11-9-102 |
|---|---|---|---|---|---|---|
| 项 目 名 称 | | | | 圆形 | 矩形 | 锥(塔)形 |
| 基 价 （元） | | | | 1312.65 | 1149.13 | 1506.27 |
| 其中 | 人 工 费 （元） | | | 1051.26 | 887.74 | 1244.88 |
| | 材 料 费 （元） | | | 5.65 | 5.65 | 5.65 |
| | 机 械 费 （元） | | | 255.74 | 255.74 | 255.74 |
| 名 称 | | 单位 | 单价（元） | 消　　耗　　量 | | |
| 人工 | 综合工日 | 工日 | 140.00 | 7.509 | 6.341 | 8.892 |
| 材料 | 耐酸板 100×100×10 | 块 | — | (1010.000) | (1010.000) | (1010.000) |
| | 树脂耐酸胶泥 | m³ | — | (0.080) | (0.080) | (0.080) |
| | 电 | kW·h | 0.68 | 0.800 | 0.800 | 0.800 |
| | 砂轮片 φ150 | 片 | 2.82 | 0.100 | 0.100 | 0.100 |
| | 水 | t | 7.96 | 0.606 | 0.606 | 0.606 |
| 机械 | 电动单筒慢速卷扬机 30kN | 台班 | 210.22 | 0.500 | 0.500 | 0.500 |
| | 涡浆式混凝土搅拌机 250L | 台班 | 253.07 | 0.500 | 0.500 | 0.500 |
| | 轴流通风机 7.5kW | 台班 | 40.15 | 0.600 | 0.600 | 0.600 |

# 7. 耐酸板10mm(75×75×10)

工作内容: 运料、选砖板、洗砖板、调制胶泥、刷底胶浆、衬砌、养生。 计量单位: 10m²

| 定 额 编 号 | | | | A11-9-103 | A11-9-104 | A11-9-105 |
|---|---|---|---|---|---|---|
| 项 目 名 称 | | | | 圆形 | 矩形 | 锥(塔)形 |
| 基 价(元) | | | | 1328.84 | 1160.28 | 1561.66 |
| 其中 | 人 工 费(元) | | | 1067.50 | 898.94 | 1300.32 |
| | 材 料 费(元) | | | 5.60 | 5.60 | 5.60 |
| | 机 械 费(元) | | | 255.74 | 255.74 | 255.74 |
| 名 称 | | 单位 | 单价(元) | 消 耗 量 | | |
| 人工 | 综合工日 | 工日 | 140.00 | 7.625 | 6.421 | 9.288 |
| 材料 | 耐酸板 75×75×10 | 块 | — | (1767.000) | (1767.000) | (1767.000) |
| | 树脂耐酸胶泥 | m³ | — | (0.082) | (0.082) | (0.082) |
| | 电 | kW·h | 0.68 | 0.800 | 0.800 | 0.800 |
| | 砂轮片 φ150 | 片 | 2.82 | 0.100 | 0.100 | 0.100 |
| | 水 | t | 7.96 | 0.600 | 0.600 | 0.600 |
| 机械 | 电动单筒慢速卷扬机 30kN | 台班 | 210.22 | 0.500 | 0.500 | 0.500 |
| | 涡浆式混凝土搅拌机 250L | 台班 | 253.07 | 0.500 | 0.500 | 0.500 |
| | 轴流通风机 7.5kW | 台班 | 40.15 | 0.600 | 0.600 | 0.600 |

### 8.耐酸板10mm(150×70×10)

工作内容：运料、选砖板、洗砖板、调制胶泥、刷底胶浆、衬砌、养生。

计量单位：10m²

| 定 额 编 号 | | | | A11-9-106 | A11-9-107 | A11-9-108 |
|---|---|---|---|---|---|---|
| 项 目 名 称 | | | | 圆形 | 矩形 | 锥(塔)形 |
| 基 价（元） | | | | 1197.24 | 1059.34 | 1375.18 |
| 其中 | 人 工 费（元） | | | 935.90 | 798.00 | 1113.84 |
| | 材 料 费（元） | | | 5.60 | 5.60 | 5.60 |
| | 机 械 费（元） | | | 255.74 | 255.74 | 255.74 |
| 名 称 | | 单位 | 单价(元) | 消 耗 量 | | |
| 人工 | 综合工日 | 工日 | 140.00 | 6.685 | 5.700 | 7.956 |
| 材料 | 耐酸板 150×75×10 | 块 | — | (959.000) | (959.000) | (959.000) |
| | 树脂耐酸胶泥 | m³ | — | (0.080) | (0.080) | (0.080) |
| | 电 | kW·h | 0.68 | 0.800 | 0.800 | 0.800 |
| | 砂轮片 φ150 | 片 | 2.82 | 0.100 | 0.100 | 0.100 |
| | 水 | t | 7.96 | 0.600 | 0.600 | 0.600 |
| 机械 | 电动单筒慢速卷扬机 30kN | 台班 | 210.22 | 0.500 | 0.500 | 0.500 |
| | 涡浆式混凝土搅拌机 250L | 台班 | 253.07 | 0.500 | 0.500 | 0.500 |
| | 轴流通风机 7.5kW | 台班 | 40.15 | 0.600 | 0.600 | 0.600 |

# 9. 耐酸板10mm(150×75×10)

工作内容：运料、选砖板、洗砖板、调制胶泥、刷底胶浆、衬砌、养生。　　　　　　　　　　　计量单位：10m²

| 定　额　编　号 | | | | A11-9-109 | A11-9-110 | A11-9-111 |
|---|---|---|---|---|---|---|
| 项　目　名　称 | | | | 圆形 | 矩形 | 锥(塔)形 |
| 基　　　　价（元） | | | | 1172.04 | 1034.14 | 1349.84 |
| 其中 | 人　工　费（元） | | | 910.70 | 772.80 | 1088.50 |
| | 材　料　费（元） | | | 5.60 | 5.60 | 5.60 |
| | 机　械　费（元） | | | 255.74 | 255.74 | 255.74 |
| 名　　　称 | | 单位 | 单价（元） | 消　　耗　　量 | | |
| 人工 | 综合工日 | 工日 | 140.00 | 6.505 | 5.520 | 7.775 |
| 材料 | 耐酸板 150×75×10 | 块 | — | (898.000) | (898.000) | (898.000) |
| | 树脂耐酸胶泥 | m³ | — | (0.080) | (0.080) | (0.080) |
| | 电 | kW•h | 0.68 | 0.800 | 0.800 | 0.800 |
| | 砂轮片 φ150 | 片 | 2.82 | 0.100 | 0.100 | 0.100 |
| | 水 | t | 7.96 | 0.600 | 0.600 | 0.600 |
| 机械 | 电动单筒慢速卷扬机 30kN | 台班 | 210.22 | 0.500 | 0.500 | 0.500 |
| | 涡浆式混凝土搅拌机 250L | 台班 | 253.07 | 0.500 | 0.500 | 0.500 |
| | 轴流通风机 7.5kW | 台班 | 40.15 | 0.600 | 0.600 | 0.600 |

## 10.耐酸板15mm(150×75×15)

工作内容：运料、选砖板、洗砖板、调制胶泥、刷底胶浆、衬砌、养生。　　　　　　　　计量单位：10m²

| 定　额　编　号 | | | A11-9-112 | A11-9-113 | A11-9-114 |
|---|---|---|---|---|---|
| 项　目　名　称 | | | 圆形 | 矩形 | 锥(塔)形 |
| 基　　　　价（元） | | | 1173.72 | 1036.10 | 1351.52 |
| 其中 | 人　工　费（元） | | 912.38 | 774.76 | 1090.18 |
| | 材　料　费（元） | | 5.60 | 5.60 | 5.60 |
| | 机　械　费（元） | | 255.74 | 255.74 | 255.74 |
| 名　　　　称 | 单位 | 单价（元） | 消　　耗　　量 | | |
| 人工 综合工日 | 工日 | 140.00 | 6.517 | 5.534 | 7.787 |
| 材料 耐酸板 150×75×15 | 块 | — | (898.000) | (898.000) | (898.000) |
| 树脂耐酸胶泥 | m³ | — | (0.083) | (0.083) | (0.083) |
| 电 | kW·h | 0.68 | 0.800 | 0.800 | 0.800 |
| 砂轮片 φ150 | 片 | 2.82 | 0.100 | 0.100 | 0.100 |
| 水 | t | 7.96 | 0.600 | 0.600 | 0.600 |
| 机械 电动单筒慢速卷扬机 30kN | 台班 | 210.22 | 0.500 | 0.500 | 0.500 |
| 涡浆式混凝土搅拌机 250L | 台班 | 253.07 | 0.500 | 0.500 | 0.500 |
| 轴流通风机 7.5kW | 台班 | 40.15 | 0.600 | 0.600 | 0.600 |

# 11. 耐酸板20mm(150×75×20)

工作内容：运料、选砖板、洗砖板、调制胶泥、刷底胶浆、衬砌、养生。 计量单位：10㎡

| 定 额 编 号 | | | A11-9-115 | A11-9-116 | A11-9-117 |
|---|---|---|---|---|---|
| 项 目 名 称 | | | 圆形 | 矩形 | 锥(塔)形 |
| 基 价（元） | | | 1177.64 | 1039.74 | 1355.58 |
| 其中 | 人 工 费（元） | | 916.30 | 778.40 | 1094.24 |
| | 材 料 费（元） | | 5.60 | 5.60 | 5.60 |
| | 机 械 费（元） | | 255.74 | 255.74 | 255.74 |
| 名 称 | 单位 | 单价(元) | 消 耗 量 | | |
| 人工 | 综合工日 | 工日 | 140.00 | 6.545 | 5.560 | 7.816 |
| 材料 | 耐酸板 150×75×20 | 块 | — | (898.000) | (898.000) | (898.000) |
| | 树脂耐酸胶泥 | m³ | — | (0.086) | (0.086) | (0.086) |
| | 电 | kW·h | 0.68 | 0.800 | 0.800 | 0.800 |
| | 砂轮片 φ150 | 片 | 2.82 | 0.100 | 0.100 | 0.100 |
| | 水 | t | 7.96 | 0.600 | 0.600 | 0.600 |
| 机械 | 电动单筒慢速卷扬机 30kN | 台班 | 210.22 | 0.500 | 0.500 | 0.500 |
| | 涡浆式混凝土搅拌机 250L | 台班 | 253.07 | 0.500 | 0.500 | 0.500 |
| | 轴流通风机 7.5kW | 台班 | 40.15 | 0.600 | 0.600 | 0.600 |

## 12. 耐酸板25mm(150×75×25)

工作内容：运料、选砖板、洗砖板、调制胶泥、刷底胶浆、衬砌、养生。

计量单位：10m²

| 定　额　编　号 | | | A11-9-118 | A11-9-119 | A11-9-120 |
|---|---|---|---|---|---|
| 项　目　名　称 | | | 圆形 | 矩形 | 锥(塔)形 |
| 基　　　价（元） | | | 1181.00 | 1042.96 | 1358.80 |
| 其中 | 人　工　费（元） | | 919.66 | 781.62 | 1097.46 |
| | 材　料　费（元） | | 5.60 | 5.60 | 5.60 |
| | 机　械　费（元） | | 255.74 | 255.74 | 255.74 |
| 名　　　称 | 单位 | 单价（元） | 消　　耗　　量 | | |
| 人工 综合工日 | 工日 | 140.00 | 6.569 | 5.583 | 7.839 |
| 材料 耐酸板 150×75×25 | 块 | — | (898.000) | (898.000) | (898.000) |
| 树脂耐酸胶泥 | m³ | — | (0.089) | (0.089) | (0.089) |
| 电 | kW·h | 0.68 | 0.800 | 0.800 | 0.800 |
| 砂轮片 φ150 | 片 | 2.82 | 0.100 | 0.100 | 0.100 |
| 水 | t | 7.96 | 0.600 | 0.600 | 0.600 |
| 机械 电动单筒慢速卷扬机 30kN | 台班 | 210.22 | 0.500 | 0.500 | 0.500 |
| 涡浆式混凝土搅拌机 250L | 台班 | 253.07 | 0.500 | 0.500 | 0.500 |
| 轴流通风机 7.5kW | 台班 | 40.15 | 0.600 | 0.600 | 0.600 |

## 13. 耐酸板20mm(180×90×20)

工作内容：运料、选砖板、洗砖板、调制胶泥、刷底胶浆、衬砌、养生。　　　　　　　　计量单位：10m²

| 定　额　编　号 | | | A11-9-121 | A11-9-122 | A11-9-123 |
|---|---|---|---|---|---|
| 项　目　名　称 | | | 圆形 | 矩形 | 锥(塔)形 |
| 基　　　　价（元） | | | 1064.38 | 915.70 | 1227.62 |
| 其中 | 人　工　费（元） | | 803.04 | 654.36 | 966.28 |
| | 材　料　费（元） | | 5.60 | 5.60 | 5.60 |
| | 机　械　费（元） | | 255.74 | 255.74 | 255.74 |
| 名　　　称 | 单位 | 单价（元） | 消　　耗　　量 | | |
| 人工　综合工日 | 工日 | 140.00 | 5.736 | 4.674 | 6.902 |
| 材料　耐酸板 180×90×20 | 块 | — | (625.000) | (625.000) | (625.000) |
| 树脂耐酸胶泥 | m³ | — | (0.084) | (0.084) | (0.084) |
| 电 | kW·h | 0.68 | 0.800 | 0.800 | 0.800 |
| 砂轮片 φ150 | 片 | 2.82 | 0.100 | 0.100 | 0.100 |
| 水 | t | 7.96 | 0.600 | 0.600 | 0.600 |
| 机械　电动单筒慢速卷扬机 30kN | 台班 | 210.22 | 0.500 | 0.500 | 0.500 |
| 涡浆式混凝土搅拌机 250L | 台班 | 253.07 | 0.500 | 0.500 | 0.500 |
| 轴流通风机 7.5kW | 台班 | 40.15 | 0.600 | 0.600 | 0.600 |

## 14.耐酸板10mm（180×110×10）

工作内容：运料、选砖板、洗砖板、调制胶泥、刷底胶浆、衬砌、养生。　　　　　　　　　计量单位：10m²

| 定　额　编　号 | | | A11-9-124 | A11-9-125 | A11-9-126 |
|---|---|---|---|---|---|
| 项　目　名　称 | | | 圆形 | 矩形 | 锥(塔)形 |
| 基　　　　价（元） | | | 1074.18 | 939.22 | 1248.06 |
| 其中 | 人　工　费（元） | | 812.84 | 677.88 | 986.72 |
| | 材　料　费（元） | | 5.60 | 5.60 | 5.60 |
| | 机　械　费（元） | | 255.74 | 255.74 | 255.74 |
| 名　　　称 | 单位 | 单价（元） | 消　　耗　　量 | | |
| 人工 综合工日 | 工日 | 140.00 | 5.806 | 4.842 | 7.048 |
| 材料 耐酸板 180×110×10 | 块 | — | (515.000) | (515.000) | (515.000) |
| 树脂耐酸胶泥 | m³ | — | (0.088) | (0.088) | (0.088) |
| 电 | kW·h | 0.68 | 0.800 | 0.800 | 0.800 |
| 砂轮片 φ150 | 片 | 2.82 | 0.100 | 0.100 | 0.100 |
| 水 | t | 7.96 | 0.600 | 0.600 | 0.600 |
| 机械 电动单筒慢速卷扬机 30kN | 台班 | 210.22 | 0.500 | 0.500 | 0.500 |
| 涡浆式混凝土搅拌机 250L | 台班 | 253.07 | 0.500 | 0.500 | 0.500 |
| 轴流通风机 7.5kW | 台班 | 40.15 | 0.600 | 0.600 | 0.600 |

## 15. 耐酸板15mm(180×110×15)

工作内容：运料、选砖板、洗砖板、调制胶泥、刷底胶浆、衬砌、养生。

计量单位：10m²

| 定 额 编 号 | | | | A11-9-127 | A11-9-128 | A11-9-129 |
|---|---|---|---|---|---|---|
| 项 目 名 称 | | | | 圆形 | 矩形 | 锥(塔)形 |
| 基 价（元） | | | | 1075.72 | 940.76 | 1249.74 |
| 其中 | 人 工 费（元） | | | 814.38 | 679.42 | 988.40 |
| | 材 料 费（元） | | | 5.60 | 5.60 | 5.60 |
| | 机 械 费（元） | | | 255.74 | 255.74 | 255.74 |
| 名 称 | | 单位 | 单价（元） | 消 耗 量 | | |
| 人工 | 综合工日 | 工日 | 140.00 | 5.817 | 4.853 | 7.060 |
| 材料 | 耐酸板 180×110×15 | 块 | — | (515.000) | (515.000) | (515.000) |
| | 树脂耐酸胶泥 | m³ | — | (0.081) | (0.081) | (0.081) |
| | 电 | kW·h | 0.68 | 0.800 | 0.800 | 0.800 |
| | 砂轮片 φ150 | 片 | 2.82 | 0.100 | 0.100 | 0.100 |
| | 水 | t | 7.96 | 0.600 | 0.600 | 0.600 |
| 机械 | 电动单筒慢速卷扬机 30kN | 台班 | 210.22 | 0.500 | 0.500 | 0.500 |
| | 涡浆式混凝土搅拌机 250L | 台班 | 253.07 | 0.500 | 0.500 | 0.500 |
| | 轴流通风机 7.5kW | 台班 | 40.15 | 0.600 | 0.600 | 0.600 |

# 16. 耐酸板20mm(180×110×20)

工作内容：运料、选砖板、洗砖板、调制胶泥、刷底胶浆、衬砌、养生。

计量单位：10m²

| 定 额 编 号 | | | | A11-9-130 | A11-9-131 | A11-9-132 |
|---|---|---|---|---|---|---|
| 项 目 名 称 | | | | 圆形 | 矩形 | 锥(塔)形 |
| 基 价 （元） | | | | 1078.10 | 943.14 | 1252.12 |
| 其中 | 人 工 费 （元） | | | 816.76 | 681.80 | 990.78 |
| | 材 料 费 （元） | | | 5.60 | 5.60 | 5.60 |
| | 机 械 费 （元） | | | 255.74 | 255.74 | 255.74 |
| 名 称 | | 单位 | 单价（元） | 消 耗 量 | | |
| 人工 | 综合工日 | 工日 | 140.00 | 5.834 | 4.870 | 7.077 |
| 材料 | 耐酸板 180×110×20 | 块 | — | (515.000) | (515.000) | (515.000) |
| | 树脂耐酸胶泥 | m³ | — | (0.083) | (0.083) | (0.083) |
| | 电 | kW·h | 0.68 | 0.800 | 0.800 | 0.800 |
| | 砂轮片 φ150 | 片 | 2.82 | 0.100 | 0.100 | 0.100 |
| | 水 | t | 7.96 | 0.600 | 0.600 | 0.600 |
| 机械 | 电动单筒慢速卷扬机 30kN | 台班 | 210.22 | 0.500 | 0.500 | 0.500 |
| | 涡浆式混凝土搅拌机 250L | 台班 | 253.07 | 0.500 | 0.500 | 0.500 |
| | 轴流通风机 7.5kW | 台班 | 40.15 | 0.600 | 0.600 | 0.600 |

## 17. 耐酸板25mm（180×110×25）

工作内容：运料、选砖板、洗砖板、调制胶泥、刷底胶浆、衬砌、养生。　　　　计量单位：10m²

| 定　额　编　号 | | | | A11-9-133 | A11-9-134 | A11-9-135 |
|---|---|---|---|---|---|---|
| 项　目　名　称 | | | | 圆形 | 矩形 | 锥(塔)形 |
| 基　　价（元） | | | | 1082.16 | 947.20 | 1256.18 |
| 其中 | 人　工　费（元） | | | 820.82 | 685.86 | 994.84 |
| | 材　料　费（元） | | | 5.60 | 5.60 | 5.60 |
| | 机　械　费（元） | | | 255.74 | 255.74 | 255.74 |
| 名　　　称 | | 单位 | 单价（元） | 消　　耗　　量 | | |
| 人工 | 综合工日 | 工日 | 140.00 | 5.863 | 4.899 | 7.106 |
| 材料 | 耐酸板 180×110×25 | 块 | — | (515.000) | (515.000) | (515.000) |
| | 树脂耐酸胶泥 | m³ | — | (0.085) | (0.085) | (0.085) |
| | 电 | kW·h | 0.68 | 0.800 | 0.800 | 0.800 |
| | 砂轮片 φ150 | 片 | 2.82 | 0.100 | 0.100 | 0.100 |
| | 水 | t | 7.96 | 0.600 | 0.600 | 0.600 |
| 机械 | 电动单筒慢速卷扬机 30kN | 台班 | 210.22 | 0.500 | 0.500 | 0.500 |
| | 涡浆式混凝土搅拌机 250L | 台班 | 253.07 | 0.500 | 0.500 | 0.500 |
| | 轴流通风机 7.5kW | 台班 | 40.15 | 0.600 | 0.600 | 0.600 |

## 18. 耐酸板30mm(180×110×30)

工作内容：运料、选砖板、洗砖板、调制胶泥、刷底胶浆、衬砌、养生。　　　　　　　计量单位：10m²

| 定　额　编　号 | | | | A11-9-136 | A11-9-137 | A11-9-138 |
|---|---|---|---|---|---|---|
| 项　目　名　称 | | | | 圆形 | 矩形 | 锥(塔)形 |
| 基　　　价　（元） | | | | 1086.22 | 951.26 | 1260.24 |
| 其中 | 人　工　费（元） | | | 824.88 | 689.92 | 998.90 |
| | 材　料　费（元） | | | 5.60 | 5.60 | 5.60 |
| | 机　械　费（元） | | | 255.74 | 255.74 | 255.74 |
| 名　　　称 | | 单位 | 单价(元) | 消　　耗　　量 | | |
| 人工 | 综合工日 | 工日 | 140.00 | 5.892 | 4.928 | 7.135 |
| 材料 | 耐酸板 180×110×30 | 块 | — | (515.000) | (515.000) | (515.000) |
| | 树脂耐酸胶泥 | m³ | — | (0.088) | (0.088) | (0.088) |
| | 电 | kW·h | 0.68 | 0.800 | 0.800 | 0.800 |
| | 砂轮片 φ150 | 片 | 2.82 | 0.100 | 0.100 | 0.100 |
| | 水 | t | 7.96 | 0.600 | 0.600 | 0.600 |
| 机械 | 电动单筒慢速卷扬机 30kN | 台班 | 210.22 | 0.500 | 0.500 | 0.500 |
| | 涡浆式混凝土搅拌机 250L | 台班 | 253.07 | 0.500 | 0.500 | 0.500 |
| | 轴流通风机 7.5kW | 台班 | 40.15 | 0.600 | 0.600 | 0.600 |

## 19.耐酸板35mm(180×110×35)

工作内容：运料、选砖板、洗砖板、调制胶泥、刷底胶浆、衬砌、养生。

计量单位：10m²

| 定 额 编 号 | | | | A11-9-139 | A11-9-140 | A11-9-141 |
|---|---|---|---|---|---|---|
| 项 目 名 称 | | | | 圆形 | 矩形 | 锥(塔)形 |
| 基 价（元） | | | | 1088.60 | 953.64 | 1262.48 |
| 其中 | 人 工 费（元） | | | 827.26 | 692.30 | 1001.14 |
| | 材 料 费（元） | | | 5.60 | 5.60 | 5.60 |
| | 机 械 费（元） | | | 255.74 | 255.74 | 255.74 |
| 名 称 | | 单位 | 单价(元) | 消 耗 量 | | |
| 人工 | 综合工日 | 工日 | 140.00 | 5.909 | 4.945 | 7.151 |
| 材料 | 耐酸板 180×110×35 | 块 | — | (515.000) | (515.000) | (515.000) |
| | 树脂耐酸胶泥 | m³ | — | (0.092) | (0.092) | (0.092) |
| | 电 | kW·h | 0.68 | 0.800 | 0.800 | 0.800 |
| | 砂轮片 φ150 | 片 | 2.82 | 0.100 | 0.100 | 0.100 |
| | 水 | t | 7.96 | 0.600 | 0.600 | 0.600 |
| 机械 | 电动单筒慢速卷扬机 30kN | 台班 | 210.22 | 0.500 | 0.500 | 0.500 |
| | 涡浆式混凝土搅拌机 250L | 台班 | 253.07 | 0.500 | 0.500 | 0.500 |
| | 轴流通风机 7.5kW | 台班 | 40.15 | 0.600 | 0.600 | 0.600 |

## 20. 耐酸板15mm（200×100×15）

工作内容：运料、选砖板、洗砖板、调制胶泥、刷底胶浆、衬砌、养生。

计量单位：10m²

| 定 额 编 号 | | | A11-9-142 | A11-9-143 | A11-9-144 |
|---|---|---|---|---|---|
| 项 目 名 称 | | | 圆形 | 矩形 | 锥(塔)形 |
| 基 价（元） | | | 1075.16 | 939.78 | 1249.32 |
| 其中 | 人 工 费（元） | | 813.82 | 678.44 | 987.98 |
| | 材 料 费（元） | | 5.60 | 5.60 | 5.60 |
| | 机 械 费（元） | | 255.74 | 255.74 | 255.74 |
| 名 称 | 单位 | 单价（元） | 消 耗 量 | | |
| 人工 综合工日 | 工日 | 140.00 | 5.813 | 4.846 | 7.057 |
| 材料 耐酸板 200×100×15 | 块 | — | (508.000) | (508.000) | (508.000) |
| 树脂耐酸胶泥 | m³ | — | (0.081) | (0.081) | (0.081) |
| 电 | kW·h | 0.68 | 0.800 | 0.800 | 0.800 |
| 砂轮片 φ150 | 片 | 2.82 | 0.100 | 0.100 | 0.100 |
| 水 | t | 7.96 | 0.600 | 0.600 | 0.600 |
| 机械 电动单筒慢速卷扬机 30kN | 台班 | 210.22 | 0.500 | 0.500 | 0.500 |
| 涡浆式混凝土搅拌机 250L | 台班 | 253.07 | 0.500 | 0.500 | 0.500 |
| 轴流通风机 7.5kW | 台班 | 40.15 | 0.600 | 0.600 | 0.600 |

## 21. 耐酸板20mm(200×100×20)

工作内容：运料、选砖板、洗砖板、调制胶泥、刷底胶浆、衬砌、养生。　　　　　计量单位：10m²

| 定　额　编　号 | | | | A11-9-145 | A11-9-146 | A11-9-147 |
|---|---|---|---|---|---|---|
| 项　目　名　称 | | | | 圆形 | 矩形 | 锥(塔)形 |
| 基　　　价（元） | | | | 1077.68 | 947.06 | 1251.84 |
| 其中 | 人　工　费（元） | | | 816.34 | 685.72 | 990.50 |
| | 材　料　费（元） | | | 5.60 | 5.60 | 5.60 |
| | 机　械　费（元） | | | 255.74 | 255.74 | 255.74 |
| 名　　　称 | | 单位 | 单价（元） | 消　　耗　　量 | | |
| 人工 | 综合工日 | 工日 | 140.00 | 5.831 | 4.898 | 7.075 |
| 材料 | 耐酸板 200×100×20 | 块 | — | (508.000) | (508.000) | (508.000) |
| | 树脂耐酸胶泥 | m³ | — | (0.083) | (0.083) | (0.083) |
| | 电 | kW·h | 0.68 | 0.800 | 0.800 | 0.800 |
| | 砂轮片 φ150 | 片 | 2.82 | 0.100 | 0.100 | 0.100 |
| | 水 | t | 7.96 | 0.600 | 0.600 | 0.600 |
| 机械 | 电动单筒慢速卷扬机 30kN | 台班 | 210.22 | 0.500 | 0.500 | 0.500 |
| | 涡浆式混凝土搅拌机 250L | 台班 | 253.07 | 0.500 | 0.500 | 0.500 |
| | 轴流通风机 7.5kW | 台班 | 40.15 | 0.600 | 0.600 | 0.600 |

## 22.耐酸板28mm(200×100×25)

工作内容:运料、选砖板、洗砖板、调制胶泥、刷底胶浆、衬砌、养生。 计量单位:10㎡

| 定 额 编 号 | | | A11-9-148 | A11-9-149 | A11-9-150 |
|---|---|---|---|---|---|
| 项 目 名 称 | | | 圆形 | 矩形 | 锥(塔)形 |
| 基 价（元） | | | 1081.32 | 946.22 | 1255.62 |
| 其中 | 人 工 费（元） | | 819.98 | 684.88 | 994.28 |
| | 材 料 费（元） | | 5.60 | 5.60 | 5.60 |
| | 机 械 费（元） | | 255.74 | 255.74 | 255.74 |
| 名 称 | 单位 | 单价(元) | 消 耗 量 | | |
| 人工 综合工日 | 工日 | 140.00 | 5.857 | 4.892 | 7.102 |
| 材料 耐酸板 200×100×25 | 块 | — | (508.000) | (508.000) | (508.000) |
| 树脂耐酸胶泥 | m³ | — | (0.086) | (0.086) | (0.086) |
| 电 | kW·h | 0.68 | 0.800 | 0.800 | 0.800 |
| 砂轮片 φ150 | 片 | 2.82 | 0.100 | 0.100 | 0.100 |
| 水 | t | 7.96 | 0.600 | 0.600 | 0.600 |
| 机械 电动单筒慢速卷扬机 30kN | 台班 | 210.22 | 0.500 | 0.500 | 0.500 |
| 涡浆式混凝土搅拌机 250L | 台班 | 253.07 | 0.500 | 0.500 | 0.500 |
| 轴流通风机 7.5kW | 台班 | 40.15 | 0.600 | 0.600 | 0.600 |

## 23. 耐酸板30mm(200×100×30)

工作内容：运料、选砖板、洗砖板、调制胶泥、刷底胶浆、衬砌、养生。　　　　　　计量单位：10m²

| 定　额　编　号 | | | A11-9-151 | A11-9-152 | A11-9-153 |
|---|---|---|---|---|---|
| 项　目　名　称 | | | 圆形 | 矩形 | 锥(塔)形 |
| 基　　　价（元） | | | 1085.38 | 950.42 | 1259.68 |
| 其中 | 人　工　费（元） | | 824.04 | 689.08 | 998.34 |
| | 材　料　费（元） | | 5.60 | 5.60 | 5.60 |
| | 机　械　费（元） | | 255.74 | 255.74 | 255.74 |
| 名　　　称 | 单位 | 单价(元) | 消　　耗　　量 | | |
| 人工 综合工日 | 工日 | 140.00 | 5.886 | 4.922 | 7.131 |
| 材料 耐酸板 200×100×30 | 块 | — | (508.000) | (508.000) | (508.000) |
| 树脂耐酸胶泥 | m³ | — | (0.088) | (0.088) | (0.088) |
| 电 | kW·h | 0.68 | 0.800 | 0.800 | 0.800 |
| 砂轮片 φ150 | 片 | 2.82 | 0.100 | 0.100 | 0.100 |
| 水 | t | 7.96 | 0.600 | 0.600 | 0.600 |
| 机械 电动单筒慢速卷扬机 30kN | 台班 | 210.22 | 0.500 | 0.500 | 0.500 |
| 涡浆式混凝土搅拌机 250L | 台班 | 253.07 | 0.500 | 0.500 | 0.500 |
| 轴流通风机 7.5kW | 台班 | 40.15 | 0.600 | 0.600 | 0.600 |

## 24. 耐酸板15mm(150×150×15)

工作内容: 运料、选砖板、洗砖板、调制胶泥、刷底胶浆、衬砌、养生。　　　　　　　　计量单位: 10m²

| 定　额　编　号 | | | A11-9-154 | A11-9-155 | A11-9-156 |
|---|---|---|---|---|---|
| 项　目　名　称 | | | 圆形 | 矩形 | 锥(塔)形 |
| 基　　　价（元） | | | 1716.29 | 1579.23 | 1897.59 |
| 其中 | 人　工　费（元） | | 795.20 | 658.14 | 976.50 |
| | 材　料　费（元） | | 665.35 | 665.35 | 665.35 |
| | 机　械　费（元） | | 255.74 | 255.74 | 255.74 |
| 名　　称 | 单位 | 单价(元) | 消　　耗　　量 | | |
| 人工 | 综合工日 | 工日 | 140.00 | 5.680 | 4.701 | 6.975 |
| 材料 | 树脂耐酸胶泥 | m³ | — | (0.088) | (0.088) | (0.088) |
| | 电 | kW•h | 0.68 | 0.800 | 0.800 | 0.800 |
| | 耐酸板 150×150×15 | 块 | 1.45 | 455.000 | 455.000 | 455.000 |
| | 砂轮片 Φ150 | 片 | 2.82 | 0.100 | 0.100 | 0.100 |
| | 水 | t | 7.96 | 0.600 | 0.600 | 0.600 |
| 机械 | 电动单筒慢速卷扬机 30kN | 台班 | 210.22 | 0.500 | 0.500 | 0.500 |
| | 涡浆式混凝土搅拌机 250L | 台班 | 253.07 | 0.500 | 0.500 | 0.500 |
| | 轴流通风机 7.5kW | 台班 | 40.15 | 0.600 | 0.600 | 0.600 |

## 25. 耐酸板20mm(150×150×20)

工作内容：运料、选砖板、洗砖板、调制胶泥、刷底胶浆、衬砌、养生。　　　　　　计量单位：10m²

| 定　额　编　号 | | | A11-9-157 | A11-9-158 | A11-9-159 |
|---|---|---|---|---|---|
| 项　目　名　称 | | | 圆形 | 矩形 | 锥(塔)形 |
| 基　　　价（元） | | | 1060.74 | 923.54 | 1241.90 |
| 其中 | 人　工　费（元） | | 799.40 | 662.20 | 980.56 |
| | 材　料　费（元） | | 5.60 | 5.60 | 5.60 |
| | 机　械　费（元） | | 255.74 | 255.74 | 255.74 |
| 名　　　称 | 单位 | 单价（元） | 消　　耗　　量 | | |
| 人工 | 综合工日 | 工日 | 140.00 | 5.710 | 4.730 | 7.004 |

| 名　　　称 | 单位 | 单价（元） | 消　　耗　　量 | | |
|---|---|---|---|---|---|
| 人工　综合工日 | 工日 | 140.00 | 5.710 | 4.730 | 7.004 |
| 材料　耐酸板 150×150×20 | 块 | — | (455.000) | (455.000) | (455.000) |
| 树脂耐酸胶泥 | m³ | — | (0.082) | (0.082) | (0.082) |
| 电 | kW·h | 0.68 | 0.800 | 0.800 | 0.800 |
| 砂轮片 φ150 | 片 | 2.82 | 0.100 | 0.100 | 0.100 |
| 水 | t | 7.96 | 0.600 | 0.600 | 0.600 |
| 机械　电动单筒慢速卷扬机 30kN | 台班 | 210.22 | 0.500 | 0.500 | 0.500 |
| 涡浆式混凝土搅拌机 250L | 台班 | 253.07 | 0.500 | 0.500 | 0.500 |
| 轴流通风机 7.5kW | 台班 | 40.15 | 0.600 | 0.600 | 0.600 |

### 26. 耐酸板25mm(150×150×25)

工作内容：运料、选砖板、洗砖板、调制胶泥、刷底胶浆、衬砌、养生。　　　　　　　　　　计量单位：10m²

| 定　额　编　号 | | | | A11-9-160 | A11-9-161 | A11-9-162 |
|---|---|---|---|---|---|---|
| 项　目　名　称 | | | | 圆形 | 矩形 | 锥(塔)形 |
| 基　　　　价（元） | | | | 1746.32 | 1609.26 | 1927.34 |
| 其中 | 人　工　费（元） | | | 802.48 | 665.42 | 983.50 |
| | 材　料　费（元） | | | 688.10 | 688.10 | 688.10 |
| | 机　械　费（元） | | | 255.74 | 255.74 | 255.74 |
| 名　　称 | | 单位 | 单价（元） | 消　　耗　　量 | | |
| 人工 | 综合工日 | 工日 | 140.00 | 5.732 | 4.753 | 7.025 |
| 材料 | 树脂耐酸胶泥 | m³ | — | (0.084) | (0.084) | (0.084) |
| | 电 | kW·h | 0.68 | 0.800 | 0.800 | 0.800 |
| | 耐酸板 150×150×25 | 块 | 1.50 | 455.000 | 455.000 | 455.000 |
| | 砂轮片 φ150 | 片 | 2.82 | 0.100 | 0.100 | 0.100 |
| | 水 | t | 7.96 | 0.600 | 0.600 | 0.600 |
| 机械 | 电动单筒慢速卷扬机 30kN | 台班 | 210.22 | 0.500 | 0.500 | 0.500 |
| | 涡浆式混凝土搅拌机 250L | 台班 | 253.07 | 0.500 | 0.500 | 0.500 |
| | 轴流通风机 7.5kW | 台班 | 40.15 | 0.600 | 0.600 | 0.600 |

## 27. 耐酸板30mm(150×150×30)

工作内容：运料、选砖板、洗砖板、调制胶泥、刷底胶浆、衬砌、养生。　　　　　　计量单位：10m²

| 定　额　编　号 | | | | A11-9-163 | A11-9-164 | A11-9-165 |
|---|---|---|---|---|---|---|
| 项　目　名　称 | | | | 圆形 | 矩形 | 锥(塔)形 |
| 基　　　价（元） | | | | 1068.72 | 931.80 | 1249.74 |
| 其中 | 人　工　费（元） | | | 807.38 | 670.46 | 988.40 |
| | 材　料　费（元） | | | 5.60 | 5.60 | 5.60 |
| | 机　械　费（元） | | | 255.74 | 255.74 | 255.74 |
| 名　　称 | | 单位 | 单价（元） | 消　　耗　　量 | | |
| 人工 | 综合工日 | 工日 | 140.00 | 5.767 | 4.789 | 7.060 |
| 材料 | 耐酸板 150×150×30 | 块 | — | (455.000) | (455.000) | (455.000) |
| | 树脂耐酸胶泥 | m³ | — | (0.086) | (0.086) | (0.086) |
| | 电 | kW·h | 0.68 | 0.800 | 0.800 | 0.800 |
| | 砂轮片 φ150 | 片 | 2.82 | 0.100 | 0.100 | 0.100 |
| | 水 | t | 7.96 | 0.600 | 0.600 | 0.600 |
| 机械 | 电动单筒慢速卷扬机 30kN | 台班 | 210.22 | 0.500 | 0.500 | 0.500 |
| | 涡浆式混凝土搅拌机 250L | 台班 | 253.07 | 0.500 | 0.500 | 0.500 |
| | 轴流通风机 7.5kW | 台班 | 40.15 | 0.600 | 0.600 | 0.600 |

## 28.耐酸板35mm(150×150×35)

工作内容:运料、选砖板、洗砖板、调制胶泥、刷底胶浆、衬砌、养生、酸洗。　　　　计量单位:10m²

| 定　额　编　号 | | | | A11-9-166 | A11-9-167 | A11-9-168 |
|---|---|---|---|---|---|---|
| 项　目　名　称 | | | | 圆形 | 矩形 | 锥(塔)形 |
| 基　　　　价（元） | | | | 1072.78 | 935.72 | 1254.08 |
| 其中 | 人　工　费（元） | | | 811.44 | 674.38 | 992.74 |
| | 材　料　费（元） | | | 5.60 | 5.60 | 5.60 |
| | 机　械　费（元） | | | 255.74 | 255.74 | 255.74 |
| 名　　　称 | 单位 | 单价（元） | | 消　　耗　　量 | | |
| 人工 综合工日 | 工日 | 140.00 | | 5.796 | 4.817 | 7.091 |
| 材料 耐酸板 150×150×35 | 块 | — | | (455.000) | (455.000) | (455.000) |
| 树脂耐酸胶泥 | m³ | — | | (0.094) | (0.094) | (0.094) |
| 电 | kW·h | 0.68 | | 0.800 | 0.800 | 0.800 |
| 砂轮片 φ150 | 片 | 2.82 | | 0.100 | 0.100 | 0.100 |
| 水 | t | 7.96 | | 0.600 | 0.600 | 0.600 |
| 机械 电动单筒慢速卷扬机 30kN | 台班 | 210.22 | | 0.500 | 0.500 | 0.500 |
| 涡浆式混凝土搅拌机 250L | 台班 | 253.07 | | 0.500 | 0.500 | 0.500 |
| 轴流通风机 7.5kW | 台班 | 40.15 | | 0.600 | 0.600 | 0.600 |

# 三、聚酯树脂胶泥砌块材

## 1. 耐酸砖230mm(230×113×65)

工作内容：运料、选砖板、洗砖板、调制胶泥、刷底胶浆、衬砌、养生。　　　　　计量单位：10m²

| 定　额　编　号 | | | A11-9-169 | A11-9-170 | A11-9-171 |
|---|---|---|---|---|---|
| 项　目　名　称 | | | 圆形 | 矩形 | 锥(塔)形 |
| 基　　　价（元） | | | 4842.95 | 4604.67 | 5215.77 |
| 其中 | 人　工　费（元） | | 2154.74 | 1916.46 | 2527.56 |
| | 材　料　费（元） | | 2293.29 | 2293.29 | 2293.29 |
| | 机　械　费（元） | | 394.92 | 394.92 | 394.92 |
| 名　　　称 | 单位 | 单价（元） | 消　　耗　　量 | | |
| 人工 综合工日 | 工日 | 140.00 | 15.391 | 13.689 | 18.054 |
| 材料 聚酯树脂耐酸胶泥 | m³ | — | (0.290) | (0.290) | (0.290) |
| 电 | kW·h | 0.68 | 1.000 | 1.000 | 1.000 |
| 耐酸瓷砖 230×113×65 | 块 | 1.71 | 1333.000 | 1333.000 | 1333.000 |
| 砂轮片 φ150 | 片 | 2.82 | 0.100 | 0.100 | 0.100 |
| 水 | t | 7.96 | 1.620 | 1.620 | 1.620 |
| 机械 电动单筒慢速卷扬机 30kN | 台班 | 210.22 | 0.500 | 0.500 | 0.500 |
| 涡浆式混凝土搅拌机 250L | 台班 | 253.07 | 1.050 | 1.050 | 1.050 |
| 轴流通风机 7.5kW | 台班 | 40.15 | 0.600 | 0.600 | 0.600 |

## 2. 耐酸砖113mm(230×113×65)

工作内容：运料、选砖板、洗砖板、调制胶泥、刷底胶浆、衬砌、养生。 计量单位：10m²

| 定 额 编 号 | | | | A11-9-172 | A11-9-173 | A11-9-174 |
|---|---|---|---|---|---|---|
| 项 目 名 称 | | | | 圆形 | 矩形 | 锥(塔)形 |
| 基 价（元） | | | | 2679.01 | 2520.95 | 2800.95 |
| 其中 | 人 工 费（元） | | | 1253.56 | 1095.50 | 1375.50 |
| | 材 料 费（元） | | | 1144.41 | 1144.41 | 1144.41 |
| | 机 械 费（元） | | | 281.04 | 281.04 | 281.04 |
| 名 称 | | 单位 | 单价（元） | 消 耗 量 | | |
| 人工 | 综合工日 | 工日 | 140.00 | 8.954 | 7.825 | 9.825 |
| 材料 | 聚酯树脂耐酸胶泥 | m³ | — | (0.155) | (0.155) | (0.155) |
| | 电 | kW·h | 0.68 | 0.900 | 0.900 | 0.900 |
| | 耐酸瓷砖 230×113×65 | 块 | 1.71 | 665.000 | 665.000 | 665.000 |
| | 砂轮片 Φ150 | 片 | 2.82 | 0.100 | 0.100 | 0.100 |
| | 水 | t | 7.96 | 0.800 | 0.800 | 0.800 |
| 机械 | 电动单筒慢速卷扬机 30kN | 台班 | 210.22 | 0.500 | 0.500 | 0.500 |
| | 涡浆式混凝土搅拌机 250L | 台班 | 253.07 | 0.600 | 0.600 | 0.600 |
| | 轴流通风机 7.5kW | 台班 | 40.15 | 0.600 | 0.600 | 0.600 |

### 3. 耐酸砖65mm(230×113×65)

工作内容：运料、选砖板、洗砖板、调制胶泥、刷底胶浆、衬砌、养生。　　　　　　　计量单位：10m²

| 定　额　编　号 | | | A11-9-175 | A11-9-176 | A11-9-177 |
|---|---|---|---|---|---|
| 项　目　名　称 | | | 圆形 | 矩形 | 锥(塔)形 |
| 基　　　价（元） | | | 1735.92 | 1640.30 | 1798.22 |
| 其中 | 人　工　费（元） | | 810.18 | 714.56 | 872.48 |
| | 材　料　费（元） | | 670.00 | 670.00 | 670.00 |
| | 机　械　费（元） | | 255.74 | 255.74 | 255.74 |
| 名　　称 | 单位 | 单价（元） | 消　　耗　　量 | | |
| 人工 综合工日 | 工日 | 140.00 | 5.787 | 5.104 | 6.232 |
| 材料 聚酯树脂耐酸胶泥 | m³ | — | (0.110) | (0.110) | (0.110) |
| 电 | kW·h | 0.68 | 0.800 | 0.800 | 0.800 |
| 耐酸瓷砖 230×113×65 | 块 | 1.71 | 389.000 | 389.000 | 389.000 |
| 砂轮片 φ150 | 片 | 2.82 | 0.100 | 0.100 | 0.100 |
| 水 | t | 7.96 | 0.500 | 0.500 | 0.500 |
| 机械 电动单筒慢速卷扬机 30kN | 台班 | 210.22 | 0.500 | 0.500 | 0.500 |
| 涡浆式混凝土搅拌机 250L | 台班 | 253.07 | 0.500 | 0.500 | 0.500 |
| 轴流通风机 7.5kW | 台班 | 40.15 | 0.600 | 0.600 | 0.600 |

## 4. 耐酸板10mm(100×50×10)

工作内容：运料、选砖板、洗砖板、调制胶泥、刷底胶浆、衬砌、养生。

计量单位：10m²

| 定 额 编 号 | | | | A11-9-178 | A11-9-179 | A11-9-180 |
|---|---|---|---|---|---|---|
| 项 目 名 称 | | | | 圆形 | 矩形 | 锥(塔)形 |
| 基 价（元） | | | | 1367.90 | 1171.90 | 1614.44 |
| 其中 | 人 工 费（元） | | | 1106.56 | 910.56 | 1353.10 |
| | 材 料 费（元） | | | 5.60 | 5.60 | 5.60 |
| | 机 械 费（元） | | | 255.74 | 255.74 | 255.74 |
| 名 称 | | 单位 | 单价(元) | 消 耗 量 | | |
| 人工 | 综合工日 | 工日 | 140.00 | 7.904 | 6.504 | 9.665 |
| 材料 | 聚酯树脂耐酸胶泥 | m³ | — | (0.083) | (0.083) | (0.083) |
| | 耐酸板 100×50×10 | 块 | — | (1972.000) | (1972.000) | (1972.000) |
| | 电 | kW·h | 0.68 | 0.800 | 0.800 | 0.800 |
| | 砂轮片 φ150 | 片 | 2.82 | 0.100 | 0.100 | 0.100 |
| | 水 | t | 7.96 | 0.600 | 0.600 | 0.600 |
| 机械 | 电动单筒慢速卷扬机 30kN | 台班 | 210.22 | 0.500 | 0.500 | 0.500 |
| | 涡浆式混凝土搅拌机 250L | 台班 | 253.07 | 0.500 | 0.500 | 0.500 |
| | 轴流通风机 7.5kW | 台班 | 40.15 | 0.600 | 0.600 | 0.600 |

### 5.耐酸板10mm(100×75×10)

工作内容：运料、选砖板、洗砖板、调制胶泥、刷底胶浆、衬砌、养生。

计量单位：10m²

| 定　额　编　号 | | | | A11-9-181 | A11-9-182 | A11-9-183 |
|---|---|---|---|---|---|---|
| 项　目　名　称 | | | | 圆形 | 矩形 | 锥(塔)形 |
| 基　　　　价（元） | | | | 1366.78 | 1197.10 | 1562.92 |
| 其中 | 人　工　费（元） | | | 1105.44 | 935.76 | 1301.58 |
| | 材　料　费（元） | | | 5.60 | 5.60 | 5.60 |
| | 机　械　费（元） | | | 255.74 | 255.74 | 255.74 |
| 名　　称 | | 单位 | 单价（元） | 消　　耗　　量 | | |
| 人工 | 综合工日 | 工日 | 140.00 | 7.896 | 6.684 | 9.297 |
| 材料 | 聚酯树脂耐酸胶泥 | m³ | — | (0.081) | (0.081) | (0.081) |
| | 耐酸砖（板）100×75×10 | 块 | — | (1335.000) | (1335.000) | (1335.000) |
| | 电 | kW·h | 0.68 | 0.800 | 0.800 | 0.800 |
| | 砂轮片 φ150 | 片 | 2.82 | 0.100 | 0.100 | 0.100 |
| | 水 | t | 7.96 | 0.600 | 0.600 | 0.600 |
| 机械 | 电动单筒慢速卷扬机 30kN | 台班 | 210.22 | 0.500 | 0.500 | 0.500 |
| | 涡浆式混凝土搅拌机 250L | 台班 | 253.07 | 0.500 | 0.500 | 0.500 |
| | 轴流通风机 7.5kW | 台班 | 40.15 | 0.600 | 0.600 | 0.600 |

## 6. 耐酸板10mm(75×75×10)

工作内容：运料、选砖板、洗砖板、调制胶泥、刷底胶浆、衬砌、养生。

计量单位：10m²

| 定　额　编　号 | | | | A11-9-184 | A11-9-185 | A11-9-186 |
|---|---|---|---|---|---|---|
| 项　目　名　称 | | | | 圆形 | 矩形 | 锥(塔)形 |
| 基　　　价（元） | | | | 1359.92 | 1179.88 | 1596.80 |
| 其中 | 人　工　费（元） | | | 1098.58 | 918.54 | 1335.46 |
| | 材　料　费（元） | | | 5.60 | 5.60 | 5.60 |
| | 机　械　费（元） | | | 255.74 | 255.74 | 255.74 |
| 名　称 | | 单位 | 单价（元） | 消　　耗　　量 | | |
| 人工 | 综合工日 | 工日 | 140.00 | 7.847 | 6.561 | 9.539 |
| 材料 | 聚酯树脂耐酸胶泥 | m³ | — | (0.082) | (0.082) | (0.082) |
| | 耐酸板 75×75×10 | 块 | — | (1767.000) | (1767.000) | (1767.000) |
| | 电 | kW·h | 0.68 | 0.800 | 0.800 | 0.800 |
| | 砂轮片 φ150 | 片 | 2.82 | 0.100 | 0.100 | 0.100 |
| | 水 | t | 7.96 | 0.600 | 0.600 | 0.600 |
| 机械 | 电动单筒慢速卷扬机 30kN | 台班 | 210.22 | 0.500 | 0.500 | 0.500 |
| | 涡浆式混凝土搅拌机 250L | 台班 | 253.07 | 0.500 | 0.500 | 0.500 |
| | 轴流通风机 7.5kW | 台班 | 40.15 | 0.600 | 0.600 | 0.600 |

## 7. 耐酸板10mm(100×100×10)

工作内容：运料、选砖板、洗砖板、调制胶泥、刷底胶浆、衬砌、养生。

计量单位：10m²

| 定 额 编 号 | | | | A11-9-187 | A11-9-188 | A11-9-189 |
|---|---|---|---|---|---|---|
| 项 目 名 称 | | | | 圆形 | 矩形 | 锥(塔)形 |
| 基 价（元） | | | | 1339.48 | 1168.96 | 1529.32 |
| 其中 | 人 工 费（元） | | | 1078.14 | 907.62 | 1267.98 |
| | 材 料 费（元） | | | 5.60 | 5.60 | 5.60 |
| | 机 械 费（元） | | | 255.74 | 255.74 | 255.74 |
| 名 称 | | 单位 | 单价(元) | 消 耗 量 | | |
| 人工 | 综合工日 | 工日 | 140.00 | 7.701 | 6.483 | 9.057 |
| 材料 | 聚酯树脂耐酸胶泥 | m³ | — | (0.080) | (0.080) | (0.080) |
| | 耐酸板 100×100×10 | 块 | — | (1010.000) | (1010.000) | (1010.000) |
| | 电 | kW·h | 0.68 | 0.800 | 0.800 | 0.800 |
| | 砂轮片 φ150 | 片 | 2.82 | 0.100 | 0.100 | 0.100 |
| | 水 | t | 7.96 | 0.600 | 0.600 | 0.600 |
| 机械 | 电动单筒慢速卷扬机 30kN | 台班 | 210.22 | 0.500 | 0.500 | 0.500 |
| | 涡浆式混凝土搅拌机 250L | 台班 | 253.07 | 0.500 | 0.500 | 0.500 |
| | 轴流通风机 7.5kW | 台班 | 40.15 | 0.600 | 0.600 | 0.600 |

## 8. 耐酸板10mm(150×70×10)

工作内容：运料、选砖板、洗砖板、调制胶泥、刷底胶浆、衬砌、养生。　　　　　　　　　　　计量单位：10m²

| 定　额　编　号 | | | | A11-9-190 | A11-9-191 | A11-9-192 |
|---|---|---|---|---|---|---|
| 项　目　名　称 | | | | 圆形 | 矩形 | 锥(塔)形 |
| 基　　　　价（元） | | | | 1212.36 | 1076.56 | 1391.56 |
| 其中 | 人　工　费（元） | | | 951.02 | 815.22 | 1130.22 |
| | 材　料　费（元） | | | 5.60 | 5.60 | 5.60 |
| | 机　械　费（元） | | | 255.74 | 255.74 | 255.74 |
| 名　　　称 | | 单位 | 单价（元） | 消　　耗　　量 | | |
| 人工 | 综合工日 | 工日 | 140.00 | 6.793 | 5.823 | 8.073 |
| 材料 | 聚酯树脂耐酸胶泥 | m³ | — | (0.080) | (0.080) | (0.080) |
| | 耐酸板 150×75×10 | 块 | — | (959.000) | (959.000) | (959.000) |
| | 电 | kW·h | 0.68 | 0.800 | 0.800 | 0.800 |
| | 砂轮片 Φ150 | 片 | 2.82 | 0.100 | 0.100 | 0.100 |
| | 水 | t | 7.96 | 0.600 | 0.600 | 0.600 |
| 机械 | 电动单筒慢速卷扬机 30kN | 台班 | 210.22 | 0.500 | 0.500 | 0.500 |
| | 涡浆式混凝土搅拌机 250L | 台班 | 253.07 | 0.500 | 0.500 | 0.500 |
| | 轴流通风机 7.5kW | 台班 | 40.15 | 0.600 | 0.600 | 0.600 |

626

## 9. 耐酸板10mm(150×75×10)

工作内容：运料、选砖板、洗砖板、调制胶泥、刷底胶浆、衬砌、养生。　　　　　　　　　　　计量单位：10m²

| 定　额　编　号 | | | A11-9-193 | A11-9-194 | A11-9-195 |
|---|---|---|---|---|---|
| 项　目　名　称 | | | 圆形 | 矩形 | 锥(塔)形 |
| 基　　价（元） | | | 1187.58 | 1051.78 | 1401.92 |
| 其中 | 人　工　费（元） | | 926.24 | 790.44 | 1140.58 |
| | 材　料　费（元） | | 5.60 | 5.60 | 5.60 |
| | 机　械　费（元） | | 255.74 | 255.74 | 255.74 |
| 名　　　称 | 单位 | 单价（元） | 消　　耗　　量 | | |
| 人工 综合工日 | 工日 | 140.00 | 6.616 | 5.646 | 8.147 |
| 材料 聚酯树脂耐酸胶泥 | m³ | — | (0.080) | (0.080) | (0.080) |
| 耐酸板 150×75×10 | 块 | — | (898.000) | (898.000) | (898.000) |
| 电 | kW·h | 0.68 | 0.800 | 0.800 | 0.800 |
| 砂轮片 φ150 | 片 | 2.82 | 0.100 | 0.100 | 0.100 |
| 水 | t | 7.96 | 0.600 | 0.600 | 0.600 |
| 机械 电动单筒慢速卷扬机 30kN | 台班 | 210.22 | 0.500 | 0.500 | 0.500 |
| 涡浆式混凝土搅拌机 250L | 台班 | 253.07 | 0.500 | 0.500 | 0.500 |
| 轴流通风机 7.5kW | 台班 | 40.15 | 0.600 | 0.600 | 0.600 |

## 10. 耐酸板15mm(150×75×15)

工作内容：运料、选砖板、洗砖板、调制胶泥、刷底胶浆、衬砌、养生。　　　　　　　　　计量单位：10m²

| 定　额　编　号 | | | | A11-9-196 | A11-9-197 | A11-9-198 |
|---|---|---|---|---|---|---|
| 项　目　名　称 | | | | 圆形 | 矩形 | 锥(塔)形 |
| 基　　　价（元） | | | | 1189.26 | 1053.32 | 1373.92 |
| 其中 | 人　工　费（元） | | | 927.92 | 791.98 | 1112.58 |
| | 材　料　费（元） | | | 5.60 | 5.60 | 5.60 |
| | 机　械　费（元） | | | 255.74 | 255.74 | 255.74 |
| 名　　称 | | 单位 | 单价（元） | 消　　耗　　量 | | |
| 人工 | 综合工日 | 工日 | 140.00 | 6.628 | 5.657 | 7.947 |
| 材料 | 聚酯树脂耐酸胶泥 | m³ | — | (0.083) | (0.083) | (0.083) |
| | 耐酸板 150×75×15 | 块 | — | (898.000) | (898.000) | (898.000) |
| | 电 | kW·h | 0.68 | 0.800 | 0.800 | 0.800 |
| | 砂轮片 φ150 | 片 | 2.82 | 0.100 | 0.100 | 0.100 |
| | 水 | t | 7.96 | 0.600 | 0.600 | 0.600 |
| 机械 | 电动单筒慢速卷扬机 30kN | 台班 | 210.22 | 0.500 | 0.500 | 0.500 |
| | 涡浆式混凝土搅拌机 250L | 台班 | 253.07 | 0.500 | 0.500 | 0.500 |
| | 轴流通风机 7.5kW | 台班 | 40.15 | 0.600 | 0.600 | 0.600 |

## 11. 耐酸板20mm(150×75×20)

工作内容：运料、选砖板、洗砖板、调制胶泥、刷底胶浆、衬砌、养生。

计量单位：10m²

| 定 额 编 号 | | | | A11-9-199 | A11-9-200 | A11-9-201 |
|---|---|---|---|---|---|---|
| 项 目 名 称 | | | | 圆形 | 矩形 | 锥(塔)形 |
| 基 价（元） | | | | 1191.78 | 1057.66 | 1377.98 |
| 其中 | 人 工 费（元） | | | 930.44 | 796.32 | 1116.64 |
| | 材 料 费（元） | | | 5.60 | 5.60 | 5.60 |
| | 机 械 费（元） | | | 255.74 | 255.74 | 255.74 |
| 名 称 | | 单位 | 单价(元) | 消 耗 量 | | |
| 人工 | 综合工日 | 工日 | 140.00 | 6.646 | 5.688 | 7.976 |
| 材料 | 聚酯树脂耐酸胶泥 | m³ | — | (0.086) | (0.086) | (0.086) |
| | 耐酸板 150×75×20 | 块 | — | (898.000) | (898.000) | (898.000) |
| | 电 | kW·h | 0.68 | 0.800 | 0.800 | 0.800 |
| | 砂轮片 φ150 | 片 | 2.82 | 0.100 | 0.100 | 0.100 |
| | 水 | t | 7.96 | 0.600 | 0.600 | 0.600 |
| 机械 | 电动单筒慢速卷扬机 30kN | 台班 | 210.22 | 0.500 | 0.500 | 0.500 |
| | 涡浆式混凝土搅拌机 250L | 台班 | 253.07 | 0.500 | 0.500 | 0.500 |
| | 轴流通风机 7.5kW | 台班 | 40.15 | 0.600 | 0.600 | 0.600 |

## 12. 耐酸板25mm(150×75×25)

工作内容：运料、选砖板、洗砖板、调制胶泥、刷底胶浆、衬砌、养生。

计量单位：10m²

| 定　额　编　号 | | | A11-9-202 | A11-9-203 | A11-9-204 |
|---|---|---|---|---|---|
| 项　目　名　称 | | | 圆形 | 矩形 | 锥(塔)形 |
| 基　　　　价（元） | | | 1196.40 | 1060.88 | 1387.22 |
| 其中 | 人　工　费（元） | | 935.06 | 799.54 | 1125.88 |
| | 材　料　费（元） | | 5.60 | 5.60 | 5.60 |
| | 机　械　费（元） | | 255.74 | 255.74 | 255.74 |
| 名　　　称 | 单位 | 单价（元） | 消　　耗　　量 | | |
| 人工 | 综合工日 | 工日 | 140.00 | 6.679 | 5.711 | 8.042 |
| 材料 | 聚酯树脂耐酸胶泥 | m³ | — | (0.089) | (0.089) | (0.089) |
| | 耐酸板 150×75×25 | 块 | — | (898.000) | (898.000) | (898.000) |
| | 电 | kW·h | 0.68 | 0.800 | 0.800 | 0.800 |
| | 砂轮片 φ150 | 片 | 2.82 | 0.100 | 0.100 | 0.100 |
| | 水 | t | 7.96 | 0.600 | 0.600 | 0.600 |
| 机械 | 电动单筒慢速卷扬机 30kN | 台班 | 210.22 | 0.500 | 0.500 | 0.500 |
| | 涡浆式混凝土搅拌机 250L | 台班 | 253.07 | 0.500 | 0.500 | 0.500 |
| | 轴流通风机 7.5kW | 台班 | 40.15 | 0.600 | 0.600 | 0.600 |

## 13.耐酸板20mm(180×90×20)

工作内容：运料、选砖板、洗砖板、调制胶泥、刷底胶浆、衬砌、养生。　　　　　　计量单位：10m²

| 定　额　编　号 | | | | A11-9-205 | A11-9-206 | A11-9-207 |
|---|---|---|---|---|---|---|
| 项　目　名　称 | | | | 圆形 | 矩形 | 锥(塔)形 |
| 基　　　　价（元） | | | | 1092.80 | 937.96 | 1255.06 |
| 其中 | 人　工　费（元） | | | 831.46 | 676.62 | 993.72 |
| | 材　料　费（元） | | | 5.60 | 5.60 | 5.60 |
| | 机　械　费（元） | | | 255.74 | 255.74 | 255.74 |
| 名　　　称 | | 单位 | 单价（元） | 消　　耗　　量 | | |
| 人工 | 综合工日 | 工日 | 140.00 | 5.939 | 4.833 | 7.098 |
| 材料 | 聚酯树脂耐酸胶泥 | m³ | — | (0.084) | (0.084) | (0.084) |
| | 耐酸板 180×90×20 | 块 | — | (625.000) | (625.000) | (625.000) |
| | 电 | kW·h | 0.68 | 0.800 | 0.800 | 0.800 |
| | 砂轮片 φ150 | 片 | 2.82 | 0.100 | 0.100 | 0.100 |
| | 水 | t | 7.96 | 0.600 | 0.600 | 0.600 |
| 机械 | 电动单筒慢速卷扬机 30kN | 台班 | 210.22 | 0.500 | 0.500 | 0.500 |
| | 涡浆式混凝土搅拌机 250L | 台班 | 253.07 | 0.500 | 0.500 | 0.500 |
| | 轴流通风机 7.5kW | 台班 | 40.15 | 0.600 | 0.600 | 0.600 |

### 14. 耐酸板10mm(180×110×10)

工作内容: 运料、选砖板、洗砖板、调制胶泥、刷底胶浆、衬砌、养生。　　　　　　　计量单位: 10m²

| 定　额　编　号 | | | A11-9-208 | A11-9-209 | A11-9-210 |
|---|---|---|---|---|---|
| 项　目　名　称 | | | 圆形 | 矩形 | 锥(塔)形 |
| 基　　　　价（元） | | | 1096.02 | 948.60 | 1281.66 |
| 其中 | 人　工　费（元） | | 834.68 | 687.26 | 1020.32 |
| | 材　料　费（元） | | 5.60 | 5.60 | 5.60 |
| | 机　械　费（元） | | 255.74 | 255.74 | 255.74 |
| 名　　　称 | 单位 | 单价(元) | 消　　耗　　量 | | |
| 人工 综合工日 | 工日 | 140.00 | 5.962 | 4.909 | 7.288 |
| 材料 聚酯树脂耐酸胶泥 | m³ | — | (0.088) | (0.088) | (0.088) |
| 耐酸板 180×110×10 | 块 | — | (515.000) | (515.000) | (515.000) |
| 电 | kW•h | 0.68 | 0.800 | 0.800 | 0.800 |
| 砂轮片 φ150 | 片 | 2.82 | 0.100 | 0.100 | 0.100 |
| 水 | t | 7.96 | 0.600 | 0.600 | 0.600 |
| 机械 电动单筒慢速卷扬机 30kN | 台班 | 210.22 | 0.500 | 0.500 | 0.500 |
| 涡浆式混凝土搅拌机 250L | 台班 | 253.07 | 0.500 | 0.500 | 0.500 |
| 轴流通风机 7.5kW | 台班 | 40.15 | 0.600 | 0.600 | 0.600 |

## 15.耐酸板15mm(180×110×15)

工作内容：运料、选砖板、洗砖板、调制胶泥、刷底胶浆、衬砌、养生。　　　　　　计量单位：10㎡

| 定　额　编　号 | | | A11-9-211 | A11-9-212 | A11-9-213 |
|---|---|---|---|---|---|
| 项　目　名　称 | | | 圆形 | 矩形 | 锥(塔)形 |
| 基　　　价（元） | | | 1096.02 | 948.32 | 1281.66 |
| 其中 | 人　工　费（元） | | 834.68 | 686.98 | 1020.32 |
| | 材　料　费（元） | | 5.60 | 5.60 | 5.60 |
| | 机　械　费（元） | | 255.74 | 255.74 | 255.74 |
| 名　　　称 | 单位 | 单价（元） | 消　　耗　　量 | | |
| 人工 综合工日 | 工日 | 140.00 | 5.962 | 4.907 | 7.288 |
| 材料 聚酯树脂耐酸胶泥 | m³ | — | (0.081) | (0.081) | (0.081) |
| 耐酸板 180×110×15 | 块 | — | (515.000) | (515.000) | (515.000) |
| 电 | kW·h | 0.68 | 0.800 | 0.800 | 0.800 |
| 砂轮片 φ150 | 片 | 2.82 | 0.100 | 0.100 | 0.100 |
| 水 | t | 7.96 | 0.600 | 0.600 | 0.600 |
| 机械 电动单筒慢速卷扬机 30kN | 台班 | 210.22 | 0.500 | 0.500 | 0.500 |
| 涡浆式混凝土搅拌机 250L | 台班 | 253.07 | 0.500 | 0.500 | 0.500 |
| 轴流通风机 7.5kW | 台班 | 40.15 | 0.600 | 0.600 | 0.600 |

## 16.耐酸板20mm(180×110×20)

工作内容:运料、选砖板、洗砖板、调制胶泥、刷底胶浆、衬砌、养生。　　　　　　　　计量单位:10m²

| 定　额　编　号 | | | | A11-9-214 | A11-9-215 | A11-9-216 |
|---|---|---|---|---|---|---|
| 项　目　名　称 | | | | 圆形 | 矩形 | 锥(塔)形 |
| 基　　　价（元） | | | | 1100.36 | 952.24 | 1285.58 |
| 其中 | 人　工　费（元） | | | 839.02 | 690.90 | 1024.24 |
| | 材　料　费（元） | | | 5.60 | 5.60 | 5.60 |
| | 机　械　费（元） | | | 255.74 | 255.74 | 255.74 |
| 名　　称 | | 单位 | 单价(元) | 消　　耗　　量 | | |
| 人工 | 综合工日 | 工日 | 140.00 | 5.993 | 4.935 | 7.316 |
| 材料 | 聚酯树脂耐酸胶泥 | m³ | — | (0.083) | (0.083) | (0.083) |
| | 耐酸板 180×110×20 | 块 | — | (515.000) | (515.000) | (515.000) |
| | 电 | kW·h | 0.68 | 0.800 | 0.800 | 0.800 |
| | 砂轮片 φ150 | 片 | 2.82 | 0.100 | 0.100 | 0.100 |
| | 水 | t | 7.96 | 0.600 | 0.600 | 0.600 |
| 机械 | 电动单筒慢速卷扬机 30kN | 台班 | 210.22 | 0.500 | 0.500 | 0.500 |
| | 涡浆式混凝土搅拌机 250L | 台班 | 253.07 | 0.500 | 0.500 | 0.500 |
| | 轴流通风机 7.5kW | 台班 | 40.15 | 0.600 | 0.600 | 0.600 |

## 17. 耐酸板25mm(180×110×25)

工作内容：运料、选砖板、洗砖板、调制胶泥、刷底胶浆、衬砌、养生。　　　　　　计量单位：10m²

| 定　额　编　号 | | | | A11-9-217 | A11-9-218 | A11-9-219 |
|---|---|---|---|---|---|---|
| 项　目　名　称 | | | | 圆形 | 矩形 | 锥(塔)形 |
| 基　　　价　（元） | | | | 1104.00 | 1223.42 | 1289.78 |
| 其中 | 人　工　费　（元） | | | 842.66 | 962.08 | 1028.44 |
| | 材　料　费　（元） | | | 5.60 | 5.60 | 5.60 |
| | 机　械　费　（元） | | | 255.74 | 255.74 | 255.74 |
| 名　　　称 | | 单位 | 单价（元） | 消　　耗　　量 | | |
| 人工 | 综合工日 | 工日 | 140.00 | 6.019 | 6.872 | 7.346 |
| 材料 | 聚酯树脂耐酸胶泥 | m³ | — | (0.075) | (0.075) | (0.075) |
| | 耐酸板 180×110×25 | 块 | — | (515.000) | (515.000) | (515.000) |
| | 电 | kW·h | 0.68 | 0.800 | 0.800 | 0.800 |
| | 砂轮片 φ150 | 片 | 2.82 | 0.100 | 0.100 | 0.100 |
| | 水 | t | 7.96 | 0.600 | 0.600 | 0.600 |
| 机械 | 电动单筒慢速卷扬机 30kN | 台班 | 210.22 | 0.500 | 0.500 | 0.500 |
| | 涡浆式混凝土搅拌机 250L | 台班 | 253.07 | 0.500 | 0.500 | 0.500 |
| | 轴流通风机 7.5kW | 台班 | 40.15 | 0.600 | 0.600 | 0.600 |

### 18. 耐酸板30mm(180×110×30)

工作内容：运料、选砖板、洗砖板、调制胶泥、刷底胶浆、衬砌、养生。  计量单位：10m²

| 定 额 编 号 | | | | A11-9-220 | A11-9-221 | A11-9-222 |
|---|---|---|---|---|---|---|
| 项 目 名 称 | | | | 圆形 | 矩形 | 锥(塔)形 |
| 基 价 （元） | | | | 1108.20 | 960.36 | 1293.84 |
| 其中 | 人 工 费（元） | | | 846.86 | 699.02 | 1032.50 |
| | 材 料 费（元） | | | 5.60 | 5.60 | 5.60 |
| | 机 械 费（元） | | | 255.74 | 255.74 | 255.74 |
| 名 称 | | 单位 | 单价(元) | 消 耗 量 | | |
| 人工 | 综合工日 | 工日 | 140.00 | 6.049 | 4.993 | 7.375 |
| 材料 | 聚酯树脂耐酸胶泥 | m³ | — | (0.088) | (0.088) | (0.088) |
| | 耐酸板 180×110×30 | 块 | — | (515.000) | (515.000) | (515.000) |
| | 电 | kW·h | 0.68 | 0.800 | 0.800 | 0.800 |
| | 砂轮片 φ150 | 片 | 2.82 | 0.100 | 0.100 | 0.100 |
| | 水 | t | 7.96 | 0.600 | 0.600 | 0.600 |
| 机械 | 电动单筒慢速卷扬机 30kN | 台班 | 210.22 | 0.500 | 0.500 | 0.500 |
| | 涡浆式混凝土搅拌机 250L | 台班 | 253.07 | 0.500 | 0.500 | 0.500 |
| | 轴流通风机 7.5kW | 台班 | 40.15 | 0.600 | 0.600 | 0.600 |

## 19. 耐酸板35mm(180×110×35)

工作内容：运料、选砖板、洗砖板、调制胶泥、刷底胶浆、衬砌、养生。　　　　　　计量单位：10m²

| 定　额　编　号 | | | A11-9-223 | A11-9-224 | A11-9-225 |
|---|---|---|---|---|---|
| 项　目　名　称 | | | 圆形 | 矩形 | 锥(塔)形 |
| 基　　　　价（元） | | | 1110.58 | 962.74 | 1296.22 |
| 其中 | 人　工　费（元） | | 849.24 | 701.40 | 1034.88 |
| | 材　料　费（元） | | 5.60 | 5.60 | 5.60 |
| | 机　械　费（元） | | 255.74 | 255.74 | 255.74 |
| 名　　　称 | 单位 | 单价（元） | 消　　　耗　　　量 | | |
| 人工 综合工日 | 工日 | 140.00 | 6.066 | 5.010 | 7.392 |
| 材料 聚酯树脂耐酸胶泥 | m³ | — | (0.092) | (0.092) | (0.092) |
| 耐酸板 180×110×35 | 块 | — | (515.000) | (515.000) | (515.000) |
| 电 | kW·h | 0.68 | 0.800 | 0.800 | 0.800 |
| 砂轮片 φ150 | 片 | 2.82 | 0.100 | 0.100 | 0.100 |
| 水 | t | 7.96 | 0.600 | 0.600 | 0.600 |
| 机械 电动单筒慢速卷扬机 30kN | 台班 | 210.22 | 0.500 | 0.500 | 0.500 |
| 涡浆式混凝土搅拌机 250L | 台班 | 253.07 | 0.500 | 0.500 | 0.500 |
| 轴流通风机 7.5kW | 台班 | 40.15 | 0.600 | 0.600 | 0.600 |

### 20.耐酸板15mm(200×100×15)

工作内容：运料、选砖板、洗砖板、调制胶泥、刷底胶浆、衬砌、养生。　　　　　计量单位：10m²

| 定　额　编　号 | | | | A11-9-226 | A11-9-227 | A11-9-228 |
|---|---|---|---|---|---|---|
| 项　目　名　称 | | | | 圆形 | 矩形 | 锥(塔)形 |
| 基　　　价（元） | | | | 1096.02 | 977.30 | 1282.78 |
| 其中 | 人　工　费（元） | | | 834.68 | 715.96 | 1021.44 |
| | 材　料　费（元） | | | 5.60 | 5.60 | 5.60 |
| | 机　械　费（元） | | | 255.74 | 255.74 | 255.74 |
| 名　　称 | | 单位 | 单价（元） | 消　　耗　　量 | | |
| 人工 | 综合工日 | 工日 | 140.00 | 5.962 | 5.114 | 7.296 |
| 材料 | 聚酯树脂耐酸胶泥 | m³ | — | (0.081) | (0.081) | (0.081) |
| | 耐酸板 180×110×15 | 块 | — | (508.000) | (508.000) | (508.000) |
| | 电 | kW・h | 0.68 | 0.800 | 0.800 | 0.800 |
| | 砂轮片 φ150 | 片 | 2.82 | 0.100 | 0.100 | 0.100 |
| | 水 | t | 7.96 | 0.600 | 0.600 | 0.600 |
| 机械 | 电动单筒慢速卷扬机 30kN | 台班 | 210.22 | 0.500 | 0.500 | 0.500 |
| | 涡浆式混凝土搅拌机 250L | 台班 | 253.07 | 0.500 | 0.500 | 0.500 |
| | 轴流通风机 7.5kW | 台班 | 40.15 | 0.600 | 0.600 | 0.600 |

# 21.耐酸板20mm(200×100×20)

工作内容：运料、选砖板、洗砖板、调制胶泥、刷底胶浆、衬砌、养生。　　　　　　　　计量单位：10m²

| 定　额　编　号 | | | A11-9-229 | A11-9-230 | A11-9-231 |
|---|---|---|---|---|---|
| 项　目　名　称 | | | 圆形 | 矩形 | 锥(塔)形 |
| 基　　　价（元） | | | 1099.80 | 950.70 | 1285.30 |
| 其中 | 人　工　费（元） | | 838.46 | 689.36 | 1023.96 |
| | 材　料　费（元） | | 5.60 | 5.60 | 5.60 |
| | 机　械　费（元） | | 255.74 | 255.74 | 255.74 |
| 名　　　称 | 单位 | 单价（元） | 消　　耗　　量 | | |
| 人工 综合工日 | 工日 | 140.00 | 5.989 | 4.924 | 7.314 |
| 材料 聚酯树脂耐酸胶泥 | m³ | — | (0.083) | (0.083) | (0.083) |
| 耐酸板 200×100×20 | 块 | — | (508.000) | (508.000) | (508.000) |
| 电 | kW·h | 0.68 | 0.800 | 0.800 | 0.800 |
| 砂轮片 φ150 | 片 | 2.82 | 0.100 | 0.100 | 0.100 |
| 水 | t | 7.96 | 0.600 | 0.600 | 0.600 |
| 机械 电动单筒慢速卷扬机 30kN | 台班 | 210.22 | 0.500 | 0.500 | 0.500 |
| 涡浆式混凝土搅拌机 250L | 台班 | 253.07 | 0.500 | 0.500 | 0.500 |
| 轴流通风机 7.5kW | 台班 | 40.15 | 0.600 | 0.600 | 0.600 |

## 22.耐酸板25mm(200×100×25)

工作内容：运料、选砖板、洗砖板、调制胶泥、刷底胶浆、衬砌、养生。　　　　　计量单位：10m²

| 定 额 编 号 | | | | A11-9-232 | A11-9-233 | A11-9-234 |
|---|---|---|---|---|---|---|
| 项 目 名 称 | | | | 圆形 | 矩形 | 锥(塔)形 |
| 基 价（元） | | | | 1118.28 | 954.76 | 1288.94 |
| 其中 | 人 工 费（元） | | | 856.94 | 693.42 | 1027.60 |
| | 材 料 费（元） | | | 5.60 | 5.60 | 5.60 |
| | 机 械 费（元） | | | 255.74 | 255.74 | 255.74 |
| 名 称 | | 单位 | 单价（元） | 消 耗 量 | | |
| 人工 | 综合工日 | 工日 | 140.00 | 6.121 | 4.953 | 7.340 |
| 材料 | 聚酯树脂耐酸胶泥 | m³ | — | (0.086) | (0.086) | (0.082) |
| | 耐酸板 200×100×25 | 块 | — | (508.000) | (508.000) | (508.000) |
| | 电 | kW·h | 0.68 | 0.800 | 0.800 | 0.800 |
| | 砂轮片 φ150 | 片 | 2.82 | 0.100 | 0.100 | 0.100 |
| | 水 | t | 7.96 | 0.600 | 0.600 | 0.600 |
| 机械 | 电动单筒慢速卷扬机 30kN | 台班 | 210.22 | 0.500 | 0.500 | 0.500 |
| | 涡浆式混凝土搅拌机 250L | 台班 | 253.07 | 0.500 | 0.500 | 0.500 |
| | 轴流通风机 7.5kW | 台班 | 40.15 | 0.600 | 0.600 | 0.600 |

## 23. 耐酸板30mm(200×100×30)

工作内容：运料、选砖板、洗砖板、调制胶泥、刷底胶浆、衬砌、养生。　　　　　　计量单位：10m²

| 定　额　编　号 | | | | A11-9-235 | A11-9-236 | A11-9-237 |
|---|---|---|---|---|---|---|
| 项　目　名　称 | | | | 圆形 | 矩形 | 锥(塔)形 |
| 基　　　价（元） | | | | 1137.04 | 958.96 | 1293.14 |
| 其中 | 人　工　费（元） | | | 875.70 | 697.62 | 1031.80 |
| | 材　料　费（元） | | | 5.60 | 5.60 | 5.60 |
| | 机　械　费（元） | | | 255.74 | 255.74 | 255.74 |
| 名　　称 | | 单位 | 单价（元） | 消　　耗　　量 | | |
| 人工 | 综合工日 | 工日 | 140.00 | 6.255 | 4.983 | 7.370 |
| 材料 | 聚酯树脂耐酸胶泥 | m³ | — | (0.088) | (0.088) | (0.088) |
| | 耐酸板 200×100×30 | 块 | — | (508.000) | (508.000) | (508.000) |
| | 电 | kW·h | 0.68 | 0.800 | 0.800 | 0.800 |
| | 砂轮片 φ150 | 片 | 2.82 | 0.100 | 0.100 | 0.100 |
| | 水 | t | 7.96 | 0.600 | 0.600 | 0.600 |
| 机械 | 电动单筒慢速卷扬机 30kN | 台班 | 210.22 | 0.500 | 0.500 | 0.500 |
| | 涡浆式混凝土搅拌机 250L | 台班 | 253.07 | 0.500 | 0.500 | 0.500 |
| | 轴流通风机 7.5kW | 台班 | 40.15 | 0.600 | 0.600 | 0.600 |

## 24. 耐酸板15mm(150×150×15)

工作内容：运料、选砖板、洗砖板、调制胶泥、刷底胶浆、衬砌、养生。　　　　　　计量单位：10m²

| 定　额　编　号 | | | | A11-9-238 | A11-9-239 | A11-9-240 |
|---|---|---|---|---|---|---|
| 项　目　名　称 | | | | 圆形 | 矩形 | 锥(塔)形 |
| 基　　价（元） | | | | 1734.49 | 1590.57 | 1921.67 |
| 其中 | 人　工　费（元） | | | 813.40 | 669.48 | 1000.58 |
| | 材　料　费（元） | | | 665.35 | 665.35 | 665.35 |
| | 机　械　费（元） | | | 255.74 | 255.74 | 255.74 |
| 名　　称 | | 单位 | 单价（元） | 消　　耗　　量 | | |
| 人工 | 综合工日 | 工日 | 140.00 | 5.810 | 4.782 | 7.147 |
| 材料 | 聚酯树脂耐酸胶泥 | m³ | — | (0.080) | (0.080) | (0.080) |
| | 电 | kW·h | 0.68 | 0.800 | 0.800 | 0.800 |
| | 耐酸板 150×150×15 | 块 | 1.45 | 455.000 | 455.000 | 455.000 |
| | 砂轮片 φ150 | 片 | 2.82 | 0.100 | 0.100 | 0.100 |
| | 水 | t | 7.96 | 0.600 | 0.600 | 0.600 |
| 机械 | 电动单筒慢速卷扬机 30kN | 台班 | 210.22 | 0.500 | 0.500 | 0.500 |
| | 涡浆式混凝土搅拌机 250L | 台班 | 253.07 | 0.500 | 0.500 | 0.500 |
| | 轴流通风机 7.5kW | 台班 | 40.15 | 0.600 | 0.600 | 0.600 |

# 25. 耐酸板20mm(150×150×20)

工作内容：运料、选砖板、洗砖板、调制胶泥、刷底胶浆、衬砌、养生。　　　　　　　　　　计量单位：10m²

| 定　额　编　号 | | | | A11-9-241 | A11-9-242 | A11-9-243 |
|---|---|---|---|---|---|---|
| 项　目　名　称 | | | | 圆形 | 矩形 | 锥(塔)形 |
| 基　　　价（元） | | | | 1078.80 | 934.88 | 1265.84 |
| 其中 | 人　工　费（元） | | | 817.46 | 673.54 | 1004.50 |
| | 材　料　费（元） | | | 5.60 | 5.60 | 5.60 |
| | 机　械　费（元） | | | 255.74 | 255.74 | 255.74 |
| 名　　　称 | | 单位 | 单价（元） | 消　　耗　　量 | | |
| 人工 | 综合工日 | 工日 | 140.00 | 5.839 | 4.811 | 7.175 |
| 材料 | 聚酯树脂耐酸胶泥 | m³ | — | (0.082) | (0.082) | (0.082) |
| | 耐酸板 150×150×20 | 块 | — | (455.000) | (455.000) | (455.000) |
| | 电 | kW·h | 0.68 | 0.800 | 0.800 | 0.800 |
| | 砂轮片 φ150 | 片 | 2.82 | 0.100 | 0.100 | 0.100 |
| | 水 | t | 7.96 | 0.600 | 0.600 | 0.600 |
| 机械 | 电动单筒慢速卷扬机 30kN | 台班 | 210.22 | 0.500 | 0.500 | 0.500 |
| | 涡浆式混凝土搅拌机 250L | 台班 | 253.07 | 0.500 | 0.500 | 0.500 |
| | 轴流通风机 7.5kW | 台班 | 40.15 | 0.600 | 0.600 | 0.600 |

# 26. 耐酸板25mm(150×150×25)

工作内容：运料、选砖板、洗砖板、调制胶泥、刷底胶浆、衬砌、养生。　　　　　计量单位：10m²

| 定　额　编　号 | | | | A11-9-244 | A11-9-245 | A11-9-246 |
|---|---|---|---|---|---|---|
| 项　目　名　称 | | | | 圆形 | 矩形 | 锥(塔)形 |
| 基　　　价（元） | | | | 1764.94 | 1620.32 | 1951.42 |
| 其中 | 人　工　费（元） | | | 821.10 | 676.48 | 1007.58 |
| | 材　料　费（元） | | | 688.10 | 688.10 | 688.10 |
| | 机　械　费（元） | | | 255.74 | 255.74 | 255.74 |
| 名　　称 | | 单位 | 单价（元） | 消　　耗　　量 | | |
| 人工 | 综合工日 | 工日 | 140.00 | 5.865 | 4.832 | 7.197 |
| 材料 | 聚酯树脂耐酸胶泥 | m³ | — | (0.084) | (0.084) | (0.084) |
| | 电 | kW·h | 0.68 | 0.800 | 0.800 | 0.800 |
| | 耐酸板 150×150×25 | 块 | 1.50 | 455.000 | 455.000 | 455.000 |
| | 砂轮片 Φ150 | 片 | 2.82 | 0.100 | 0.100 | 0.100 |
| | 水 | t | 7.96 | 0.600 | 0.600 | 0.600 |
| 机械 | 电动单筒慢速卷扬机 30kN | 台班 | 210.22 | 0.500 | 0.500 | 0.500 |
| | 涡浆式混凝土搅拌机 250L | 台班 | 253.07 | 0.500 | 0.500 | 0.500 |
| | 轴流通风机 7.5kW | 台班 | 40.15 | 0.600 | 0.600 | 0.600 |

## 27. 耐酸板30mm(150×150×30)

工作内容：运料、选砖板、洗砖板、调制胶泥、刷底胶浆、衬砌、养生。　　　　　　　　计量单位：10m²

| 定　额　编　号 | | | | A11-9-247 | A11-9-248 | A11-9-249 |
|---|---|---|---|---|---|---|
| 项　目　名　称 | | | | 圆形 | 矩形 | 锥(塔)形 |
| 基　　　价（元） | | | | 1087.20 | 942.58 | 1273.68 |
| 其中 | 人　工　费（元） | | | 825.86 | 681.24 | 1012.34 |
| | 材　料　费（元） | | | 5.60 | 5.60 | 5.60 |
| | 机　械　费（元） | | | 255.74 | 255.74 | 255.74 |
| 名　　　称 | | 单位 | 单价（元） | 消　　耗　　量 | | |
| 人工 | 综合工日 | 工日 | 140.00 | 5.899 | 4.866 | 7.231 |
| 材料 | 聚酯树脂耐酸胶泥 | m³ | — | (0.086) | (0.086) | (0.086) |
| | 耐酸板 150×150×30 | 块 | — | (455.000) | (455.000) | (455.000) |
| | 电 | kW·h | 0.68 | 0.800 | 0.800 | 0.800 |
| | 砂轮片 φ150 | 片 | 2.82 | 0.100 | 0.100 | 0.100 |
| | 水 | t | 7.96 | 0.600 | 0.600 | 0.600 |
| 机械 | 电动单筒慢速卷扬机 30kN | 台班 | 210.22 | 0.500 | 0.500 | 0.500 |
| | 涡浆式混凝土搅拌机 250L | 台班 | 253.07 | 0.500 | 0.500 | 0.500 |
| | 轴流通风机 7.5kW | 台班 | 40.15 | 0.600 | 0.600 | 0.600 |

## 28. 耐酸板35mm(150×150×35)

工作内容：运料、选砖板、洗砖板、调制胶泥、刷底胶浆、衬砌、养生。　　　　　　　　计量单位：10m²

| 定　额　编　号 | | 单位 | 单价(元) | A11-9-250 | A11-9-251 | A11-9-252 |
|---|---|---|---|---|---|---|
| 项　目　名　称 | | | | 圆形 | 矩形 | 锥(塔)形 |
| 基　　　价（元） | | | | 1091.26 | 946.78 | 1277.88 |
| 其中 | 人　工　费（元） | | | 829.92 | 685.44 | 1016.54 |
| | 材　料　费（元） | | | 5.60 | 5.60 | 5.60 |
| | 机　械　费（元） | | | 255.74 | 255.74 | 255.74 |
| 名　　　称 | | 单位 | 单价(元) | 消　　耗　　　量 | | |
| 人工 | 综合工日 | 工日 | 140.00 | 5.928 | 4.896 | 7.261 |
| 材料 | 聚酯树脂耐酸胶泥 | m³ | — | (0.094) | (0.094) | (0.094) |
| | 耐酸板 150×150×35 | 块 | — | (455.000) | (455.000) | (455.000) |
| | 电 | kW·h | 0.68 | 0.800 | 0.800 | 0.800 |
| | 砂轮片 φ150 | 片 | 2.82 | 0.100 | 0.100 | 0.100 |
| | 水 | t | 7.96 | 0.600 | 0.600 | 0.600 |
| 机械 | 电动单筒慢速卷扬机 30kN | 台班 | 210.22 | 0.500 | 0.500 | 0.500 |
| | 涡浆式混凝土搅拌机 250L | 台班 | 253.07 | 0.500 | 0.500 | 0.500 |
| | 轴流通风机 7.5kW | 台班 | 40.15 | 0.600 | 0.600 | 0.600 |

# 四、环氧煤焦油胶泥砌块材

## 1. 耐酸砖230mm（230×113×65）

工作内容：运料、选砖板、洗砖板、调制胶泥、刷底胶浆、衬砌、养生。　　　　　　　计量单位：10m²

| 定　额　编　号 | | | A11-9-253 | A11-9-254 | A11-9-255 |
|---|---|---|---|---|---|
| 项　目　名　称 | | | 圆形 | 矩形 | 锥(塔)形 |
| 基　　　价（元） | | | 4863.11 | 4636.45 | 5208.07 |
| 其中 | 人　工　费（元） | | 2174.90 | 1948.24 | 2519.86 |
| | 材　料　费（元） | | 2293.29 | 2293.29 | 2293.29 |
| | 机　械　费（元） | | 394.92 | 394.92 | 394.92 |
| 名　　称 | 单位 | 单价（元） | 消　　耗　　量 | | |
| 人工 | 综合工日 | 工日 | 140.00 | 15.535 | 13.916 | 17.999 |
| 材料 | 环氧煤焦油耐酸胶泥 | m³ | — | (0.290) | (0.290) | (0.290) |
| | 电 | kW·h | 0.68 | 1.000 | 1.000 | 1.000 |
| | 耐酸瓷砖 230×113×65 | 块 | 1.71 | 1333.000 | 1333.000 | 1333.000 |
| | 砂轮片 φ150 | 片 | 2.82 | 0.100 | 0.100 | 0.100 |
| | 水 | t | 7.96 | 1.620 | 1.620 | 1.620 |
| 机械 | 电动单筒慢速卷扬机 30kN | 台班 | 210.22 | 0.500 | 0.500 | 0.500 |
| | 涡浆式混凝土搅拌机 250L | 台班 | 253.07 | 1.050 | 1.050 | 1.050 |
| | 轴流通风机 7.5kW | 台班 | 40.15 | 0.600 | 0.600 | 0.600 |

## 2. 耐酸砖113mm(230×113×65)

工作内容：运料、选砖板、洗砖板、调制胶泥、刷底胶浆、衬砌、养生。　　　　　　　计量单位：10m²

| 定　额　编　号 | | | A11-9-256 | A11-9-257 | A11-9-258 |
|---|---|---|---|---|---|
| 项　目　名　称 | | | 圆形 | 矩形 | 锥(塔)形 |
| 基　　　　　价（元） | | | 2736.55 | 2580.17 | 2845.75 |
| 其中 | 人　工　费（元） | | 1311.10 | 1154.72 | 1420.30 |
| | 材　料　费（元） | | 1144.41 | 1144.41 | 1144.41 |
| | 机　械　费（元） | | 281.04 | 281.04 | 281.04 |
| 名　　称 | 单位 | 单价（元） | 消　　耗　　量 | | |
| 人工　综合工日 | 工日 | 140.00 | 9.365 | 8.248 | 10.145 |
| 材料　环氧煤焦油耐酸胶泥 | m³ | — | (0.155) | (0.155) | (0.155) |
| 电 | kW•h | 0.68 | 0.900 | 0.900 | 0.900 |
| 耐酸瓷砖 230×113×65 | 块 | 1.71 | 665.000 | 665.000 | 665.000 |
| 砂轮片 φ150 | 片 | 2.82 | 0.100 | 0.100 | 0.100 |
| 水 | t | 7.96 | 0.800 | 0.800 | 0.800 |
| 机械　电动单筒慢速卷扬机 30kN | 台班 | 210.22 | 0.500 | 0.500 | 0.500 |
| 涡浆式混凝土搅拌机 250L | 台班 | 253.07 | 0.600 | 0.600 | 0.600 |
| 轴流通风机 7.5kW | 台班 | 40.15 | 0.600 | 0.600 | 0.600 |

### 3. 耐酸砖65mm(230×113×65)

工作内容：运料、选砖板、洗砖板、调制胶泥、刷底胶浆、衬砌、养生。 计量单位：10m²

| 定 额 编 号 | | | | A11-9-259 | A11-9-260 | A11-9-261 |
|---|---|---|---|---|---|---|
| 项 目 名 称 | | | | 圆形 | 矩形 | 锥(塔)形 |
| 基 价（元） | | | | 1781.42 | 1689.58 | 1812.92 |
| 其中 | 人 工 费（元） | | | 853.30 | 761.46 | 884.80 |
| | 材 料 费（元） | | | 672.38 | 672.38 | 672.38 |
| | 机 械 费（元） | | | 255.74 | 255.74 | 255.74 |
| 名 称 | | 单位 | 单价（元） | 消 耗 量 | | |
| 人工 | 综合工日 | 工日 | 140.00 | 6.095 | 5.439 | 6.320 |
| 材料 | 环氧煤焦油耐酸胶泥 | m³ | — | (0.110) | (0.110) | (0.110) |
| | 电 | kW·h | 0.68 | 0.800 | 0.800 | 0.800 |
| | 耐酸瓷砖 230×113×65 | 块 | 1.71 | 389.000 | 389.000 | 389.000 |
| | 砂轮片 φ150 | 片 | 2.82 | 0.100 | 0.100 | 0.100 |
| | 水 | t | 7.96 | 0.800 | 0.800 | 0.800 |
| 机械 | 电动单筒慢速卷扬机 30kN | 台班 | 210.22 | 0.500 | 0.500 | 0.500 |
| | 涡浆式混凝土搅拌机 250L | 台班 | 253.07 | 0.500 | 0.500 | 0.500 |
| | 轴流通风机 7.5kW | 台班 | 40.15 | 0.600 | 0.600 | 0.600 |

# 4.耐酸板10mm(100×50×10)

工作内容：运料、选砖板、洗砖板、调制胶泥、刷底胶浆、衬砌、养生。

计量单位：10m²

| 定　额　编　号 | | | A11-9-262 | A11-9-263 | A11-9-264 |
|---|---|---|---|---|---|
| 项　目　名　称 | | | 圆形 | 矩形 | 锥(塔)形 |
| 基　　　价（元） | | | 1380.78 | 1220.34 | 1610.94 |
| 其中 | 人　工　费（元） | | 1119.44 | 959.00 | 1349.60 |
| | 材　料　费（元） | | 5.60 | 5.60 | 5.60 |
| | 机　械　费（元） | | 255.74 | 255.74 | 255.74 |
| 名　　称 | 单位 | 单价（元） | 消　　耗　　量 | | |
| 人工 综合工日 | 工日 | 140.00 | 7.996 | 6.850 | 9.640 |
| 材料 环氧煤焦油耐酸胶泥 | m³ | — | (0.081) | (0.081) | (0.081) |
| 耐酸砖(板) 100×75×10 | 块 | — | (1335.000) | (1335.000) | (1335.000) |
| 电 | kW·h | 0.68 | 0.800 | 0.800 | 0.800 |
| 砂轮片 φ150 | 片 | 2.82 | 0.100 | 0.100 | 0.100 |
| 水 | t | 7.96 | 0.600 | 0.600 | 0.600 |
| 机械 电动单筒慢速卷扬机 30kN | 台班 | 210.22 | 0.500 | 0.500 | 0.500 |
| 涡浆式混凝土搅拌机 250L | 台班 | 253.07 | 0.500 | 0.500 | 0.500 |
| 轴流通风机 7.5kW | 台班 | 40.15 | 0.600 | 0.600 | 0.600 |

## 5. 耐酸板10mm(100×75×10)

工作内容：运料、选砖板、洗砖板、调制胶泥、刷底胶浆、衬砌、养生。

计量单位：10m²

| 定　额　编　号 | | | A11-9-265 | A11-9-266 | A11-9-267 |
|---|---|---|---|---|---|
| 项　目　名　称 | | | 圆形 | 矩形 | 锥(塔)形 |
| 基　　　　　价（元） | | | 1387.36 | 1228.04 | 1623.68 |
| 其中 | 人　工　费（元） | | 1126.02 | 966.70 | 1362.34 |
| | 材　料　费（元） | | 5.60 | 5.60 | 5.60 |
| | 机　械　费（元） | | 255.74 | 255.74 | 255.74 |
| 名　　称 | 单位 | 单价（元） | 消　　耗　　量 | | |
| 人工　综合工日 | 工日 | 140.00 | 8.043 | 6.905 | 9.731 |
| 材料　环氧煤焦油耐酸胶泥 | m³ | — | (0.083) | (0.083) | (0.083) |
| 耐酸板 100×50×10 | 块 | — | (1972.000) | (1972.000) | (1972.000) |
| 电 | kW·h | 0.68 | 0.800 | 0.800 | 0.800 |
| 砂轮片 φ150 | 片 | 2.82 | 0.100 | 0.100 | 0.100 |
| 水 | t | 7.96 | 0.600 | 0.600 | 0.600 |
| 机械　电动单筒慢速卷扬机 30kN | 台班 | 210.22 | 0.500 | 0.500 | 0.500 |
| 涡浆式混凝土搅拌机 250L | 台班 | 253.07 | 0.500 | 0.500 | 0.500 |
| 轴流通风机 7.5kW | 台班 | 40.15 | 0.600 | 0.600 | 0.600 |

## 6. 耐酸板10mm(75×75×10)

工作内容：运料、选砖板、洗砖板、调制胶泥、刷底胶浆、衬砌、养生。　　　　　　　　计量单位：10m²

| 定　额　编　号 | | | | A11-9-268 | A11-9-269 | A11-9-270 |
|---|---|---|---|---|---|---|
| 项　目　名　称 | | | | 圆形 | 矩形 | 锥(塔)形 |
| 基　　　价（元） | | | | 1373.64 | 1213.20 | 1606.32 |
| 其中 | 人　工　费（元） | | | 1112.30 | 951.86 | 1344.98 |
| | 材　料　费（元） | | | 5.60 | 5.60 | 5.60 |
| | 机　械　费（元） | | | 255.74 | 255.74 | 255.74 |
| 名　　称 | | 单位 | 单价（元） | 消　　　耗　　　量 | | |
| 人工 | 综合工日 | 工日 | 140.00 | 7.945 | 6.799 | 9.607 |
| 材料 | 环氧煤焦油耐酸胶泥 | m³ | — | (0.082) | (0.082) | (0.082) |
| | 耐酸板 75×75×10 | 块 | — | (1767.000) | (1767.000) | (1767.000) |
| | 电 | kW•h | 0.68 | 0.800 | 0.800 | 0.800 |
| | 砂轮片 φ150 | 片 | 2.82 | 0.100 | 0.100 | 0.100 |
| | 水 | t | 7.96 | 0.600 | 0.600 | 0.600 |
| 机械 | 电动单筒慢速卷扬机 30kN | 台班 | 210.22 | 0.500 | 0.500 | 0.500 |
| | 涡浆式混凝土搅拌机 250L | 台班 | 253.07 | 0.500 | 0.500 | 0.500 |
| | 轴流通风机 7.5kW | 台班 | 40.15 | 0.600 | 0.600 | 0.600 |

# 7. 耐酸板10mm(100×100×10)

工作内容：运料、选砖板、洗砖板、调制胶泥、刷底胶浆、衬砌、养生。　　　　　　　计量单位：10m²

| 定　额　编　号 | | | | A11-9-271 | A11-9-272 | A11-9-273 |
|---|---|---|---|---|---|---|
| 项　目　名　称 | | | | 圆形 | 矩形 | 锥(塔)形 |
| 基　　　　价（元） | | | | 1356.42 | 1192.90 | 1549.90 |
| 其中 | 人　工　费（元） | | | 1095.08 | 931.56 | 1288.56 |
| | 材　料　费（元） | | | 5.60 | 5.60 | 5.60 |
| | 机　械　费（元） | | | 255.74 | 255.74 | 255.74 |
| 名　　称 | | 单位 | 单价（元） | 消　　耗　　量 | | |
| 人工 | 综合工日 | 工日 | 140.00 | 7.822 | 6.654 | 9.204 |
| 材料 | 环氧煤焦油耐酸胶泥 | m³ | — | (0.800) | (0.800) | (0.800) |
| | 耐酸板 100×100×10 | 块 | — | (1010.000) | (1010.000) | (1010.000) |
| | 电 | kW·h | 0.68 | 0.800 | 0.800 | 0.800 |
| | 砂轮片 φ150 | 片 | 2.82 | 0.100 | 0.100 | 0.100 |
| | 水 | t | 7.96 | 0.600 | 0.600 | 0.600 |
| 机械 | 电动单筒慢速卷扬机 30kN | 台班 | 210.22 | 0.500 | 0.500 | 0.500 |
| | 涡浆式混凝土搅拌机 250L | 台班 | 253.07 | 0.500 | 0.500 | 0.500 |
| | 轴流通风机 7.5kW | 台班 | 40.15 | 0.600 | 0.600 | 0.600 |

## 8. 耐酸板10mm(150×70×10)

工作内容：运料、选砖板、洗砖板、调制胶泥、刷底胶浆、衬砌、养生。　　　　　计量单位：10m²

| | 定　额　编　号 | | | A11-9-274 | A11-9-275 | A11-9-276 |
|---|---|---|---|---|---|---|
| | 项　目　名　称 | | | 圆形 | 矩形 | 锥(塔)形 |
| | 基　　　价（元） | | | 1240.92 | 1103.30 | 1419.14 |
| 其中 | 人　工　费（元） | | | 979.58 | 841.96 | 1157.80 |
| | 材　料　费（元） | | | 5.60 | 5.60 | 5.60 |
| | 机　械　费（元） | | | 255.74 | 255.74 | 255.74 |
| | 名　　称 | 单位 | 单价（元） | 消　　耗　　量 | | |
| 人工 | 综合工日 | 工日 | 140.00 | 6.997 | 6.014 | 8.270 |
| 材料 | 环氧煤焦油耐酸胶泥 | m³ | — | (0.800) | (0.800) | (0.800) |
| | 耐酸板 150×75×10 | 块 | — | (959.000) | (959.000) | (959.000) |
| | 电 | kW·h | 0.68 | 0.800 | 0.800 | 0.800 |
| | 砂轮片 φ150 | 片 | 2.82 | 0.100 | 0.100 | 0.100 |
| | 水 | t | 7.96 | 0.600 | 0.600 | 0.600 |
| 机械 | 电动单筒慢速卷扬机 30kN | 台班 | 210.22 | 0.500 | 0.500 | 0.500 |
| | 涡浆式混凝土搅拌机 250L | 台班 | 253.07 | 0.500 | 0.500 | 0.500 |
| | 轴流通风机 7.5kW | 台班 | 40.15 | 0.600 | 0.600 | 0.600 |

## 9. 耐酸板10mm（150×75×10）

工作内容：运料、选砖板、洗砖板、调制胶泥、刷底胶浆、衬砌、养生。　　　　　　　　　　计量单位：10m²

| 定　额　编　号 | | | | A11-9-277 | A11-9-278 | A11-9-279 |
|---|---|---|---|---|---|---|
| 项　目　名　称 | | | | 圆形 | 矩形 | 锥(塔)形 |
| 基　　　价（元） | | | | 1215.86 | 1077.68 | 1397.16 |
| 其中 | 人　工　费（元） | | | 954.52 | 816.34 | 1135.82 |
| | 材　料　费（元） | | | 5.60 | 5.60 | 5.60 |
| | 机　械　费（元） | | | 255.74 | 255.74 | 255.74 |
| 名　　称 | | 单位 | 单价（元） | 消　　耗　　量 | | |
| 人工 | 综合工日 | 工日 | 140.00 | 6.818 | 5.831 | 8.113 |
| 材料 | 环氧煤焦油耐酸胶泥 | m³ | — | (0.080) | (0.080) | (0.080) |
| | 耐酸板 150×75×10 | 块 | — | (898.000) | (898.000) | (898.000) |
| | 电 | kW·h | 0.68 | 0.800 | 0.800 | 0.800 |
| | 砂轮片 φ150 | 片 | 2.82 | 0.100 | 0.100 | 0.100 |
| | 水 | t | 7.96 | 0.600 | 0.600 | 0.600 |
| 机械 | 电动单筒慢速卷扬机 30kN | 台班 | 210.22 | 0.500 | 0.500 | 0.500 |
| | 涡浆式混凝土搅拌机 250L | 台班 | 253.07 | 0.500 | 0.500 | 0.500 |
| | 轴流通风机 7.5kW | 台班 | 40.15 | 0.600 | 0.600 | 0.600 |

## 10. 耐酸板15mm(150×75×15)

工作内容：运料、选砖板、洗砖板、调制胶泥、刷底胶浆、衬砌、养生。　　　　　　　　　计量单位：10m²

| 定　额　编　号 | | | | A11-9-280 | A11-9-281 | A11-9-282 |
|---|---|---|---|---|---|---|
| 项　目　名　称 | | | | 圆形 | 矩形 | 锥(塔)形 |
| 基　　　价（元） | | | | 1218.80 | 1080.62 | 1396.18 |
| 其中 | 人　工　费（元） | | | 957.46 | 819.28 | 1134.84 |
| | 材　料　费（元） | | | 5.60 | 5.60 | 5.60 |
| | 机　械　费（元） | | | 255.74 | 255.74 | 255.74 |
| 名　　　称 | | 单位 | 单价(元) | 消　　耗　　量 | | |
| 人工 | 综合工日 | 工日 | 140.00 | 6.839 | 5.852 | 8.106 |
| 材料 | 环氧煤焦油耐酸胶泥 | m³ | — | (0.083) | (0.083) | (0.083) |
| | 耐酸板 150×75×15 | 块 | — | (898.000) | (898.000) | (898.000) |
| | 电 | kW·h | 0.68 | 0.800 | 0.800 | 0.800 |
| | 砂轮片 φ150 | 片 | 2.82 | 0.100 | 0.100 | 0.100 |
| | 水 | t | 7.96 | 0.600 | 0.600 | 0.600 |
| 机械 | 电动单筒慢速卷扬机 30kN | 台班 | 210.22 | 0.500 | 0.500 | 0.500 |
| | 涡浆式混凝土搅拌机 250L | 台班 | 253.07 | 0.500 | 0.500 | 0.500 |
| | 轴流通风机 7.5kW | 台班 | 40.15 | 0.600 | 0.600 | 0.600 |

656

## 11.耐酸板20mm(150×75×20)

工作内容：运料、选砖板、洗砖板、调制胶泥、刷底胶浆、衬砌、养生。

计量单位：10m²

| 定 额 编 号 | | | | A11-9-283 | A11-9-284 | A11-9-285 |
|---|---|---|---|---|---|---|
| 项 目 名 称 | | | | 圆形 | 矩形 | 锥(塔)形 |
| 基 价 （元） | | | | 1223.00 | 1085.80 | 1401.92 |
| 其中 | 人 工 费 （元） | | | 961.66 | 824.46 | 1140.58 |
| | 材 料 费 （元） | | | 5.60 | 5.60 | 5.60 |
| | 机 械 费 （元） | | | 255.74 | 255.74 | 255.74 |
| 名 称 | | 单位 | 单价(元) | 消 耗 | | 量 |
| 人工 | 综合工日 | 工日 | 140.00 | 6.869 | 5.889 | 8.147 |
| 材料 | 环氧煤焦油耐酸胶泥 | m³ | — | (0.086) | (0.086) | (0.086) |
| | 耐酸板 150×75×20 | 块 | — | (898.000) | (898.000) | (898.000) |
| | 电 | kW·h | 0.68 | 0.800 | 0.800 | 0.800 |
| | 砂轮片 φ150 | 片 | 2.82 | 0.100 | 0.100 | 0.100 |
| | 水 | t | 7.96 | 0.600 | 0.600 | 0.600 |
| 机械 | 电动单筒慢速卷扬机 30kN | 台班 | 210.22 | 0.500 | 0.500 | 0.500 |
| | 涡浆式混凝土搅拌机 250L | 台班 | 253.07 | 0.500 | 0.500 | 0.500 |
| | 轴流通风机 7.5kW | 台班 | 40.15 | 0.600 | 0.600 | 0.600 |

## 12. 耐酸板25mm(150×75×25)

工作内容：运料、选砖板、洗砖板、调制胶泥、刷底胶浆、衬砌、养生。　　　　　　　　计量单位：10m²

| 定　额　编　号 | | | | A11-9-286 | A11-9-287 | A11-9-288 |
|---|---|---|---|---|---|---|
| 项　目　名　称 | | | | 圆形 | 矩形 | 锥(塔)形 |
| 基　　价　（元） | | | | 1228.46 | 1090.70 | 1406.54 |
| 其中 | 人　工　费（元） | | | 967.12 | 829.36 | 1145.20 |
| | 材　料　费（元） | | | 5.60 | 5.60 | 5.60 |
| | 机　械　费（元） | | | 255.74 | 255.74 | 255.74 |
| 名　　称 | | 单位 | 单价(元) | 消　　耗　　量 | | |
| 人工 | 综合工日 | 工日 | 140.00 | 6.908 | 5.924 | 8.180 |
| 材料 | 环氧煤焦油耐酸胶泥 | m³ | — | (0.089) | (0.089) | (0.089) |
| | 耐酸板 150×75×25 | 块 | — | (898.000) | (898.000) | (898.000) |
| | 电 | kW·h | 0.68 | 0.800 | 0.800 | 0.800 |
| | 砂轮片 φ150 | 片 | 2.82 | 0.100 | 0.100 | 0.100 |
| | 水 | t | 7.96 | 0.600 | 0.600 | 0.600 |
| 机械 | 电动单筒慢速卷扬机 30kN | 台班 | 210.22 | 0.500 | 0.500 | 0.500 |
| | 涡浆式混凝土搅拌机 250L | 台班 | 253.07 | 0.500 | 0.500 | 0.500 |
| | 轴流通风机 7.5kW | 台班 | 40.15 | 0.600 | 0.600 | 0.600 |

# 13.耐酸板20mm(180×90×20)

工作内容:运料、选砖板、洗砖板、调制胶泥、刷底胶浆、衬砌、养生。　　　　　计量单位:10m²

| 定　额　编　号 | | | A11-9-289 | A11-9-290 | A11-9-291 |
|---|---|---|---|---|---|
| 项　目　名　称 | | | 圆形 | 矩形 | 锥(塔)形 |
| 基　　价（元） | | | 1110.44 | 960.64 | 1274.10 |
| 其中 | 人　工　费（元） | | 849.10 | 699.30 | 1012.76 |
| | 材　料　费（元） | | 5.60 | 5.60 | 5.60 |
| | 机　械　费（元） | | 255.74 | 255.74 | 255.74 |
| 名　　　称 | 单位 | 单价（元） | 消　　耗　　量 | | |
| 人工 综合工日 | 工日 | 140.00 | 6.065 | 4.995 | 7.234 |
| 材料 环氧煤焦油耐酸胶泥 | m³ | — | (0.084) | (0.084) | (0.084) |
| 耐酸板 180×90×20 | 块 | — | (625.000) | (625.000) | (625.000) |
| 电 | kW·h | 0.68 | 0.800 | 0.800 | 0.800 |
| 砂轮片 φ150 | 片 | 2.82 | 0.100 | 0.100 | 0.100 |
| 水 | t | 7.96 | 0.600 | 0.600 | 0.600 |
| 机械 电动单筒慢速卷扬机 30kN | 台班 | 210.22 | 0.500 | 0.500 | 0.500 |
| 涡浆式混凝土搅拌机 250L | 台班 | 253.07 | 0.500 | 0.500 | 0.500 |
| 轴流通风机 7.5kW | 台班 | 40.15 | 0.600 | 0.600 | 0.600 |

## 14.耐酸板10mm(180×110×10)

工作内容：运料、选砖板、洗砖板、调制胶泥、刷底胶浆、衬砌、养生。 计量单位：10m²

| 定 额 编 号 | | | | A11-9-292 | A11-9-293 | A11-9-294 |
|---|---|---|---|---|---|---|
| 项 目 名 称 | | | | 圆形 | 矩形 | 锥(塔)形 |
| 基 价（元） | | | | 1117.58 | 982.90 | 1291.46 |
| 其中 | 人 工 费（元） | | | 856.24 | 721.56 | 1030.12 |
| | 材 料 费（元） | | | 5.60 | 5.60 | 5.60 |
| | 机 械 费（元） | | | 255.74 | 255.74 | 255.74 |
| 名 称 | | 单位 | 单价(元) | 消 耗 量 | | |
| 人工 | 综合工日 | 工日 | 140.00 | 6.116 | 5.154 | 7.358 |
| 材料 | 环氧煤焦油耐酸胶泥 | m³ | — | (0.088) | (0.088) | (0.088) |
| | 耐酸板 180×110×10 | 块 | — | (515.000) | (515.000) | (515.000) |
| | 电 | kW·h | 0.68 | 0.800 | 0.800 | 0.800 |
| | 砂轮片 φ150 | 片 | 2.82 | 0.100 | 0.100 | 0.100 |
| | 水 | t | 7.96 | 0.600 | 0.600 | 0.600 |
| 机械 | 电动单筒慢速卷扬机 30kN | 台班 | 210.22 | 0.500 | 0.500 | 0.500 |
| | 涡浆式混凝土搅拌机 250L | 台班 | 253.07 | 0.500 | 0.500 | 0.500 |
| | 轴流通风机 7.5kW | 台班 | 40.15 | 0.600 | 0.600 | 0.600 |

## 15. 耐酸板15mm(180×110×15)

工作内容：运料、选砖板、洗砖板、调制胶泥、刷底胶浆、衬砌、养生。　　　　　计量单位：10m²

| 定　额　编　号 | | | | A11-9-295 | A11-9-296 | A11-9-297 |
|---|---|---|---|---|---|---|
| 项　目　名　称 | | | | 圆形 | 矩形 | 锥(塔)形 |
| 基　　　价（元） | | | | 1119.82 | 984.86 | 1293.14 |
| 其中 | 人　工　费（元） | | | 858.48 | 723.52 | 1031.80 |
| | 材　料　费（元） | | | 5.60 | 5.60 | 5.60 |
| | 机　械　费（元） | | | 255.74 | 255.74 | 255.74 |
| 名　　称 | | 单位 | 单价（元） | 消　　耗　　量 | | |
| 人工 | 综合工日 | 工日 | 140.00 | 6.132 | 5.168 | 7.370 |
| 材料 | 环氧煤焦油耐酸胶泥 | m³ | — | (0.081) | (0.081) | (0.081) |
| | 耐酸板 180×110×15 | 块 | — | (515.000) | (515.000) | (515.000) |
| | 电 | kW·h | 0.68 | 0.800 | 0.800 | 0.800 |
| | 砂轮片 φ150 | 片 | 2.82 | 0.100 | 0.100 | 0.100 |
| | 水 | t | 7.96 | 0.600 | 0.600 | 0.600 |
| 机械 | 电动单筒慢速卷扬机 30kN | 台班 | 210.22 | 0.500 | 0.500 | 0.500 |
| | 涡浆式混凝土搅拌机 250L | 台班 | 253.07 | 0.500 | 0.500 | 0.500 |
| | 轴流通风机 7.5kW | 台班 | 40.15 | 0.600 | 0.600 | 0.600 |

## 16. 耐酸板20mm(180×110×20)

工作内容：运料、选砖板、洗砖板、调制胶泥、刷底胶浆、衬砌、养生。　　　　　计量单位：10㎡

| 定　额　编　号 | | | | A11-9-298 | A11-9-299 | A11-9-300 |
|---|---|---|---|---|---|---|
| 项　目　名　称 | | | | 圆形 | 矩形 | 锥(塔)形 |
| 基　　　价（元） | | | | 1123.88 | 988.64 | 1297.20 |
| 其中 | 人　工　费（元） | | | 862.54 | 727.30 | 1035.86 |
| | 材　料　费（元） | | | 5.60 | 5.60 | 5.60 |
| | 机　械　费（元） | | | 255.74 | 255.74 | 255.74 |
| 名　　称 | | 单位 | 单价（元） | 消　　耗　　量 | | |
| 人工 | 综合工日 | 工日 | 140.00 | 6.161 | 5.195 | 7.399 |
| 材料 | 环氧煤焦油耐酸胶泥 | m³ | — | (0.083) | (0.083) | (0.083) |
| | 耐酸板 180×110×20 | 块 | — | (515.000) | (515.000) | (515.000) |
| | 电 | kW·h | 0.68 | 0.800 | 0.800 | 0.800 |
| | 砂轮片 φ150 | 片 | 2.82 | 0.100 | 0.100 | 0.100 |
| | 水 | t | 7.96 | 0.600 | 0.600 | 0.600 |
| 机械 | 电动单筒慢速卷扬机 30kN | 台班 | 210.22 | 0.500 | 0.500 | 0.500 |
| | 涡浆式混凝土搅拌机 250L | 台班 | 253.07 | 0.500 | 0.500 | 0.500 |
| | 轴流通风机 7.5kW | 台班 | 40.15 | 0.600 | 0.600 | 0.600 |

# 17. 耐酸板25mm(180×110×25)

工作内容：运料、选砖板、洗砖板、调制胶泥、刷底胶浆、衬砌、养生。　　　　　　计量单位：10m²

| 定　额　编　号 | | | | A11-9-301 | A11-9-302 | A11-9-303 |
|---|---|---|---|---|---|---|
| 项　目　名　称 | | | | 圆形 | 矩形 | 锥(塔)形 |
| 基　　价（元） | | | | 1128.50 | 993.40 | 1301.96 |
| 其中 | 人　工　费（元） | | | 867.16 | 732.06 | 1040.62 |
| | 材　料　费（元） | | | 5.60 | 5.60 | 5.60 |
| | 机　械　费（元） | | | 255.74 | 255.74 | 255.74 |
| 名　　称 | 单位 | 单价（元） | | 消　　耗　　量 | | |
| 人工 | 综合工日 | 工日 | 140.00 | 6.194 | 5.229 | 7.433 |
| 材料 | 环氧煤焦油耐酸胶泥 | m³ | — | (0.085) | (0.085) | (0.085) |
| | 耐酸板 180×110×25 | 块 | — | (515.000) | (515.000) | (515.000) |
| | 电 | kW·h | 0.68 | 0.800 | 0.800 | 0.800 |
| | 砂轮片 φ150 | 片 | 2.82 | 0.100 | 0.100 | 0.100 |
| | 水 | t | 7.96 | 0.600 | 0.600 | 0.600 |
| 机械 | 电动单筒慢速卷扬机 30kN | 台班 | 210.22 | 0.500 | 0.500 | 0.500 |
| | 涡浆式混凝土搅拌机 250L | 台班 | 253.07 | 0.500 | 0.500 | 0.500 |
| | 轴流通风机 7.5kW | 台班 | 40.15 | 0.600 | 0.600 | 0.600 |

663

## 18.耐酸板30mm(180×110×30)

工作内容：运料、选砖板、洗砖板、调制胶泥、刷底胶浆、衬砌、养生。　　　　　　　　　　计量单位：10m²

| 定　额　编　号 | | | A11-9-304 | A11-9-305 | A11-9-306 |
|---|---|---|---|---|---|
| 项　目　名　称 | | | 圆形 | 矩形 | 锥(塔)形 |
| 基　　　价（元） | | | 1133.26 | 998.44 | 1306.86 |
| 其中 | 人　工　费（元） | | 871.92 | 737.10 | 1045.52 |
| | 材　料　费（元） | | 5.60 | 5.60 | 5.60 |
| | 机　械　费（元） | | 255.74 | 255.74 | 255.74 |
| 名　　　称 | 单位 | 单价(元) | 消　　耗　　量 | | |
| 人工 综合工日 | 工日 | 140.00 | 6.228 | 5.265 | 7.468 |
| 材料 环氧煤焦油耐酸胶泥 | m³ | — | (0.088) | (0.088) | (0.088) |
| 耐酸板 180×110×30 | 块 | — | (515.000) | (515.000) | (515.000) |
| 电 | kW·h | 0.68 | 0.800 | 0.800 | 0.800 |
| 砂轮片 φ150 | 片 | 2.82 | 0.100 | 0.100 | 0.100 |
| 水 | t | 7.96 | 0.600 | 0.600 | 0.600 |
| 机械 电动单筒慢速卷扬机 30kN | 台班 | 210.22 | 0.500 | 0.500 | 0.500 |
| 涡浆式混凝土搅拌机 250L | 台班 | 253.07 | 0.500 | 0.500 | 0.500 |
| 轴流通风机 7.5kW | 台班 | 40.15 | 0.600 | 0.600 | 0.600 |

## 19. 耐酸板35mm(180×110×35)

工作内容: 运料、选砖板、洗砖板、调制胶泥、刷底胶浆、衬砌、养生。　　　　　　计量单位: 10m²

| 定　额　编　号 | | | | A11-9-307 | A11-9-308 | A11-9-309 |
|---|---|---|---|---|---|---|
| 项　目　名　称 | | | | 圆形 | 矩形 | 锥(塔)形 |
| 基　　　　价（元） | | | | 1136.06 | 1001.38 | 1309.52 |
| 其中 | 人　工　费（元） | | | 874.72 | 740.04 | 1048.18 |
| | 材　料　费（元） | | | 5.60 | 5.60 | 5.60 |
| | 机　械　费（元） | | | 255.74 | 255.74 | 255.74 |
| 名　　　称 | | 单位 | 单价（元） | 消　　耗　　量 | | |
| 人工 | 综合工日 | 工日 | 140.00 | 6.248 | 5.286 | 7.487 |
| 材料 | 环氧煤焦油耐酸胶泥 | m³ | — | (0.092) | (0.092) | (0.092) |
| | 耐酸板 180×110×35 | 块 | — | (515.000) | (515.000) | (515.000) |
| | 电 | kW·h | 0.68 | 0.800 | 0.800 | 0.800 |
| | 砂轮片 φ150 | 片 | 2.82 | 0.100 | 0.100 | 0.100 |
| | 水 | t | 7.96 | 0.600 | 0.600 | 0.600 |
| 机械 | 电动单筒慢速卷扬机 30kN | 台班 | 210.22 | 0.500 | 0.500 | 0.500 |
| | 涡浆式混凝土搅拌机 250L | 台班 | 253.07 | 0.500 | 0.500 | 0.500 |
| | 轴流通风机 7.5kW | 台班 | 40.15 | 0.600 | 0.600 | 0.600 |

## 20.耐酸板15mm(200×100×15)

工作内容：运料、选砖板、洗砖板、调制胶泥、刷底胶浆、衬砌、养生。　　　　　　　　　　　　　　计量单位：10m²

| 定　额　编　号 | | | | A11-9-310 | A11-9-311 | A11-9-312 |
|---|---|---|---|---|---|---|
| 项　目　名　称 | | | | 圆形 | 矩形 | 锥(塔)形 |
| 基　　　　　价（元） | | | | 1118.70 | 983.18 | 1234.06 |
| 其中 | 人　工　费（元） | | | 857.36 | 721.84 | 972.72 |
| | 材　料　费（元） | | | 5.60 | 5.60 | 5.60 |
| | 机　械　费（元） | | | 255.74 | 255.74 | 255.74 |
| 名　　称 | | 单位 | 单价(元) | 消　　耗　　量 | | |
| 人工 | 综合工日 | 工日 | 140.00 | 6.124 | 5.156 | 6.948 |
| 材料 | 环氧煤焦油耐酸胶泥 | m³ | — | (0.081) | (0.081) | (0.081) |
| | 耐酸板 200×100×15 | 块 | — | (508.000) | (508.000) | (508.000) |
| | 电 | kW·h | 0.68 | 0.800 | 0.800 | 0.800 |
| | 砂轮片 φ150 | 片 | 2.82 | 0.100 | 0.100 | 0.100 |
| | 水 | t | 7.96 | 0.600 | 0.600 | 0.600 |
| 机械 | 电动单筒慢速卷扬机 30kN | 台班 | 210.22 | 0.500 | 0.500 | 0.500 |
| | 涡浆式混凝土搅拌机 250L | 台班 | 253.07 | 0.500 | 0.500 | 0.500 |
| | 轴流通风机 7.5kW | 台班 | 40.15 | 0.600 | 0.600 | 0.600 |

# 21. 耐酸板20mm(200×100×20)

工作内容：运料、选砖板、洗砖板、调制胶泥、刷底胶浆、衬砌、养生。　　　　　　　　　　　　计量单位：10㎡

| 定　额　编　号 | | | A11-9-313 | A11-9-314 | A11-9-315 |
|---|---|---|---|---|---|
| 项　目　名　称 | | | 圆形 | 矩形 | 锥(塔)形 |
| 基　　　　价（元） | | | 1122.76 | 986.96 | 1296.92 |
| 其中 | 人　工　费（元） | | 861.42 | 725.62 | 1035.58 |
| | 材　料　费（元） | | 5.60 | 5.60 | 5.60 |
| | 机　械　费（元） | | 255.74 | 255.74 | 255.74 |
| 名　　称 | 单位 | 单价（元） | 消　　耗　　量 | | |
| 人工　综合工日 | 工日 | 140.00 | 6.153 | 5.183 | 7.397 |
| 材料　环氧煤焦油耐酸胶泥 | m³ | — | (0.083) | (0.083) | (0.083) |
| 耐酸板 200×100×20 | 块 | — | (508.000) | (508.000) | (508.000) |
| 电 | kW·h | 0.68 | 0.800 | 0.800 | 0.800 |
| 砂轮片 φ150 | 片 | 2.82 | 0.100 | 0.100 | 0.100 |
| 水 | t | 7.96 | 0.600 | 0.600 | 0.600 |
| 机械　电动单筒慢速卷扬机 30kN | 台班 | 210.22 | 0.500 | 0.500 | 0.500 |
| 涡浆式混凝土搅拌机 250L | 台班 | 253.07 | 0.500 | 0.500 | 0.500 |
| 轴流通风机 7.5kW | 台班 | 40.15 | 0.600 | 0.600 | 0.600 |

## 22. 耐酸板25mm(200×100×25)

工作内容：运料、选砖板、洗砖板、调制胶泥、刷底胶浆、衬砌、养生。

计量单位：10m²

| 定 额 编 号 | | | | A11-9-316 | A11-9-317 | A11-9-318 |
|---|---|---|---|---|---|---|
| 项 目 名 称 | | | | 圆形 | 矩形 | 锥(塔)形 |
| 基 价（元） | | | | 1126.96 | 990.32 | 1301.26 |
| 其中 | 人 工 费（元） | | | 865.62 | 728.98 | 1039.92 |
| | 材 料 费（元） | | | 5.60 | 5.60 | 5.60 |
| | 机 械 费（元） | | | 255.74 | 255.74 | 255.74 |
| 名 称 | | 单位 | 单价(元) | 消 耗 量 | | |
| 人工 | 综合工日 | 工日 | 140.00 | 6.183 | 5.207 | 7.428 |
| 材料 | 环氧煤焦油耐酸胶泥 | m³ | — | (0.086) | (0.086) | (0.086) |
| | 耐酸板 200×100×25 | 块 | — | (508.000) | (508.000) | (508.000) |
| | 电 | kW·h | 0.68 | 0.800 | 0.800 | 0.800 |
| | 砂轮片 φ150 | 片 | 2.82 | 0.100 | 0.100 | 0.100 |
| | 水 | t | 7.96 | 0.600 | 0.600 | 0.600 |
| 机械 | 电动单筒慢速卷扬机 30kN | 台班 | 210.22 | 0.500 | 0.500 | 0.500 |
| | 涡浆式混凝土搅拌机 250L | 台班 | 253.07 | 0.500 | 0.500 | 0.500 |
| | 轴流通风机 7.5kW | 台班 | 40.15 | 0.600 | 0.600 | 0.600 |

## 23. 耐酸板30mm(200×100×30)

工作内容：运料、选砖板、洗砖板、调制胶泥、刷底胶浆、衬砌、养生。

计量单位：10m²

| 定　额　编　号 | | | A11-9-319 | A11-9-320 | A11-9-321 |
|---|---|---|---|---|---|
| 项　目　名　称 | | | 圆形 | 矩形 | 锥(塔)形 |
| 基　　　价（元） | | | 1130.32 | 995.08 | 1306.02 |
| 其中 | 人　工　费（元） | | 868.98 | 733.74 | 1044.68 |
| | 材　料　费（元） | | 5.60 | 5.60 | 5.60 |
| | 机　械　费（元） | | 255.74 | 255.74 | 255.74 |
| 名　　　称 | 单位 | 单价（元） | 消　　耗　　量 | | |
| 人工 | 综合工日 | 工日 | 140.00 | 6.207 | 5.241 | 7.462 |
| 材料 | 环氧煤焦油耐酸胶泥 | m³ | — | (0.088) | (0.088) | (0.088) |
| | 耐酸板 200×100×30 | 块 | — | (508.000) | (508.000) | (508.000) |
| | 电 | kW·h | 0.68 | 0.800 | 0.800 | 0.800 |
| | 砂轮片 φ150 | 片 | 2.82 | 0.100 | 0.100 | 0.100 |
| | 水 | t | 7.96 | 0.600 | 0.600 | 0.600 |
| 机械 | 电动单筒慢速卷扬机 30kN | 台班 | 210.22 | 0.500 | 0.500 | 0.500 |
| | 涡浆式混凝土搅拌机 250L | 台班 | 253.07 | 0.500 | 0.500 | 0.500 |
| | 轴流通风机 7.5kW | 台班 | 40.15 | 0.600 | 0.600 | 0.600 |

### 24. 耐酸板15mm(150×150×15)

工作内容：运料、选砖板、洗砖板、调制胶泥、刷底胶浆、衬砌、养生。

计量单位：10m²

| 定　额　编　号 | | | | A11-9-322 | A11-9-323 | A11-9-324 |
|---|---|---|---|---|---|---|
| 项　目　名　称 | | | | 圆形 | 矩形 | 锥(塔)形 |
| 基　　价（元） | | | | 1760.25 | 1623.05 | 1941.83 |
| 其中 | 人　工　费（元） | | | 839.16 | 701.96 | 1020.74 |
| | 材　料　费（元） | | | 665.35 | 665.35 | 665.35 |
| | 机　械　费（元） | | | 255.74 | 255.74 | 255.74 |
| 名　　称 | | 单位 | 单价(元) | 消　　耗　　量 | | |
| 人工 | 综合工日 | 工日 | 140.00 | 5.994 | 5.014 | 7.291 |
| 材料 | 环氧煤焦油耐酸胶泥 | m³ | — | (0.080) | (0.080) | (0.080) |
| | 电 | kW·h | 0.68 | 0.800 | 0.800 | 0.800 |
| | 耐酸板 150×150×15 | 块 | 1.45 | 455.000 | 455.000 | 455.000 |
| | 砂轮片 φ150 | 片 | 2.82 | 0.100 | 0.100 | 0.100 |
| | 水 | t | 7.96 | 0.600 | 0.600 | 0.600 |
| 机械 | 电动单筒慢速卷扬机 30kN | 台班 | 210.22 | 0.500 | 0.500 | 0.500 |
| | 涡浆式混凝土搅拌机 250L | 台班 | 253.07 | 0.500 | 0.500 | 0.500 |
| | 轴流通风机 7.5kW | 台班 | 40.15 | 0.600 | 0.600 | 0.600 |

## 25. 耐酸板20mm(150×150×20)

工作内容：运料、选砖板、洗砖板、调制胶泥、刷底胶浆、衬砌、养生。

计量单位：10m²

| 定　额　编　号 | | | A11-9-325 | A11-9-326 | A11-9-327 |
|---|---|---|---|---|---|
| 项　目　名　称 | | | 圆形 | 矩形 | 锥(塔)形 |
| 基　　　价（元） | | | 1105.12 | 968.06 | 1286.42 |
| 其中 | 人　工　费（元） | | 843.78 | 706.72 | 1025.08 |
| | 材　料　费（元） | | 5.60 | 5.60 | 5.60 |
| | 机　械　费（元） | | 255.74 | 255.74 | 255.74 |
| 名　　　称 | 单位 | 单价（元） | 消　　耗　　量 | | |
| 人工 综合工日 | 工日 | 140.00 | 6.027 | 5.048 | 7.322 |
| 材料 环氧煤焦油耐酸胶泥 | m³ | — | (0.082) | (0.082) | (0.082) |
| 耐酸板 150×150×20 | 块 | — | (455.000) | (455.000) | (455.000) |
| 电 | kW·h | 0.68 | 0.800 | 0.800 | 0.800 |
| 砂轮片 φ150 | 片 | 2.82 | 0.100 | 0.100 | 0.100 |
| 水 | t | 7.96 | 0.600 | 0.600 | 0.600 |
| 机械 电动单筒慢速卷扬机 30kN | 台班 | 210.22 | 0.500 | 0.500 | 0.500 |
| 涡浆式混凝土搅拌机 250L | 台班 | 253.07 | 0.500 | 0.500 | 0.500 |
| 轴流通风机 7.5kW | 台班 | 40.15 | 0.600 | 0.600 | 0.600 |

### 26. 耐酸板25mm(150×150×25)

工作内容：运料、选砖板、洗砖板、调制胶泥、刷底胶浆、衬砌、养生。

计量单位：10m²

| 定　额　编　号 | | | | A11-9-328 | A11-9-329 | A11-9-330 |
|---|---|---|---|---|---|---|
| 项　目　名　称 | | | | 圆形 | 矩形 | 锥(塔)形 |
| 基　　　　　价（元） | | | | 1792.10 | 1656.58 | 1973.68 |
| 其中 | 人　工　费（元） | | | 848.26 | 712.74 | 1029.84 |
| | 材　料　费（元） | | | 688.10 | 688.10 | 688.10 |
| | 机　械　费（元） | | | 255.74 | 255.74 | 255.74 |
| 名　　　称 | | 单位 | 单价（元） | 消　　耗　　量 | | |
| 人工 | 综合工日 | 工日 | 140.00 | 6.059 | 5.091 | 7.356 |
| 材料 | 环氧煤焦油耐酸胶泥 | m³ | — | (0.084) | (0.084) | (0.084) |
| | 电 | kW·h | 0.68 | 0.800 | 0.800 | 0.800 |
| | 耐酸板 150×150×25 | 块 | 1.50 | 455.000 | 455.000 | 455.000 |
| | 砂轮片 φ150 | 片 | 2.82 | 0.100 | 0.100 | 0.100 |
| | 水 | t | 7.96 | 0.600 | 0.600 | 0.600 |
| 机械 | 电动单筒慢速卷扬机 30kN | 台班 | 210.22 | 0.500 | 0.500 | 0.500 |
| | 涡浆式混凝土搅拌机 250L | 台班 | 253.07 | 0.500 | 0.500 | 0.500 |
| | 轴流通风机 7.5kW | 台班 | 40.15 | 0.600 | 0.600 | 0.600 |

## 27. 耐酸板30mm(150×150×30)

工作内容：运料、选砖板、洗砖板、调制胶泥、刷底胶浆、衬砌、养生。　　　　　　　　　　　　计量单位：10m²

| 定　额　编　号 | | | A11-9-331 | A11-9-332 | A11-9-333 |
|---|---|---|---|---|---|
| 项　目　名　称 | | | 圆形 | 矩形 | 锥(塔)形 |
| 基　　　价（元） | | | 1114.08 | 977.30 | 1295.52 |
| 其中 | 人　工　费（元） | | 852.74 | 715.96 | 1034.18 |
| | 材　料　费（元） | | 5.60 | 5.60 | 5.60 |
| | 机　械　费（元） | | 255.74 | 255.74 | 255.74 |
| 名　　　称 | 单位 | 单价（元） | 消　　耗　　量 | | |
| 人工 | 综合工日 | 工日 | 140.00 | 6.091 | 5.114 | 7.387 |
| 材料 | 环氧煤焦油耐酸胶泥 | m³ | — | (0.086) | (0.086) | (0.086) |
| | 耐酸板 150×150×30 | 块 | — | (455.000) | (455.000) | (455.000) |
| | 电 | kW·h | 0.68 | 0.800 | 0.800 | 0.800 |
| | 砂轮片 φ150 | 片 | 2.82 | 0.100 | 0.100 | 0.100 |
| | 水 | t | 7.96 | 0.600 | 0.600 | 0.600 |
| 机械 | 电动单筒慢速卷扬机 30kN | 台班 | 210.22 | 0.500 | 0.500 | 0.500 |
| | 涡浆式混凝土搅拌机 250L | 台班 | 253.07 | 0.500 | 0.500 | 0.500 |
| | 轴流通风机 7.5kW | 台班 | 40.15 | 0.600 | 0.600 | 0.600 |

## 28. 耐酸板35mm(150×150×35)

工作内容：运料、选砖板、洗砖板、调制胶泥、刷底胶浆、衬砌、养生。

计量单位：10m²

| 定 额 编 号 | | | A11-9-334 | A11-9-335 | A11-9-336 |
|---|---|---|---|---|---|
| 项 目 名 称 | | | 圆形 | 矩形 | 锥(塔)形 |
| 基 价（元） | | | 1119.26 | 982.06 | 1300.00 |
| 其中 | 人 工 费（元） | | 857.92 | 720.72 | 1038.66 |
| | 材 料 费（元） | | 5.60 | 5.60 | 5.60 |
| | 机 械 费（元） | | 255.74 | 255.74 | 255.74 |
| 名 称 | 单位 | 单价(元) | 消 耗 量 | | |
| 人工 综合工日 | 工日 | 140.00 | 6.128 | 5.148 | 7.419 |
| 材料 环氧煤焦油耐酸胶泥 | m³ | — | (0.094) | (0.094) | (0.094) |
| 耐酸板 150×150×35 | 块 | — | (455.000) | (455.000) | (455.000) |
| 电 | kW·h | 0.68 | 0.800 | 0.800 | 0.800 |
| 砂轮片 φ150 | 片 | 2.82 | 0.100 | 0.100 | 0.100 |
| 水 | t | 7.96 | 0.600 | 0.600 | 0.600 |
| 机械 电动单筒慢速卷扬机 30kN | 台班 | 210.22 | 0.500 | 0.500 | 0.500 |
| 涡浆式混凝土搅拌机 250L | 台班 | 253.07 | 0.500 | 0.500 | 0.500 |
| 轴流通风机 7.5kW | 台班 | 40.15 | 0.600 | 0.600 | 0.600 |

# 五、硅质胶泥抹面

工作内容：运料、清理基层、涂稀胶泥、调胶泥、分层抹平、酸洗、钩钉制作安装、挂网。

计量单位：10m²

| 定　额　编　号 | | | | A11-9-337 | A11-9-338 | A11-9-339 |
|---|---|---|---|---|---|---|
| 项　目　名　称 | | | | 硅质胶泥抹面 | | |
| | | | | 20厚 | 25厚 | 30厚 |
| 基　　　　价（元） | | | | 1882.26 | 2078.26 | 2209.44 |
| 其中 | 人　工　费（元） | | | 1219.68 | 1415.68 | 1546.86 |
| | 材　料　费（元） | | | 185.03 | 185.03 | 185.03 |
| | 机　械　费（元） | | | 477.55 | 477.55 | 477.55 |
| 名　　　称 | | 单位 | 单价（元） | 消　　耗　　量 | | |
| 人工 | 综合工日 | 工日 | 140.00 | 8.712 | 10.112 | 11.049 |
| 材料 | 硅质耐酸胶泥 | m³ | — | (0.210) | (0.260) | (0.320) |
| | 低碳钢焊条 | kg | 6.84 | 1.470 | 1.470 | 1.470 |
| | 镀锌铁丝网 | m² | 10.68 | 12.000 | 12.000 | 12.000 |
| | 硫酸 38% | kg | 1.62 | 3.000 | 3.000 | 3.000 |
| | 水 | t | 7.96 | 1.000 | 1.000 | 1.000 |
| | 圆钢 φ5.5～9 | kg | 3.40 | 10.000 | 10.000 | 10.000 |
| 机械 | 交流弧焊机 32kV·A | 台班 | 83.14 | 2.700 | 2.700 | 2.700 |
| | 涡浆式混凝土搅拌机 250L | 台班 | 253.07 | 1.000 | 1.000 | 1.000 |

# 六、表面涂刮鳞片胶泥

工作内容：运料、配制胶泥、涂刮

计量单位：10㎡

| 定 额 编 号 | | | | A11-9-340 | A11-9-341 |
|---|---|---|---|---|---|
| 项 目 名 称 | | | | 设备 | |
| | | | | 金属面 | 布面 |
| 基 价（元） | | | | 1281.50 | 1031.74 |
| 其中 | 人 工 费（元） | | | 693.42 | 630.00 |
| | 材 料 费（元） | | | 3.53 | 4.38 |
| | 机 械 费（元） | | | 584.55 | 397.36 |
| 名 称 | | 单位 | 单价（元） | 消 耗 量 | |
| 人工 | 综合工日 | 工日 | 140.00 | 4.953 | 4.500 |
| 材料 | 磷质胶泥 | m³ | — | (0.024) | (0.120) |
| | 破布 | kg | 6.32 | 0.020 | 0.020 |
| | 铁砂布 | 张 | 0.85 | 4.000 | 5.000 |
| 机械 | 涡浆式混凝土搅拌机 250L | 台班 | 253.07 | 1.600 | 1.100 |
| | 真空泵 204m³/h | 台班 | 57.07 | 1.600 | 1.100 |
| | 轴流通风机 7.5kW | 台班 | 40.15 | 2.200 | 1.400 |

676

# 七、衬石墨管接

工作内容：运料、调制胶泥、抹胶泥、衬石墨管接、缠石棉绳。

计量单位：10个

| 定　额　编　号 | | | A11-9-342 | A11-9-343 |
|---|---|---|---|---|
| 项　目　名　称 | | | 衬石墨管接 | |
| | | | Dg150以下 | Dg150以上 |
| 基　　　价（元） | | | 244.94 | 256.84 |
| 其中 | 人　工　费（元） | | 128.24 | 140.14 |
| | 材　料　费（元） | | 91.39 | 91.39 |
| | 机　械　费（元） | | 25.31 | 25.31 |
| 名　　　称 | | 单位 | 单价（元） | 消　耗　　量 | |
| 人工 | 综合工日 | 工日 | 140.00 | 0.916 | 1.001 |
| 材料 | 石墨管接 | 个 | — | (10.100) | (10.100) |
| | 胶泥 | m³ | 5.70 | 0.010 | 0.010 |
| | 耐酸石棉方绳 φ8～10 烧失量24% | kg | 173.11 | 0.500 | 0.500 |
| | 水 | t | 7.96 | 0.600 | 0.600 |
| 机械 | 涡浆式混凝土搅拌机 250L | 台班 | 253.07 | 0.100 | 0.100 |

# 八、铺衬石棉板

| 定　额　编　号 | | | A11-9-344 |
|---|---|---|---|
| 项　目　名　称 | | | 设备 |
| 基　　　　价（元） | | | 520.56 |
| 其中 | 人　工　费（元） | | 259.00 |
| | 材　料　费（元） | | 190.87 |
| | 机　械　费（元） | | 70.69 |
| 名　　　称 | 单位 | 单价（元） | 消　耗　　量 |
| 人工 | 综合工日 | 工日 | 140.00 | 1.850 |
| 材料 | 胶泥 | m³ | 5.70 | 0.034 |
| | 石棉板 | m² | 18.16 | 10.500 |
| 机械 | 涡浆式混凝土搅拌机 250L | 台班 | 253.07 | 0.200 |
| | 轴流通风机 7.5kW | 台班 | 40.15 | 0.500 |

678

# 九、耐酸砖板衬砌体热处理

工作内容：制作安装电炉、加热、记录、检查。

计量单位：10m²

| 定 额 编 号 | | | | A11-9-345 |
|---|---|---|---|---|
| 项 目 名 称 | | | | 热处理 |
| 基 价（元） | | | | 367.06 |
| 其中 | 人 工 费（元） | | | 191.24 |
| | 材 料 费（元） | | | 175.82 |
| | 机 械 费（元） | | | — |
| 名 称 | 单位 | 单价（元） | 消 耗 量 | |
| 人工 | 综合工日 | 工日 | 140.00 | 1.366 |
| 材料 | 玻璃管温度计 0～200℃ WNG-11 | 支 | 67.52 | 1.000 |
| | 电 | kW·h | 0.68 | 84.000 |
| | 电炉丝 220V 2000W | 条 | 2.91 | 1.000 |
| | 铝芯橡皮绝缘电线 BLX-35mm²双芯 | m | 12.82 | 3.500 |
| | 轻质耐火砖 230×113×65 | 块 | 1.70 | 2.000 |

# 第十章 管道补口补伤工程

# 说　　明

一、本章内容包括金属管道补口补伤的防腐工程。

二、本章施工工序包括了补口补伤，不包括表面除锈工作。

三、管道补口补伤防腐涂料有环氧煤沥青漆、氯磺化聚乙烯漆、聚氨酯漆、无机富锌漆。

四、本章定额项目均采用手工操作。

五、管道补口每个口取定为：DN400mm 以下（含 DN400mm）管道每个口补口长度为 400mm；DN400mm 以上管道每个口补口长度为 600mm。

# 一、环氧煤沥青普通防腐

工作内容：清除管口油污锈渍、管口烘烤、涂刷底漆、涂刷面漆。　　　　　　计量单位：10个口

| 定　额　编　号 | | | | A11-10-1 | A11-10-2 | A11-10-3 |
|---|---|---|---|---|---|---|
| 项　目　名　称 | | | | 管道公称直径(mm以内) | | |
| | | | | 100 | 200 | 300 |
| 基　　　价（元） | | | | 14.91 | 29.87 | 44.21 |
| 其中 | 人　工　费（元） | | | 12.18 | 24.22 | 35.84 |
| | 材　料　费（元） | | | 2.73 | 5.65 | 8.37 |
| | 机　械　费（元） | | | — | — | — |
| 名　　称 | | 单位 | 单价（元） | 消　　耗　　量 | | |
| 人工 | 综合工日 | 工日 | 140.00 | 0.087 | 0.173 | 0.256 |
| 材料 | 环氧煤沥青底漆 | kg | — | (0.110) | (0.220) | (0.330) |
| | 环氧煤沥青面漆 | kg | — | (0.730) | (1.470) | (2.180) |
| | 固化剂 | kg | 23.93 | 0.070 | 0.150 | 0.220 |
| | 煤油 | kg | 3.73 | 0.050 | 0.090 | 0.140 |
| | 稀释剂 | kg | 9.53 | 0.090 | 0.180 | 0.270 |
| | 其他材料费 | 元 | 1.00 | 0.010 | 0.010 | 0.010 |

工作内容：清除管口油污锈渍、管口烘烤、涂刷底漆、涂刷面漆。　　　　　　　　计量单位：10个口

| 定　额　编　号 | | | | A11-10-4 | A11-10-5 | A11-10-6 |
|---|---|---|---|---|---|---|
| 项　目　名　称 | | | | 管道公称直径(mm以内) | | |
| | | | | 400 | 500 | 600 |
| 基　　　　　价（元） | | | | 57.68 | 94.01 | 112.20 |
| 其中 | 人　工　费（元） | | | 46.62 | 73.78 | 88.06 |
| | 材　料　费（元） | | | 11.06 | 20.23 | 24.14 |
| | 机　械　费（元） | | | — | — | — |
| 名　　　称 | | 单位 | 单价(元) | 消　　耗　　量 | | |
| 人工 | 综合工日 | 工日 | 140.00 | 0.333 | 0.527 | 0.629 |
| 材料 | 环氧煤沥青底漆 | kg | — | (0.430) | (0.800) | (0.950) |
| | 环氧煤沥青面漆 | kg | — | (2.850) | (5.320) | (6.330) |
| | 固化剂 | kg | 23.93 | 0.290 | 0.530 | 0.630 |
| | 煤油 | kg | 3.73 | 0.180 | 0.330 | 0.400 |
| | 稀释剂 | kg | 9.53 | 0.360 | 0.660 | 0.790 |
| | 其他材料费 | 元 | 1.00 | 0.020 | 0.030 | 0.040 |

686

工作内容：清除管口油污锈渍、管口烘烤、涂刷底漆、涂刷面漆。　　　　　　　　计量单位：10个口

| 定 额 编 号 | | | A11-10-7 | A11-10-8 | A11-10-9 |
|---|---|---|---|---|---|
| 项 目 名 称 | | | 管道公称直径(mm以内) | | |
| | | | 700 | 800 | 900 |
| 基 价 （元） | | | 128.43 | 145.95 | 164.37 |
| 其中 | 人 工 费 （元） | | 100.80 | 114.52 | 129.08 |
| | 材 料 费 （元） | | 27.63 | 31.43 | 35.29 |
| | 机 械 费 （元） | | — | — | — |
| 名 称 | 单位 | 单价（元） | 消 耗 量 | | |
| 人工 | 综合工日 | 工日 | 140.00 | 0.720 | 0.818 | 0.922 |
| 材料 | 环氧煤沥青底漆 | kg | — | (1.090) | (1.240) | (1.390) |
| | 环氧煤沥青面漆 | kg | — | (7.240) | (8.240) | (9.250) |
| | 固化剂 | kg | 23.93 | 0.720 | 0.820 | 0.920 |
| | 煤油 | kg | 3.73 | 0.450 | 0.520 | 0.580 |
| | 稀释剂 | kg | 9.53 | 0.910 | 1.030 | 1.160 |
| | 其他材料费 | 元 | 1.00 | 0.050 | 0.050 | 0.060 |

# 二、环氧煤沥青漆加强级防腐

工作内容：清除管口油污锈渍、管口烘烤、涂刷底漆、缠玻璃布、涂刷面漆。　　　　　计量单位：10个口

| 定　额　编　号 | | | A11-10-10 | A11-10-11 | A11-10-12 |
|---|---|---|---|---|---|
| 项　目　名　称 | | | 管道公称直径(mm以内) | | |
| | | | 100 | 200 | 300 |
| 基　　　价（元） | | | 17.77 | 35.37 | 52.58 |
| 其中 | 人　工　费（元） | | 13.86 | 27.58 | 40.88 |
| | 材　料　费（元） | | 3.91 | 7.79 | 11.70 |
| | 机　械　费（元） | | — | — | — |
| 名　　称 | 单位 | 单价（元） | 消　　耗　　量 | | |
| 人工 综合工日 | 工日 | 140.00 | 0.099 | 0.197 | 0.292 |
| 材料 玻璃布 δ0.5 | m² | — | (1.820) | (3.682) | (5.446) |
| 环氧煤沥青底漆 | kg | — | (0.110) | (0.220) | (0.330) |
| 环氧煤沥青面漆 | kg | — | (1.090) | (2.200) | (3.260) |
| 固化剂 | kg | 23.93 | 0.110 | 0.220 | 0.330 |
| 煤油 | kg | 3.73 | 0.050 | 0.090 | 0.140 |
| 稀释剂 | kg | 9.53 | 0.100 | 0.200 | 0.300 |
| 其他材料费 | 元 | 1.00 | 0.140 | 0.280 | 0.420 |

工作内容：清除管口油污锈渍、管口烘烤、涂刷底漆、缠玻璃布、涂刷面漆。　　　　计量单位：10个口

| 定　额　编　号 | | | A11-10-13 | A11-10-14 | A11-10-15 |
|---|---|---|---|---|---|
| 项　目　名　称 | | | 管道公称直径(mm以内) | | |
| | | | 400 | 500 | 600 |
| 基　　　价（元） | | | 68.85 | 113.19 | 134.54 |
| 其中 | 人　工　费（元） | | 53.62 | 84.84 | 100.80 |
| | 材　料　费（元） | | 15.23 | 28.35 | 33.74 |
| | 机　械　费（元） | | — | — | — |
| 名　　称 | 单位 | 单价（元） | 消　　耗　　量 | | |
| 人工 | 综合工日 | 工日 | 140.00 | 0.383 | 0.606 | 0.720 |
| 材料 | 玻璃布 δ0.5 | m² | — | (7.154) | (13.328) | (15.862) |
| | 环氧煤沥青底漆 | kg | — | (0.430) | (0.800) | (0.950) |
| | 环氧煤沥青面漆 | kg | — | (4.280) | (7.980) | (9.500) |
| | 固化剂 | kg | 23.93 | 0.430 | 0.800 | 0.950 |
| | 煤油 | kg | 3.73 | 0.180 | 0.330 | 0.400 |
| | 稀释剂 | kg | 9.53 | 0.390 | 0.730 | 0.870 |
| | 其他材料费 | 元 | 1.00 | 0.550 | 1.020 | 1.220 |

工作内容：清除管口油污锈渍、管口烘烤、涂刷底漆、缠玻璃布、涂刷面漆。　　　计量单位：10个口

| 定　额　编　号 | | | | A11-10-16 | A11-10-17 | A11-10-18 |
|---|---|---|---|---|---|---|
| 项　目　名　称 | | | | 管道公称直径(mm以内) | | |
| | | | | 700 | 800 | 900 |
| 基　　　价　（元） | | | | 153.81 | 174.87 | 196.31 |
| 其中 | 人　工　费（元） | | | 115.22 | 130.90 | 147.00 |
| | 材　料　费（元） | | | 38.59 | 43.97 | 49.31 |
| | 机　械　费（元） | | | — | — | — |
| 名　　　称 | | 单位 | 单价(元) | 消　　耗　　量 | | |
| 人工 | 综合工日 | 工日 | 140.00 | 0.823 | 0.935 | 1.050 |
| 材料 | 玻璃布 δ0.5 | m² | — | (18.130) | (20.650) | (23.170) |
| | 环氧煤沥青底漆 | kg | — | (1.090) | (1.240) | (1.390) |
| | 环氧煤沥青面漆 | kg | — | (10.860) | (12.370) | (13.870) |
| | 固化剂 | kg | 23.93 | 1.090 | 1.240 | 1.390 |
| | 煤油 | kg | 3.73 | 0.450 | 0.520 | 0.580 |
| | 稀释剂 | kg | 9.53 | 0.990 | 1.130 | 1.270 |
| | 其他材料费 | 元 | 1.00 | 1.390 | 1.590 | 1.780 |

工作内容：清除管口油污锈渍、管口烘烤、涂刷底漆、缠玻璃布、涂刷面漆。　　　　　计量单位：10个口

| 定　额　编　号 | | | A11-10-19 | A11-10-20 | A11-10-21 |
|---|---|---|---|---|---|
| 项　目　名　称 | | | 管道公称直径(mm以内) | | |
| | | | 1000 | 1200 | 1400 |
| 基　　　价（元） | | | 217.75 | 260.63 | 303.65 |
| 其中 | 人　工　费（元） | | 163.10 | 195.30 | 227.64 |
| | 材　料　费（元） | | 54.65 | 65.33 | 76.01 |
| | 机　械　费（元） | | — | — | — |
| 名　　称 | 单位 | 单价（元） | 消　　耗　　量 | | |
| 人工 综合工日 | 工日 | 140.00 | 1.165 | 1.395 | 1.626 |
| 材料 玻璃布 δ0.5 | m² | — | (25.690) | (30.730) | (35.770) |
| 环氧煤沥青底漆 | kg | — | (1.540) | (1.840) | (2.140) |
| 环氧煤沥青面漆 | kg | — | (15.370) | (18.370) | (21.370) |
| 固化剂 | kg | 23.93 | 1.540 | 1.840 | 2.140 |
| 煤油 | kg | 3.73 | 0.640 | 0.760 | 0.880 |
| 稀释剂 | kg | 9.53 | 1.410 | 1.690 | 1.970 |
| 其他材料费 | 元 | 1.00 | 1.970 | 2.360 | 2.740 |

工作内容：清除管口油污锈渍、管口烘烤、涂刷底漆、缠玻璃布、涂刷面漆。　　　　　计量单位：10个口

| 定 额 编 号 | | | | A11-10-22 | A11-10-23 | A11-10-24 |
|---|---|---|---|---|---|---|
| 项 目 名 称 | | | | 管道公称直径(mm以内) | | |
| | | | | 1600 | 1800 | 2000 |
| 基 价（元） | | | | 346.67 | 389.56 | 432.43 |
| 其中 | 人 工 费（元） | | | 259.98 | 292.18 | 324.38 |
| | 材 料 费（元） | | | 86.69 | 97.38 | 108.05 |
| | 机 械 费（元） | | | — | — | — |
| 名 称 | | 单位 | 单价(元) | 消 耗 量 | | |
| 人工 | 综合工日 | 工日 | 140.00 | 1.857 | 2.087 | 2.317 |
| 材料 | 玻璃布 δ0.5 | m² | — | (40.810) | (45.850) | (50.890) |
| | 环氧煤沥青底漆 | kg | — | (2.440) | (2.740) | (3.040) |
| | 环氧煤沥青面漆 | kg | — | (24.370) | (27.370) | (30.370) |
| | 固化剂 | kg | 23.93 | 2.440 | 2.740 | 3.040 |
| | 煤油 | kg | 3.73 | 1.000 | 1.120 | 1.240 |
| | 稀释剂 | kg | 9.53 | 2.250 | 2.530 | 2.810 |
| | 其他材料费 | 元 | 1.00 | 3.130 | 3.520 | 3.900 |

692

# 三、环氧煤沥青漆特加强级防腐

工作内容：清除管口油污锈渍、管口烘烤、涂刷底漆、缠玻璃布、涂刷面漆。　　　　　计量单位：10个口

| 定　额　编　号 | | | | A11-10-25 | A11-10-26 | A11-10-27 |
|---|---|---|---|---|---|---|
| 项　目　名　称 | | | | 管道公称直径(mm以内) | | |
| | | | | 100 | 200 | 300 |
| 基　　　价（元） | | | | 19.75 | 40.42 | 59.08 |
| 其中 | 人　工　费（元） | | | 15.12 | 31.22 | 45.50 |
| | 材　料　费（元） | | | 4.63 | 9.20 | 13.58 |
| | 机　械　费（元） | | | — | — | — |
| 名　　称 | | 单位 | 单价（元） | 消　　耗　　量 | | |
| 人工 | 综合工日 | 工日 | 140.00 | 0.108 | 0.223 | 0.325 |
| 材料 | 玻璃布 δ0.5 | m² | — | (3.640) | (7.350) | (10.906) |
| | 环氧煤沥青底漆 | kg | — | (0.110) | (0.220) | (0.330) |
| | 环氧煤沥青面漆 | kg | — | (1.270) | (2.570) | (3.810) |
| | 固化剂 | kg | 23.93 | 0.130 | 0.260 | 0.380 |
| | 煤油 | kg | 3.73 | 0.050 | 0.090 | 0.140 |
| | 稀释剂 | kg | 9.53 | 0.110 | 0.220 | 0.330 |
| | 其他材料费 | 元 | 1.00 | 0.280 | 0.550 | 0.820 |

工作内容：清除管口油污锈渍、管口烘烤、涂刷底漆、缠玻璃布、涂刷面漆。　　　计量单位：10个口

| 定　额　编　号 | | | | A11-10-28 | A11-10-29 | A11-10-30 |
|---|---|---|---|---|---|---|
| 项　目　名　称 | | | | 管道公称直径(mm以内) | | |
| | | | | 400 | 500 | 600 |
| 基　　　价（元） | | | | 77.59 | 128.18 | 152.48 |
| 其中 | 人　工　费（元） | | | 59.78 | 95.06 | 112.98 |
| | 材　料　费（元） | | | 17.81 | 33.12 | 39.50 |
| | 机　械　费（元） | | | — | — | — |
| 名　　　称 | | 单位 | 单价（元） | 消　　耗　　量 | | |
| 人工 | 综合工日 | 工日 | 140.00 | 0.427 | 0.679 | 0.807 |
| 材料 | 玻璃布 δ0.5 | m² | — | (14.294) | (26.656) | (31.738) |
| | 环氧煤沥青底漆 | kg | — | (0.430) | (0.800) | (0.950) |
| | 环氧煤沥青面漆 | kg | — | (4.990) | (9.310) | (11.080) |
| | 固化剂 | kg | 23.93 | 0.500 | 0.930 | 1.110 |
| | 煤油 | kg | 3.73 | 0.180 | 0.330 | 0.400 |
| | 稀释剂 | kg | 9.53 | 0.430 | 0.800 | 0.950 |
| | 其他材料费 | 元 | 1.00 | 1.080 | 2.010 | 2.390 |

工作内容：清除管口油污锈渍、管口烘烤、涂刷底漆、缠玻璃布、涂刷面漆。　　　计量单位：10个口

| 定　额　编　号 | | | | A11-10-31 | A11-10-32 | A11-10-33 |
|---|---|---|---|---|---|---|
| 项　目　名　称 | | | | 管道公称直径(mm以内) | | |
| | | | | 700 | 800 | 900 |
| 基　　　价（元） | | | | 174.28 | 198.90 | 223.02 |
| 其中 | 人　工　费（元） | | | 129.08 | 147.56 | 165.34 |
| | 材　料　费（元） | | | 45.20 | 51.34 | 57.68 |
| | 机　械　费（元） | | | — | — | — |
| 名　　　称 | | 单位 | 单价（元） | 消　　耗　　量 | | |
| 人工 | 综合工日 | 工日 | 140.00 | 0.922 | 1.054 | 1.181 |
| 材料 | 玻璃布 δ0.5 | m² | — | (36.274) | (41.314) | (46.354) |
| | 环氧煤沥青底漆 | kg | — | (1.090) | (1.240) | (1.390) |
| | 环氧煤沥青面漆 | kg | — | (12.670) | (14.430) | (16.190) |
| | 固化剂 | kg | 23.93 | 1.270 | 1.440 | 1.620 |
| | 煤油 | kg | 3.73 | 0.450 | 0.520 | 0.580 |
| | 稀释剂 | kg | 9.53 | 1.090 | 1.240 | 1.390 |
| | 其他材料费 | 元 | 1.00 | 2.740 | 3.120 | 3.500 |

工作内容：清除管口油污锈渍、管口烘烤、涂刷底漆、缠玻璃布、涂刷面漆。　　　计量单位：10个口

| 定 额 编 号 | | | | A11-10-34 | A11-10-35 | A11-10-36 |
|---|---|---|---|---|---|---|
| 项 目 名 称 | | | | 管道公称直径(mm以内) | | |
| | | | | 1000 | 1200 | 1400 |
| 基 价 （元） | | | | 247.14 | 295.66 | 343.90 |
| 其中 | 人 工 费（元） | | | 183.12 | 218.96 | 254.52 |
| | 材 料 费（元） | | | 64.02 | 76.70 | 89.38 |
| | 机 械 费（元） | | | — | — | — |
| 名 称 | | 单位 | 单价(元) | 消 耗 量 | | |
| 人工 | 综合工日 | 工日 | 140.00 | 1.308 | 1.564 | 1.818 |
| 材料 | 玻璃布 δ0.5 | m² | — | (51.394) | (61.474) | (71.554) |
| | 环氧煤沥青底漆 | kg | — | (1.540) | (1.840) | (2.140) |
| | 环氧煤沥青面漆 | kg | — | (17.950) | (21.470) | (24.990) |
| | 固化剂 | kg | 23.93 | 1.800 | 2.160 | 2.520 |
| | 煤油 | kg | 3.73 | 0.640 | 0.760 | 0.880 |
| | 稀释剂 | kg | 9.53 | 1.540 | 1.840 | 2.140 |
| | 其他材料费 | 元 | 1.00 | 3.880 | 4.640 | 5.400 |

696

工作内容：清除管口油污锈渍、管口烘烤、涂刷底漆、缠玻璃布、涂刷面漆。　　　　　计量单位：10个口

| 定　额　编　号 | | | | A11-10-37 | A11-10-38 | A11-10-39 |
|---|---|---|---|---|---|---|
| 项　目　名　称 | | | | 管道公称直径(mm以内) | | |
| | | | | 1600 | 1800 | 2000 |
| 基　　　价（元） | | | | 392.42 | 440.80 | 489.18 |
| 其中 | 人　工　费（元） | | | 290.36 | 326.06 | 361.76 |
| | 材　料　费（元） | | | 102.06 | 114.74 | 127.42 |
| | 机　械　费（元） | | | — | — | — |
| 名　　称 | | 单位 | 单价（元） | 消　　耗　　　量 | | |
| 人工 | 综合工日 | 工日 | 140.00 | 2.074 | 2.329 | 2.584 |
| 材料 | 玻璃布 δ0.5 | m² | — | (81.634) | (91.714) | (101.794) |
| | 环氧煤沥青底漆 | kg | — | (2.440) | (2.740) | (3.040) |
| | 环氧煤沥青面漆 | kg | — | (28.510) | (32.030) | (35.550) |
| | 固化剂 | kg | 23.93 | 2.880 | 3.240 | 3.600 |
| | 煤油 | kg | 3.73 | 1.000 | 1.120 | 1.240 |
| | 稀释剂 | kg | 9.53 | 2.440 | 2.740 | 3.040 |
| | 其他材料费 | 元 | 1.00 | 6.160 | 6.920 | 7.680 |

# 四、氯磺化聚乙烯漆

工作内容：运料、表面清洗、调配、涂刷。　　　　　　　　　　　　　　　　计量单位：10个口

| 定　额　编　号 | | | A11-10-40 | A11-10-41 |
|---|---|---|---|---|
| 项　目　名　称 | | | 管道公称直径100（mm以内） | |
| | | | 底漆 | 中间漆 |
| | | | 一遍 | |
| 基　　　　　价（元） | | | 12.00 | 10.19 |
| 其中 | 人　工　费（元） | | 10.92 | 9.24 |
| | 材　料　费（元） | | 1.08 | 0.95 |
| | 机　械　费（元） | | — | — |
| 名　　　称 | 单位 | 单价（元） | 消　　耗　　量 | |
| 人工 | 综合工日 | 工日 | 140.00 | 0.078 | 0.066 |
| 材料 | 氯磺化聚乙烯底漆 | kg | — | (0.330) | — |
| | 氯磺化聚乙烯中间漆 | kg | — | — | (0.290) |
| | 氯磺化聚乙烯稀释剂 | kg | 13.27 | 0.080 | 0.070 |
| | 其他材料费 | 元 | 1.00 | 0.020 | 0.020 |

工作内容：运料、表面清洗、调配、涂刷。

计量单位：10个口

| 定　额　编　号 | | | | A11-10-42 | A11-10-43 |
|---|---|---|---|---|---|
| 项　目　名　称 | | | | 管道公称直径100（mm以内） | |
| | | | | 中间漆 | 面漆 |
| | | | | 增一遍 | 一遍 |
| 基　　　　价（元） | | | | 10.19 | 9.20 |
| 其中 | 人　工　费（元） | | | 9.24 | 8.12 |
| | 材　料　费（元） | | | 0.95 | 1.08 |
| | 机　械　费（元） | | | — | — |
| 名　　称 | | 单位 | 单价（元） | 消　耗　量 | |
| 人工 | 综合工日 | 工日 | 140.00 | 0.066 | 0.058 |
| 材料 | 氯磺化聚乙烯面漆 | kg | — | — | (0.240) |
| | 氯磺化聚乙烯中间漆 | kg | — | (0.240) | — |
| | 氯磺化聚乙烯稀释剂 | kg | 13.27 | 0.070 | 0.080 |
| | 其他材料费 | 元 | 1.00 | 0.020 | 0.020 |

| 定 额 编 号 | | | | A11-10-44 | A11-10-45 |
|---|---|---|---|---|---|
| 项 目 名 称 | | | | 管道公称直径200（mm以内） | |
| | | | | 底漆 | 中间漆 |
| | | | | 一遍 | |
| 基 价 （元） | | | | 24.14 | 19.95 |
| 其中 | 人 工 费（元） | | | 21.98 | 17.92 |
| | 材 料 费（元） | | | 2.16 | 2.03 |
| | 机 械 费（元） | | | — | — |
| 名 称 | | 单位 | 单价（元） | 消 耗 量 | |
| 人工 | 综合工日 | 工日 | 140.00 | 0.157 | 0.128 |
| 材料 | 氯磺化聚乙烯底漆 | kg | — | (0.660) | — |
| | 氯磺化聚乙烯中间漆 | kg | — | — | (0.580) |
| | 氯磺化聚乙烯稀释剂 | kg | 13.27 | 0.160 | 0.150 |
| | 其他材料费 | 元 | 1.00 | 0.040 | 0.040 |

工作内容：运料、表面清洗、调配、涂刷。 计量单位：10个口

| 定 额 编 号 | | | A11-10-46 | A11-10-47 |
|---|---|---|---|---|
| 项 目 名 称 | | | 管道公称直径200(mm以内) | |
| | | | 中间漆 | 面漆 |
| | | | 增一遍 | 一遍 |
| 基 价（元） | | | 19.95 | 18.26 |
| 其中 | 人 工 费（元） | | 17.92 | 16.10 |
| | 材 料 费（元） | | 2.03 | 2.16 |
| | 机 械 费（元） | | — | — |
| 名 称 | 单位 | 单价(元) | 消 耗 量 | |
| 人工 | 综合工日 | 工日 | 140.00 | 0.128 | 0.115 |
| 材料 | 氯磺化聚乙烯面漆 | kg | — | — | (0.490) |
| | 氯磺化聚乙烯中间漆 | kg | — | (0.490) | — |
| | 氯磺化聚乙烯稀释剂 | kg | 13.27 | 0.150 | 0.160 |
| | 其他材料费 | 元 | 1.00 | 0.040 | 0.040 |

工作内容：运料、表面清洗、调配、涂刷。 计量单位：10个口

| 定 额 编 号 | | | | A11-10-48 | A11-10-49 |
|---|---|---|---|---|---|
| 项 目 名 称 | | | | 管道公称直径300(mm以内) | |
| | | | | 底漆 | 中间漆 |
| | | | | 一遍 | |
| 基 价（元） | | | | 36.01 | 29.58 |
| 其中 | 人 工 费（元） | | | 32.90 | 26.60 |
| | 材 料 费（元） | | | 3.11 | 2.98 |
| | 机 械 费（元） | | | — | — |
| 名 称 | 单位 | 单价（元） | | 消 耗 量 | |
| 人工 | 综合工日 | 工日 | 140.00 | 0.235 | 0.190 |
| 材料 | 氯磺化聚乙烯底漆 | kg | — | (0.980) | — |
| | 氯磺化聚乙烯中间漆 | kg | — | — | (0.860) |
| | 氯磺化聚乙烯稀释剂 | kg | 13.27 | 0.230 | 0.220 |
| | 其他材料费 | 元 | 1.00 | 0.060 | 0.060 |

702

工作内容：运料、表面清洗、调配、涂刷。计量单位：10个口

| 定 额 编 号 | | | A11-10-50 | A11-10-51 |
|---|---|---|---|---|
| 项 目 名 称 | | | 管道公称直径300（mm以内） | |
| | | | 中间漆 | 面漆 |
| | | | 增一遍 | 一遍 |
| 基 价 （元） | | | 29.58 | 26.77 |
| 其中 | 人 工 费 （元） | | 26.60 | 23.66 |
| | 材 料 费 （元） | | 2.98 | 3.11 |
| | 机 械 费 （元） | | — | — |
| 名 称 | 单位 | 单价（元） | 消 耗 量 | |
| 人工 | 综合工日 | 工日 | 140.00 | 0.190 | 0.169 |
| 材料 | 氯磺化聚乙烯面漆 | kg | — | — | (0.730) |
| | 氯磺化聚乙烯中间漆 | kg | — | (0.730) | — |
| | 氯磺化聚乙烯稀释剂 | kg | 13.27 | 0.220 | 0.230 |
| | 其他材料费 | 元 | 1.00 | 0.060 | 0.060 |

工作内容：运料、表面清洗、调配、涂刷。

计量单位：10个口

| 定 额 编 号 | | | | A11-10-52 | A11-10-53 |
|---|---|---|---|---|---|
| 项 目 名 称 | | | | 管道公称直径400(mm以内) | |
| | | | | 底漆 | 中间漆 |
| | | | | 一遍 | |
| 基 价（元） | | | | 46.76 | 39.21 |
| 其中 | 人 工 费（元） | | | 42.70 | 35.28 |
| | 材 料 费（元） | | | 4.06 | 3.93 |
| | 机 械 费（元） | | | — | — |
| 名 称 | | 单位 | 单价（元） | 消 耗 量 | |
| 人工 | 综合工日 | 工日 | 140.00 | 0.305 | 0.252 |
| 材料 | 氯磺化聚乙烯底漆 | kg | — | (1.290) | — |
| | 氯磺化聚乙烯中间漆 | kg | — | — | (1.120) |
| | 氯磺化聚乙烯稀释剂 | kg | 13.27 | 0.300 | 0.290 |
| | 其他材料费 | 元 | 1.00 | 0.080 | 0.080 |

工作内容：运料、表面清洗、调配、涂刷。 计量单位：10个口

| 定 额 编 号 | | | A11-10-54 | A11-10-55 |
|---|---|---|---|---|
| 项 目 名 称 | | | 管道公称直径400(mm以内) | |
| | | | 中间漆 | 面漆 |
| | | | 增一遍 | 一遍 |
| 基 价（元） | | | 39.21 | 35.28 |
| 其中 | 人 工 费（元） | | 35.28 | 31.22 |
| | 材 料 费（元） | | 3.93 | 4.06 |
| | 机 械 费（元） | | — | — |
| 名 称 | 单位 | 单价(元) | 消 耗 量 | |
| 人工 综合工日 | 工日 | 140.00 | 0.252 | 0.223 |
| 材料 氯磺化聚乙烯面漆 | kg | — | — | (0.960) |
| 氯磺化聚乙烯中间漆 | kg | — | (0.960) | — |
| 氯磺化聚乙烯稀释剂 | kg | 13.27 | 0.290 | 0.300 |
| 其他材料费 | 元 | 1.00 | 0.080 | 0.080 |

工作内容：运料、表面清洗、调配、涂刷。                                 计量单位：10个口

| 定　额　编　号 | | | | A11-10-56 | A11-10-57 |
|---|---|---|---|---|---|
| 项　目　名　称 | | | | 管道公称直径500(mm以内) | |
| | | | | 底漆 | 中间漆 |
| | | | | 一遍 | |
| 基　　　　价（元） | | | | 87.66 | 72.98 |
| 其中 | 人　工　费（元） | | | 80.08 | 65.66 |
| | 材　料　费（元） | | | 7.58 | 7.32 |
| | 机　械　费（元） | | | — | — |
| 名　　称 | | 单位 | 单价（元） | 消　耗　量 | |
| 人工 | 综合工日 | 工日 | 140.00 | 0.572 | 0.469 |
| 材料 | 氯磺化聚乙烯底漆 | kg | — | (2.410) | — |
| | 氯磺化聚乙烯中间漆 | kg | — | — | (2.090) |
| | 氯磺化聚乙烯稀释剂 | kg | 13.27 | 0.560 | 0.540 |
| | 其他材料费 | 元 | 1.00 | 0.150 | 0.150 |

工作内容：运料、表面清洗、调配、涂刷。

计量单位：10个口

| 定 额 编 号 | | | | A11-10-58 | A11-10-59 |
|---|---|---|---|---|---|
| 项 目 名 称 | | | | 管道公称直径500(mm以内) | |
| | | | | 中间漆 | 面漆 |
| | | | | 增一遍 | 一遍 |
| 基 价（元） | | | | 72.98 | 65.68 |
| 其中 | 人 工 费（元） | | | 65.66 | 58.10 |
| | 材 料 费（元） | | | 7.32 | 7.58 |
| | 机 械 费（元） | | | — | — |
| 名 称 | | 单位 | 单价(元) | 消 耗 量 | |
| 人工 | 综合工日 | 工日 | 140.00 | 0.469 | 0.415 |
| 材料 | 氯磺化聚乙烯面漆 | kg | — | — | (1.780) |
| | 氯磺化聚乙烯中间漆 | kg | — | (1.780) | — |
| | 氯磺化聚乙烯稀释剂 | kg | 13.27 | 0.540 | 0.560 |
| | 其他材料费 | 元 | 1.00 | 0.150 | 0.150 |

工作内容：运料、表面清洗、调配、涂刷。 计量单位：10个口

| 定 额 编 号 | | | | A11-10-60 | A11-10-61 |
|---|---|---|---|---|---|
| 项 目 名 称 | | | | 管道公称直径600（mm以内） | |
| | | | | 底漆 | 中间漆 |
| | | | | 一遍 | |
| 基 价（元） | | | | 104.13 | 86.65 |
| 其中 | 人 工 费（元） | | | 95.06 | 77.84 |
| | 材 料 费（元） | | | 9.07 | 8.81 |
| | 机 械 费（元） | | | — | — |
| 名 称 | 单位 | 单价（元） | | 消 耗 量 | |
| 人工 | 综合工日 | 工日 | 140.00 | 0.679 | 0.556 |
| 材料 | 氯磺化聚乙烯底漆 | kg | — | (2.870) | — |
| | 氯磺化聚乙烯中间漆 | kg | — | — | (2.490) |
| | 氯磺化聚乙烯稀释剂 | kg | 13.27 | 0.670 | 0.650 |
| | 其他材料费 | 元 | 1.00 | 0.180 | 0.180 |

708

工作内容：运料、表面清洗、调配、涂刷。

计量单位：10个口

| 定　额　编　号 | | | | A11-10-62 | A11-10-63 |
|---|---|---|---|---|---|
| 项　目　名　称 | | | | \multicolumn{2}{c}{管道公称直径600(mm以内)} |
| | | | | 中间漆 | 面漆 |
| | | | | 增一遍 | 一遍 |
| 基　　　价（元） | | | | **86.65** | **78.23** |
| 其中 | 人　工　费（元） | | | 77.84 | 69.16 |
| | 材　料　费（元） | | | 8.81 | 9.07 |
| | 机　械　费（元） | | | — | — |
| 名　　　称 | | 单位 | 单价（元） | 消　耗　量 | |
| 人工 | 综合工日 | 工日 | 140.00 | 0.556 | 0.494 |
| 材料 | 氯磺化聚乙烯面漆 | kg | — | — | (2.120) |
| | 氯磺化聚乙烯中间漆 | kg | — | (2.120) | — |
| | 氯磺化聚乙烯稀释剂 | kg | 13.27 | 0.650 | 0.670 |
| | 其他材料费 | 元 | 1.00 | 0.180 | 0.180 |

工作内容：运料、表面清洗、调配、涂刷。 计量单位：10个口

| 定　额　编　号 | | | | A11-10-64 | A11-10-65 |
|---|---|---|---|---|---|
| 项　目　名　称 | | | | 管道公称直径700(mm以内) | |
| | | | | 底漆 | 中间漆 |
| | | | | 一遍 | |
| 基　　　价（元） | | | | 119.35 | 99.34 |
| 其中 | 人　工　费（元） | | | 108.92 | 89.32 |
| | 材　料　费（元） | | | 10.43 | 10.02 |
| | 机　械　费（元） | | | — | — |
| 名　　称 | | 单位 | 单价（元） | 消　耗　　量 | |
| 人工 | 综合工日 | 工日 | 140.00 | 0.778 | 0.638 |
| 材料 | 氯磺化聚乙烯底漆 | kg | — | (3.280) | — |
| | 氯磺化聚乙烯中间漆 | kg | — | — | (2.850) |
| | 氯磺化聚乙烯稀释剂 | kg | 13.27 | 0.770 | 0.740 |
| | 其他材料费 | 元 | 1.00 | 0.210 | 0.200 |

710

工作内容：运料、表面清洗、调配、涂刷。

计量单位：10个口

| 定 额 编 号 | | | A11-10-66 | A11-10-67 |
|---|---|---|---|---|
| 项 目 名 称 | | | 管道公称直径700(mm以内) | |
| | | | 中间漆 | 面漆 |
| | | | 增一遍 | 一遍 |
| 基 价 （元） | | | 99.34 | 89.39 |
| 其中 | 人 工 费（元） | | 89.32 | 78.96 |
| | 材 料 费（元） | | 10.02 | 10.43 |
| | 机 械 费（元） | | — | — |
| 名 称 | 单位 | 单价(元) | 消 耗 量 | |
| 人工 综合工日 | 工日 | 140.00 | 0.638 | 0.564 |
| 材料 氯磺化聚乙烯面漆 | kg | — | — | (2.420) |
| 氯磺化聚乙烯中间漆 | kg | — | (2.420) | — |
| 氯磺化聚乙烯稀释剂 | kg | 13.27 | 0.740 | 0.770 |
| 其他材料费 | 元 | 1.00 | 0.200 | 0.210 |

工作内容：运料、表面清洗、调配、涂刷。 计量单位：10个口

| 定　额　编　号 | | | | A11-10-68 | A11-10-69 |
|---|---|---|---|---|---|
| 项　目　名　称 | | | | 管道公称直径800(mm以内) | |
| | | | | 底漆 | 中间漆 |
| | | | | 一遍 | |
| 基　　　价（元） | | | | 135.82 | 112.74 |
| 其中 | 人　工　费（元） | | | 123.90 | 101.36 |
| | 材　料　费（元） | | | 11.92 | 11.38 |
| | 机　械　费（元） | | | — | — |
| 名　　　称 | | 单位 | 单价（元） | 消　耗　　量 | |
| 人工 | 综合工日 | 工日 | 140.00 | 0.885 | 0.724 |
| 材料 | 氯磺化聚乙烯底漆 | kg | — | (3.730) | — |
| | 氯磺化聚乙烯中间漆 | kg | — | — | (3.250) |
| | 氯磺化聚乙烯稀释剂 | kg | 13.27 | 0.880 | 0.840 |
| | 其他材料费 | 元 | 1.00 | 0.240 | 0.230 |

工作内容：运料、表面清洗、调配、涂刷。

计量单位：10个口

| 定 额 编 号 | | | | A11-10-70 | A11-10-71 |
|---|---|---|---|---|---|
| 项 目 名 称 | | | | 管道公称直径800（mm以内） | |
| | | | | 中间漆 | 面漆 |
| | | | | 增一遍 | 一遍 |
| 基 价（元） | | | | 112.74 | 101.66 |
| 其中 | 人 工 费（元） | | | 101.36 | 89.74 |
| | 材 料 费（元） | | | 11.38 | 11.92 |
| | 机 械 费（元） | | | — | — |
| 名 称 | | 单位 | 单价（元） | 消 耗 量 | |
| 人工 | 综合工日 | 工日 | 140.00 | 0.724 | 0.641 |
| 材料 | 氯磺化聚乙烯面漆 | kg | — | — | (2.760) |
| | 氯磺化聚乙烯中间漆 | kg | — | (2.760) | — |
| | 氯磺化聚乙烯稀释剂 | kg | 13.27 | 0.840 | 0.880 |
| | 其他材料费 | 元 | 1.00 | 0.230 | 0.240 |

713

工作内容：运料、表面清洗、调配、涂刷。 计量单位：10个口

| 定 额 编 号 | | | | | A11-10-72 | A11-10-73 |
|---|---|---|---|---|---|---|
| 项 目 名 称 | | | | | 管道公称直径900(mm以内) | |
| | | | | | 底漆 | 中间漆 |
| | | | | | 一遍 | |
| 基 价（元） | | | | | 152.15 | 126.41 |
| 其中 | 人 工 费（元） | | | | 138.88 | 113.54 |
| | 材 料 费（元） | | | | 13.27 | 12.87 |
| | 机 械 费（元） | | | | — | — |
| 名 称 | | 单位 | 单价（元） | | 消 耗 量 | |
| 人工 | 综合工日 | 工日 | 140.00 | | 0.992 | 0.811 |
| 材料 | 氯磺化聚乙烯底漆 | kg | — | | (4.190) | — |
| | 氯磺化聚乙烯中间漆 | kg | — | | — | (3.640) |
| | 氯磺化聚乙烯稀释剂 | kg | 13.27 | | 0.980 | 0.950 |
| | 其他材料费 | 元 | 1.00 | | 0.270 | 0.260 |

工作内容：运料、表面清洗、调配、涂刷。　　　　　　　　　　　　　　　　　　计量单位：10个口

| 定　额　编　号 | | | | A11-10-74 | A11-10-75 |
|---|---|---|---|---|---|
| 项　目　名　称 | | | | 管道公称直径900（mm以内） | |
| | | | | 中间漆 | 面漆 |
| | | | | 增一遍 | 一遍 |
| 基　　　　价（元） | | | | 126.41 | 114.63 |
| 其中 | 人　工　费（元） | | | 113.54 | 101.36 |
| | 材　料　费（元） | | | 12.87 | 13.27 |
| | 机　械　费（元） | | | — | — |
| 名　　称 | 单位 | 单价（元） | | 消　耗　　量 | |
| 人工 | 综合工日 | 工日 | 140.00 | 0.811 | 0.724 |
| 材料 | 氯磺化聚乙烯面漆 | kg | — | — | (3.100) |
| | 氯磺化聚乙烯中间漆 | kg | — | (3.100) | — |
| | 氯磺化聚乙烯稀释剂 | kg | 13.27 | 0.950 | 0.980 |
| | 其他材料费 | 元 | 1.00 | 0.260 | 0.270 |

# 五、聚氨酯漆

工作内容：运料、表面清洗、配制、嵌刮腻子、涂刷。

计量单位：10个口

| 定　额　编　号 | | | | A11-10-76 | A11-10-77 |
|---|---|---|---|---|---|
| 项　目　名　称 | | | | 管道公称直径100（mm以内） | |
| | | | | 底漆 | |
| | | | | 两遍 | 增一遍 |
| 基　　　　价（元） | | | | 15.93 | 8.61 |
| 其中 | 人　工　费（元） | | | 13.30 | 8.12 |
| | 材　料　费（元） | | | 2.63 | 0.49 |
| | 机　械　费（元） | | | — | — |
| 名　　　称 | | 单位 | 单价（元） | 消　　耗　　量 | |
| 人工 | 综合工日 | 工日 | 140.00 | 0.095 | 0.058 |
| 材料 | 聚氨酯底漆 | kg | — | (0.360) | (0.180) |
| | 二甲苯 | kg | 7.77 | 0.130 | 0.060 |
| | 破布 | kg | 6.32 | 0.030 | — |
| | 溶剂汽油 200号 | kg | 5.64 | 0.240 | — |
| | 铁砂布 | 张 | 0.85 | 0.030 | 0.020 |
| | 其他材料费 | 元 | 1.00 | 0.050 | 0.010 |

| 定 额 编 号 | | | | A11-10-78 | A11-10-79 | A11-10-80 |
|---|---|---|---|---|---|---|
| | | | | 管道公称直径100(mm以内) | | |
| 项 目 名 称 | | | | 中间漆 | | 面漆 |
| | | | | 一遍 | 增一遍 | 每一遍 |
| 基 价（元） | | | | **6.87** | **6.87** | **6.85** |
| 其中 | 人 工 费（元） | | | 6.30 | 6.30 | 6.30 |
| | 材 料 费（元） | | | 0.57 | 0.57 | 0.55 |
| | 机 械 费（元） | | | — | — | — |
| 名 称 | | 单位 | 单价（元） | 消 耗 量 | | |
| 人工 | 综合工日 | 工日 | 140.00 | 0.045 | 0.045 | 0.045 |
| 材料 | 聚氨酯磁漆 | kg | — | (0.140) | (0.110) | (0.220) |
| | 二甲苯 | kg | 7.77 | 0.070 | 0.070 | 0.070 |
| | 铁砂布 | 张 | 0.85 | 0.020 | 0.020 | — |
| | 其他材料费 | 元 | 1.00 | 0.010 | 0.010 | 0.010 |

工作内容：运料、表面清洗、配制、嵌刮腻子、涂刷。 计量单位：10个口

| 定　额　编　号 | | | | A11-10-81 | A11-10-82 | A11-10-83 |
|---|---|---|---|---|---|---|
| 项　目　名　称 | | | | 管道公称直径200(mm以内) | | |
| | | | | 底漆 | | 中间漆 |
| | | | | 两遍 | 增一遍 | 一遍 |
| 基　　　价（元） | | | | 32.41 | 17.72 | 13.31 |
| 其中 | 人　工　费（元） | | | 27.16 | 16.66 | 12.18 |
| | 材　料　费（元） | | | 5.25 | 1.06 | 1.13 |
| | 机　械　费（元） | | | — | — | — |
| 名　　称 | | 单位 | 单价（元） | 消　　耗　　量 | | |
| 人工 | 综合工日 | 工日 | 140.00 | 0.194 | 0.119 | 0.087 |
| 材料 | 聚氨酯磁漆 | kg | — | — | — | (0.280) |
| | 聚氨酯底漆 | kg | — | (0.740) | (0.370) | — |
| | 二甲苯 | kg | 7.77 | 0.260 | 0.130 | 0.140 |
| | 破布 | kg | 6.32 | 0.060 | — | — |
| | 溶剂汽油 200号 | kg | 5.64 | 0.480 | — | — |
| | 铁砂布 | 张 | 0.85 | 0.060 | 0.030 | 0.030 |
| | 其他材料费 | 元 | 1.00 | 0.090 | 0.020 | 0.020 |

工作内容：运料、表面清洗、配制、嵌刮腻子、涂刷。 计量单位：10个口

| 定 额 编 号 | | | A11-10-84 | A11-10-85 |
|---|---|---|---|---|
| 项　目　名　称 | | | 管道公称直径200(mm以内) | |
| | | | 中间漆 | 面漆 |
| | | | 增一遍 | 每一遍 |
| 基　　　　价（元） | | | 13.31 | 13.29 |
| 其中 | 人　工　费（元） | | 12.18 | 12.18 |
| | 材　料　费（元） | | 1.13 | 1.11 |
| | 机　械　费（元） | | — | — |
| 名　　称 | 单位 | 单价（元） | 消　　耗　　量 | |
| 人工 | 综合工日 | 工日 | 140.00 | 0.087 | 0.087 |
| 材料 | 聚氨酯磁漆 | kg | — | (0.220) | (0.440) |
| | 二甲苯 | kg | 7.77 | 0.140 | 0.140 |
| | 铁砂布 | 张 | 0.85 | 0.030 | — |
| | 其他材料费 | 元 | 1.00 | 0.020 | 0.020 |

工作内容：运料、表面清洗、配制、嵌刮腻子、涂刷。　　　　　　　　　　　计量单位：10个口

| 定　额　编　号 | | | | | A11-10-86 | A11-10-87 |
|---|---|---|---|---|---|---|
| 项　目　名　称 | | | | | 管道公称直径300（mm以内） | |
| | | | | | 底漆 | |
| | | | | | 两遍 | 增一遍 |
| 基　　　　　价（元） | | | | | 47.49 | 26.33 |
| 其中 | 人　工　费（元） | | | | 39.76 | 24.78 |
| | 材　料　费（元） | | | | 7.73 | 1.55 |
| | 机　械　费（元） | | | | — | — |
| 名　　称 | | 单位 | 单价（元） | | 消　　耗　　量 | |
| 人工 | 综合工日 | 工日 | 140.00 | | 0.284 | 0.177 |
| 材料 | 聚氨酯底漆 | kg | — | | (1.090) | (0.550) |
| | 二甲苯 | kg | 7.77 | | 0.380 | 0.190 |
| | 破布 | kg | 6.32 | | 0.090 | — |
| | 溶剂汽油 200号 | kg | 5.64 | | 0.710 | — |
| | 铁砂布 | 张 | 0.85 | | 0.090 | 0.050 |
| | 其他材料费 | 元 | 1.00 | | 0.130 | 0.030 |

工作内容：运料、表面清洗、配制、嵌刮腻子、涂刷。　　　　　　　　　　　　　　　　　　计量单位：10个口

| 定　额　编　号 | | | | A11-10-88 | A11-10-89 | A11-10-90 |
|---|---|---|---|---|---|---|
| 项　目　名　称 | | | | 管道公称直径300(mm以内) | | |
| | | | | 中间漆 | | 面漆 |
| | | | | 一遍 | 增一遍 | 每一遍 |
| 基　　　　价（元） | | | | 19.62 | 19.62 | 19.58 |
| 其中 | 人　工　费（元） | | | 17.92 | 17.92 | 17.92 |
| | 材　料　费（元） | | | 1.70 | 1.70 | 1.66 |
| | 机　械　费（元） | | | — | — | — |
| 名　　　称 | | 单位 | 单价(元) | 消　　耗　　量 | | |
| 人工 | 综合工日 | 工日 | 140.00 | 0.128 | 0.128 | 0.128 |
| 材料 | 聚氨酯磁漆 | kg | — | (0.420) | (0.320) | (0.660) |
| | 二甲苯 | kg | 7.77 | 0.210 | 0.210 | 0.210 |
| | 铁砂布 | 张 | 0.85 | 0.050 | 0.050 | — |
| | 其他材料费 | 元 | 1.00 | 0.030 | 0.030 | 0.030 |

工作内容：运料、表面清洗、配制、嵌刮腻子、涂刷。　　　　　　　　　　　计量单位：10个口

| 定　额　编　号 | | | | | A11-10-91 | A11-10-92 |
|---|---|---|---|---|---|---|
| 项　目　名　称 | | | | | 管道公称直径400(mm以内) | |
| | | | | | 底漆 | |
| | | | | | 两遍 | 增一遍 |
| 基　　　　价（元） | | | | | 62.04 | 33.67 |
| 其中 | 人　工　费（元） | | | | 51.94 | 31.64 |
| | 材　料　费（元） | | | | 10.10 | 2.03 |
| | 机　械　费（元） | | | | — | — |
| 名　　　称 | | 单位 | 单价(元) | | 消　　耗　　量 | |
| 人工 | 综合工日 | 工日 | 140.00 | | 0.371 | 0.226 |
| 材料 | 聚氨酯底漆 | kg | — | | (1.430) | (0.720) |
| | 二甲苯 | kg | 7.77 | | 0.500 | 0.250 |
| | 破布 | kg | 6.32 | | 0.110 | — |
| | 溶剂汽油　200号 | kg | 5.64 | | 0.930 | — |
| | 铁砂布 | 张 | 0.85 | | 0.120 | 0.060 |
| | 其他材料费 | 元 | 1.00 | | 0.170 | 0.040 |

722

工作内容：运料、表面清洗、配制、嵌刮腻子、涂刷。                          计量单位：10个口

| 定　额　编　号 | | | | A11-10-93 | A11-10-94 | A11-10-95 |
|---|---|---|---|---|---|---|
| 项　目　名　称 | | | | 管道公称直径400（mm以内） | | |
| | | | | 中间漆 | | 面漆 |
| | | | | 一遍 | 增一遍 | 每一遍 |
| 基　　　　　　价（元） | | | | 25.93 | 25.93 | 25.80 |
| 其中 | 人　工　费（元） | | | 23.66 | 23.66 | 23.66 |
| | 材　料　费（元） | | | 2.27 | 2.27 | 2.14 |
| | 机　械　费（元） | | | — | — | — |
| 名　　称 | | 单位 | 单价（元） | 消　　耗　　量 | | |
| 人工 | 综合工日 | 工日 | 140.00 | 0.169 | 0.169 | 0.169 |
| 材料 | 聚氨酯磁漆 | kg | — | (0.540) | (0.420) | (0.860) |
| | 二甲苯 | kg | 7.77 | 0.280 | 0.280 | 0.270 |
| | 铁砂布 | 张 | 0.85 | 0.060 | 0.060 | — |
| | 其他材料费 | 元 | 1.00 | 0.040 | 0.040 | 0.040 |

工作内容：运料、表面清洗、配制、嵌刮腻子、涂刷。　　　　　　　　　　　　　　　　计量单位：10个口

| 定　额　编　号 | | | | A11-10-96 | A11-10-97 |
|---|---|---|---|---|---|
| 项　目　名　称 | | | | 管道公称直径500（mm以内） | |
| | | | | 底漆 | |
| | | | | 两遍 | 增一遍 |
| 基　　　　价（元） | | | | 116.70 | 63.60 |
| 其中 | 人　工　费（元） | | | 97.86 | 59.78 |
| | 材　料　费（元） | | | 18.84 | 3.82 |
| | 机　械　费（元） | | | — | — |
| 名　　　　称 | | 单位 | 单价（元） | 消　　耗　　量 | |
| 人工 | 综合工日 | 工日 | 140.00 | 0.699 | 0.427 |
| 材料 | 聚氨酯底漆 | kg | — | (2.670) | (1.340) |
| | 二甲苯 | kg | 7.77 | 0.930 | 0.470 |
| | 破布 | kg | 6.32 | 0.210 | — |
| | 溶剂汽油 200号 | kg | 5.64 | 1.730 | — |
| | 铁砂布 | 张 | 0.85 | 0.230 | 0.120 |
| | 其他材料费 | 元 | 1.00 | 0.330 | 0.070 |

工作内容：运料、表面清洗、配制、嵌刮腻子、涂刷。 计量单位：10个口

| 定　额　编　号 | | | | A11-10-98 | A11-10-99 | A11-10-100 |
|---|---|---|---|---|---|---|
| 项　目　名　称 | | | | 管道公称直径500(mm以内) | | |
| | | | | 中间漆 | | 面漆 |
| | | | | 一遍 | 增一遍 | 每一遍 |
| 基　　　　价（元） | | | | 48.60 | 48.60 | 48.34 |
| 其中 | 人　工　费（元） | | | 44.38 | 44.38 | 44.38 |
| | 材　料　费（元） | | | 4.22 | 4.22 | 3.96 |
| | 机　械　费（元） | | | — | — | — |
| 名　　称 | | 单位 | 单价（元） | 消　　耗　　量 | | |
| 人工 | 综合工日 | 工日 | 140.00 | 0.317 | 0.317 | 0.317 |
| 材料 | 聚氨酯磁漆 | kg | — | (1.020) | (0.790) | (1.600) |
| | 二甲苯 | kg | 7.77 | 0.520 | 0.520 | 0.500 |
| | 铁砂布 | 张 | 0.85 | 0.120 | 0.120 | — |
| | 其他材料费 | 元 | 1.00 | 0.080 | 0.080 | 0.070 |

工作内容：运料、表面清洗、配制、嵌刮腻子、涂刷。　　　　　　　　　　　　　　计量单位：10个口

| 定　额　编　号 | | | | A11-10-101 | A11-10-102 |
|---|---|---|---|---|---|
| 项　目　名　称 | | | | 管道公称直径600(mm以内) | |
| | | | | 底漆 | |
| | | | | 两遍 | 增一遍 |
| 基　　　　　价（元） | | | | 138.78 | 75.95 |
| 其中 | 人　工　费（元） | | | 116.34 | 71.40 |
| | 材　料　费（元） | | | 22.44 | 4.55 |
| | 机　械　费（元） | | | — | — |
| 名　　称 | | 单位 | 单价(元) | 消　　耗　　量 | |
| 人工 | 综合工日 | 工日 | 140.00 | 0.831 | 0.510 |
| 材料 | 聚氨酯底漆 | kg | — | (3.180) | (1.600) |
| | 二甲苯 | kg | 7.77 | 1.110 | 0.560 |
| | 破布 | kg | 6.32 | 0.250 | — |
| | 溶剂汽油 200号 | kg | 5.64 | 2.060 | — |
| | 铁砂布 | 张 | 0.85 | 0.270 | 0.140 |
| | 其他材料费 | 元 | 1.00 | 0.390 | 0.080 |

工作内容：运料、表面清洗、配制、嵌刮腻子、涂刷。 计量单位：10个口

| 定 额 编 号 | | | A11-10-103 | A11-10-104 | A11-10-105 |
|---|---|---|---|---|---|
| 项 目 名 称 | | | 管道公称直径600(mm以内) | | |
| | | | 中间漆 | | 面漆 |
| | | | 一遍 | 增一遍 | 每一遍 |
| 基 价（元） | | | 58.09 | 58.09 | 57.80 |
| 其中 | 人 工 费（元） | | 53.06 | 53.06 | 53.06 |
| | 材 料 费（元） | | 5.03 | 5.03 | 4.74 |
| | 机 械 费（元） | | — | — | — |
| 名 称 | 单位 | 单价(元) | 消 耗 量 | | |
| 人工 | 综合工日 | 工日 | 140.00 | 0.379 | 0.379 | 0.379 |
| 材料 | 聚氨酯磁漆 | kg | — | (1.210) | (0.940) | (1.910) |
| | 二甲苯 | kg | 7.77 | 0.620 | 0.620 | 0.600 |
| | 铁砂布 | 张 | 0.85 | 0.140 | 0.140 | — |
| | 其他材料费 | 元 | 1.00 | 0.090 | 0.090 | 0.080 |

工作内容：运料、表面清洗、配制、嵌刮腻子、涂刷。 计量单位：10个口

| 定 额 编 号 | | | | A11-10-106 | A11-10-107 |
|---|---|---|---|---|---|
| 项 目 名 称 | | | | 管道公称直径700(mm以内) | |
| | | | | 底漆 | |
| | | | | 两遍 | 增一遍 |
| 基 价（元） | | | | 158.74 | 87.11 |
| 其中 | 人 工 费（元） | | | 133.14 | 81.90 |
| | 材 料 费（元） | | | 25.60 | 5.21 |
| | 机 械 费（元） | | | — | — |
| 名 称 | | 单位 | 单价（元） | 消 耗 量 | |
| 人工 | 综合工日 | 工日 | 140.00 | 0.951 | 0.585 |
| 材料 | 聚氨酯底漆 | kg | — | (3.630) | (1.820) |
| | 二甲苯 | kg | 7.77 | 1.270 | 0.640 |
| | 破布 | kg | 6.32 | 0.280 | — |
| | 溶剂汽油 200号 | kg | 5.64 | 2.350 | — |
| | 铁砂布 | 张 | 0.85 | 0.310 | 0.160 |
| | 其他材料费 | 元 | 1.00 | 0.440 | 0.100 |

工作内容：运料、表面清洗、配制、嵌刮腻子、涂刷。 计量单位：10个口

| 定 额 编 号 | | | A11-10-108 | A11-10-109 | A11-10-110 |
|---|---|---|---|---|---|
| 项 目 名 称 | | | 管道公称直径700(mm以内) | | |
| | | | 中间漆 | | 面漆 |
| | | | 一遍 | 增一遍 | 每一遍 |
| 基 价 （元） | | | 66.24 | 66.24 | 65.86 |
| 其中 | 人 工 费（元） | | 60.48 | 60.48 | 60.48 |
| | 材 料 费（元） | | 5.76 | 5.76 | 5.38 |
| | 机 械 费（元） | | — | — | — |
| 名 称 | 单位 | 单价(元) | 消 耗 量 | | |
| 人工 | 综合工日 | 工日 | 140.00 | 0.432 | 0.432 | 0.432 |
| 材料 | 聚氨酯磁漆 | kg | — | (1.380) | (1.070) | (2.180) |
| | 二甲苯 | kg | 7.77 | 0.710 | 0.710 | 0.680 |
| | 铁砂布 | 张 | 0.85 | 0.160 | 0.160 | — |
| | 其他材料费 | 元 | 1.00 | 0.110 | 0.110 | 0.100 |

729

工作内容：运料、表面清洗、配制、嵌刮腻子、涂刷。　　　　　　　　　　计量单位：10个口

| 定 额 编 号 | | | | | A11-10-111 | A11-10-112 |
|---|---|---|---|---|---|---|
| 项 目 名 称 | | | | | 管道公称直径800(mm以内) | |
| | | | | | 底漆 | |
| | | | | | 两遍 | 增一遍 |
| 基 价（元） | | | | | 180.75 | 99.32 |
| 其中 | 人 工 费（元） | | | | 151.62 | 93.38 |
| | 材 料 费（元） | | | | 29.13 | 5.94 |
| | 机 械 费（元） | | | | — | — |
| 名 称 | | 单位 | 单价（元） | | 消 耗 量 | |
| 人工 | 综合工日 | 工日 | 140.00 | | 1.083 | 0.667 |
| 材料 | 聚氨酯底漆 | kg | — | | (4.140) | (2.080) |
| | 二甲苯 | kg | 7.77 | | 1.440 | 0.730 |
| | 破布 | kg | 6.32 | | 0.320 | — |
| | 溶剂汽油 200号 | kg | 5.64 | | 2.680 | — |
| | 铁砂布 | 张 | 0.85 | | 0.360 | 0.180 |
| | 其他材料费 | 元 | 1.00 | | 0.500 | 0.110 |

工作内容：运料、表面清洗、配制、嵌刮腻子、涂刷。 计量单位：10个口

| 定 额 编 号 | | | | A11-10-113 | A11-10-114 | A11-10-115 |
|---|---|---|---|---|---|---|
| 项 目 名 称 | | | | 管道公称直径800（mm以内） | | |
| | | | | 中间漆 | | 面漆 |
| | | | | 一遍 | 增一遍 | 每一遍 |
| 基 价（元） | | | | 75.17 | 75.17 | 74.77 |
| 其中 | 人 工 费（元） | | | 68.60 | 68.60 | 68.60 |
| | 材 料 费（元） | | | 6.57 | 6.57 | 6.17 |
| | 机 械 费（元） | | | — | — | — |
| | 名 称 | 单位 | 单价（元） | 消 耗 量 | | |
| 人工 | 综合工日 | 工日 | 140.00 | 0.490 | 0.490 | 0.490 |
| 材料 | 聚氨酯磁漆 | kg | — | (1.570) | (1.220) | (2.480) |
| | 二甲苯 | kg | 7.77 | 0.810 | 0.810 | 0.780 |
| | 铁砂布 | 张 | 0.85 | 0.180 | 0.180 | — |
| | 其他材料费 | 元 | 1.00 | 0.120 | 0.120 | 0.110 |

工作内容：运料、表面清洗、配制、嵌刮腻子、涂刷。

| 定　额　编　号 | | | | A11-10-116 | A11-10-117 |
|---|---|---|---|---|---|
| 项　目　名　称 | | | | 管道公称直径900(mm以内) | |
| | | | | 底漆 | |
| | | | | 两遍 | 增一遍 |
| 基　　　价（元） | | | | 202.78 | 110.96 |
| 其中 | 人　工　费（元） | | | 170.10 | 104.30 |
| | 材　料　费（元） | | | 32.68 | 6.66 |
| | 机　械　费（元） | | | — | — |
| 名　　称 | | 单位 | 单价(元) | 消　耗　量 | |
| 人工 | 综合工日 | 工日 | 140.00 | 1.215 | 0.745 |
| 材料 | 聚氨酯底漆 | kg | — | (4.640) | (2.330) |
| | 二甲苯 | kg | 7.77 | 1.620 | 0.820 |
| | 破布 | kg | 6.32 | 0.360 | — |
| | 溶剂汽油 200号 | kg | 5.64 | 3.000 | |
| | 铁砂布 | 张 | 0.85 | 0.400 | 0.200 |
| | 其他材料费 | 元 | 1.00 | 0.560 | 0.120 |

工作内容：运料、表面清洗、配制、嵌刮腻子、涂刷。　　　　　　　　　　　　　计量单位：10个口

| 定　额　编　号 | | | | A11-10-118 | A11-10-119 | A11-10-120 |
|---|---|---|---|---|---|---|
| 项　目　名　称 | | | | 管道公称直径900(mm以内) | | |
| | | | | 中间漆 | | 面漆 |
| | | | | 一遍 | 增一遍 | 每一遍 |
| 基　　　价（元） | | | | 84.65 | 84.65 | 84.16 |
| 其中 | 人　工　费（元） | | | 77.28 | 77.28 | 77.28 |
| | 材　料　费（元） | | | 7.37 | 7.37 | 6.88 |
| | 机　械　费（元） | | | — | — | — |
| 名　　　称 | | 单位 | 单价（元） | 消　　耗　　量 | | |
| 人工 | 综合工日 | 工日 | 140.00 | 0.552 | 0.552 | 0.552 |
| 材料 | 聚氨酯磁漆 | kg | — | (1.770) | (1.370) | (2.790) |
| | 二甲苯 | kg | 7.77 | 0.910 | 0.910 | 0.870 |
| | 铁砂布 | 张 | 0.85 | 0.200 | 0.200 | — |
| | 其他材料费 | 元 | 1.00 | 0.130 | 0.130 | 0.120 |

# 六、无机富锌漆

工作内容：运料、表面清洗、调配、涂刷。

计量单位：10个口

| 定 额 编 号 | | | | A11-10-121 | A11-10-122 |
|---|---|---|---|---|---|
| 项 目 名 称 | | | | 管道公称直径100(mm以内) | |
| | | | | 底漆 | 磷酸水 |
| | | | | 两遍 | |
| 基 价（元） | | | | 14.51 | 9.83 |
| 其中 | 人 工 费（元） | | | 10.92 | 6.30 |
| | 材 料 费（元） | | | 3.59 | 3.53 |
| | 机 械 费（元） | | | — | — |
| 名 称 | 单位 | 单价(元) | | 消 耗 量 | |
| 人工 | 综合工日 | 工日 | 140.00 | 0.078 | 0.045 |
| 材料 | 锌粉 | kg | — | (0.880) | — |
| | 硅酸钠（水玻璃） | kg | 1.62 | 0.210 | — |
| | 磷酸 85% | kg | 5.65 | — | 0.070 |
| | 破布 | kg | 6.32 | 0.030 | — |
| | 溶剂汽油 200号 | kg | 5.64 | 0.220 | — |
| | 水 | t | 7.96 | 0.210 | 0.390 |
| | 铁砂布 | 张 | 0.85 | 0.030 | — |
| | 一氧化铅 | kg | 6.29 | 0.010 | — |
| | 其他材料费 | 元 | 1.00 | 0.060 | 0.030 |

工作内容：运料、表面清洗、调配、涂刷。

计量单位：10个口

| 定　额　编　号 | | | | | A11-10-123 | A11-10-124 |
|---|---|---|---|---|---|---|
| 项　目　名　称 | | | | | 管道公称直径100(mm以内) | |
| | | | | | 水 | 环氧银粉面漆 |
| | | | | | 两遍 | |
| 基　　　价（元） | | | | | 9.98 | 26.81 |
| 其中 | 人　工　费（元） | | | | 6.30 | 8.12 |
| | 材　料　费（元） | | | | 3.68 | 18.69 |
| | 机　械　费（元） | | | | — | — |
| 名　　称 | | 单位 | 单价（元） | | 消　　耗　　量 | |
| 人工 | 综合工日 | 工日 | 140.00 | | 0.045 | 0.058 |
| 材料 | 丙酮 | kg | 7.51 | | — | 0.350 |
| | 环氧树脂 | kg | 32.08 | | — | 0.350 |
| | 水 | t | 7.96 | | 0.460 | — |
| | 银粉 | kg | 51.28 | | — | 0.090 |
| | 其他材料费 | 元 | 1.00 | | 0.020 | 0.220 |

| 定 额 编 号 | | | | A11-10-125 | A11-10-126 |
|---|---|---|---|---|---|
| 项 目 名 称 | | | | 管道公称直径200(mm以内) | |
| | | | | 底漆 | 磷酸水 |
| | | | | 两遍 | |
| 基 价（元） | | | | 29.68 | 20.42 |
| 其中 | 人 工 费（元） | | | 22.54 | 13.30 |
| | 材 料 费（元） | | | 7.14 | 7.12 |
| | 机 械 费（元） | | | — | — |
| 名 称 | | 单位 | 单价(元) | 消 耗 量 | |
| 人工 | 综合工日 | 工日 | 140.00 | 0.161 | 0.095 |
| 材料 | 锌粉 | kg | — | (1.800) | — |
| | 硅酸钠(水玻璃) | kg | 1.62 | 0.410 | — |
| | 磷酸 85% | kg | 5.65 | — | 0.150 |
| | 破布 | kg | 6.32 | 0.060 | — |
| | 溶剂汽油 200号 | kg | 5.64 | 0.450 | — |
| | 水 | t | 7.96 | 0.410 | 0.780 |
| | 铁砂布 | 张 | 0.85 | 0.060 | — |
| | 一氧化铅 | kg | 6.29 | 0.020 | — |
| | 其他材料费 | 元 | 1.00 | 0.120 | 0.060 |

工作内容：运料、表面清洗、调配、涂刷。　　　　　　　　　　　　　　　　计量单位：10个口

| 定　额　编　号 | | | | A11-10-127 | A11-10-128 |
|---|---|---|---|---|---|
| 项　目　名　称 | | | | 管道公称直径200(mm以内) | |
| | | | | 水 | 环氧银粉面漆 |
| | | | | 两遍 | |
| 基　　　　　价（元） | | | | 20.75 | 53.49 |
| 其中 | 人　工　费（元） | | | 13.30 | 16.10 |
| | 材　料　费（元） | | | 7.45 | 37.39 |
| | 机　械　费（元） | | | — | — |
| 名　　称 | | 单位 | 单价（元） | 消　耗　量 | |
| 人工 | 综合工日 | 工日 | 140.00 | 0.095 | 0.115 |
| 材料 | 丙酮 | kg | 7.51 | — | 0.700 |
| | 环氧树脂 | kg | 32.08 | — | 0.700 |
| | 水 | t | 7.96 | 0.930 | — |
| | 银粉 | kg | 51.28 | — | 0.180 |
| | 其他材料费 | 元 | 1.00 | 0.050 | 0.450 |

工作内容：运料、表面清洗、调配、涂刷。 计量单位：10个口

| 定 额 编 号 | | | | A11-10-129 | A11-10-130 |
|---|---|---|---|---|---|
| 项 目 名 称 | | | | 管道公称直径300(mm以内) | |
| | | | | 底漆 | 磷酸水 |
| | | | | 两遍 | |
| 基 价 （元） | | | | 43.83 | 29.61 |
| 其中 | 人 工 费（元） | | | 33.32 | 19.04 |
| | 材 料 费（元） | | | 10.51 | 10.57 |
| | 机 械 费（元） | | | — | — |
| 名 称 | 单位 | 单价（元） | | 消 耗 量 | |
| 人工 | 综合工日 | 工日 | 140.00 | 0.238 | 0.136 |
| 材料 | 锌粉 | kg | — | (2.650) | — |
| | 硅酸钠(水玻璃) | kg | 1.62 | 0.610 | — |
| | 磷酸 85% | kg | 5.65 | — | 0.220 |
| | 破布 | kg | 6.32 | 0.080 | — |
| | 溶剂汽油 200号 | kg | 5.64 | 0.660 | — |
| | 水 | t | 7.96 | 0.610 | 1.160 |
| | 铁砂布 | 张 | 0.85 | 0.090 | — |
| | 一氧化铅 | kg | 6.29 | 0.030 | — |
| | 其他材料费 | 元 | 1.00 | 0.170 | 0.090 |

738

工作内容：运料、表面清洗、调配、涂刷。计量单位：10个口

| 定 额 编 号 | | | | | A11-10-131 | A11-10-132 |
|---|---|---|---|---|---|---|
| 项 目 名 称 | | | | | 管道公称直径300(mm以内) | |
| | | | | | 水 | 环氧银粉面漆 |
| | | | | | 两遍 | |
| 基 价（元） | | | | | 30.09 | 78.82 |
| 其中 | 人 工 费（元） | | | | 19.04 | 23.66 |
| | 材 料 费（元） | | | | 11.05 | 55.16 |
| | 机 械 费（元） | | | | — | — |
| 名 称 | | 单位 | 单价（元） | | 消 耗 量 | |
| 人工 | 综合工日 | 工日 | 140.00 | | 0.136 | 0.169 |
| 材料 | 丙酮 | kg | 7.51 | | — | 1.040 |
| | 环氧树脂 | kg | 32.08 | | — | 1.040 |
| | 水 | t | 7.96 | | 1.380 | — |
| | 银粉 | kg | 51.28 | | — | 0.260 |
| | 其他材料费 | 元 | 1.00 | | 0.070 | 0.650 |

工作内容：运料、表面清洗、调配、涂刷。 计量单位：10个口

| 定 额 编 号 | | | | | A11-10-133 | A11-10-134 |
|---|---|---|---|---|---|---|
| 项 目 名 称 | | | | | 管道公称直径400(mm以内) | |
| | | | | | 底漆 | 磷酸水 |
| | | | | | 两遍 | |
| 基 价 （元） | | | | | 57.67 | 39.14 |
| 其中 | 人 工 费 （元） | | | | 43.82 | 25.34 |
| | 材 料 费 （元） | | | | 13.85 | 13.80 |
| | 机 械 费 （元） | | | | — | — |
| 名 称 | | 单位 | 单价(元) | | 消 耗 量 | |
| 人工 | 综合工日 | 工日 | 140.00 | | 0.313 | 0.181 |
| 材料 | 锌粉 | kg | — | | (3.480) | — |
| | 硅酸钠(水玻璃) | kg | 1.62 | | 0.800 | — |
| | 磷酸 85% | kg | 5.65 | | — | 0.280 |
| | 破布 | kg | 6.32 | | 0.110 | — |
| | 溶剂汽油 200号 | kg | 5.64 | | 0.870 | — |
| | 水 | t | 7.96 | | 0.800 | 1.520 |
| | 铁砂布 | 张 | 0.85 | | 0.120 | — |
| | 一氧化铅 | kg | 6.29 | | 0.040 | — |
| | 其他材料费 | 元 | 1.00 | | 0.230 | 0.120 |

工作内容：运料、表面清洗、调配、涂刷。

计量单位：10个口

| 定 额 编 号 | | | | | A11-10-135 | A11-10-136 |
|---|---|---|---|---|---|---|
| 项 目 名 称 | | | | | 管道公称直径400(mm以内) | |
| | | | | | 水 | 环氧银粉面漆 |
| | | | | | | 两遍 |
| 基 价（元） | | | | | 39.84 | 103.36 |
| 其中 | 人 工 费（元） | | | | 25.34 | 31.22 |
| | 材 料 费（元） | | | | 14.50 | 72.14 |
| | 机 械 费（元） | | | | — | — |
| 名 称 | | 单位 | 单价(元) | | 消 耗 量 | |
| 人工 | 综合工日 | 工日 | 140.00 | | 0.181 | 0.223 |
| 材料 | 丙酮 | kg | 7.51 | | — | 1.360 |
| | 环氧树脂 | kg | 32.08 | | — | 1.360 |
| | 水 | t | 7.96 | | 1.810 | — |
| | 银粉 | kg | 51.28 | | — | 0.340 |
| | 其他材料费 | 元 | 1.00 | | 0.090 | 0.860 |

工作内容：运料、表面清洗、调配、涂刷。　　　　　　　　　　　　　　　　　　　　计量单位：10个口

| 定　额　编　号 | | | | A11-10-137 | A11-10-138 |
|---|---|---|---|---|---|
| 项　目　名　称 | | | | 管道公称直径500(mm以内) | |
| | | | | 底漆 | 磷酸水 |
| | | | | 两遍 | |
| 基　　　价（元） | | | | 107.79 | 73.06 |
| 其中 | 人　工　费（元） | | | 81.90 | 47.32 |
| | 材　料　费（元） | | | 25.89 | 25.74 |
| | 机　械　费（元） | | | — | — |
| 名　　称 | | 单位 | 单价(元) | 消　耗　量 | |
| 人工 | 综合工日 | 工日 | 140.00 | 0.585 | 0.338 |
| 材料 | 锌粉 | kg | — | (6.480) | — |
| | 硅酸钠(水玻璃) | kg | 1.62 | 1.500 | — |
| | 磷酸 85% | kg | 5.65 | — | 0.530 |
| | 破布 | kg | 6.32 | 0.200 | — |
| | 溶剂汽油 200号 | kg | 5.64 | 1.620 | — |
| | 水 | t | 7.96 | 1.500 | 2.830 |
| | 铁砂布 | 张 | 0.85 | 0.220 | — |
| | 一氧化铅 | kg | 6.29 | 0.080 | — |
| | 其他材料费 | 元 | 1.00 | 0.430 | 0.220 |

工作内容：运料、表面清洗、调配、涂刷。 计量单位：10个口

| 定 额 编 号 | | | | | A11-10-139 | A11-10-140 |
|---|---|---|---|---|---|---|
| 项 目 名 称 | | | | | \multicolumn{2}{c}{管道公称直径500(mm以内)} | |
| | | | | | 水 | 环氧银粉面漆 |
| | | | | | \multicolumn{2}{c}{两遍} | |
| 基 价（元） | | | | | 74.32 | 192.68 |
| 其中 | 人 工 费（元） | | | | 47.32 | 58.10 |
| | 材 料 费（元） | | | | 27.00 | 134.58 |
| | 机 械 费（元） | | | | — | — |
| 名 称 | | 单位 | 单价（元） | | \multicolumn{2}{c}{消 耗 量} | |
| 人工 | 综合工日 | 工日 | 140.00 | | 0.338 | 0.415 |
| 材料 | 丙酮 | kg | 7.51 | | — | 2.530 |
| | 环氧树脂 | kg | 32.08 | | — | 2.530 |
| | 水 | t | 7.96 | | 3.370 | — |
| | 银粉 | kg | 51.28 | | — | 0.640 |
| | 其他材料费 | 元 | 1.00 | | 0.170 | 1.600 |

工作内容：运料、表面清洗、调配、涂刷。 计量单位：10个口

| 定 额 编 号 | | | | | A11-10-141 | A11-10-142 |
|---|---|---|---|---|---|---|
| 项 目 名 称 | | | | | 管道公称直径600(mm以内) | |
| | | | | | 底漆 | 磷酸水 |
| | | | | | 两遍 | |
| 基 价（元） | | | | | 128.14 | 86.51 |
| 其中 | 人 工 费（元） | | | | 97.44 | 55.86 |
| | 材 料 费（元） | | | | 30.70 | 30.65 |
| | 机 械 费（元） | | | | — | — |
| | 名 称 | 单位 | 单价(元) | | 消 耗 量 | |
| 人工 | 综合工日 | 工日 | 140.00 | | 0.696 | 0.399 |
| 材料 | 锌粉 | kg | — | | (7.720) | — |
| | 硅酸钠(水玻璃) | kg | 1.62 | | 1.780 | — |
| | 磷酸 85% | kg | 5.65 | | — | 0.630 |
| | 破布 | kg | 6.32 | | 0.240 | — |
| | 溶剂汽油 200号 | kg | 5.64 | | 1.920 | — |
| | 水 | t | 7.96 | | 1.780 | 3.370 |
| | 铁砂布 | 张 | 0.85 | | 0.260 | — |
| | 一氧化铅 | kg | 6.29 | | 0.090 | — |
| | 其他材料费 | 元 | 1.00 | | 0.510 | 0.270 |

744

工作内容：运料、表面清洗、调配、涂刷。计量单位：10个口

| 定 额 编 号 | | | A11-10-143 | A11-10-144 |
|---|---|---|---|---|
| 项 目 名 称 | | | 管道公称直径600(mm以内) | |
| | | | 水 | 环氧银粉面漆 |
| | | | 两遍 | |
| 基 价（元） | | | 87.98 | 229.59 |
| 其中 | 人 工 费（元） | | 55.86 | 69.16 |
| | 材 料 费（元） | | 32.12 | 160.43 |
| | 机 械 费（元） | | — | — |
| 名 称 | 单位 | 单价(元) | 消 耗 量 | |
| 人工 | 综合工日 | 工日 | 140.00 | 0.399 | 0.494 |
| 材料 | 丙酮 | kg | 7.51 | — | 3.020 |
| | 环氧树脂 | kg | 32.08 | — | 3.020 |
| | 水 | t | 7.96 | 4.010 | — |
| | 银粉 | kg | 51.28 | — | 0.760 |
| | 其他材料费 | 元 | 1.00 | 0.200 | 1.900 |

工作内容：运料、表面清洗、调配、涂刷。 计量单位：10个口

| 定　额　编　号 | | | | | A11-10-145 | A11-10-146 |
|---|---|---|---|---|---|---|
| 项　目　名　称 | | | | | 管道公称直径700(mm以内) | |
| | | | | | 底漆 | 磷酸水 |
| | | | | | 两遍 | |
| 基　　　价（元） | | | | | 146.48 | 98.85 |
| 其中 | 人　工　费（元） | | | | 111.30 | 63.84 |
| | 材　料　费（元） | | | | 35.18 | 35.01 |
| | 机　械　费（元） | | | | — | — |
| 名　　称 | | 单位 | 单价(元) | | 消　耗　　量 | |
| 人工 | 综合工日 | 工日 | 140.00 | | 0.795 | 0.456 |
| 材料 | 锌粉 | kg | — | | (8.820) | — |
| | 硅酸钠(水玻璃) | kg | 1.62 | | 2.040 | — |
| | 磷酸 85% | kg | 5.65 | | — | 0.720 |
| | 破布 | kg | 6.32 | | 0.270 | |
| | 溶剂汽油 200号 | kg | 5.64 | | 2.200 | |
| | 水 | t | 7.96 | | 2.040 | 3.850 |
| | 铁砂布 | 张 | 0.85 | | 0.300 | — |
| | 一氧化铅 | kg | 6.29 | | 0.110 | — |
| | 其他材料费 | 元 | 1.00 | | 0.580 | 0.300 |

工作内容：运料、表面清洗、调配、涂刷。

计量单位：10个口

| 定　额　编　号 | | | | | A11-10-147 | A11-10-148 |
|---|---|---|---|---|---|---|
| 项　目　名　称 | | | | | 管道公称直径700(mm以内) | |
| | | | | | 水 | 环氧银粉面漆 |
| | | | | | 两遍 | |
| 基　　　价（元） | | | | | 100.61 | 262.34 |
| 其中 | 人　工　费（元） | | | | 63.84 | 78.96 |
| | 材　料　费（元） | | | | 36.77 | 183.38 |
| | 机　械　费（元） | | | | — | — |
| 名　　称 | | 单位 | 单价（元） | | 消　耗　量 | |
| 人工 | 综合工日 | 工日 | 140.00 | | 0.456 | 0.564 |
| 材料 | 丙酮 | kg | 7.51 | | — | 3.450 |
| | 环氧树脂 | kg | 32.08 | | — | 3.450 |
| | 水 | t | 7.96 | | 4.590 | — |
| | 银粉 | kg | 51.28 | | — | 0.870 |
| | 其他材料费 | 元 | 1.00 | | 0.230 | 2.180 |

| 定　额　编　号 | | | | A11-10-149 | A11-10-150 |
|---|---|---|---|---|---|
| 项　目　名　称 | | | | 管道公称直径800(mm以内) | |
| | | | | 底漆 | 磷酸水 |
| | | | | 两遍 | |
| 基　　　价（元） | | | | 166.13 | 113.14 |
| 其中 | 人　工　费（元） | | | 126.14 | 73.22 |
| | 材　料　费（元） | | | 39.99 | 39.92 |
| | 机　械　费（元） | | | — | — |
| 名　　称 | 单位 | 单价(元) | | 消　耗　　量 | |
| 人工 | 综合工日 | 工日 | 140.00 | 0.901 | 0.523 |
| 材料 | 锌粉 | kg | — | (10.050) | — |
| | 硅酸钠(水玻璃) | kg | 1.62 | 2.320 | — |
| | 磷酸 85% | kg | 5.65 | — | 0.820 |
| | 破布 | kg | 6.32 | 0.310 | — |
| | 溶剂汽油 200号 | kg | 5.64 | 2.500 | — |
| | 水 | t | 7.96 | 2.320 | 4.390 |
| | 铁砂布 | 张 | 0.85 | 0.340 | — |
| | 一氧化铅 | kg | 6.29 | 0.120 | — |
| | 其他材料费 | 元 | 1.00 | 0.660 | 0.345 |

工作内容：运料、表面清洗、调配、涂刷。

计量单位：10个口

| 定 额 编 号 | | | | | A11-10-151 | A11-10-152 |
|---|---|---|---|---|---|---|
| 项 目 名 称 | | | | | 管道公称直径800（mm以内） | |
| | | | | | 水 | 环氧银粉面漆 |
| | | | | | | 两遍 |
| 基 价（元） | | | | | 115.03 | 298.58 |
| 其中 | 人 工 费（元） | | | | 73.22 | 89.74 |
| | 材 料 费（元） | | | | 41.81 | 208.84 |
| | 机 械 费（元） | | | | — | — |
| 名 称 | | 单位 | 单价（元） | | 消 耗 量 | |
| 人工 | 综合工日 | 工日 | 140.00 | | 0.523 | 0.641 |
| 材料 | 丙酮 | kg | 7.51 | | — | 3.930 |
| | 环氧树脂 | kg | 32.08 | | — | 3.930 |
| | 水 | t | 7.96 | | 5.220 | — |
| | 银粉 | kg | 51.28 | | — | 0.990 |
| | 其他材料费 | 元 | 1.00 | | 0.258 | 2.480 |

工作内容：运料、表面清洗、调配、涂刷。

计量单位：10个口

| 定　额　编　号 | | | A11-10-153 | A11-10-154 |
|---|---|---|---|---|
| 项　目　名　称 | | | 管道公称直径900(mm以内) | |
| | | | 底漆 | 磷酸水 |
| | | | 两遍 | |
| 基　　　　价（元） | | | 186.73 | 126.73 |
| 其中 | 人　工　费（元） | | 141.82 | 81.90 |
| | 材　料　费（元） | | 44.91 | 44.83 |
| | 机　械　费（元） | | — | — |
| 名　　称 | 单位 | 单价（元） | 消　　耗　　量 | |
| 人工 | 综合工日 | 工日 | 140.00 | 1.013 | 0.585 |
| 材料 | 锌粉 | kg | — | (11.270) | — |
| | 硅酸钠(水玻璃) | kg | 1.62 | 2.600 | — |
| | 磷酸 85% | kg | 5.65 | — | 0.920 |
| | 破布 | kg | 6.32 | 0.350 | — |
| | 溶剂汽油 200号 | kg | 5.64 | 2.810 | — |
| | 水 | t | 7.96 | 2.600 | 4.930 |
| | 铁砂布 | 张 | 0.85 | 0.380 | — |
| | 一氧化铅 | kg | 6.29 | 0.140 | — |
| | 其他材料费 | 元 | 1.00 | 0.740 | 0.390 |

工作内容：运料、表面清洗、调配、涂刷。　　　　　　　　　　　　　　　　　　　计量单位：10个口

| 定　额　编　号 | | | | A11-10-155 | A11-10-156 |
|---|---|---|---|---|---|
| 项　目　名　称 | | | | 管道公称直径900(mm以内) | |
| | | | | 水 | 环氧银粉面漆 |
| | | | | 两遍 | |
| 基　　　　　价（元） | | | | 128.84 | 335.09 |
| 其中 | 人　工　费（元） | | | 81.90 | 100.80 |
| | 材　料　费（元） | | | 46.94 | 234.29 |
| | 机　械　费（元） | | | — | — |
| 名　　　称 | | 单位 | 单价（元） | 消　耗　　量 | |
| 人工 | 综合工日 | 工日 | 140.00 | 0.585 | 0.720 |
| 材料 | 丙酮 | kg | 7.51 | — | 4.410 |
| | 环氧树脂 | kg | 32.08 | — | 4.410 |
| | 水 | t | 7.96 | 5.860 | — |
| | 银粉 | kg | 51.28 | — | 1.110 |
| | 其他材料费 | 元 | 1.00 | 0.290 | 2.780 |

# 第十一章 阴极保护及牺牲阳极

# 说　　明

一、本章内容

陆地上管路、埋地电缆、储罐、构筑物的阴极保护。

二、本章工作内容

1. 恒电位仪、整流器、工作台等设备开箱检查、清洁搬运、划线定位、安装固定、电气联结找正、固定、接地、密封、挂牌、记录整理。

2. 阳极填料筛选、铺设阳极埋设、同回流线连接、接头防腐绝缘。

3. 电气连接、补漆。

4. 焊压铜鼻子、接线、焊点防腐、检查片制作、探头埋设。

5. TEG、CCVT、断电器：场内搬运、开箱检查、安装固定、连接进气管、电气接线、试车。

三、本章不包括以下工作内容，应执行其他章节有关定额或规定：

1. 水上工程、港口、船只的阴极保护。

2. 挖填土工程、钻孔（井）、开挖路面工程。

3. 接线箱安装、电缆敷设。

4. 阴极保护工程中的土石方开挖、回填等。

5. 阳极线杆架设、保护管敷设等。

6. 绝缘法兰、绝缘接头、绝缘短管等电绝缘装置安装。

7. 测试桩安装等。

8. 与第三方设备通信。

# 一、强制电流阴极保护

## 1.电源设备安装

工作内容：补充电、放电、充电、测试记录、清理。 计量单位：台

| 定 额 编 号 | | | A11-11-1 | A11-11-2 |
|---|---|---|---|---|
| 项 目 名 称 | | | 恒电位仪 | 整流器 |
| 基 价（元） | | | 554.07 | 518.73 |
| 其中 | 人 工 费（元） | | 105.28 | 97.16 |
| | 材 料 费（元） | | 300.20 | 285.90 |
| | 机 械 费（元） | | 148.59 | 135.67 |
| 名 称 | 单位 | 单价（元） | 消 耗 量 | |
| 人工 综合工日 | 工日 | 140.00 | 0.752 | 0.694 |
| 材料 铝芯橡皮绝缘电线 BLX-6mm² | m | 0.94 | 10.000 | 10.000 |
| 塑料绝缘电力电缆 VV 1×10mm² 500V | m | 15.38 | 10.000 | 10.000 |
| 塑料绝缘电力电缆 VV 1×4mm² 500V | m | 6.82 | 5.000 | 5.000 |
| 塑料绝缘电力电缆 VV 2×4mm² 500V | m | 8.86 | 10.000 | 10.000 |
| 其他材料费占材料费 | % | — | 5.000 | — |
| 机械 载重汽车 5t | 台班 | 430.70 | 0.345 | 0.315 |

工作内容：补充电、放电、充电、测试记录、清理。 计量单位：台

| 定 额 编 号 | | | | A11-11-3 | A11-11-4 |
|---|---|---|---|---|---|
| 项 目 名 称 | | | | 电位仪 | 恒电位仪 |
| | | | | 工作台 | 一体机柜 |
| 基 价（元） | | | | 219.61 | 358.93 |
| 其中 | 人 工 费（元） | | | 92.12 | 185.50 |
| | 材 料 费（元） | | | — | 54.95 |
| | 机 械 费（元） | | | 127.49 | 118.48 |
| 名 称 | | 单位 | 单价(元) | 消 耗 量 | |
| 人工 | 综合工日 | 工日 | 140.00 | 0.658 | 1.325 |
| 材料 | 镀锌裸铜绞线 16mm² | kg | 51.28 | — | 0.800 |
| | 六角螺栓 M10×20～50 | 套 | 0.43 | — | 12.000 |
| | 六角螺栓 M12×20～100 | 套 | 0.60 | — | 8.000 |
| | 棉纱头 | kg | 6.00 | — | 0.100 |
| | 平垫铁 | kg | 3.74 | — | 0.200 |
| | 其他材料费占材料费 | % | — | — | 5.000 |
| 机械 | 汽车式起重机 8t | 台班 | 763.67 | — | 0.099 |
| | 手持式万用表 | 台班 | 4.07 | — | 0.059 |
| | 载重汽车 5t | 台班 | 430.70 | 0.296 | 0.099 |

758

| 定　额　编　号 | | | A11-11-5 | A11-11-6 |
|---|---|---|---|---|
| 项　目　名　称 | | | 阴极保护电源 | |
| | | | TEG | CCVT |
| 基　　　　价（元） | | | 253.50 | 784.89 |
| 其中 | 人　工　费（元） | | 77.14 | 226.24 |
| | 材　料　费（元） | | 8.63 | 174.50 |
| | 机　械　费（元） | | 167.73 | 384.15 |
| 名　　称 | 单位 | 单价（元） | 消　耗　量 | |
| 人工 | 综合工日 | 工日 | 140.00 | 0.551 | 1.616 |

| | 名　　称 | 单位 | 单价（元） | | |
|---|---|---|---|---|---|
| 材料 | 低碳钢焊条 | kg | 6.84 | 0.500 | — |
| | 镀锌六角螺栓带螺母 2弹垫 M10×14～70 | 套 | 0.43 | 4.000 | — |
| | 铬不锈钢电焊条 | kg | 39.88 | — | 0.500 |
| | 尼龙砂轮片 φ150 | 片 | 3.32 | — | 2.000 |
| | 塑料绝缘电力电缆 VV 2×4mm² 500V | m | 8.86 | — | 16.000 |
| | 铜端子 6mm² | 个 | 1.54 | 2.000 | 4.000 |
| | 其他材料费占材料费 | % | — | 5.000 | — |
| 机械 | 柴油发电机组 30kW | 台班 | 342.23 | 0.250 | 0.250 |
| | 汽车式起重机 8t | 台班 | 763.67 | — | 0.250 |
| | 载重汽车 5t | 台班 | 430.70 | 0.150 | 0.250 |
| | 直流弧焊机 20kV·A | 台班 | 71.43 | 0.246 | — |

## 2.阳极、电极安装

工作内容：管子切口、坡口磨平、管口组对、垂直运输、管道安装、除锈、刷油。　　　　计量单位：根

| 定　额　编　号 | | | A11-11-7 | A11-11-8 | A11-11-9 |
|---|---|---|---|---|---|
| 项　目　名　称 | | | 棒式阳极安装 | | 钢铁 |
| | | | 单接头 | 双接头 | 阳极制安 |
| 基　　　　价（元） | | | 93.12 | 114.41 | 93.90 |
| 其中 | 人　工　费（元） | | 45.78 | 53.76 | 34.30 |
| | 材　料　费（元） | | 13.31 | 26.62 | 18.92 |
| | 机　械　费（元） | | 34.03 | 34.03 | 40.68 |
| 名　　称 | 单位 | 单价（元） | 消　　耗　　量 | | |
| 人工 综合工日 | 工日 | 140.00 | 0.327 | 0.384 | 0.245 |
| 材料 牺牲阳极棒 | 个 | — | (1.000) | (1.000) | (1.000) |
| 焊锡 | kg | 57.50 | — | — | 0.060 |
| 环氧树脂 | kg | 32.08 | 0.300 | 0.600 | 0.050 |
| 六角螺栓带螺母 M20×90 | 套 | 3.08 | 1.030 | 2.060 | 0.030 |
| 石油沥青 10号 | kg | 2.74 | — | — | 1.000 |
| 铜接线端子 DT-6 | 个 | 1.20 | — | — | 1.000 |
| 氧气 | m³ | 3.63 | — | — | 0.800 |
| 乙炔气 | kg | 10.45 | — | — | 0.240 |
| 紫铜电焊条 T107 φ3.2 | kg | 61.54 | — | — | 0.060 |
| 其他材料费占材料费 | % | — | 4.000 | 4.000 | 4.000 |
| 机械 柴油发电机组 30kW | 台班 | 342.23 | — | — | 0.049 |
| 交流弧焊机 21kV·A | 台班 | 57.35 | — | — | 0.049 |
| 载重汽车 5t | 台班 | 430.70 | 0.079 | 0.079 | 0.049 |

工作内容：管子切口、坡口磨平、管口组对、垂直运输、管道安装、除锈、刷油。　　　　　计量单位：根

| 定　额　编　号 | | | A11-11-10 |
|---|---|---|---|
| 项　目　名　称 | | | 柔性 |
| | | | 阳极制安 |
| 基　　　　　价（元） | | | 681.29 |
| 其中 | 人　工　费（元） | | 329.14 |
| | 材　料　费（元） | | 21.52 |
| | 机　械　费（元） | | 330.63 |
| 名　　　　称 | 单位 | 单价（元） | 消　耗　量 |
| 人工 综合工日 | 工日 | 140.00 | 2.351 |
| 材料 带状阳极 | m | — | (101.000) |
| 镀锌铁丝 16号 | kg | 3.57 | 0.300 |
| 凡士林 | kg | 6.56 | 1.250 |
| 钢丝绳 φ8.4 | m | 2.69 | 2.500 |
| 铜丝 | kg | 46.93 | 0.100 |
| 其他材料费占材料费 | % | — | 4.000 |
| 机械 柴油发电机组 30kW | 台班 | 342.23 | 0.158 |
| 汽车式起重机 8t | 台班 | 763.67 | 0.128 |
| 载重汽车 5t | 台班 | 430.70 | 0.266 |
| 载重汽车 8t | 台班 | 501.85 | 0.128 |

工作内容：管子切口、坡口磨平、管口组对、垂直运输、管道安装、除锈、刷油。 计量单位：10m

| 定 额 编 号 | | | | A11-11-11 | A11-11-12 |
|---|---|---|---|---|---|
| 项 目 名 称 | | | | 长效CuSO$_4$参比电极 | 锌参比电极 |
| 基 价（元） | | | | 57.78 | 193.19 |
| 其中 | 人 工 费（元） | | | 15.54 | 22.96 |
| | 材 料 费（元） | | | 42.24 | 170.23 |
| | 机 械 费（元） | | | — | — |
| 名 称 | 单位 | 单价（元） | | 消 耗 量 | |
| 人工 | 综合工日 | 工日 | 140.00 | 0.111 | 0.164 |
| 材料 | 锌参比电极 | 个 | — | — | (1.000) |
| | 焊锡 | kg | 57.50 | 0.050 | 0.050 |
| | 环氧树脂 | kg | 32.08 | 0.100 | 0.260 |
| | 硫酸铵 | kg | 8.38 | 1.000 | 0.500 |
| | 硫酸铜参比电极 | 只 | 8.75 | 1.000 | — |
| | 棉布袋 φ300×1500 | 个 | 2.49 | 1.000 | 2.000 |
| | 膨润土 | kg | 0.39 | 4.000 | 2.000 |
| | 石膏粉 | kg | 0.40 | 15.000 | 7.500 |
| | 铜接线端子 DT-6 | 个 | 1.20 | 1.000 | 1.000 |
| | 铜铝过渡接线端子 25 | 个 | 8.21 | — | 1.000 |
| | 中(粗)砂 | t | 87.00 | — | 1.500 |
| | 紫铜电焊条 T107 φ3.2 | kg | 61.54 | 0.100 | 0.100 |
| | 其他材料费占材料费 | % | — | 4.000 | — |

工作内容：管子切口、坡口磨平、管口组对、垂直运输、管道安装、除锈、刷油。　　计量单位：根

| 定　额　编　号 | | | A11-11-13 | A11-11-14 |
|---|---|---|---|---|
| 项　目　名　称 | | | 深井阳极安装 | |
| | | | 井深20m | 每增10m |
| 基　　　价（元） | | | 2322.29 | 957.47 |
| 其中 | 人　工　费（元） | | 711.62 | 209.30 |
| | 材　料　费（元） | | 485.54 | 194.06 |
| | 机　械　费（元） | | 1125.13 | 554.11 |
| 名　　称 | | 单位 | 单价（元） | 消　　耗　　量 | |
| 人工 | 综合工日 | 工日 | 140.00 | 5.083 | 1.495 |
| 材料 | 扁钢 | kg | 3.40 | 14.000 | — |
| | 低碳钢焊条 | kg | 6.84 | 8.580 | 3.980 |
| | 地脚螺栓 M6～8×100 | 套 | 0.32 | 4.000 | — |
| | 镀锌钢管 DN15 | m | 6.00 | 5.000 | — |
| | 镀锌钢管接头 20×2.75 | 个 | 1.28 | 9.000 | — |
| | 焊锡 | kg | 57.50 | 0.400 | — |
| | 环氧树脂 | kg | 32.08 | 0.200 | — |
| | 接线箱 | 个 | 13.25 | 1.000 | — |
| | 六角螺栓带螺母 M8×18～25 | 套 | 0.15 | 16.000 | — |
| | 水泥 42.5级 | kg | 0.33 | 40.000 | — |
| | 塑料管 DN25 | m | 1.54 | 21.000 | 10.000 |
| | 铜接线端子 DT-6 | 个 | 1.20 | 9.000 | — |
| | 铜铝过渡接线端子 25 | 个 | 8.21 | 9.000 | — |
| | 氧气 | m³ | 3.63 | 6.870 | 3.090 |
| | 乙炔气 | kg | 10.45 | 2.060 | 0.930 |
| | 中(粗)砂 | t | 87.00 | 0.750 | 1.500 |
| | 紫铜电焊条 T107 φ3.2 | kg | 61.54 | 0.500 | — |
| | 其他材料费占材料费 | % | — | 4.000 | |
| 机械 | 电焊机(综合) | 台班 | 118.28 | 1.990 | 0.946 |
| | 吊装机械(综合) | 台班 | 619.04 | 0.147 | 0.073 |
| | 立式钻床 25mm | 台班 | 6.58 | 0.650 | — |
| | 载重汽车 5t | 台班 | 430.70 | 0.493 | 0.246 |
| | 载重汽车 8t | 台班 | 501.85 | 1.160 | 0.580 |

工作内容：管子切口、坡口磨平、管口组对、垂直运输、管道安装、除锈、刷油。 计量单位：10m

| 定 额 编 号 | | | | A11-11-15 | A11-11-16 |
|---|---|---|---|---|---|
| 项 目 名 称 | | | | 阳极井套管 | |
| | | | | 钢套管 | 塑料管 |
| 基 价（元） | | | | 674.49 | 641.82 |
| 其中 | 人 工 费（元） | | | 398.02 | 378.14 |
| | 材 料 费（元） | | | 146.27 | 129.14 |
| | 机 械 费（元） | | | 130.20 | 134.54 |
| 名 称 | | 单位 | 单价（元） | 消 耗 | 量 |
| 人工 | 综合工日 | 工日 | 140.00 | 2.843 | 2.701 |
| 材料 | 酚醛防锈漆(各色) | kg | — | (2.674) | — |
| | 碳钢管 | m | — | (10.300) | — |
| | 电 | kW·h | 0.68 | 9.604 | 5.558 |
| | 电阻丝 | 根 | 0.20 | — | 0.010 |
| | 钢丝 φ4.0 | kg | 4.02 | 0.081 | — |
| | 角钢(综合) | kg | 3.61 | 0.138 | — |
| | 聚氯乙烯焊条 | kg | 20.77 | — | 0.428 |
| | 煤焦油沥青漆 L01-17 | kg | 6.84 | 10.919 | — |
| | 棉纱头 | kg | 6.00 | 0.051 | 0.602 |
| | 木板 | m³ | 1634.16 | — | 0.001 |
| | 木柴 | kg | 0.18 | — | 1.030 |
| | 尼龙砂轮片 φ100×16×3 | 片 | 2.56 | 1.954 | — |
| | 破布 | kg | 6.32 | 2.441 | — |
| | 汽油 | kg | 6.77 | 0.796 | — |
| | 塑料布 | m² | 1.97 | 0.878 | — |
| | 铁砂布 | 张 | 0.85 | — | 2.500 |
| | 氧气 | m³ | 3.63 | 1.085 | — |
| | 乙炔气 | kg | 10.45 | 0.362 | 10.300 |
| | 圆型钢丝轮 φ100 | 片 | 13.33 | 2.041 | — |
| | 其他材料费占材料费 | % | — | 1.000 | 1.000 |
| 机械 | 电动空气压缩机 0.6m³/min | 台班 | 37.30 | — | 1.446 |
| | 吊装机械(综合) | 台班 | 619.04 | 0.149 | 0.128 |
| | 木工圆锯机 500mm | 台班 | 25.33 | — | 0.004 |
| | 汽车式起重机 8t | 台班 | 763.67 | 0.030 | 0.001 |
| | 载重汽车 8t | 台班 | 501.85 | 0.030 | 0.001 |

# 3. 检查头、通电点

工作内容：1. 表面处理、电气连接、连接点防腐、绝缘；2. 均压线连接:表面处理、焊压铜鼻子、电气连接、连接点防腐、绝缘。

计量单位：处

| 定 额 编 号 | | | | A11-11-17 | A11-11-18 | A11-11-19 |
|---|---|---|---|---|---|---|
| 项 目 名 称 | | | | 检查头 | 通电点 | 均压线连接 |
| 基 价（元） | | | | 148.55 | 88.31 | 193.54 |
| 其中 | 人 工 费（元） | | | 116.62 | 22.96 | 28.84 |
| | 材 料 费（元） | | | 26.51 | 63.18 | 62.94 |
| | 机 械 费（元） | | | 5.42 | 2.17 | 101.76 |
| 名 称 | | 单位 | 单价（元） | 消 耗 量 | | |
| 人工 | 综合工日 | 工日 | 140.00 | 0.833 | 0.164 | 0.206 |
| 材料 | 低碳钢焊条 | kg | 6.84 | — | — | 0.200 |
| | 电池盒 | 个 | 2.14 | — | 0.200 | 0.200 |
| | 焊锡 | kg | 57.50 | 0.100 | 0.100 | 0.050 |
| | 铝热焊剂(带点火器) 10g/瓶 | 瓶 | 7.35 | — | 6.000 | 6.000 |
| | 铝热焊模具 LHM-3Y | 个 | 18.80 | — | 0.200 | 0.200 |
| | 铝芯橡皮绝缘电线 BLX-6mm² | m | 0.94 | 10.000 | — | — |
| | 热熔胶 | kg | 16.45 | — | 0.100 | 0.100 |
| | 热轧厚钢板 δ4.5~10 | kg | 3.20 | — | — | 0.400 |
| | 收缩带 | m² | 0.56 | — | 0.480 | 0.480 |
| | 铜端子 16mm² | 个 | 2.11 | — | 2.000 | 2.000 |
| | 铜端子 6mm² | 个 | 1.54 | 10.000 | — | — |
| | 无缝钢管 Φ89×6 | kg | 4.44 | 0.100 | — | — |
| | 其他材料费占材料费 | % | — | 5.000 | 5.000 | 5.000 |
| 机械 | 柴油发电机组 30kW | 台班 | 342.23 | — | — | 0.246 |
| | 直流弧焊机 14kV·A | 台班 | 54.23 | 0.100 | 0.040 | — |
| | 直流弧焊机 20kV·A | 台班 | 71.43 | — | — | 0.246 |

# 二、牺牲阳极安装

工作内容：表面处理、焊接、配制填料、装袋、焊点防腐绝缘。　　　　　　　　　　　计量单位：10支

| 定　额　编　号 | | | A11-11-20 | A11-11-21 |
|---|---|---|---|---|
| 项　目　名　称 | | | 块状牺牲阳极 | |
| | | | 锌镁阳极块 | |
| | | | 同测试桩 | 同保护体 |
| | | | 连接 | |
| 基　　　　　价（元） | | | 1565.98 | 1934.22 |
| 其中 | 人　工　费（元） | | 254.80 | 318.36 |
| | 材　料　费（元） | | 828.98 | 965.97 |
| | 机　械　费（元） | | 482.20 | 649.89 |
| 名　　　称 | 单位 | 单价(元) | 消　　耗　　量 | |
| 人工 综合工日 | 工日 | 140.00 | 1.820 | 2.274 |
| 材料 镀锌铁丝 16号 | kg | 3.57 | 0.500 | 0.500 |
| 焊锡 | kg | 57.50 | 0.500 | — |
| 环氧树脂 | kg | 32.08 | 3.000 | 3.000 |
| 聚乙烯管 | m | 1.80 | 1.000 | 1.000 |
| 冷缠胶带 | m² | 5.56 | — | 1.200 |
| 铝热焊剂(带点火器) 10g/瓶 | 瓶 | 7.35 | — | 30.000 |
| 铝热焊模具 LHM-3Y | 个 | 18.80 | — | 1.000 |
| 芒硝 | kg | 4.31 | 35.000 | 35.000 |
| 棉布袋 φ300×1500 | 个 | 2.49 | 10.000 | 10.000 |
| 膨润土 | kg | 0.39 | 140.000 | 140.000 |
| 热熔胶 | kg | 16.45 | — | 0.500 |
| 石膏粉 | kg | 0.40 | 525.000 | 525.000 |
| 收缩带 | m² | 0.56 | — | 4.500 |
| 铜端子 6mm² | 个 | 1.54 | 10.000 | — |
| 铜铝过渡接线端子 25 | 个 | 8.21 | 10.000 | — |
| 紫铜电焊条 T107 φ3.2 | kg | 61.54 | 2.000 | 2.000 |
| 其他材料费占材料费 | % | — | 5.000 | 5.000 |
| 机械 柴油发电机组 30kW | 台班 | 342.23 | — | 0.490 |
| 电焊机(综合) | 台班 | 118.28 | 0.490 | 0.490 |
| 载重汽车 5t | 台班 | 430.70 | 0.985 | 0.985 |

工作内容：表面处理、焊接、配制填料、装袋、焊点防腐绝缘。                                           计量单位：10支

| 定 额 编 号 | | | A11-11-22 | A11-11-23 |
|---|---|---|---|---|
| 项 目 名 称 | | | 块状牺牲阳极 | |
| | | | 接地电池块 | |
| | | | 同测试桩 | 同被保护体 |
| | | | 连接 | |
| 基 价（元） | | | 2278.82 | 2974.07 |
| 其中 | 人 工 费（元） | | 329.56 | 412.02 |
| | 材 料 费（元） | | 1195.59 | 1469.57 |
| | 机 械 费（元） | | 753.67 | 1092.48 |
| 名 称 | | 单位 | 单价（元） | 消 耗 量 | |
| 人工 | 综合工日 | 工日 | 140.00 | 2.354 | 2.943 |
| 材料 | 接地电池 | 个 | — | (10.000) | (10.000) |
| | 镀锌铁丝 16号 | kg | 3.57 | 1.000 | 1.000 |
| | 焊锡 | kg | 57.50 | 1.000 | — |
| | 环氧树脂 | kg | 32.08 | 6.000 | 6.000 |
| | 聚乙烯管 | m | 1.80 | 2.000 | 2.000 |
| | 冷缠胶带 | m² | 5.56 | — | 2.400 |
| | 铝热焊剂(带点火器) 10g/瓶 | 瓶 | 7.35 | — | 60.000 |
| | 铝热焊模具 LHM-3Y | 个 | 18.80 | — | 2.000 |
| | 芒硝 | kg | 4.31 | 35.000 | 35.000 |
| | 棉布袋 φ300×1500 | 个 | 2.49 | 10.000 | 10.000 |
| | 膨润土 | kg | 0.39 | 140.000 | 140.000 |
| | 热熔胶 | kg | 16.45 | — | 1.000 |
| | 石膏粉 | kg | 0.40 | 525.000 | 525.000 |
| | 收缩带 | m² | 0.56 | — | 9.000 |
| | 铜端子 6mm² | 个 | 1.54 | 20.000 | — |
| | 铜铝过渡接线端子 25 | 个 | 8.21 | 20.000 | — |
| | 紫铜电焊条 T107 φ3.2 | kg | 61.54 | 4.000 | 4.000 |
| | 其他材料费占材料费 | % | — | 5.000 | 5.000 |
| 机械 | 柴油发电机组 30kW | 台班 | 342.23 | — | 0.990 |
| | 电焊机(综合) | 台班 | 118.28 | 0.990 | 0.990 |
| | 载重汽车 5t | 台班 | 430.70 | 1.478 | 1.478 |

工作内容：表面处理、焊接、配制填料、装袋、焊点防腐绝缘。 计量单位：10m

| 定 额 编 号 | | | | A11-11-24 | A11-11-25 |
|---|---|---|---|---|---|
| 项 目 名 称 | | | | 带状牺牲阳极 | |
| | | | | 同管沟敷设 | |
| | | | | 同测试桩连接 | 同保护体连接 |
| 基 价（元） | | | | 262.03 | 192.94 |
| 其中 | 人 工 费（元） | | | 22.54 | 16.94 |
| | 材 料 费（元） | | | 130.16 | 112.26 |
| | 机 械 费（元） | | | 109.33 | 63.74 |
| 名 称 | | 单位 | 单价(元) | 消 耗 量 | |
| 人工 | 综合工日 | 工日 | 140.00 | 0.161 | 0.121 |
| 材料 | 带状阳极 | m | — | (10.300) | (10.300) |
| | 环氧树脂 | kg | 32.08 | 0.100 | 0.100 |
| | 冷缠胶带 | m² | 5.56 | 0.160 | — |
| | 硫酸镁 | kg | 1.78 | 35.000 | 35.000 |
| | 铝热焊剂(带点火器) 10g/瓶 | 瓶 | 7.35 | 3.000 | — |
| | 铝热焊模具 LHM-3Y | 个 | 18.80 | 0.100 | — |
| | 膨润土 | kg | 0.39 | 50.000 | 50.000 |
| | 热熔胶 | kg | 16.45 | 0.100 | — |
| | 石膏粉 | kg | 0.40 | 15.000 | 15.000 |
| | 收缩带 | m² | 0.56 | 0.600 | — |
| | 铜端子 6mm² | 个 | 1.54 | — | 1.000 |
| | 铜铝过渡接线端子 25 | 个 | 8.21 | — | 1.000 |
| | 紫铜电焊条 T107 φ3.2 | kg | 61.54 | 0.100 | 0.100 |
| | 其他材料费占材料费 | % | — | 5.000 | 5.000 |
| 机械 | 柴油发电机组 30kW | 台班 | 342.23 | 0.099 | — |
| | 电焊机(综合) | 台班 | 118.28 | 0.099 | — |
| | 载重汽车 5t | 台班 | 430.70 | 0.148 | 0.148 |

工作内容：表面处理、焊接、配制填料、装袋、焊点防腐绝缘。 计量单位：10m

| 定 额 编 号 | | | | A11-11-26 |
|---|---|---|---|---|
| 项 目 名 称 | | | | 带状牺牲阳极 |
| | | | | 套管内敷设 |
| 基 价（元） | | | | 241.07 |
| 其中 | 人 工 费（元） | | | 25.48 |
| | 材 料 费（元） | | | 85.15 |
| | 机 械 费（元） | | | 130.44 |
| 名 称 | | 单位 | 单价（元） | 消 耗 量 |
| 人工 | 综合工日 | 工日 | 140.00 | 0.182 |
| 材料 | 带状阳极 | m | — | (10.300) |
| | 冷缠胶带 | m² | 5.56 | 0.200 |
| | 铝热焊剂(带点火器) 10g/瓶 | 瓶 | 7.35 | 3.000 |
| | 膨润土 | kg | 0.39 | 140.000 |
| | 热熔胶 | kg | 16.45 | 0.200 |
| | 收缩带 | m² | 0.56 | 0.072 |
| | 其他材料费占材料费 | % | — | 5.000 |
| 机械 | 柴油发电机组 30kW | 台班 | 342.23 | 0.099 |
| | 电焊机(综合) | 台班 | 118.28 | 0.099 |
| | 载重汽车 5t | 台班 | 430.70 | 0.197 |

| 定　额　编　号 | | | | A11-11-27 |
|---|---|---|---|---|
| 项　目　名　称 | | | | 带状牺牲阳极 |
| | | | | 等电位垫 |
| 基　　　　　价（元） | | | | 210.81 |
| 其中 | 人　工　费（元） | | | 16.94 |
| | 材　料　费（元） | | | 84.54 |
| | 机　械　费（元） | | | 109.33 |
| 名　　　称 | 单位 | 单价(元) | 消　耗　量 | |
| 人工 | 综合工日 | 工日 | 140.00 | 0.121 |
| 材料 | 铝热焊剂(带点火器) 10g/瓶 | 瓶 | 7.35 | 3.000 |
| | 铝热焊模具 LHM-3Y | 个 | 18.80 | 0.100 |
| | 膨润土 | kg | 0.39 | 140.000 |
| | 热熔胶 | kg | 16.45 | 0.100 |
| | 收缩带 | m² | 0.56 | 0.600 |
| | 其他材料费占材料费 | % | — | 5.000 |
| 机械 | 柴油发电机组 30kW | 台班 | 342.23 | 0.099 |
| | 电焊机(综合) | 台班 | 118.28 | 0.099 |
| | 载重汽车 5t | 台班 | 430.70 | 0.148 |

# 三、排流保护

工作内容：1.接地极：下料加工、刷漆、焊接、打入地下、电气连接；2.接地引线敷设：平直、下料、测位、焊接、固定；3.滑雪降阻处理：调配降阻剂、填充降阻剂；4.接地降阻测试：测量、记录。

计量单位：台

| 定 额 编 号 | | | | A11-11-28 | A11-11-29 |
|---|---|---|---|---|---|
| 项 目 名 称 | | | | 强制 | 极性 |
| | | | | 排流器 | |
| 基 价（元） | | | | 797.89 | 897.71 |
| 其中 | 人 工 费（元） | | | 93.66 | 131.18 |
| | 材 料 费（元） | | | 115.41 | 177.71 |
| | 机 械 费（元） | | | 588.82 | 588.82 |
| 名 称 | | 单位 | 单价（元） | 消 耗 量 | |
| 人工 | 综合工日 | 工日 | 140.00 | 0.669 | 0.937 |
| 材料 | 极性排流器保护箱 | 台 | — | — | (1.000) |
| | 强制排流器 | 台 | — | (1.000) | (1.000) |
| | 电池盒 | 个 | 2.14 | — | 0.200 |
| | 焊锡 | kg | 57.50 | 0.100 | 0.100 |
| | 铝热焊剂(带点火器) 10g/瓶 | 瓶 | 7.35 | — | 6.000 |
| | 铝热焊模具 LHM-3Y | 个 | 18.80 | — | 0.200 |
| | 铝芯橡皮绝缘电线 BLX-6mm² | m | 0.94 | 10.000 | 10.000 |
| | 热熔胶 | kg | 16.45 | — | 0.600 |
| | 收缩带 | m² | 0.56 | — | 0.078 |
| | 塑料绝缘电力电缆 VV 2×4mm² 500V | m | 8.86 | 10.000 | 10.000 |
| | 铜端子 16mm² | 个 | 2.11 | — | 2.000 |
| | 铜端子 6mm² | 个 | 1.54 | 4.000 | 2.000 |
| | 其他材料费占材料费 | % | — | 5.000 | 5.000 |
| 机械 | 汽车式起重机 8t | 台班 | 763.67 | 0.493 | 0.493 |
| | 载重汽车 5t | 台班 | 430.70 | 0.493 | 0.493 |

工作内容：1.接地极:下料加工、刷漆、焊接、打入地下、电气连接；2.接地引线敷设:平直、下料、测位、焊接、固定；3.滑雪降阻处理:调配降阻剂、填充降阻剂；4.接地降阻测试:测量、记录。

计量单位：支

| 定　额　编　号 | | | | A11-11-30 | A11-11-31 | A11-11-32 |
|---|---|---|---|---|---|---|
| 项　目　名　称 | | | | 接地极 | | |
| | | | | 钢制接地极 | 高硅铁 | 石墨 |
| 基　　　价（元） | | | | 79.75 | 622.93 | 523.14 |
| 其中 | 人　工　费（元） | | | 16.94 | 24.22 | 15.40 |
| | 材　料　费（元） | | | 22.13 | 558.03 | 486.64 |
| | 机　械　费（元） | | | 40.68 | 40.68 | 21.10 |
| 名　　称 | | 单位 | 单价（元） | 消　　耗　　量 | | |
| 人工 | 综合工日 | 工日 | 140.00 | 0.121 | 0.173 | 0.110 |
| 材料 | 接地极 | 根 | — | (1.000) | — | — |
| | 低碳钢焊条 | kg | 6.84 | 0.100 | 0.100 | 0.100 |
| | 高硅铁阳极 φ70×1500 | 个 | 509.15 | — | 1.000 | — |
| | 焊锡 | kg | 57.50 | 0.050 | 0.050 | 0.050 |
| | 环氧树脂 | kg | 32.08 | 0.050 | 0.050 | 0.050 |
| | 石墨阳极 | 个 | 448.55 | — | — | 1.000 |
| | 收缩带 | m² | 0.56 | 0.009 | 0.009 | 0.009 |
| | 铜端子 6mm² | 个 | 1.54 | 1.000 | 1.000 | 1.000 |
| | 铜铝过渡接线端子 25 | 个 | 8.21 | 1.000 | 1.000 | 1.000 |
| | 紫铜电焊条 T107 φ3.2 | kg | 61.54 | 0.100 | 0.120 | — |
| | 其他材料费占材料费 | % | | 5.000 | 5.000 | 5.000 |
| 机械 | 柴油发电机组 30kW | 台班 | 342.23 | 0.049 | 0.049 | — |
| | 交流弧焊机 21kV·A | 台班 | 57.35 | 0.049 | 0.049 | — |
| | 载重汽车 5t | 台班 | 430.70 | 0.049 | 0.049 | 0.049 |

工作内容:1.接地极:下料加工、刷漆、焊接、打入地下、电气连接;2.接地引线敷设:平直、下料、测位、焊接、固定;3.滑雪降阻处理:调配降阻剂、填充降阻剂;4.接地降阻测试:测量、记录。

计量单位:10m

| 定　额　编　号 | A11-11-33 |
|---|---|
| 项　目　名　称 | 接地引线 |
| | 敷设 |
| 基　　价（元） | 205.33 |

| 其中 | 人　工　费（元） | 116.06 |
|---|---|---|
| | 材　料　费（元） | 56.89 |
| | 机　械　费（元） | 32.38 |

| | 名　　　称 | 单位 | 单价（元） | 消　耗　量 |
|---|---|---|---|---|
| 人工 | 综合工日 | 工日 | 140.00 | 0.829 |
| 材料 | 接地母线 | m | — | (10.300) |
| | 低碳钢焊条 | kg | 6.84 | 0.800 |
| | 焊锡 | kg | 57.50 | 0.100 |
| | 环氧树脂 | kg | 32.08 | 0.900 |
| | 收缩带 | m² | 0.56 | 0.420 |
| | 铜端子 6mm² | 个 | 1.54 | 1.000 |
| | 紫铜电焊条 T107 Φ3.2 | kg | 61.54 | 0.200 |
| | 其他材料费占材料费 | % | — | 5.000 |
| 机械 | 柴油发电机组 30kW | 台班 | 342.23 | 0.039 |
| | 交流弧焊机 21kV·A | 台班 | 57.35 | 0.039 |
| | 载重汽车 5t | 台班 | 430.70 | 0.039 |

工作内容：1.接地极:下料加工、刷漆、焊接、打入地下、电气连接；2.接地引线敷设:平直、下料、测
位、焊接、固定；3.滑雪降阻处理:调配降阻剂、填充降阻剂；4.接地降阻测试:测量、记录。

计量单位：支

| 定 额 编 号 | A11-11-34 |
| --- | --- |
| 项 目 名 称 | 化学降阻 |
| | 处理 |
| 基 价（元） | 56.14 |

| 其中 | 人 工 费（元） | 56.14 |
| --- | --- | --- |
| | 材 料 费（元） | — |
| | 机 械 费（元） | — |

| | 名 称 | 单位 | 单价(元) | 消 耗 量 |
| --- | --- | --- | --- | --- |
| 人 工 | 综合工日 | 工日 | 140.00 | 0.401 |

工作内容：1.接地极:下料加工、刷漆、焊接、打入地下、电气连接；2.接地引线敷设:平直、下料、测
位、焊接、固定；3.滑雪降阻处理:调配降阻剂、填充降阻剂；4.接地降阻测试:测量、记录。

计量单位：组

| 定　额　编　号 | A11-11-35 |
|---|---|
| 项　目　名　称 | 接地降阻 |
| | 测试 |
| 基　　　价（元） | 37.38 |

| 其中 | 人　工　费（元） | 37.38 |
|---|---|---|
| | 材　料　费（元） | — |
| | 机　械　费（元） | — |

| | 名　　　称 | 单位 | 单价（元） | 消　耗　量 |
|---|---|---|---|---|
| 人<br><br>工 | 综合工日 | 工日 | 140.00 | 0.267 |

# 四、辅助安装

## 1. 测试桩接线、检查片制作安装、测试探头安装

工作内容：1.测试桩接线:焊压铜鼻子、接线、焊点防腐；2.检查片制安:检查片制作、防腐、埋设、接线、焊点防腐；

计量单位：对

| 定 额 编 号 | | | | A11-11-36 | A11-11-37 |
|---|---|---|---|---|---|
| 项 目 名 称 | | | | 测试桩接线 | |
| | | | | 接管线 | 接金属结构 |
| 基 价（元） | | | | 89.06 | 33.89 |
| 其中 | 人 工 费（元） | | | 16.94 | 11.20 |
| | 材 料 费（元） | | | 23.55 | 11.27 |
| | 机 械 费（元） | | | 48.57 | 11.42 |
| 名 称 | 单位 | 单价(元) | | 消 耗 量 | |
| 人工 | 综合工日 | 工日 | 140.00 | 0.121 | 0.080 |
| 材料 | 低碳钢焊条 | kg | 6.84 | — | 0.200 |
| | 电池盒 | 个 | 2.14 | 0.100 | — |
| | 焊锡 | kg | 57.50 | 0.100 | — |
| | 环氧树脂 | kg | 32.08 | — | 0.100 |
| | 冷缠胶带 | m² | 5.56 | 0.100 | — |
| | 铝热焊剂(带点火器) 10g/瓶 | 瓶 | 7.35 | 1.000 | — |
| | 铝热焊模具 LHM-3Y | 个 | 18.80 | 0.100 | — |
| | 热熔胶 | kg | 16.45 | 0.300 | — |
| | 收缩带 | m² | 0.56 | 0.360 | — |
| | 铜端子 6mm² | 个 | 1.54 | 1.000 | — |
| | 紫铜电焊条 T107 Φ3.2 | kg | 61.54 | — | 0.100 |
| | 其他材料费占材料费 | % | — | 5.000 | 5.000 |
| 机械 | 柴油发电机组 30kW | 台班 | 342.23 | 0.100 | |
| | 交流弧焊机 21kV·A | 台班 | 57.35 | 0.100 | 0.049 |
| | 载重汽车 5t | 台班 | 430.70 | 0.020 | 0.020 |

工作内容：1.测试桩接线:焊压铜鼻子、接线、焊点防腐；2.检查片制安:检查片制作、防腐、埋设、接线、焊点防腐；

计量单位：个

| 定　额　编　号 | | | | A11-11-38 | A11-11-39 |
|---|---|---|---|---|---|
| 项　目　名　称 | | | | 检查片制安 | |
| | | | | 接管线 | 接测试桩 |
| 基　　　价（元） | | | | 100.45 | 38.17 |
| 其中 | 人　工　费（元） | | | 22.54 | 11.20 |
| | 材　料　费（元） | | | 33.33 | 26.97 |
| | 机　械　费（元） | | | 44.58 | — |
| 名　　称 | | 单位 | 单价（元） | 消　耗　量 | |
| 人工 | 综合工日 | 工日 | 140.00 | 0.161 | 0.080 |
| 材料 | 扁钢 | kg | 3.40 | 2.000 | — |
| | 焊锡 | kg | 57.50 | — | 0.100 |
| | 环氧煤沥青底漆 | kg | 15.38 | 0.200 | 0.200 |
| | 环氧树脂 | kg | 32.08 | 0.200 | 0.200 |
| | 冷缠胶带 | m² | 5.56 | 0.064 | 0.016 |
| | 六角螺栓带螺母 M12×50 | 套 | 0.60 | 1.000 | 1.000 |
| | 热熔胶 | kg | 16.45 | 0.300 | — |
| | 热轧厚钢板 δ4.5～10 | kg | 3.20 | 1.000 | — |
| | 收缩带 | m² | 0.56 | 0.360 | — |
| | 铜端子 6mm² | 个 | 1.54 | — | 1.000 |
| | 铜铝过渡接线端子 25 | 个 | 8.21 | — | 1.000 |
| | 紫铜电焊条 T107 φ3.2 | kg | 61.54 | 0.100 | — |
| | 其他材料费占材料费 | % | — | 5.000 | 5.000 |
| 机械 | 柴油发电机组 30kW | 台班 | 342.23 | 0.090 | — |
| | 交流弧焊机 21kV·A | 台班 | 57.35 | 0.090 | — |
| | 载重汽车 5t | 台班 | 430.70 | 0.020 | — |

工作内容：探头埋设、电气连接、防腐。 计量单位：个

| 定 额 编 号 | | | | | A11-11-40 | |
|---|---|---|---|---|---|---|
| 项 目 名 称 | | | | | 测试探头安装 | |
| 基 价 （元） | | | | | 52.61 | |
| 其中 | 人 工 费 （元） | | | | 7.56 | |
| | 材 料 费 （元） | | | | 21.14 | |
| | 机 械 费 （元） | | | | 23.91 | |
| 名 称 | | 单位 | 单价（元） | 消 耗 量 | | |
| 人工 | 综合工日 | 工日 | 140.00 | 0.054 | | |
| 材料 | 测试探头 | 个 | — | (1.000) | | |
| | 聚乙烯管PE De76×150 | m | — | (3.000) | | |
| | 环氧树脂 | kg | 32.08 | 0.100 | | |
| | 铜端子 6mm² | 个 | 1.54 | 3.000 | | |
| | 紫铜电焊条 T107 φ3.2 | kg | 61.54 | 0.200 | | |
| | 其他材料费占材料费 | % | — | 5.000 | | |
| 机械 | 交流弧焊机 21kV·A | 台班 | 57.35 | 0.049 | | |
| | 载重汽车 5t | 台班 | 430.70 | 0.049 | | |

778

# 2.绝缘性能测试、保护装置安装

工作内容：1.绝缘装置绝缘性能测试:测试、记录等；2.火花间隙保护装置:开箱检查、安支撑架、安装固定等；3.极化电极:开箱检查、支架安装、电池液配制、灌注、安装固定、接线、点焊、防腐等；4.准备、搬运、设备清理、检查、校接线、调试记录。

计量单位：处

| 定 额 编 号 | A11-11-41 |
|---|---|
| 项 目 名 称 | 绝缘性能 |
| | 测试 |
| 基　　　　价（元） | 112.42 |
| 其中 人 工 费（元） | 112.42 |
| 　 材 料 费（元） | — |
| 　 机 械 费（元） | — |

| | 名　　　称 | 单位 | 单价(元) | 消　耗　量 |
|---|---|---|---|---|
| 人　工 | 综合工日 | 工日 | 140.00 | 0.803 |

工作内容：1.绝缘装置绝缘性能测试:测试、记录等；2.火花间隙保护装置:开箱检查、安支撑架、安装固定等；3.极化电极:开箱检查、支架安装、电池液配制、灌注、安装固定、接线、点焊、防腐等；4.准备、搬运、设备清理、检查、校接线、调试记录。

计量单位：个

| 定　额　编　号 | | | A11-11-42 | A11-11-43 | A11-11-44 |
|---|---|---|---|---|---|
| 项　目　名　称 | | | 保护装置安装 | | |
| | | | 火花间隙 | 极化电池 | 浪涌保护器 |
| 基　　　价（元） | | | 152.87 | 198.91 | 30.93 |
| 其中 | 人　工　费（元） | | 56.14 | 112.42 | 23.94 |
| | 材　料　费（元） | | 54.09 | 43.85 | 2.31 |
| | 机　械　费（元） | | 42.64 | 42.64 | 4.68 |
| 名　　　称 | 单位 | 单价（元） | 消　　耗　　量 | | |
| 人工 综合工日 | 工日 | 140.00 | 0.401 | 0.803 | 0.171 |
| 材料 电池盒 | 个 | 2.14 | — | 0.200 | — |
| 焊锡 | kg | 57.50 | 0.100 | 0.100 | — |
| 环氧树脂 | kg | 32.08 | 0.500 | 0.100 | — |
| 六角螺栓带螺母 M12×50 | 套 | 0.60 | 2.000 | — | — |
| 六角螺栓带螺母 M8×18～25 | 套 | 0.15 | — | 4.000 | — |
| 铝热焊剂（带点火器）10g/瓶 | 瓶 | 7.35 | — | 2.000 | — |
| 铝热焊模具 LHM-3Y | 个 | 18.80 | — | 0.200 | — |
| 热熔胶 | kg | 16.45 | — | 0.600 | — |
| 收缩带 | m² | 0.56 | — | 0.660 | — |
| 铜端子 6mm² | 个 | 1.54 | — | 2.000 | 1.000 |
| 硬铜绞线 TJ-10mm² | m | 3.76 | 1.500 | — | — |
| 真丝绸布 宽900 | m | 13.15 | — | — | 0.050 |
| 紫铜管 | m | 28.61 | 0.800 | — | — |
| 其他材料费占材料费 | % | — | 5.000 | 5.000 | 5.000 |
| 机械 精密标准电阻箱 | 台班 | 4.15 | — | — | 0.040 |
| 精密交直流稳压电源 | 台班 | 64.84 | — | — | 0.043 |
| 手持式万用表 | 台班 | 4.07 | — | — | 0.368 |
| 数字电压表 | 台班 | 5.77 | — | — | 0.040 |
| 载重汽车 5t | 台班 | 430.70 | 0.099 | 0.099 | — |

# 3.阴保系统调试

工作内容：保护单体极化、测定土壤电阻率、阳极电位、输出电流、保护单位自然电位、保护电位、阳极接地电阻、输出电流调整。

计量单位：km

| 定 额 编 号 | | A11-11-45 |
|---|---|---|
| 项 目 名 称 | | 线路 |
| **基 价（元）** | | **967.74** |
| 其中 | 人 工 费（元） | 149.80 |
| | 材 料 费（元） | — |
| | 机 械 费（元） | 817.94 |

| | 名 称 | 单位 | 单价（元） | 消 耗 量 |
|---|---|---|---|---|
| 人工 | 综合工日 | 工日 | 140.00 | 1.070 |
| 机械 | 载重汽车 4t | 台班 | 408.97 | 2.000 |

工作内容：保护单体极化、测定土壤电阻率、阳极电位、输出电流、保护单位自然电位、保护电位、阳极
　　　　接地电阻、输出电流调整。

计量单位：站

| 定　额　编　号 | A11-11-46 |
|---|---|
| 项　目　名　称 | 站内强制电流 |
| 基　　　价（元） | 449.54 |

| 其中 | 人　工　费（元） | 449.54 |
|---|---|---|
| | 材　料　费（元） | — |
| | 机　械　费（元） | — |

| | 名　　　　称 | 单位 | 单价(元) | 消　耗　　量 |
|---|---|---|---|---|
| 人<br><br>工 | 综合工日 | 工日 | 140.00 | 3.211 |

工作内容：保护单体极化、测定土壤电阻率、阳极电位、输出电流、保护单位自然电位、保护电位、阳极
接地电阻、输出电流调整。

计量单位：组

| 定 额 编 号 | | | | | A11-11-47 | | |
|---|---|---|---|---|---|---|---|
| 项 目 名 称 | | | | | 站内牺牲阳极 | | |
| 基 价 （元） | | | | | 112.42 | | |
| 其中 | 人 工 费 （元） | | | | 112.42 | | |
| | 材 料 费 （元） | | | | — | | |
| | 机 械 费 （元） | | | | — | | |
| | 名 称 | 单位 | 单价(元) | | 消 耗 量 | | |
| 人<br><br>工 | 综合工日 | 工日 | 140.00 | | 0.803 | | |

783

# 附　录

# 一、工程量计算规则

一、除锈、刷油、防腐蚀工程。

（一）计算公式。

设备筒体、管道表面积计算公式：

$$S = \pi \times D \times L$$

（1）

式中：$\pi$—圆周率；

　　　$D$—设备或管道直径；

　　　$L$—设备筒体高或管道延长米。

（二）计量规则。

1. 计算设备筒体、管道表面积时已包括各种管件、阀门、人孔、管口凹凸部分，不再另外计算；

2. 管道、设备与矩型管道、大型型钢钢结构、铸铁管暖气片（散热面积为准）的除锈工程以"10 ㎡"为计量单位；

3. 一般钢结构、管廊钢结构的除锈工程以"100kg"为计量单位；

4. 灰面、玻璃布、白布面、麻布、石棉布面、气柜、玛蹄脂面刷油工程以"10 ㎡"为计量单位。

二、绝热工程。

（一）计算公式。

1. 设备筒体或管道绝热、防潮和保护层计算公式：

$$V = \pi \times (D + 1.03\,\delta) \times 1.03\,\delta \times L$$

（2）

$$S = \pi \times (D + 2.1\,\delta) \times L$$

（3）

式中：$D$—直径；

　　　1.03、2.1—调整系数；

　　　$\delta$—绝热层厚度；

　　　$L$—设备筒体或管道延长米。

2. 伴热管道绝热工程量计算式：

1）单管伴热或双管伴热（管径相同，夹角小于 90°时）

$D' = D_1 + D_2 + （10~20mm）$

（4）

式中：$D'$—伴热管道综合值；

   $D_1$—主管道直径；

   $D_2$—伴热管道直径；

   （10~20mm）—主管道与伴热管道之间的间隙。

2）双管伴热（管径相同，夹角大于90°时）

$D' = D_1 + 1.5D_2 + （10~20mm）$

（5）

3）双管伴热（管径不同，夹角小于90°时）

$D' = D_1 + D_{伴大} + （10~20mm）$

（6）

式中：$D'$—伴热管道综合值；

   $D_1$—主管道直径。

将上述 $D'$ 计算结果分别代入公式（7）、（8）计算出伴热管道的绝热层、防潮层和保护层工程量。

3. 设备封头绝热、防潮和保护层工程量计算式：

$V = [（D+1.033）/2]^2 \times \pi \times 1.03\delta \times 1.5 \times N$

（7）

$S = [（D+2.1\delta）/2]^2 \times \pi \times 1.5 \times N$

（8）

4. 拱顶罐封头绝热、防潮和保护层计算公式：

$V = 2\pi r \times （h + 1.03\delta） \times 1.03\delta$

（9）

$S = 2\pi r \times （h + 2.1\delta）$

（10）

5. 当绝热需分层施工时，工程量分层计算，执行设计要求相应厚度子目。分层计算工程量计算式为

第一层      $V = \pi \times （D + 1.03\delta） \times 1.03\delta \times L$      （11）

第二层至第 N 层      $D' = [D + 2.1\delta \times （N-1）]$

（12）

三、阴极保护工程。

（一）强制电流阴极保护：

1.恒电位仪、整流器、工作台安装，不分型号、规格，以"台"为计量单位，设备的电气连接材料不作调整。

2.TEG、CCVT、断电器：不分型号、规格，按成套供应，以"台"为计量单位。

3.辅助阳极安装：

1）棒式阳极，包括石墨阳极、高硅铸铁阳极、磁性氧化铁阳极，按接线方式不同分为单头和双头两种，不分型号、规格以"根"为单位。

2）钢铁阳极制安，不分阳极材料、规格，以"根"为单位，主材可按管材或型材用量乘以损耗率3%计列。

3）柔性阳极，按图示长度（包括同测试桩连接部分），以"100m"为计量单位，柔性阳极主材损耗率1%，阳极弯接头、三通接头等配套主材按设计计算。用量以主材形式计列。

4）深井阳极，按设计阳极井个数，以"个"为计量单位，深井中阳极支数可按设计用量以主材形式计列。

4.参比阳极安装：分别按长效 $CuSO_4$ 参比电极和锌阳极划分，按参比电极个数，以"个"为计量单位。

5.通电点和均压线电缆连接：

1）通电点，按自恒电位仪引出的零位接阴电缆和阴极电缆同管线或金属结构的二点连接点的数量，以"处"为计量单位。

2）均压线连接，按两条管线或金属结构之间，同一管线间不同绝缘隔离段间的直接均压线连接数量，以"处"为计量单位。

四、牺牲阳极阴极保护：

（一）块状牺牲阳极：不分品种、规格、埋设方式。按设计数量，以"10支"为计量单位，阳极填料用量和配比可按设计要求换算。

（二）带状牺牲阳极：

1.同管沟敷设，按图纸阳极带标识长度，以"10m"为计量单位。

2.套管内敷设，按缠绕阳极带的螺旋钱展开长度，以"10m"为计量单位。

3.等电位垫，按等电位垫铺设的个数，以"处"为计量单位，但等电位垫阳极带主材按展开长度计算。

五、排流保护：

（一）排流器：强制排流器和极性排流器不分型号规格，以"台"为计量单位。

（二）接地极：

1.钢制接地极，以"支"为计量单位，主材按设计要求计列，损耗率3%。

2.接地电阻测试，以组成接地系统的接地极组为计量单位计列。

3.化学降阻处理，按设计要求需降阻处理的钢制接地极支数以"支"为计量单位。

4.降阻材料为未计价材料，用量按设计要求另计。

六、其他：

（一）测试桩接线、检查片、测试探头安装：

1.测试桩接线，按接线数量，以"对"为计量单位，每支测试桩同管线或金属结构的接线为一对接线。

2.检查片，以"对"为计量单位，每对检查片包括一片同管线（或测试桩）相连的试片和一片自然腐蚀的试片。

3.测试探头，按设计数量，以"个"为计量单位。

（二）电绝缘装置性能测试和保护装置安装：

1.电绝缘装置性能测试，以"处"为计量单位，每个绝缘法兰、绝缘接头为1处，每条穿越处的全部绝缘支撑、绝缘堵头为1处。

2.绝缘保护装置，按保护装置的个数，以"个"为计量单位。

（三）阴极保护系统调试：

1.线路：按阴极保护系统保护的管线里程，以"km"为计量单位，单独施工的穿跨越工程阴极保护工程量不足1km时，按1km计算。

2.站内：强制电流阴极保护，按阴极保护站数量，以"站"为计量单位，牺牲阳极阴极保护，按牺牲阳极的阳极组数量，以"组"为计量单位。

# 二、钢管刷油、防腐蚀、绝热工程量计算表

体积（ ）、面积（m²）/100m

| 公称直径（mm） | 管道外径（mm） | 绝热层厚度（mm） | | | | | |
|---|---|---|---|---|---|---|---|
| | | 0 | | 20 | | 25 | |
| | | 体积 | 面积 | 体积 | 面积 | 体积 | 面积 |
| 6 | 10.2 | — | 3.20 | 0.199 | 16.40 | 0.291 | 19.70 |
| 8 | 13.5 | — | 4.24 | 0.221 | 17.44 | 0.318 | 20.73 |
| 10 | 17.2 | — | 5.40 | 0.245 | 18.60 | 0.347 | 21.90 |
| 15 | 21.3 | — | 6.69 | 0.271 | 19.89 | 0.381 | 23.18 |
| 20 | 26.9 | — | 8.45 | 0.307 | 21.64 | 0.426 | 24.94 |
| 25 | 33.7 | — | 10.59 | 0.351 | 23.78 | 0.481 | 27.08 |
| 32 | 42.4 | — | 13.32 | 0.408 | 26.51 | 0.551 | 29.81 |
| 40 | 48.3 | — | 15.17 | 0.446 | 28.37 | 0.599 | 31.67 |
| 50 | 60.3 | — | 18.94 | 0.524 | 32.14 | 0.696 | 35.44 |
| 65 | 76.1 | — | 23.91 | 0.626 | 37.10 | 0.824 | 40.40 |
| 80 | 88.9 | — | 27.93 | 0.709 | 41.12 | 0.927 | 44.42 |
| 100 | 114.3 | — | 35.91 | 0.873 | 49.10 | 1.133 | 52.40 |
| 125 | 139.7 | — | 43.89 | 1.037 | 57.08 | 1.338 | 60.38 |
| 150 | 168.3 | — | 52.87 | 1.222 | 66.07 | 1.570 | 69.36 |
| 200 | 219.1 | — | 68.83 | 1.551 | 82.02 | 1.981 | 85.32 |
| 250 | 273.0 | — | 85.76 | 1.900 | 98.96 | 2.417 | 102.26 |
| 300 | 323.9 | — | 101.75 | 2.229 | 114.95 | 2.828 | 118.25 |
| 350 | 355.6 | — | 111.71 | 2.435 | 124.91 | 3.085 | 128.20 |
| 400 | 406.4 | — | 127.67 | 2.763 | 140.86 | 3.496 | 144.16 |
| 450 | 457.0 | — | 143.57 | 3.091 | 156.76 | 3.905 | 160.06 |
| 500 | 508.0 | — | 159.59 | 3.421 | 172.78 | 4.318 | 176.08 |
| 550 | 559.0 | — | 175.61 | 3.751 | 188.80 | 4.730 | 192.10 |
| 600 | 610.0 | — | 191.63 | 4.081 | 204.83 | 5.143 | 208.12 |
| 650 | 660.0 | — | 207.34 | 4.404 | 220.53 | 5.547 | 223.83 |
| 700 | 711.0 | — | 223.36 | 4.735 | 236.55 | 5.960 | 239.85 |
| 750 | 762.0 | — | 239.38 | 5.065 | 252.58 | 6.372 | 255.88 |
| 800 | 813.0 | — | 255.40 | 5.395 | 268.60 | 6.785 | 271.90 |
| 850 | 864.0 | — | 271.43 | 5.725 | 284.62 | 7.198 | 287.92 |
| 900 | 914.0 | — | 287.13 | 6.048 | 300.33 | 7.602 | 303.63 |
| 950 | 965.0 | — | 303.15 | 6.378 | 316.35 | 8.015 | 319.65 |
| 1000 | 1016.0 | — | 319.18 | 6.708 | 332.37 | 8.427 | 335.67 |

| 公称直径（mm） | 管道外径（mm） | 绝热层厚度（mm） | | | | | |
|---|---|---|---|---|---|---|---|
| | | 30 | | 35 | | 40 | |
| | | 体积 | 面积 | 体积 | 面积 | 体积 | 面积 |
| 6 | 10.2 | 0.399 | 23.00 | 0.524 | 26.29 | 0.665 | 29.59 |
| 8 | 13.5 | 0.431 | 24.03 | 0.561 | 27.33 | 0.708 | 30.63 |
| 10 | 17.2 | 0.467 | 25.19 | 0.603 | 28.49 | 0.756 | 31.79 |
| 15 | 21.3 | 0.507 | 26.48 | 0.649 | 29.78 | 0.809 | 33.08 |
| 20 | 26.9 | 0.561 | 28.24 | 0.713 | 31.54 | 0.881 | 34.84 |
| 25 | 33.7 | 0.627 | 30.38 | 0.790 | 33.68 | 0.969 | 36.98 |
| 32 | 42.4 | 0.712 | 33.11 | 0.888 | 36.41 | 1.082 | 39.71 |
| 40 | 48.3 | 0.769 | 34.96 | 0.955 | 38.26 | 1.158 | 41.56 |
| 50 | 60.3 | 0.885 | 38.73 | 1.091 | 42.03 | 1.314 | 45.33 |
| 65 | 76.1 | 1.039 | 43.70 | 1.270 | 47.00 | 1.518 | 50.30 |
| 80 | 88.9 | 1.163 | 47.72 | 1.415 | 51.02 | 1.684 | 54.32 |
| 100 | 114.3 | 1.409 | 55.70 | 1.703 | 59.00 | 2.013 | 62.30 |
| 125 | 139.7 | 1.656 | 63.68 | 1.990 | 66.98 | 2.341 | 70.28 |
| 150 | 168.3 | 1.934 | 72.66 | 2.314 | 75.96 | 2.712 | 79.26 |
| 200 | 219.1 | 2.427 | 88.62 | 2.890 | 91.92 | 3.369 | 95.22 |
| 250 | 273.0 | 2.950 | 105.55 | 3.500 | 108.85 | 4.067 | 112.15 |
| 300 | 323.9 | 3.444 | 121.54 | 4.076 | 124.84 | 4.725 | 128.14 |
| 350 | 355.6 | 3.752 | 131.50 | 4.435 | 134.80 | 5.136 | 138.10 |
| 400 | 406.4 | 4.245 | 147.46 | 5.011 | 150.76 | 5.793 | 154.06 |
| 450 | 457.0 | 4.736 | 163.36 | 5.584 | 166.66 | 6.448 | 169.96 |
| 500 | 508.0 | 5.231 | 179.38 | 6.161 | 182.68 | 7.108 | 185.98 |
| 550 | 559.0 | 5.726 | 195.40 | 6.739 | 198.70 | 7.768 | 202.00 |
| 600 | 610.0 | 6.221 | 211.42 | 7.317 | 214.72 | 8.428 | 218.02 |
| 650 | 660.0 | 6.707 | 227.13 | 7.883 | 230.43 | 9.076 | 233.73 |
| 700 | 711.0 | 7.202 | 243.15 | 8.460 | 246.45 | 9.736 | 249.75 |
| 750 | 762.0 | 7.697 | 259.17 | 9.038 | 262.47 | 10.396 | 265.77 |
| 800 | 813.0 | 8.192 | 275.20 | 9.616 | 278.49 | 11.056 | 281.79 |
| 850 | 864.0 | 8.687 | 291.22 | 10.193 | 294.52 | 11.716 | 297.81 |
| 900 | 914.0 | 9.172 | 306.92 | 10.759 | 310.22 | 12.363 | 313.52 |
| 950 | 965.0 | 9.667 | 322.95 | 11.337 | 326.24 | 13.023 | 329.54 |
| 1000 | 1016.0 | 10.163 | 338.97 | 11.915 | 342.27 | 13.683 | 345.57 |

| 公称直径（mm） | 管道外径（mm） | 绝热层厚度（mm） | | | | | |
| --- | --- | --- | --- | --- | --- | --- | --- |
| | | 45 | | 50 | | 55 | |
| | | 体积 | 面积 | 体积 | 面积 | 体积 | 面积 |
| 6 | 10.2 | 0.823 | 32.89 | 0.998 | 36.19 | 1.190 | 39.49 |
| 8 | 13.5 | 0.871 | 33.93 | 1.052 | 37.23 | 1.248 | 40.53 |
| 10 | 17.2 | 0.925 | 35.09 | 1.111 | 38.39 | 1.314 | 41.69 |
| 15 | 21.3 | 0.985 | 36.38 | 1.178 | 39.68 | 1.387 | 42.98 |
| 20 | 26.9 | 1.067 | 38.14 | 1.268 | 41.44 | 1.487 | 44.73 |
| 25 | 33.7 | 1.166 | 40.27 | 1.378 | 43.57 | 1.608 | 46.87 |
| 32 | 42.4 | 1.292 | 43.01 | 1.519 | 46.31 | 1.763 | 49.60 |
| 40 | 48.3 | 1.378 | 44.86 | 1.615 | 48.16 | 1.868 | 51.46 |
| 50 | 60.3 | 1.553 | 48.63 | 1.809 | 51.93 | 2.081 | 55.23 |
| 65 | 76.1 | 1.783 | 53.59 | 2.064 | 56.89 | 2.362 | 60.19 |
| 80 | 88.9 | 1.969 | 57.62 | 2.271 | 60.91 | 2.590 | 64.21 |
| 100 | 114.3 | 2.339 | 65.59 | 2.682 | 68.89 | 3.042 | 72.19 |
| 125 | 139.7 | 2.709 | 73.57 | 3.093 | 76.87 | 3.494 | 80.17 |
| 150 | 168.3 | 3.125 | 82.56 | 3.556 | 85.86 | 4.003 | 89.16 |
| 200 | 219.1 | 3.865 | 98.52 | 4.378 | 101.82 | 4.907 | 105.11 |
| 250 | 273.0 | 4.650 | 115.45 | 5.250 | 118.75 | 5.867 | 122.05 |
| 300 | 323.9 | 5.391 | 131.44 | 6.073 | 134.74 | 6.772 | 138.04 |
| 350 | 355.6 | 5.853 | 141.40 | 6.586 | 144.70 | 7.337 | 148.00 |
| 400 | 406.4 | 6.592 | 157.36 | 7.408 | 160.66 | 8.241 | 163.95 |
| 450 | 457.0 | 7.329 | 173.25 | 8.227 | 176.55 | 9.141 | 179.85 |
| 500 | 508.0 | 8.072 | 189.28 | 9.052 | 192.57 | 10.049 | 195.87 |
| 550 | 559.0 | 8.814 | 205.30 | 9.877 | 208.60 | 10.956 | 211.89 |
| 600 | 610.0 | 9.557 | 221.32 | 10.702 | 224.62 | 11.864 | 227.92 |
| 650 | 660.0 | 10.285 | 237.03 | 11.511 | 240.32 | 12.754 | 243.62 |
| 700 | 711.0 | 11.028 | 253.05 | 12.336 | 256.35 | 13.662 | 259.64 |
| 750 | 762.0 | 11.770 | 269.07 | 13.161 | 272.37 | 14.569 | 275.67 |
| 800 | 813.0 | 12.513 | 285.09 | 13.987 | 288.39 | 15.477 | 291.69 |
| 850 | 864.0 | 13.255 | 301.11 | 14.812 | 304.41 | 16.384 | 307.71 |
| 900 | 914.0 | 13.984 | 316.82 | 15.621 | 320.12 | 17.274 | 323.42 |
| 950 | 965.0 | 14.726 | 332.84 | 16.446 | 336.14 | 18.182 | 339.44 |
| 1000 | 1016.0 | 15.469 | 348.86 | 17.271 | 352.16 | 19.090 | 355.46 |

| 公称直径<br>（mm） | 管道外径<br>（mm） | 绝热层厚度（mm） | | | | | |
|---|---|---|---|---|---|---|---|
| | | 60 | | 65 | | 70 | |
| | | 体积 | 面积 | 体积 | 面积 | 体积 | 面积 |
| 6 | 10.2 | 1.398 | 42.79 | 1.623 | 46.09 | 1.864 | 49.38 |
| 8 | 13.5 | 1.462 | 43.82 | 1.692 | 47.12 | 1.939 | 50.42 |
| 10 | 17.2 | 1.534 | 44.99 | 1.770 | 48.28 | 2.023 | 51.58 |
| 15 | 21.3 | 1.613 | 46.27 | 1.856 | 49.57 | 2.116 | 52.87 |
| 20 | 26.9 | 1.722 | 48.03 | 1.974 | 51.33 | 2.242 | 54.63 |
| 25 | 33.7 | 1.854 | 50.17 | 2.117 | 53.47 | 2.396 | 56.77 |
| 32 | 42.4 | 2.023 | 52.90 | 2.300 | 56.20 | 2.593 | 59.50 |
| 40 | 48.3 | 2.138 | 54.76 | 2.424 | 58.05 | 2.727 | 61.35 |
| 50 | 60.3 | 2.371 | 58.53 | 2.676 | 61.82 | 2.999 | 65.12 |
| 65 | 76.1 | 2.677 | 63.49 | 3.009 | 66.79 | 3.357 | 70.09 |
| 80 | 88.9 | 2.926 | 67.51 | 3.278 | 70.81 | 3.647 | 74.11 |
| 100 | 114.3 | 3.419 | 75.49 | 3.812 | 78.79 | 4.222 | 82.09 |
| 125 | 139.7 | 3.912 | 83.47 | 4.346 | 86.77 | 4.797 | 90.07 |
| 150 | 168.3 | 4.467 | 92.45 | 4.948 | 95.75 | 5.445 | 99.05 |
| 200 | 219.1 | 5.454 | 108.41 | 6.016 | 111.71 | 6.596 | 115.01 |
| 250 | 273.0 | 6.500 | 125.35 | 7.150 | 128.64 | 7.817 | 131.94 |
| 300 | 323.9 | 7.488 | 141.34 | 8.220 | 144.63 | 8.969 | 147.93 |
| 350 | 355.6 | 8.104 | 151.29 | 8.887 | 154.59 | 9.687 | 157.89 |
| 400 | 406.4 | 9.090 | 167.25 | 9.956 | 170.55 | 10.838 | 173.85 |
| 450 | 457.0 | 10.072 | 183.15 | 11.020 | 186.45 | 11.984 | 189.75 |
| 500 | 508.0 | 11.062 | 199.17 | 12.093 | 202.47 | 13.139 | 205.77 |
| 550 | 559.0 | 12.053 | 215.19 | 13.165 | 218.49 | 14.295 | 221.79 |
| 600 | 610.0 | 13.043 | 231.21 | 14.238 | 234.51 | 15.450 | 237.81 |
| 650 | 660.0 | 14.013 | 246.92 | 15.289 | 250.22 | 16.582 | 253.52 |
| 700 | 711.0 | 15.004 | 262.94 | 16.362 | 266.24 | 17.737 | 269.54 |
| 750 | 762.0 | 15.994 | 278.97 | 17.435 | 282.26 | 18.893 | 285.56 |
| 800 | 813.0 | 16.984 | 294.99 | 18.507 | 298.29 | 20.048 | 301.58 |
| 850 | 864.0 | 17.974 | 311.01 | 19.580 | 314.31 | 21.203 | 317.61 |
| 900 | 914.0 | 18.945 | 326.72 | 20.632 | 330.01 | 22.335 | 333.31 |
| 950 | 965.0 | 19.935 | 342.74 | 21.704 | 346.04 | 23.491 | 349.33 |
| 1000 | 1016.0 | 20.925 | 358.76 | 22.777 | 362.06 | 24.646 | 365.36 |

## 续表

| 公称直径（mm） | 管道外径（mm） | 绝热层厚度（mm） | | | | | |
|---|---|---|---|---|---|---|---|
| | | 75 | | 80 | | 85 | |
| | | 体积 | 面积 | 体积 | 面积 | 体积 | 面积 |
| 6 | 10.2 | 2.122 | 52.68 | 2.397 | 55.98 | 2.688 | 59.28 |
| 8 | 13.5 | 2.202 | 53.72 | 2.482 | 57.02 | 2.779 | 60.32 |
| 10 | 17.2 | 2.292 | 54.88 | 2.578 | 58.18 | 2.881 | 61.48 |
| 15 | 21.3 | 2.392 | 56.17 | 2.684 | 59.47 | 2.994 | 62.77 |
| 20 | 26.9 | 2.528 | 57.93 | 2.829 | 61.23 | 3.148 | 64.53 |
| 25 | 33.7 | 2.693 | 60.07 | 3.005 | 63.36 | 3.335 | 66.66 |
| 32 | 42.4 | 2.904 | 62.80 | 3.231 | 66.10 | 3.547 | 69.40 |
| 40 | 48.3 | 3.047 | 64.65 | 3.383 | 67.95 | 3.736 | 71.25 |
| 50 | 60.3 | 3.338 | 68.42 | 3.694 | 71.72 | 4.066 | 75.02 |
| 65 | 76.1 | 3.722 | 73.39 | 4.103 | 76.68 | 4.501 | 79.98 |
| 80 | 88.9 | 4.032 | 77.41 | 4.434 | 80.71 | 4.853 | 84.00 |
| 100 | 114.3 | 4.649 | 85.39 | 5.092 | 88.68 | 5.552 | 91.98 |
| 125 | 139.7 | 5.265 | 93.37 | 5.749 | 96.66 | 6.250 | 99.96 |
| 150 | 168.3 | 5.959 | 102.35 | 6.490 | 105.65 | 7.037 | 108.95 |
| 200 | 219.1 | 7.192 | 118.31 | 7.805 | 121.61 | 8.434 | 124.91 |
| 250 | 273.0 | 8.500 | 135.24 | 9.200 | 138.54 | 9.917 | 141.84 |
| 300 | 323.9 | 9.735 | 151.23 | 10.517 | 154.53 | 11.316 | 157.83 |
| 350 | 355.6 | 10.504 | 161.19 | 11.338 | 164.49 | 12.188 | 167.79 |
| 400 | 406.4 | 11.737 | 177.15 | 12.653 | 180.45 | 13.586 | 183.75 |
| 450 | 457.0 | 12.965 | 193.05 | 13.963 | 196.34 | 14.977 | 199.64 |
| 500 | 508.0 | 14.203 | 209.07 | 15.283 | 212.37 | 16.380 | 215.66 |
| 550 | 559.0 | 15.441 | 225.09 | 16.603 | 228.39 | 17.783 | 231.69 |
| 600 | 610.0 | 16.678 | 241.11 | 17.923 | 244.41 | 19.185 | 247.71 |
| 650 | 660.0 | 17.892 | 256.82 | 19.218 | 260.12 | 20.560 | 263.41 |
| 700 | 711.0 | 19.129 | 272.84 | 20.538 | 276.14 | 21.963 | 279.44 |
| 750 | 762.0 | 20.367 | 288.86 | 21.858 | 292.16 | 23.366 | 295.46 |
| 800 | 813.0 | 21.065 | 304.88 | 23.178 | 308.18 | 24.769 | 311.48 |
| 850 | 864.0 | 22.842 | 320.90 | 24.498 | 324.20 | 26.171 | 327.50 |
| 900 | 914.0 | 24.056 | 336.61 | 25.793 | 339.91 | 27.546 | 343.21 |
| 950 | 965.0 | 25.293 | 352.63 | 27.113 | 355.93 | 28.949 | 359.23 |
| 1000 | 1016.0 | 26.531 | 368.66 | 28.433 | 371.95 | 30.352 | 375.25 |

| 公称直径（mm） | 管道外径（mm） | 绝热层厚度（mm） | | | | | |
|---|---|---|---|---|---|---|---|
| | | 90 | | 95 | | 100 | |
| | | 体积 | 面积 | 体积 | 面积 | 体积 | 面积 |
| 6 | 10.2 | 2.997 | 62.58 | 3.321 | 65.88 | 3.663 | 69.81 |
| 8 | 13.5 | 3.093 | 63.62 | 3.423 | 66.91 | 3.770 | 70.21 |
| 10 | 17.2 | 3.200 | 64.78 | 3.537 | 68.08 | 3.889 | 71.37 |
| 15 | 21.3 | 3.320 | 66.07 | 3.663 | 69.36 | 4.022 | 72.66 |
| 20 | 26.9 | 3.483 | 67.82 | 3.835 | 71.12 | 4.230 | 74.42 |
| 25 | 33.7 | 3.681 | 69.96 | 4.044 | 73.26 | 4.423 | 76.56 |
| 32 | 42.4 | 3.934 | 72.69 | 4.311 | 75.99 | 4.705 | 79.29 |
| 40 | 48.3 | 4.106 | 74.55 | 4.493 | 77.85 | 4.896 | 81.14 |
| 50 | 60.3 | 4.456 | 78.32 | 4.861 | 81.62 | 5.284 | 84.91 |
| 65 | 76.1 | 4.916 | 83.28 | 5.347 | 86.58 | 5.795 | 89.88 |
| 80 | 88.9 | 5.289 | 87.30 | 5.741 | 90.60 | 6.209 | 93.90 |
| 100 | 114.3 | 6.028 | 95.28 | 6.521 | 98.58 | 7.031 | 101.88 |
| 125 | 139.7 | 6.768 | 103.26 | 7.302 | 106.56 | 7.853 | 109.86 |
| 150 | 168.3 | 7.601 | 112.26 | 8.181 | 115.54 | 8.779 | 118.84 |
| 200 | 219.1 | 9.080 | 128.20 | 9.743 | 131.50 | 10.422 | 134.80 |
| 250 | 273.0 | 10.650 | 145.14 | 11.400 | 148.44 | 12.166 | 151.73 |
| 300 | 323.9 | 12.132 | 161.13 | 12.964 | 164.43 | 13.813 | 167.72 |
| 350 | 355.6 | 13.055 | 171.09 | 13.939 | 174.38 | 14.839 | 177.68 |
| 400 | 406.4 | 14.535 | 187.04 | 15.500 | 190.34 | 16.483 | 193.64 |
| 450 | 457.0 | 16.008 | 202.94 | 17.056 | 206.24 | 18.120 | 209.54 |
| 500 | 508.0 | 17.493 | 218.96 | 18.624 | 222.26 | 19.770 | 225.56 |
| 550 | 559.0 | 18.979 | 234.98 | 20.191 | 238.28 | 21.421 | 241.58 |
| 600 | 610.0 | 20.464 | 251.01 | 21.759 | 254.30 | 23.071 | 257.60 |
| 650 | 660.0 | 21.920 | 266.71 | 23.296 | 270.01 | 24.689 | 273.31 |
| 700 | 711.0 | 23.405 | 282.74 | 24.864 | 286.03 | 26.339 | 289.33 |
| 750 | 762.0 | 24.890 | 298.76 | 26.431 | 302.06 | 27.989 | 305.35 |
| 800 | 813.0 | 26.376 | 314.78 | 27.999 | 318.08 | 29.639 | 321.38 |
| 850 | 864.0 | 27.861 | 330.80 | 29.567 | 334.10 | 31.290 | 337.40 |
| 900 | 914.0 | 29.317 | 346.51 | 31.104 | 349.81 | 32.908 | 353.10 |
| 950 | 965.0 | 30.802 | 362.53 | 32.672 | 365.83 | 34.558 | 369.13 |
| 1000 | 1016.0 | 32.287 | 378.55 | 34.239 | 381.85 | 36.208 | 385.15 |

| 公称直径（mm） | 管道外径（mm） | 绝热层厚度（mm） | | | | | |
|---|---|---|---|---|---|---|---|
| | | 0 | | 20 | | 25 | |
| | | 体积 | 面积 | 体积 | 面积 | 体积 | 面积 |
| 6 | 10.0 | - | 3.14 | 0.198 | 16.34 | 0.289 | 19.63 |
| 8 | 14.0 | - | 4.40 | 0.224 | 17.59 | 0.322 | 20.89 |
| 10 | 17.0 | - | 5.34 | 0.243 | 18.53 | 0.346 | 21.83 |
| 15 | 22.0 | - | 6.91 | 0.276 | 20.11 | 0.386 | 23.40 |
| 20 | 27.0 | - | 8.48 | 0.308 | 21.68 | 0.427 | 24.97 |
| 25 | 34.0 | - | 10.68 | 0.353 | 23.88 | 0.483 | 27.17 |
| 32 | 42.0 | - | 13.19 | 0.405 | 26.39 | 0.548 | 29.69 |
| 40 | 48.0 | - | 15.08 | 0.444 | 28.27 | 0.597 | 31.57 |
| 50 | 60.0 | - | 18.85 | 0.522 | 32.04 | 0.694 | 35.34 |
| 65 | 76.0 | - | 23.88 | 0.625 | 37.07 | 0.823 | 40.37 |
| 80 | 89.0 | - | 27.96 | 0.709 | 41.15 | 0.928 | 44.45 |
| 100 | 114.0 | - | 35.81 | 0.871 | 49.01 | 1.130 | 52.31 |
| 125 | 140.0 | - | 43.98 | 1.039 | 57.18 | 1.341 | 60.47 |
| 150 | 168.0 | - | 52.78 | 1.221 | 65.97 | 1.567 | 69.27 |
| 200 | 219.0 | - | 68.08 | 1.551 | 81.99 | 1.980 | 85.29 |
| 250 | 273.0 | - | 85.76 | 1.900 | 98.96 | 2.417 | 102.26 |
| 300 | 325.0 | - | 102.10 | 2.237 | 115.29 | 2.837 | 118.59 |
| 350 | 356.0 | - | 111.84 | 2.437 | 125.03 | 3.088 | 128.33 |
| 400 | 406.0 | - | 127.54 | 2.761 | 140.74 | 3.493 | 144.04 |
| 450 | 457.0 | - | 143.57 | 3.091 | 156.76 | 3.905 | 160.06 |
| 500 | 508.0 | - | 159.59 | 3.421 | 172.78 | 4.318 | 176.08 |
| 550 | 559.0 | - | 175.61 | 3.751 | 188.80 | 4.730 | 192.10 |
| 600 | 610.0 | - | 191.63 | 4.081 | 204.83 | 5.143 | 208.12 |

续表

| 公称直径（mm） | 管道外径（mm） | 绝热层厚度（mm） | | | | | |
|---|---|---|---|---|---|---|---|
| | | 30 | | 35 | | 40 | |
| | | 体积 | 面积 | 体积 | 面积 | 体积 | 面积 |
| 6 | 10.0 | 0.397 | 22.93 | 0.522 | 26.23 | 0.663 | 29.53 |
| 8 | 14.0 | 0.436 | 24.19 | 0.567 | 27.49 | 0.714 | 30.79 |
| 10 | 17.0 | 0.465 | 25.13 | 0.601 | 28.43 | 0.753 | 31.73 |
| 15 | 22.0 | 0.514 | 26.70 | 0.657 | 30.00 | 0.818 | 33.30 |
| 20 | 27.0 | 0.562 | 28.27 | 0.714 | 31.57 | 0.883 | 34.87 |
| 25 | 34.0 | 0.630 | 30.47 | 0.793 | 33.77 | 0.973 | 37.07 |
| 32 | 42.0 | 0.708 | 32.99 | 0.884 | 36.28 | 1.077 | 39.58 |
| 40 | 48.0 | 0.766 | 34.87 | 0.952 | 38.17 | 1.155 | 41.47 |
| 50 | 60.0 | 0.882 | 38.64 | 1.088 | 41.94 | 1.310 | 45.24 |
| 65 | 76.0 | 1.038 | 43.67 | 1.269 | 46.97 | 1.517 | 50.26 |
| 80 | 89.0 | 1.164 | 47.75 | 1.416 | 51.05 | 1.685 | 54.35 |
| 100 | 114.0 | 1.407 | 55.60 | 1.699 | 58.90 | 2.009 | 62.20 |
| 125 | 140.0 | 1.659 | 63.77 | 1.994 | 67.07 | 2.345 | 70.37 |
| 150 | 168.0 | 1.931 | 72.57 | 2.311 | 75.87 | 2.708 | 79.17 |
| 200 | 219.0 | 2.426 | 88.59 | 2.888 | 91.89 | 3.368 | 95.19 |
| 250 | 273.0 | 2.950 | 105.55 | 3.500 | 108.85 | 4.067 | 112.15 |
| 300 | 325.0 | 3.455 | 121.89 | 4.089 | 125.19 | 4.470 | 128.49 |
| 350 | 356.0 | 3.756 | 131.63 | 4.440 | 134.93 | 5.141 | 138.23 |
| 400 | 406.0 | 4.241 | 147.34 | 5.006 | 150.63 | 5.788 | 153.93 |
| 450 | 457.0 | 4.736 | 163.36 | 5.584 | 166.66 | 6.448 | 169.96 |
| 500 | 508.0 | 5.231 | 179.38 | 6.161 | 182.68 | 7.108 | 185.98 |
| 550 | 559.0 | 5.726 | 195.40 | 6.739 | 198.70 | 7.768 | 202.00 |
| 600 | 610.0 | 6.221 | 211.42 | 7.317 | 214.27 | 8.428 | 218.02 |

| 公称直径（mm） | 管道外径（mm） | 绝热层厚度（mm） | | | | | |
|---|---|---|---|---|---|---|---|
| | | 45 | | 50 | | 55 | |
| | | 体积 | 面积 | 体积 | 面积 | 体积 | 面积 |
| 6 | 10.0 | 0.821 | 32.81 | 0.995 | 36.13 | 1.186 | 39.43 |
| 8 | 14.0 | 0.879 | 34.09 | 1.060 | 37.38 | 1.257 | 40.68 |
| 10 | 17.0 | 0.922 | 35.03 | 1.108 | 38.33 | 1.311 | 41.62 |
| 15 | 22.0 | 0.995 | 36.60 | 1.189 | 39.90 | 1.400 | 43.20 |
| 20 | 27.0 | 1.068 | 38.17 | 1.270 | 41.47 | 1.489 | 44.77 |
| 25 | 34.0 | 1.170 | 40.37 | 1.383 | 43.67 | 1.613 | 46.97 |
| 32 | 42.0 | 1.286 | 42.88 | 1.513 | 46.18 | 1.756 | 49.48 |
| 40 | 48.0 | 1.374 | 44.77 | 1.610 | 48.06 | 1.862 | 51.36 |
| 50 | 60.0 | 1.549 | 48.54 | 1.804 | 51.83 | 2.076 | 55.13 |
| 65 | 76.0 | 1.782 | 53.56 | 2.063 | 56.86 | 2.361 | 60.16 |
| 80 | 89.0 | 1.971 | 57.65 | 2.273 | 60.95 | 2.592 | 64.24 |
| 100 | 114.0 | 2.335 | 65.50 | 2.678 | 68.80 | 3.037 | 72.10 |
| 125 | 140.0 | 2.713 | 73.67 | 3.098 | 76.97 | 3.500 | 80.27 |
| 150 | 168.0 | 3.121 | 82.46 | 3.551 | 85.76 | 3.998 | 89.06 |
| 200 | 219.0 | 3.864 | 98.49 | 4.376 | 101.78 | 4.906 | 105.08 |
| 250 | 273.0 | 4.650 | 115.45 | 5.250 | 118.75 | 5.867 | 122.05 |
| 300 | 325.0 | 5.407 | 131.79 | 6.091 | 135.08 | 6.792 | 138.38 |
| 350 | 356.0 | 5.859 | 141.52 | 6.593 | 144.82 | 7.344 | 148.12 |
| 400 | 406.0 | 6.587 | 157.23 | 7.402 | 160.53 | 8.234 | 163.83 |
| 450 | 457.0 | 7.329 | 173.25 | 8.227 | 176.55 | 9.141 | 179.85 |
| 500 | 508.0 | 8.072 | 189.28 | 9.052 | 192.57 | 10.049 | 195.87 |
| 550 | 559.0 | 8.814 | 205.30 | 9.877 | 208.60 | 10.956 | 211.89 |
| 600 | 610.0 | 9.557 | 221.32 | 10.702 | 224.62 | 11.864 | 227.92 |

| 公称直径（mm） | 管道外径（mm） | 绝热层厚度（mm） | | | | | |
|---|---|---|---|---|---|---|---|
| | | 60 | | 65 | | 70 | |
| | | 体积 | 面积 | 体积 | 面积 | 体积 | 面积 |
| 6 | 10.0 | 1.394 | 42.72 | 1.618 | 46.02 | 1.860 | 49.32 |
| 8 | 14.0 | 1.472 | 43.98 | 1.703 | 47.28 | 1.95 | 50.58 |
| 10 | 17.0 | 1.530 | 44.92 | 1.766 | 48.22 | 2.018 | 51.52 |
| 15 | 22.0 | 1.627 | 46.49 | 1.871 | 49.79 | 2.131 | 53.09 |
| 20 | 27.0 | 1.724 | 48.06 | 1.976 | 51.36 | 2.245 | 54.66 |
| 25 | 34.0 | 1.860 | 50.26 | 2.123 | 53.56 | 2.403 | 56.86 |
| 32 | 42.0 | 2.015 | 52.78 | 2.291 | 56.08 | 2.584 | 59.37 |
| 40 | 48.0 | 2.132 | 54.66 | 2.418 | 57.96 | 2.720 | 61.26 |
| 50 | 60.0 | 2.365 | 58.43 | 2.670 | 61.73 | 2.992 | 65.03 |
| 65 | 76.0 | 2.675 | 63.46 | 3.007 | 66.76 | 3.354 | 70.06 |
| 80 | 89.0 | 2.928 | 67.54 | 3.280 | 70.84 | 3.649 | 74.14 |
| 100 | 114.0 | 3.413 | 75.40 | 3.806 | 78.69 | 4.215 | 81.99 |
| 125 | 140.0 | 3.918 | 83.56 | 4.353 | 86.86 | 4.804 | 90.16 |
| 150 | 168.0 | 4.461 | 92.36 | 4.492 | 95.66 | 5.438 | 98.96 |
| 200 | 219.0 | 5.452 | 108.38 | 6.014 | 111.68 | 6.593 | 114.98 |
| 250 | 273.0 | 6.500 | 125.35 | 7.150 | 128.64 | 7.817 | 131.94 |
| 300 | 325.0 | 7.510 | 141.68 | 8.244 | 144.98 | 8.994 | 148.28 |
| 350 | 356.0 | 8.111 | 151.42 | 8.896 | 154.72 | 9.697 | 158.02 |
| 400 | 406.0 | 9.082 | 167.13 | 9.947 | 170.43 | 10.829 | 173.72 |
| 450 | 457.0 | 10.072 | 183.15 | 11.020 | 186.45 | 11.984 | 189.75 |
| 500 | 508.0 | 11.062 | 199.17 | 13.093 | 202.47 | 13.139 | 205.77 |
| 550 | 559.0 | 12.053 | 215.19 | 13.165 | 218.49 | 14.295 | 221.79 |
| 600 | 610.0 | 13.043 | 231.21 | 14.238 | 234.51 | 15.450 | 237.81 |

# 续表

| 公称直径<br>（mm） | 管道外径<br>（mm） | 绝热层厚度（mm） | | | | | |
|---|---|---|---|---|---|---|---|
| | | 75 | | 80 | | 85 | |
| | | 体积 | 面积 | 体积 | 面积 | 体积 | 面积 |
| 6 | 10.0 | 2.117 | 52.62 | 2.392 | 55.92 | 2.683 | 59.22 |
| 8 | 14.0 | 2.214 | 53.88 | 2.495 | 57.18 | 2.793 | 60.47 |
| 10 | 17.0 | 2.287 | 54.82 | 2.573 | 58.12 | 2.876 | 61.42 |
| 15 | 22.0 | 2.409 | 56.39 | 2.702 | 59.69 | 3.013 | 62.99 |
| 20 | 27.0 | 2.530 | 57.96 | 2.832 | 61.26 | 3.151 | 64.56 |
| 25 | 34.0 | 2.700 | 60.16 | 3.013 | 63.46 | 3.343 | 66.76 |
| 32 | 42.0 | 2.894 | 62.67 | 3.220 | 65.97 | 3.563 | 69.27 |
| 40 | 48.0 | 3.040 | 64.56 | 3.376 | 67.86 | 3.728 | 71.15 |
| 50 | 60.0 | 3.331 | 68.33 | 3.686 | 71.63 | 4.058 | 74.92 |
| 65 | 76.0 | 3.719 | 73.35 | 4.100 | 76.65 | 4.498 | 79.95 |
| 80 | 89.0 | 4.035 | 77.44 | 4.437 | 80.74 | 4.856 | 84.04 |
| 100 | 114.0 | 4.641 | 85.29 | 5.084 | 88.59 | 5.543 | 91.89 |
| 125 | 140.0 | 5.272 | 93.46 | 5.757 | 96.76 | 6.258 | 100.06 |
| 150 | 168.0 | 5.952 | 102.26 | 6.482 | 105.55 | 7.029 | 108.85 |
| 200 | 219.0 | 7.189 | 118.28 | 7.802 | 121.58 | 8.431 | 124.87 |
| 250 | 273.0 | 8.500 | 135.24 | 9.200 | 138.54 | 9.917 | 141.84 |
| 300 | 325.0 | 9.762 | 151.58 | 10.546 | 154.88 | 11.347 | 158.17 |
| 350 | 356.0 | 10.514 | 161.32 | 11.348 | 164.61 | 12.199 | 167.91 |
| 400 | 406.0 | 11.728 | 177.02 | 12.643 | 180.32 | 13.575 | 183.62 |
| 450 | 457.0 | 12.965 | 193.05 | 13.963 | 196.34 | 14.977 | 199.64 |
| 500 | 508.0 | 14.203 | 209.07 | 15.283 | 212.37 | 16.380 | 215.66 |
| 550 | 559.0 | 15.441 | 225.09 | 16.603 | 228.39 | 17.783 | 231.69 |
| 600 | 610.0 | 16.678 | 241.11 | 17.923 | 244.41 | 19.185 | 247.71 |

| 公称直径（mm） | 管道外径（mm） | 绝热层厚度（mm） | | | | | |
|---|---|---|---|---|---|---|---|
| | | 90 | | 95 | | 100 | |
| | | 体积 | 面积 | 体积 | 面积 | 体积 | 面积 |
| 6 | 10.0 | 2.991 | 62.52 | 3.315 | 65.81 | 3.656 | 69.11 |
| 8 | 14.0 | 3.107 | 63.77 | 3.438 | 67.07 | 3.786 | 70.37 |
| 10 | 17.0 | 3.195 | 64.71 | 3.530 | 68.01 | 3.883 | 71.31 |
| 15 | 22.0 | 3.340 | 66.29 | 3.684 | 69.58 | 4.045 | 72.88 |
| 20 | 27.0 | 3.486 | 67.86 | 3.838 | 71.15 | 4.206 | 74.45 |
| 25 | 34.0 | 3.690 | 70.06 | 4.053 | 13.35 | 4.433 | 76.65 |
| 32 | 42.0 | 3.923 | 72.57 | 4.299 | 75.87 | 4.692 | 79.17 |
| 40 | 48.0 | 4.097 | 74.45 | 4.483 | 77.75 | 4.886 | 81.05 |
| 50 | 60.0 | 4.447 | 78.22 | 4.852 | 81.52 | 5.274 | 84.82 |
| 65 | 76.0 | 4.913 | 83.25 | 5.344 | 86.55 | 5.792 | 89.85 |
| 80 | 89.0 | 5.291 | 87.33 | 5.744 | 90.63 | 6.213 | 93.93 |
| 100 | 114.0 | 6.019 | 95.19 | 6.512 | 98.49 | 7.022 | 101.78 |
| 125 | 140.0 | 6.777 | 103.36 | 7.311 | 106.65 | 7.863 | 109.95 |
| 150 | 168.0 | 7.592 | 112.15 | 8.172 | 115.45 | 8.769 | 118.75 |
| 200 | 219.0 | 9.077 | 128.17 | 9.740 | 131.47 | 10.419 | 134.77 |
| 250 | 273.0 | 10.650 | 145.14 | 11.400 | 148.44 | 12.166 | 151.73 |
| 300 | 325.0 | 12.164 | 161.47 | 12.998 | 164.77 | 13.849 | 168.07 |
| 350 | 356.0 | 13.067 | 171.21 | 13.951 | 174.51 | 14.852 | 177.81 |
| 400 | 406.0 | 14.523 | 186.92 | 15.488 | 190.22 | 16.470 | 193.52 |
| 450 | 457.0 | 16.008 | 202.94 | 17.056 | 206.24 | 18.120 | 209.54 |
| 500 | 508.0 | 17.493 | 218.96 | 18.624 | 222.26 | 19.770 | 225.56 |
| 550 | 559.0 | 19.979 | 234.98 | 20.191 | 238.28 | 21.421 | 241.58 |
| 600 | 610.0 | 20.464 | 251.01 | 21.759 | 254.30 | 23.071 | 257.60 |

| 公称直径（mm） | 管道外径（mm） | 绝热层厚度（mm） | | | | | |
|---|---|---|---|---|---|---|---|
| | | 0 | | 20 | | 25 | |
| | | 体积 | 面积 | 体积 | 面积 | 体积 | 面积 |
| 10 | 14.0 | − | 4.40 | 0.224 | 17.59 | 0.322 | 20.89 |
| 15 | 18.0 | − | 5.65 | 0.250 | 18.85 | 0.354 | 22.15 |
| 20 | 25.0 | − | 7.85 | 0.295 | 21.05 | 0.411 | 24.35 |
| 25 | 32.0 | − | 10.05 | 0.340 | 23.25 | 0.467 | 26.55 |
| 32 | 38.0 | − | 11.94 | 0.379 | 25.13 | 0.516 | 28.43 |
| 40 | 45.0 | − | 14.14 | 0.425 | 27.33 | 0.572 | 30.63 |
| 50 | 57.0 | − | 17.91 | 0.502 | 31.10 | 0.669 | 34.40 |
| 65 | 76.0 | − | 23.88 | 0.625 | 37.07 | 0.823 | 40.37 |
| 80 | 89.0 | − | 27.96 | 0.709 | 41.15 | 0.928 | 44.45 |
| 100 | 108.0 | − | 33.93 | 0.832 | 47.12 | 1.082 | 50.42 |
| 125 | 133.0 | − | 41.78 | 0.994 | 54.98 | 1.284 | 58.27 |
| 150 | 159.0 | − | 49.95 | 1.162 | 63.14 | 1.495 | 66.44 |
| 200 | 219.0 | − | 68.8 | 1.551 | 81.99 | 1.980 | 85.29 |
| 250 | 273.0 | − | 85.76 | 1.900 | 98.96 | 2.417 | 102.26 |
| 300 | 325.0 | − | 102.10 | 2.237 | 115.29 | 2.837 | 118.59 |
| 350 | 377.0 | − | 118.43 | 2.573 | 131.63 | 3.258 | 134.93 |
| 400 | 426.0 | − | 133.83 | 2.890 | 147.02 | 3.654 | 150.32 |
| 450 | 480.0 | − | 150.79 | 3.240 | 163.99 | 4.091 | 167.28 |
| 500 | 530.0 | − | 166.50 | 3.563 | 179.69 | 4.496 | 182.99 |
| 600 | 630.0 | − | 197.91 | 4.210 | 211.11 | 5.305 | 214.41 |
| 700 | 720.0 | − | 226.19 | 4.793 | 239.38 | 6.033 | 242.68 |
| 800 | 820.0 | − | 257.60 | 5.440 | 270.80 | 6.842 | 274.10 |
| 900 | 920.0 | − | 289.02 | 6.087 | 302.21 | 7.651 | 305.51 |
| 1000 | 1020.0 | − | 320.43 | 6.734 | 333.63 | 8.459 | 336.93 |

| 公称直径（mm） | 管道外径（mm） | 绝热层厚度（mm） | | | | | |
|---|---|---|---|---|---|---|---|
| | | 30 | | 35 | | 40 | |
| | | 体积 | 面积 | 体积 | 面积 | 体积 | 面积 |
| 10 | 14.0 | 0.436 | 24.19 | 0.567 | 27.49 | 0.714 | 30.79 |
| 15 | 18.0 | 0.475 | 25.45 | 0.612 | 28.74 | 0.766 | 32.04 |
| 20 | 25.0 | 0.543 | 27.65 | 0.691 | 30.94 | 0.857 | 34.24 |
| 25 | 32.0 | 0.611 | 29.84 | 0.771 | 33.14 | 0.947 | 36.44 |
| 32 | 38.0 | 0.669 | 31.73 | 0.839 | 35.03 | 1.025 | 38.33 |
| 40 | 45.0 | 0.737 | 33.93 | 0.918 | 37.23 | 1.116 | 40.53 |
| 50 | 57.0 | 0.853 | 37.70 | 1.054 | 41.00 | 1.271 | 44.30 |
| 65 | 76.0 | 1.038 | 43.67 | 1.269 | 46.97 | 1.517 | 50.26 |
| 80 | 89.0 | 1.164 | 47.75 | 1.416 | 51.05 | 1.685 | 54.35 |
| 100 | 108.0 | 1.348 | 53.72 | 1.631 | 57.02 | 1.931 | 60.32 |
| 125 | 133.0 | 1.591 | 61.57 | 1.915 | 64.87 | 2.255 | 68.17 |
| 150 | 159.0 | 1.843 | 69.74 | 2.209 | 73.04 | 2.591 | 76.34 |
| 200 | 219.0 | 2.426 | 88.59 | 2.888 | 91.89 | 3.368 | 95.19 |
| 250 | 273.0 | 2.950 | 105.55 | 3.500 | 108.85 | 4.067 | 112.15 |
| 300 | 325.0 | 3.455 | 121.89 | 4.089 | 125.19 | 4.740 | 128.49 |
| 350 | 377.0 | 3.960 | 138.23 | 4.678 | 141.52 | 5.413 | 144.82 |
| 400 | 426.0 | 4.435 | 153.62 | 5.233 | 156.92 | 6.047 | 160.22 |
| 450 | 480.0 | 4.959 | 170.58 | 5.844 | 173.88 | 6.746 | 177.18 |
| 500 | 530.0 | 5.445 | 186.29 | 6.411 | 189.59 | 7.393 | 192.89 |
| 600 | 630.0 | 6.416 | 217.71 | 7.543 | 221.00 | 8.687 | 224.30 |
| 700 | 720.0 | 7.289 | 245.98 | 8.562 | 249.28 | 9.852 | 252.58 |
| 800 | 820.0 | 8.260 | 277.39 | 9.695 | 280.69 | 11.146 | 283.99 |
| 900 | 920.0 | 9.231 | 308.81 | 10.827 | 312.11 | 12.441 | 315.41 |
| 1000 | 1020.0 | 10.201 | 340.22 | 11.960 | 343.52 | 13.735 | 346.82 |

| 公称直径（mm） | 管道外径（mm） | 绝热层厚度（mm） | | | | | |
|---|---|---|---|---|---|---|---|
| | | 45 | | 50 | | 55 | |
| | | 体积 | 面积 | 体积 | 面积 | 体积 | 面积 |
| 10 | 14.0 | 0.897 | 34.09 | 1.060 | 37.38 | 1.257 | 40.68 |
| 15 | 18.0 | 0.937 | 35.34 | 1.124 | 38.64 | 1.329 | 41.94 |
| 20 | 25.0 | 1.039 | 37.54 | 1.238 | 40.84 | 1.453 | 44.14 |
| 25 | 32.0 | 1.141 | 39.74 | 1.351 | 43.04 | 1.578 | 46.34 |
| 32 | 38.0 | 1.228 | 41.62 | 1.448 | 44.92 | 1.684 | 48.22 |
| 40 | 45.0 | 1.330 | 43.82 | 1.561 | 47.12 | 1.809 | 50.42 |
| 50 | 57.0 | 1.505 | 47.59 | 1.755 | 50.89 | 2.023 | 54.19 |
| 65 | 76.0 | 1.782 | 53.56 | 2.063 | 56.86 | 2.361 | 60.16 |
| 80 | 89.0 | 1.971 | 57.65 | 2.273 | 60.95 | 2.592 | 64.24 |
| 100 | 108.0 | 2.247 | 63.62 | 2.581 | 66.91 | 2.930 | 70.21 |
| 125 | 133.0 | 2.611 | 71.47 | 2.985 | 74.77 | 3.375 | 78.07 |
| 150 | 159.0 | 2.990 | 79.64 | 3.406 | 82.94 | 3.838 | 86.23 |
| 200 | 219.0 | 3.864 | 98.49 | 4.376 | 101.78 | 4.906 | 105.08 |
| 250 | 273.0 | 4.650 | 115.45 | 5.250 | 118.75 | 5.867 | 122.05 |
| 300 | 325.0 | 5.407 | 131.79 | 6.091 | 135.08 | 6.792 | 138.38 |
| 350 | 377.0 | 6.164 | 148.12 | 6.933 | 151.42 | 7.717 | 154.72 |
| 400 | 426.0 | 6.878 | 163.52 | 7.725 | 166.81 | 8.590 | 170.11 |
| 450 | 480.0 | 7.664 | 180.48 | 8.599 | 183.78 | 9.551 | 187.08 |
| 500 | 530.0 | 8.392 | 196.19 | 9.408 | 199.49 | 10.440 | 202.78 |
| 600 | 630.0 | 9.848 | 227.60 | 11.026 | 230.90 | 12.220 | 234.20 |
| 700 | 720.0 | 11.159 | 255.88 | 12.482 | 259.17 | 13.822 | 262.47 |
| 800 | 820.0 | 12.615 | 287.29 | 14.100 | 290.59 | 15.601 | 293.89 |
| 900 | 920.0 | 14.071 | 318.71 | 15.718 | 322.00 | 17.381 | 325.30 |
| 1000 | 1020.0 | 15.527 | 350.12 | 17.336 | 353.42 | 19.161 | 356.72 |

| 公称直径（mm） | 管道外径（mm） | 绝热层厚度（mm） | | | | | |
|---|---|---|---|---|---|---|---|
| | | 60 | | 65 | | 70 | |
| | | 体积 | 面积 | 体积 | 面积 | 体积 | 面积 |
| 10 | 14.0 | 1.472 | 43.98 | 1.703 | 47.28 | 1.950 | 50.58 |
| 15 | 18.0 | 1.594 | 45.24 | 1.787 | 48.54 | 2.041 | 51.83 |
| 20 | 25.0 | 1.685 | 47.44 | 1.934 | 50.74 | 2.199 | 54.03 |
| 25 | 32.0 | 1.821 | 49.64 | 2.081 | 52.93 | 2.358 | 56.23 |
| 32 | 38.0 | 1.938 | 51.52 | 2.207 | 54.82 | 2.494 | 58.12 |
| 40 | 45.0 | 2.073 | 53.72 | 2.355 | 57.02 | 2.652 | 60.32 |
| 50 | 57.0 | 2.306 | 57.49 | 2.607 | 60.79 | 2.924 | 64.09 |
| 65 | 76.0 | 2.675 | 63.46 | 3.007 | 66.76 | 3.354 | 70.06 |
| 80 | 89.0 | 2.928 | 67.54 | 3.280 | 70.84 | 3.649 | 74.14 |
| 100 | 108.0 | 3.297 | 73.51 | 3.680 | 76.81 | 4.079 | 80.11 |
| 125 | 133.0 | 3.782 | 81.36 | 4.205 | 84.66 | 4.646 | 87.96 |
| 150 | 159.0 | 4.287 | 89.53 | 4.752 | 92.83 | 5.234 | 96.13 |
| 200 | 219.0 | 5.452 | 108.38 | 6.014 | 111.68 | 6.593 | 114.98 |
| 250 | 273.0 | 6.500 | 125.35 | 7.150 | 128.64 | 7.817 | 131.94 |
| 300 | 325.0 | 7.510 | 141.68 | 8.244 | 144.98 | 8.994 | 148.28 |
| 350 | 377.0 | 8.519 | 158.02 | 9.337 | 161.32 | 10.172 | 164.61 |
| 400 | 426.0 | 9.470 | 137.41 | 10.368 | 176.71 | 11.282 | 180.01 |
| 450 | 480.0 | 10.519 | 190.37 | 11.504 | 193.67 | 12.505 | 196.97 |
| 500 | 530.0 | 11.489 | 206.08 | 12.555 | 209.38 | 13.638 | 212.68 |
| 600 | 630.0 | 13.431 | 237.50 | 14.658 | 240.80 | 15.903 | 244.09 |
| 700 | 720.0 | 15.178 | 265.77 | 16.551 | 269.07 | 17.941 | 272.37 |
| 800 | 820.0 | 17.120 | 297.19 | 18.655 | 300.48 | 20.206 | 303.78 |
| 900 | 920.0 | 19.061 | 328.60 | 20.758 | 331.90 | 22.471 | 335.20 |
| 1000 | 1020.0 | 21.003 | 360.02 | 22.861 | 363.31 | 24.736 | 366.61 |

| 公称直径（mm） | 管道外径（mm） | 绝热层厚度（mm） | | | | | |
|---|---|---|---|---|---|---|---|
| | | 75 | | 80 | | 85 | |
| | | 体积 | 面积 | 体积 | 面积 | 体积 | 面积 |
| 10 | 14.0 | 2.214 | 53.88 | 2.495 | 57.18 | 2.793 | 60.47 |
| 15 | 18.0 | 2.312 | 55.13 | 2.599 | 58.43 | 2.903 | 61.73 |
| 20 | 25.0 | 2.481 | 57.33 | 2.780 | 60.63 | 3.096 | 63.93 |
| 25 | 32.0 | 2.651 | 59.53 | 2.961 | 62.83 | 3.288 | 66.13 |
| 32 | 38.0 | 2.797 | 61.42 | 3.117 | 64.71 | 3.453 | 68.01 |
| 40 | 45.0 | 2.967 | 63.62 | 3.298 | 66.91 | 3.646 | 70.21 |
| 50 | 57.0 | 3.258 | 67.39 | 3.609 | 70.68 | 3.976 | 73.98 |
| 65 | 76.0 | 3.719 | 73.35 | 4.100 | 76.65 | 4.498 | 79.95 |
| 80 | 89.0 | 4.035 | 77.44 | 4.437 | 80.74 | 4.856 | 84.04 |
| 100 | 108.0 | 4.496 | 83.41 | 4.929 | 86.71 | 5.378 | 90.00 |
| 125 | 133.0 | 5.102 | 91.26 | 5.576 | 94.56 | 6.066 | 97.86 |
| 150 | 159.0 | 5.733 | 99.43 | 6.249 | 102.73 | 6.781 | 106.03 |
| 200 | 219.0 | 7.189 | 118.28 | 7.802 | 121.58 | 8.431 | 124.87 |
| 250 | 273.0 | 8.500 | 135.24 | 9.200 | 138.54 | 9.917 | 141.84 |
| 300 | 325.0 | 9.762 | 151.58 | 10.546 | 154.88 | 11.347 | 158.17 |
| 350 | 377.0 | 11.024 | 167.91 | 11.892 | 171.21 | 12.777 | 174.51 |
| 400 | 426.0 | 12.213 | 183.31 | 13.160 | 186.61 | 14.125 | 189.90 |
| 450 | 480.0 | 13.523 | 200.27 | 14.558 | 203.57 | 15.610 | 206.87 |
| 500 | 530.0 | 14.737 | 215.98 | 15.853 | 219.28 | 16.985 | 222.58 |
| 600 | 630.0 | 17.164 | 247.39 | 18.441 | 250.69 | 19.735 | 253.99 |
| 700 | 720.0 | 19.348 | 275.67 | 20.771 | 278.97 | 22.211 | 282.26 |
| 800 | 820.0 | 21.775 | 307.08 | 23.359 | 310.38 | 24.961 | 313.68 |
| 900 | 920.0 | 24.201 | 338.50 | 25.948 | 341.80 | 27.711 | 345.09 |
| 1000 | 1020.0 | 26.628 | 369.91 | 28.537 | 373.21 | 30.462 | 376.51 |

| 公称直径（mm） | 管道外径（mm） | 绝热层厚度（mm） | | | | | |
|---|---|---|---|---|---|---|---|
| | | 90 | | 95 | | 100 | |
| | | 体积 | 面积 | 体积 | 面积 | 体积 | 面积 |
| 10 | 14.0 | 3.107 | 63.77 | 3.438 | 67.07 | 3.786 | 70.37 |
| 15 | 18.0 | 3.224 | 65.03 | 3.561 | 68.33 | 3.915 | 71.63 |
| 20 | 25.0 | 3.428 | 67.23 | 3.776 | 70.53 | 4.142 | 73.83 |
| 25 | 32.0 | 3.631 | 69.43 | 3.992 | 72.73 | 4.368 | 76.02 |
| 32 | 38.0 | 3.806 | 71.31 | 4.176 | 74.61 | 4.562 | 77.91 |
| 40 | 45.0 | 4.010 | 73.51 | 4.391 | 76.81 | 4.789 | 80.11 |
| 50 | 57.0 | 4.360 | 77.28 | 4.760 | 80.58 | 5.177 | 83.88 |
| 65 | 76.0 | 4.913 | 83.25 | 5.344 | 86.55 | 5.792 | 89.85 |
| 80 | 89.0 | 5.291 | 87.33 | 5.744 | 90.63 | 6.213 | 93.93 |
| 100 | 108.0 | 5.845 | 93.30 | 6.328 | 96.60 | 6.827 | 99.90 |
| 125 | 133.0 | 6.573 | 101.16 | 7.096 | 104.45 | 7.636 | 107.75 |
| 150 | 159.0 | 7.330 | 109.32 | 7.895 | 112.62 | 8.478 | 115.92 |
| 200 | 219.0 | 9.077 | 128.17 | 9.740 | 131.47 | 10.419 | 134.77 |
| 250 | 273.0 | 10.650 | 145.14 | 11.400 | 148.44 | 12.166 | 151.73 |
| 300 | 325.0 | 12.164 | 161.47 | 12.998 | 164.77 | 13.849 | 168.07 |
| 350 | 377.0 | 13.678 | 177.81 | 14.597 | 181.11 | 15.532 | 184.41 |
| 400 | 426.0 | 15.105 | 193.20 | 16.103 | 196.50 | 17.117 | 199.80 |
| 450 | 480.0 | 16.678 | 210.17 | 17.763 | 213.46 | 18.864 | 216.76 |
| 500 | 530.0 | 18.134 | 225.87 | 19.300 | 229.17 | 20.482 | 232.47 |
| 600 | 630.0 | 21.046 | 257.29 | 22.374 | 260.59 | 23.718 | 263.89 |
| 700 | 720.0 | 23.667 | 285.56 | 25.140 | 288.86 | 26.630 | 292.16 |
| 800 | 820.0 | 26.579 | 316.98 | 28.214 | 320.28 | 29.866 | 323.57 |
| 900 | 920.0 | 29.492 | 348.39 | 31.288 | 351.69 | 33.102 | 354.99 |
| 1000 | 1020.0 | 32.404 | 379.81 | 34.362 | 383.11 | 36.337 | 386.40 |

此表按下列公式计算：

1. 体积（m³）=3.1415×（D+1.03δ）×1.03δ×L

2. 面积（m²）=3.1415×（D+2.1δ）×L

3. D管道外径；δ保温层厚度；L管道延长米；1.03、2.1为调整系数。

4. 本表中数据是按无伴管状态考虑的如有伴管，则应将管外经加上伴管直径及主管与伴管之间的缝隙。

①若为单伴，则 D'=$D_1$+$D_2$+（10～20mm）。

②若双管伴热（管径相同，夹角大于90度时），则 D'=$D_1$+1.5D2+（10～20mm）。

③若双管伴热（管径不同，夹角小于90度时），则 D'=$D_1$+$D_{伴大}$+（10～20mm）D'表示伴热管道综合值，$D_1$表示主管直径；$D_2$、$D_{伴大}$表示伴管直径，（10～20）表示主管与伴管之间的缝隙。

④若伴热管道外增加铁丝网及铝箔，则应在管道综合值外增加双倍铁丝网及铝箔的厚度。

⑤若此表中，没有考虑保冷时防滑剂的厚度、防潮层粘结剂的厚度，可按设计要求的厚度考虑增加。

5. 本表内管道外径按《化工配管用无缝及焊接钢管尺寸选用系列》HG/T 20553-2011选用。

# 三、法兰、阀门保温盒保护层和绝热层工程量计算表

| 公称直径 | 法兰 | | 阀门 | |
|---|---|---|---|---|
| | 保护层<br>（m²/副） | 绝热层<br>（m²/副） | 保护层<br>（m²/个） | 绝热层<br>（m²/个） |
| DN15 | 0.181 | 0.0090 | 0.167 | 0.0083 |
| DN20 | 0.187 | 0.0093 | 0.192 | 0.0096 |
| DN25 | 0.193 | 0.0096 | 0.208 | 0.0104 |
| DN32 | 0.208 | 0.0104 | 0.246 | 0.0123 |
| DN40 | 0.214 | 0.0107 | 0.275 | 0.0137 |
| DN50 | 0.223 | 0.0112 | 0.344 | 0.0172 |
| DN65 | 0.236 | 0.0118 | 0.381 | 0.0190 |
| DN80 | 0.245 | 0.0122 | 0.414 | 0.0207 |
| DN100 | 0.257 | 0.0206 | 0.462 | 0.0369 |
| DN125 | 0.276 | 0.0220 | 0.530 | 0.0424 |
| 公称直径 | 法兰 | | 阀门 | |
| | 保护层<br>（m²/副） | 绝热层<br>（m²/副） | 保护层<br>（m²/个） | 绝热层<br>（m²/个） |
| DN150 | 0.297 | 0.0238 | 0.609 | 0.0487 |
| DN200 | 0.331 | 0.0298 | 0.763 | 0.0687 |
| DN250 | 0.556 | 0.0500 | 0.950 | 0.0855 |
| DN300 | 0.606 | 0.0606 | 1.140 | 0.1140 |
| DN350 | 0.661 | 0.0661 | 1.356 | 0.1356 |
| DN400 | 0.716 | 0.0716 | 1.592 | 0.1592 |
| DN450 | 0.771 | 0.0771 | 1.978 | 0.1978 |
| DN500 | 0.840 | 0.0840 | 2.442 | 0.2442 |
| DN600 | 0.955 | 0.0955 | 2.776 | 0.2776 |
| DN700 | 1.102 | 0.1102 | 3.203 | 0.3203 |

注：1. 人孔保护层按 1.958 m²/个、绝热层按 0.167 m²/个计算工程量；设备上的手孔按法兰和接管进行计算；

2. 阀门的保护层和绝热层工程量中，不包括一副法兰的保护层和绝热层工程量。

# 四、安装工程主要材料损耗率表

| 序号 | 名称 | 损耗率（%） |
|------|------|-----------|
| 1 | 硬质瓦块（管道、立、卧、球形设备） | 6 |
| 2 | 泡沫玻璃瓦块（管道、立、卧、球形设备） | 6 |
| 3 | 岩棉管壳（管道、立、卧式设备） | 3 |
| 4 | 岩棉板（矩形管道、球形设备） | 5 |
| 5 | 泡沫塑料瓦块（管道、立、卧式设备） | 3 |
| 6 | 泡沫塑料瓦块（矩形管道、球形设备） | 6 |
| 7 | 毡类制品（管道、立、卧、球形设备） | 3 |
| 8 | 棉席被类制品（立、卧、球形设备） | 3 |
| 9 | 棉席被类制品（阀门） | 5 |
| 10 | 棉席被类制品（法兰） | 3 |
| 11 | 纤维类散装材料（管道、阀门、法兰，立、卧、球形设备） | 3 |
| 12 | 可发性聚氨酯泡沫塑料（组合液） | 20 |
| 13 | 带铝箔离心玻璃棉管壳（管道、立、卧式设备） | 3 |
| 14 | 带铝箔离心玻璃棉管壳（球形设备） | 5 |
| 15 | 带铝箔离心玻璃棉板（风管） | 3 |
| 16 | 橡胶管壳、橡塑板（管道） | 3 |
| 17 | 橡塑板（阀门、法兰、风管） | 8 |
| 18 | 保温膏（管道、设备） | 4 |
| 19 | 聚苯乙烯泡沫板（风管） | 8 |
| 20 | 复合硅酸铝绳 | 6 |